动力电池与储能技术丛书

电池储能系统集成技术与应用

余勇　　年珩　编著

机 械 工 业 出 版 社

本书较为系统和全面地论述了电池储能系统集成技术所面临的问题与任务、系统架构、关键设备、运行控制、电气设计、结构设计、热设计、消防安全设计、通信与控制、设备集成与安装调试、建模仿真及先进技术应用展望等，最后介绍了典型应用案例与系统产品。

本书的内容源于作者及其所在团队多年的技术研究与积累，写作的初衷旨在为从事电池储能系统集成设计的工程师、高等院校从事储能系统研究的教师和学生提供参考，目的在于抛砖引玉，促进电池储能系统集成技术在我国的发展。

图书在版编目（CIP）数据

电池储能系统集成技术与应用 / 余勇，年珩编著 . —北京：机械工业出版社，2021.7（2024.3 重印）
（动力电池与储能技术丛书）
ISBN 978-7-111-68335-3

Ⅰ. ①电…　Ⅱ. ①余… ②年…　Ⅲ. ①电池—储能—系统集成技术—研究　Ⅳ. ① TM911

中国版本图书馆 CIP 数据核字（2021）第 100477 号

机械工业出版社（北京市百万庄大街 22 号　邮政编码 100037）
策划编辑：刘星宁　责任编辑：刘星宁
责任校对：张　薇　封面设计：马精明
责任印制：刘　媛
涿州市京南印刷厂印刷
2024 年 3 月第 1 版第 6 次印刷
184mm × 240mm ·20.5 印张 · 481 千字
标准书号：ISBN 978-7-111-68335-3
定价：119.00 元

电话服务　网络服务
客服电话：010-88361066　机　工　官　网：www.cmpbook.com
010-88379833　机　工　官　博：weibo.com/cmp1952
010-68326294　金　书　网：www.golden-book.com

机工教育服务网：www.cmpedu.com

前　言

随着新能源大规模并网与智能电网的建设，电池储能系统近年来受到了广泛关注并得到了大量应用。不论是在发电侧、电网侧，或是在负荷侧，电池储能系统都能够发挥双向功率控制和能量调控的作用，使得电力的生产者、调度者和消费者均能基于各自的安全考量和经济利益，从中汲取最大化价值，从而增强了电力管理的灵活性。特别是现代通信技术、大数据、人工智能等新技术的发展，进一步赋予了电池储能系统数字化、智能化的特征，使之能够在多样化的商业模式和市场体系下，促进新能源消纳、电力辅助服务、需求侧响应与综合智慧能源的融合发展。

当前，各国按照各自的能源结构转型方向和战略目标，推动了大量的电池储能系统工程示范或商业化项目。预计 2020 ~ 2022 年，全球电池储能系统新增投运规划将超过 16GW；我国也将在“十四五”期间逐步完成电池储能系统从商业化初期向规模化发展的转变。因此，面对电池储能系统容量不断扩大、应用场景日益增多的趋势，系统集成商的专业水平与技术能力都亟待进一步提升；而电池储能系统集成技术关系到系统内部各设备的优化运行、协调控制与联动保护、安全与寿命保障，并最终实现电池储能系统在多种应用领域的安全、高效、一体化运行，已经成为电池储能技术发展中的研究热点与难点。

电池储能系统集成技术，不仅涵盖系统本身的硬件集成与软件控制，还包括储能系统与应用场景的衔接与协同。除电气、电力电子、电化学、通信控制外，技术人员还应对应用领域相关知识，如电力系统、新能源发电、火储联合、需求侧响应及微电网等，有着较深入的研究与理解。上述学科的融合，将进一步优化电池储能系统容量与功率配置、设计与运行控制，确保良好的经济性和寿命的可预期性。

本书较为系统和全面地论述了电池储能系统集成技术所面临的问题与任务、基本系统架构、关键设备、运行控制、电气设计、结构设计、热设计、消防安全设计、通信与控制、设备集成与安装调试、建模仿真及先进技术应用展望等，最后介绍了典型应用案例与系统产品。

本书的内容源于作者及其所在团队多年的技术研究与积累，写作的初衷旨在为从事电池储能系统集成设计的工程师、高等院校从事储能系统研究的教师和学生提供参考，目的在于抛砖引玉，促进电池储能系统集成技术在我国的发展。

本书由阳光电源股份有限公司余勇研究员、浙江大学年珩教授合作编著。其中，余勇研究员编写了全书大纲、前言以及第 1 ~ 7 章、第 10 章，年珩教授编写了第 8 章和第 9 章；全书由余勇研究员、年珩教授统稿。

在本书的编写过程中，得到了阳光电源股份有限公司董事长曹仁贤教授、赵为博士、合肥工业大学张兴教授等专家的关心与支持，在此一并向他们表示衷心的感谢；同时，感谢曹伟、李国宏、孙德亮、蔡壮、汪东林、刘牛、袁兴来以及其他一同进行储能系统技术研究与开拓的阳光电源股份有限公司的同事，书中涉及的很多工作也是来自于他们的艰辛劳动或受到了他们的启发；与本书有关的研究工作获得了“十二五”国家科技支撑项目“大型机械能 - 电能转换回收利用关键技术研究及示范（2014BAA04B02）”与“光伏微电网关键技术研究和核心设备研制（2015AA050607）”、国家重点研发计划项目“分布式光储发电集群灵活并网关键技术及示范（2016YFB0900300）”与“基于电力电子变压器的交直流混合可再生能源技术研究（2017YFB0903300）”的支持。

电池储能系统集成技术与应用涉及的学科领域较多，应用场景更是不胜枚举，由于作者水平有限，对有些问题的探讨不够深入或浅尝辄止，书中也难免存在疏漏甚至谬误，敬请读者不吝指教。

作　者

作者简介

阳光电源股份有限公司余勇博士，研究员，IEEE PES 储能系统与装备分会常务理事，中国电机工程学会新能源并网与运行专业委员会委员。自 2006 年加入阳光电源股份有限公司以来，一直从事变流器、储能系统的研究与开发工作，对储能系统的设计开发、运行机理、应用需求、功能特性等均有着十分深入的理解。领导研发的储能系统相关产品在国内外得到了大量的工程应用，从我国西藏海拔 5000m 的数十兆瓦级县域微电网，到马尔代夫数百千瓦级海岛微电网；从北美工商业需求侧响应，到常规发电机组黑起动；从各国风光储辅助新能源并网，到国内火储联合 AGC（自动发电控制）调频，再到欧洲独立一次调频，积累了丰富的储能系统集成与应用经验。主持或参与国家级科研任务 8 项，省级 1 项，已有 50 余项发明专利获得授权，参与起草已发布国家标准 2 项，获得了国家科技进步二等奖、西藏自治区科学技术一等奖、新疆维吾尔自治区科学技术进步二等奖、中国电力科学技术进步一等奖、庐州英才等奖项或荣誉。

浙江大学年珩教授，IEEE 高级会员，长期致力于新能源系统运行与控制技术研究，相继获得国家自然科学基金项目优秀青年基金、面上基金以及国家重点研发计划等资助，对实际复杂电网环境下新能源及储能系统的基础理论与关键技术进行了持续的研究，在系统精确建模、稳态性能提升、暂态故障穿越等方面开展了长期、深入、富有创新性的研究。迄今已在新能源领域发表 SCI/EI 论文 170 余篇，研究成果已在工业界得到大量成功应用。

目　录

第1章 绪 论

随着新能源的大规模开发与利用，以及人们对电能的多样性和可靠性要求越来越高，电力从生产至消费的各个环节都正经历着深刻的变革。储能技术及系统，打破了传统电力系统中电力实时平衡的瓶颈，显著增强了电力系统的灵活性；进而直接推动着原本以化石能源为主的电力架构逐步转变为以新能源为主的电力架构，并使得这一进程不断深入。

相较于其他形式的储能技术，电池储能系统（Battery Energy Storage System，BESS）具备多样化的控制特性和较为丰富的集成方式。这一方面使得BESS能够从不同方面满足电力系统和消费者的需求，进而受到广泛关注，另一方面BESS集成技术的研究，也直接影响BESS的发展，成为BESS大规模应用与普及的关键技术之一。

本章首先介绍了当前储能市场概况，然后阐述了电池储能的发展趋势、BESS的基本特点与面临的挑战以及BESS集成技术的任务，为进一步探讨BESS集成的具体技术问题奠定了基础。

1.1 储能市场概况

根据中关村储能产业技术联盟（CNESA）全球储能项目库的不完全统计，截至2019年年底，全球已投运储能项目（含抽水蓄能、电池储能及熔融盐储热、飞轮储能等其他储能方式）累计装机规模达184.6GW，同比增长1.9%。其中，抽水蓄能的累计装机规模最大，为171.0GW，同比增长0.2%；电池储能的累计装机规模紧随其后，为9520.5MW；在各类电池储能技术中，锂离子电池的累计装机规模最大，为8454.2MW，如图1-1所示。

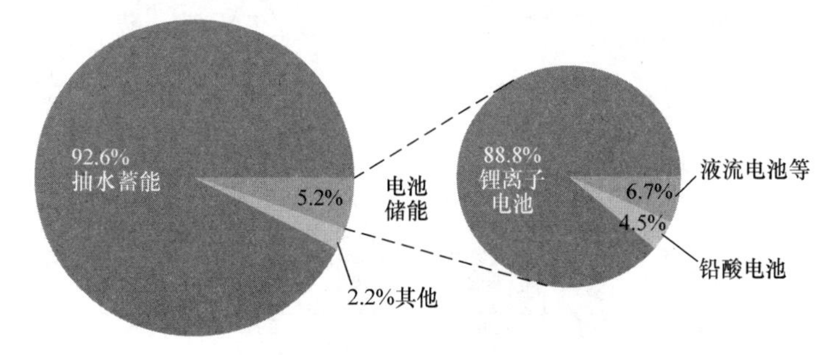

a) 2019年全球储能项目累计装机规模

图1-1 全球储能项目累计装机规模（单位：MW）

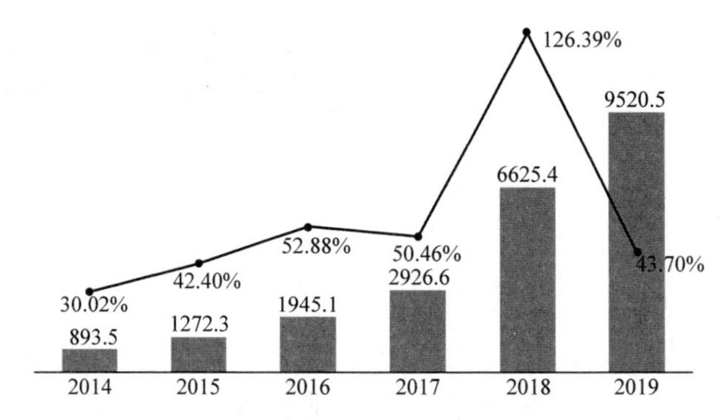

b) 全球电池储能累计装机规模及增长率(2014~2019年)

图 1-1　全球储能项目累计装机规模（单位：MW）（续）

而截至 2019 年底，中国已投运储能项目累计装机规模达 32.4GW，占全球市场总规模的 17.6%，同比增长 3.6%。其中，抽水蓄能的累计装机规模最大，为 30.3GW，同比增长 1.0%；电池储能的累计装机规模位列第二，为 1709.6MW，同比增长 59.4%；在各类电池储能技术中，锂离子电池的累计装机规模最大，为 1377.9MW，如图 1-2 所示。

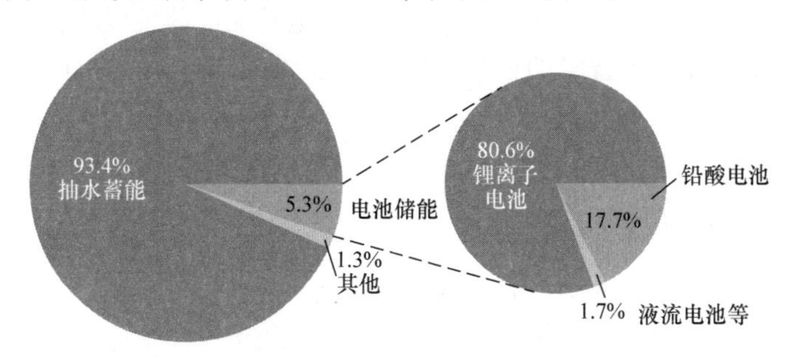

a) 2019年中国储能项目累计装机规模

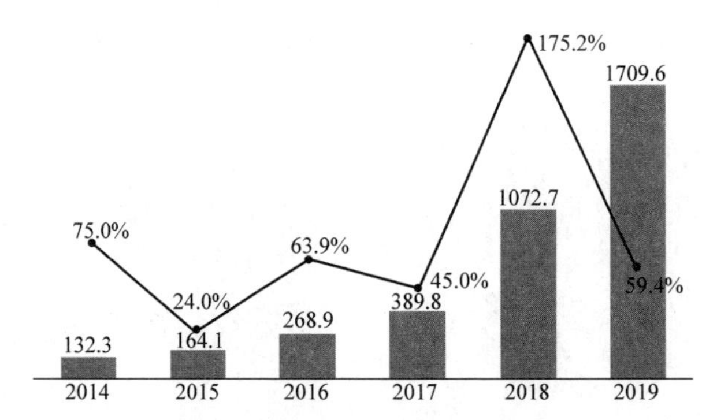

b) 中国电池储能累计装机规模及增长率(2014~2019年)

图 1-2　中国储能项目累计装机规模（单位：MW）

尽管在全球储能项目中，以抽水蓄能为代表的物理储能方式仍占绝对优势，达到了92.6%，但是其一次性投资费用较高，未来成本下降空间有限，且对地理位置有较高的要求；而电池储能作为电储能的重要方式，近年来发展迅速。BESS具有应用灵活，转换损耗小，响应速度快，调节精度高，且不受地理条件限制等技术优势，适合批量化生产与大规模、多领域的应用。更重要的是，各类电池储能的成本有望进一步下降50%～60%。因此，依据国际可再生能源署（IRENA）的预测，到2030年，全球BESS规模将快速攀升至175GW。而根据CNESA的预测，2020～2024年间，中国电池储能市场规模将不断增加，年复合增长率将保持在55%～65%之间，至2024年，电池储能市场装机规模将超过15GW～24GW。

但电池储能项目的区域分布依然存在很大的不均衡性。尽管2019年，全球新增投运的电池储能项目分布在49个国家或地区，而以中国、美国、英国、德国和澳大利亚为代表的排名前十位的国家，合计规模却占到了2019年全球新增总规模的91.6%。其中中国和美国的电池储能项目规模更是突破了500MW，特别是中国，由2017年的第五位、2018年的第二位跃升至2019年的首位。而2017年排名第三、2018年排名第一的韩国，由于安全事故的原因，在2019年新增电池储能项目陷于停滞。

2019年，中国新增投运的电池储能项目装机规模排名前十位的省（自治区、直辖市）分别是广东、江苏、湖南、新疆、青海、北京、安徽、山西、浙江和河南，这十个省（自治区、直辖市）的新增规模合计占2019年中国新增总规模的88.9%。

得益于储能技术的不断进步和美国完善的电力市场，电池储能已经成为美国装机增长最快的储能技术，并广泛应用于电力系统的发、输、配、用各环节，形成了较为清晰的技术路线和有效的商业模式。

2019年，被称为美国储能行业爆发的元年，美国电池储能装机总量在该年度达到了1600MW。由美国储能协会（ESA）发布的《2019年储能监测年鉴》公布的最新数据显示，2019年美国储能新增装机量整体达到了522.7MW/1113MWh，其中第四季度就达到了186.4MW/264.2MWh。并据美国麦肯锡公司预测，2020年美国电池储能部署容量将是2019年的3倍，到2021年增加1倍以上，到2025年将达到7.3GW；2019年美国储能市场投资总额为7.12亿美元，而2020年将一举跃至20亿美元。

由于国内外电力系统及用电需求的差异，电池储能技术的主要应用领域也不尽相同。以锂离子电池储能系统为例，从全球范围来看，应用最多的为电网侧，如调频、调峰、辅助服务等，占比达到了52.7%，辅助可再生能源并网占比达到了28.9%，以分布式和微电网为代表的用户侧占比则为18.4%；而在中国，辅助可再生能源并网应用占比最高，达到了37.7%，其次则为电网侧、用户侧，分别为25%、25.3%。

尽管相对于2018年全球储能市场126%的增长率，2019年的发展速度相对放缓，但是随着主要国家能源转型的不断深入和对电力系统灵活性要求的不断提高，储能依然将继续保持强劲的增长趋势，并已经成为各国实现能源战略目标的关键技术。因此，截至2020年6月，全球已投运电力储能项目的累计装机规模达到185.3GW，中国累计装机规模达到32.7GW；其中电池储能全球累计装机规模为10112.3MW，突破10GW大关，同比增长36.1%，中国累计装机规模达到1831.0MW，同比增长53.9%。

1.2 电池储能的发展趋势

1）以中国、美国为代表的各国政府或相关机构积极推进储能产业政策，涉及储能战略规划、市场机制、技术研发、财税补贴等方面。

2019年以来中国主要的储能政策，见表1-1。

表1-1 中国主要储能政策

颁布时间	政策	核心要点
2019.1	南方电网《电网公司关于促进电化学储能发展的指导意见》	文中要求把握储能发展的重大机遇，积极推动储能多方应用；规范储能并网管理，深入研究储能投资回报机制等
2019.2	国家能源局《关于印发2019年电力可靠性管理和工程质量监督工作重点的通知》	完善电力建设工程质量监督技术支撑体系； 开展储能电站等新型电力建设工程质量监督研究
2019.2	国家电网《关于促进电化学储能健康有序发展的指导意见》	对电源侧、电网侧、用户侧储能应用做出规划，强调推动政府主管部门对各省级电力公司投资的电网侧储能计入有效资产，通过输配电价疏导
2019.6	国家教育部等《储能技术专业学科发展行动计划（2020—2024）》	要求加快培养储能领域高层次人才，增强产业关键核心技术攻关和自主创新能力，推动储能产业高质量发展
2019.7	国家能源局等《关于促进储能技术与产业发展的指导意见（2019—2020年行动计划）》	要求加强对先进储能技术的研究，使得我国储能技术在未来5～10年甚至更长时期内处于国际领先水平；计划从储能技术研发指导到储能安全标准建设等6个方面做出要求，首次提出要规范化电网侧储能发展，研究项目投资回收机制
2020.1	国家能源局《关于加强储能标准化工作的实施方案》	要求积极推进储能标准制定，鼓励新兴储能技术和应用的标准化研究工作
2020.2	国家电网《公司2020年重点工作任务的通知》	要求推进源网荷储协同互动，提升负荷调控能力，深化新一代电力调度专业应用，发挥好风光储输等已建成示范工程的科技引领作用
2020.3	国家标准化管理委员会《2020年全国标准化工作要点》	文件中提到，将推动新能源并网发电、电力储能、电力需求侧管理等重要标准的制定
2020.4	国家能源局《关于做好可再生能源发展“十四五”规划编制工作有关事项的通知》	文件指出，优先开发分布式可再生资源，大力推进分布式可再生电力在用户侧就近利用，结合储能、氢能等新技术，提升可再生能源在区域能源供应中的比重
2020.5	国务院《关于新时代推进西部大开发形成新格局的指导意见》	相关措施包括加强可再生能源开发利用，开展黄河梯级电站大型储能项目研究，培育一批清洁能源基地
2020.5	国家能源局《关于建立健全清洁能源消纳长效机制的指导意见（征求意见稿）》	要求加快形成有利于清洁能源消纳的电力市场机制、全面提升电力系统调节能力和着力推动清洁能源消纳模式创新，鼓励推动或参与电储能建设，以促进清洁能源高质量发展

除上述以外，新疆、浙江、山东、河南及湖北等地也相继出台了与储能相关的政策与措施。

2011年，美国发布了《2011—2015年储能计划》，而当前美国一半以上的州在进行兆瓦级储能系统的部署，其中有8个州所拥有的公用事业规模储能系统总量超过50MW。已建成的大量兆瓦级电池储能项目基本实现了商业化运营。

除美国联邦政府政策支持外，美国各州也针对储能应用出台了相应的刺激政策，见表1-2。

表1-2 美国主要储能政策

地区	时间	政策与措施
马萨诸塞州	2014年	支持构建储能市场结构，建立战略合作伙伴，支持电网侧、分布式、用户侧等不同规模的储能示范项目
加利福尼亚州	2013年	在多家独立公用事业公司（IOU）制定了1325MW储能强制采购计划
	2016年	在1.3GW储能强制采购目标基础上增加了500MW至1.8GW
	2017年	改变补贴方式，综合考虑规划容量的完成情况、储能成本的下降程度、项目经济性核算等因素，按照储能项目装机电量进行补贴
俄勒冈州	2015年	针对州内两大公用事业公司制定2020年5MWh储能采购目标
华盛顿州	2019年	该州议会于2019年4月通过一项法案，要求公用事业公司在其规划过程中遵循一些指导方针，以便为分布式电源做好准备
得克萨斯州	2019年	该州议会通过一项法案允许配电公司与第三方签订储能部署合同，每个公用事业公司储能部署的装机容量至少为40MW
明尼苏达州	2019年	该州批准的储能法案要求将BESS视为一种电力资源，并要求该州商务部门对电网储能系统价值进行成本分析，帮助公用事业公司从储能相关项目中收回成本
科罗拉多州	2019年	该州州长签署公共事业委员会法案，要求科罗拉多州公共事业委员会分析向电网增加包括BESS在内的分布式能源的价值
马里兰州	2019年	该州政府批准了储能试点计划，并要求公用事业公司对两个电池储能项目进行招标
阿肯色州	2019年	该州公共服务委员会就批发市场中的分布式能源的资源汇总提出意见
纽约州	2016年	提出补贴计划，其中BESS补贴2100美元/kW、需求响应补贴800美元/kW
	2019年	该州能源研究与发展局根据市场加速刺激计划，为储能项目拨款2.8亿美元

其中，加利福尼亚州和纽约州是美国储能市场规模最大、最积极的两个州。其分别对当地实现100%清洁能源或无碳电力的应用发布了时间明确的能源改革计划和储能路线图。根据上述改革计划预测，加利福尼亚州在未来10年至少需要部署10GW储能系统，而纽约州也需要在2025年储能装机容量达到1.5GW，2030年达到3GW，为此两州分别出台了针对储能的补贴发放标准。

2）新能源配合储能应用成为主流。

随着全球对清洁电力的不断追求，以风电、光伏为代表的新能源发电比例正迅速提高。而风能、太阳能的随机波动性对以化石能源为主的传统电力系统在消纳能力、灵活性与安全性方面都提出了挑战。电力系统在面对负荷随机波动的同时，也将不得不把新能源作为一种波动负荷进行平衡，通过调度常规电厂运行出力、增加热备用常规机组容量的方式来保障新能源发电的送出与消纳。

新能源配合储能系统能够增强新能源发电的稳定性、连续性和可控性，使得电力系统获得了更快速、灵活的瞬时功率平衡能力，也使得新能源具备了能够向电网提供稳定性支撑的能力，是实现电网高比例新能源发电的必要支撑技术。具体体现在以下方面：

① 支撑大规模集中新能源并网接入，特别是在一些电网建设较为薄弱的系统末端，由于新能源出力的波动性会对电力系统的稳定运行产生危害。通过配置相应容量的储能系统，根据指令进行快速动态能量吸收或释放，能够平抑新能源出力波动，降低对电能质量的影响；结合新能源场站功率预测系统，可以有效提高新能源跟踪发电计划的能力，减少对热备用机组容量的需求，避免出现弃光、弃风等现象；主动向电网提供系统阻尼，参与电网电压控制，抑制振荡。

② 提高分布式新能源的高效利用与友好接入。利用储能系统实现新能源发电在时间上的迁移，更好地迎合负荷需求，实现就近消纳；削减等效负荷峰值，提高配电网线路与设备利用率，优化资源配置成本，增强了配电网对新能源的接纳与传输能力。

③ 提高了新能源对电网提供支撑服务和实现故障穿越的能力。储能系统的配置与先进控制算法的应用使得新能源电站能够具备和常规机组类似的参与 AGC、一次调频与调峰能力，更使得新能源电站能够在电网故障情况下，不会出现随意脱网，而是能够按照电网规定和需要提供一定的无功支持帮助电网恢复正常。

3）锂电池储能系统成本进一步降低，主导地位明显。

当前，3 种主要的储能电池分别为锂离子电池、铅酸电池和液流电池。3 种主要储能电池性能指标及工程评价见表 1-3、表 1-4。

表 1-3　3 种主要储能电池性能指标

储能电池类型	性能			循环次数 / 次	全生命周期度电成本 /（元 /kWh）
	深度充放电	高倍率充放电	快速响应		
锂离子电池	良好	优秀	优秀	5000 ~ 8000	0.4 ~ 0.9
铅酸电池	良好	良好	良好	3000 ~ 5000	0.46 ~ 0.54
液流电池	优秀	一般	良好	8000 ~ 15000	0.53 ~ 0.74

表 1-4　3 种主要储能电池工程评价

储能电池类型	安全性	工程实施（比例）		可回收性
		占地	重量	
锂离子电池	有燃烧爆炸风险	1	1	不易回收
铅酸电池	基本无安全风险	1.5	2.5	不易回收
液流电池	无燃烧风险，但存在有毒液体泄漏可能	4	3.5 ~ 5	电解液直接回收

其中，锂离子电池因功率密度高、寿命长、充放电速度快、效率高等特点已经成为最具竞争力的储能电池技术之一，在几 kWh ~ 百 MWh 储能领域得到了广泛研究与应用。

锂离子电池储能系统的快速发展得益于锂离子电池产业链的完善以及动力电池的爆发式应

用。但相较于动力电池对性能指标的强调，储能电池更注重成本、寿命和能量效率。根据美国Wood Mackenzie公司的预测，2020年，电网侧BESS成本将同比下降10%，并将在2025年前维持每年不低于5%的下降速率，如图1-3所示。

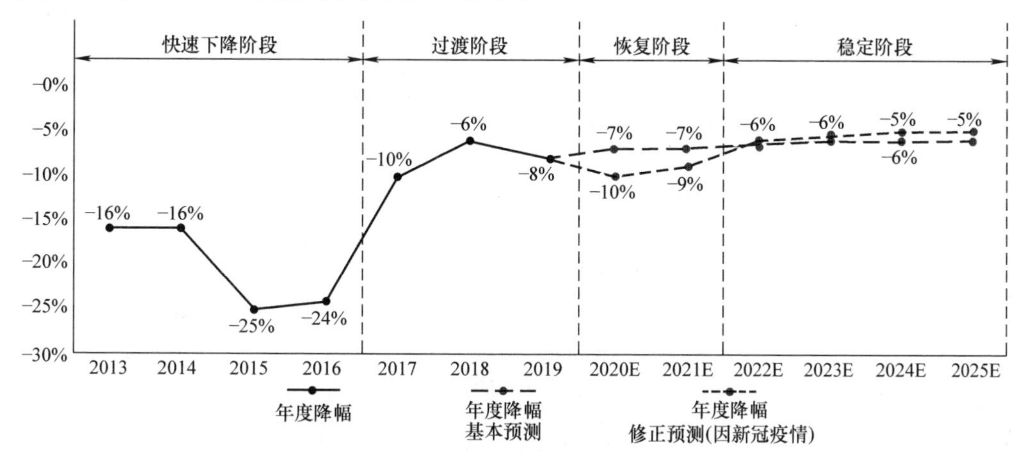

图1-3 电网侧BESS成本降幅

总体来说，锂离子电池各方面综合表现优秀，且规模化研发和生产效应显著，造价成本逐年较快下降，这些都将进一步巩固其在电池储能领域中的主导地位。

4）储能与各种传统及智能化控制技术实现进一步融合。

BESS与传统电力系统控制技术及理论相融合，使得传统的电力系统理论有了更广阔的应用空间，也具有了更丰富的调控手段；与传统的电力系统设备的协同应用，提升了旋转发电机组的动态性能，对电能质量治理装置和继电保护装置的应用提出了新的技术要求。

与先进数字化、智能化技术相融合，成为智能电网建设的关键一环。大数据云计算、神经网络、数字镜像等先进技术，将进一步扩展储能系统的商业运行模式，构建如“共享储能”和“虚拟电厂”等新兴的储能系统应用领域，也为储能系统内部设备的故障预警与诊断、寿命预测与管理等提供了更有效的技术手段。

基于微电网的综合智慧能源系统，以储能系统为核心技术之一，兼顾不同类型分布式电源及负荷的输出特性，打造围绕贴近客户需求的能源供给与高效智能的节能调度，实现区域供能的清洁、经济；实现区域电网在并网和离网运行模式间的灵活转换，提高供电可靠性，保障用电安全；增强区域电网与大电网间联络线功率和能量交换控制水平，实现区域用能的计划性与可调度性。

5）逐渐形成专业化、独立的第三方储能系统集成公司。

根据Navigant Research公司最新发布的一份调查报告，当前，国际上主要的储能系统集成商包括Fluence、Nidec ASI、RES和特斯拉（Tesla），如图1-4所示。

排名第一的Fluence是由AES和西门子双方的储能部门合并而成，基于双方在行业的多年沉淀，主要为电网、能源开发商和大型能源用户提供大规模储能解决方案。至2019年上半年，其在全球部署的 BESS 容量超过了 600MW。Fluence 服务的这些客户在电力行业专业性和财务稳定性方面对储能系统集成商有着非常高的要求，而这些能力是一般的电池、储能变流器（PCS）等部件设备厂家所不具备的。

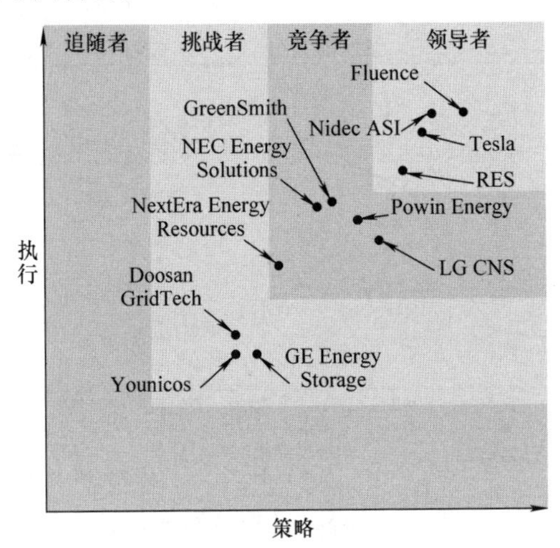

图 1-4　全球主要储能系统集成商

Nidec ASI 是意大利储能开发商，其 2020 年宣布正在芬兰和瑞典多地部署 BESS，以减少对化石燃料发电需求，并为水电站提供快速调频服务，最终降低整体能源成本。这些项目将被欧洲其他国家效仿，成为 BESS 应用的典范。除欧洲以外，该公司还致力于海岛微电网项目开发，如在 2019 年，该公司中标巴哈马群岛微电网项目。该微电网的建成，将使得每年的温室气体排放量减少一半，传统能源柴油的消耗量减少 70%。这些项目，体现出该公司为客户提供先进、定制化解决方案的能力，并满足最高的安全和生态可持续性标准。目前，该公司已经在全球部署超过 700MWh 的电池储能项目，并将在 2020 年向 1GWh BESS 的里程碑迈进。

国内的 BESS 集成商，大多源自电池及 PCS 制造类企业，如比亚迪、阳光电源、南都电源、科陆电子等。

比亚迪，截至 2018 年年底，为全球合作伙伴提供了超过近百个工业级储能解决方案，储能系统遍布六大洲、21 个国家和 96 个城市。特别是在英国的储能市场，比亚迪运行的储能项目累计超过 325MW，约占该市场的 4 成。在 2020 年，比亚迪更是推出了基于“刀片电池”的全新电网级储能系统产品 BYD Cube，进一步提升了系统单位面积能量密度，支持 1300V 直流高压输出。

阳光电源，该公司储能系统广泛应用于中国、美国、澳大利亚等国家或地区，仅在北美，就占据了超过 20% 的工商业储能市场；在澳大利亚，通过与分销商深度合作，阳光电源户用光储系统市占率超过 20%。截至 2020 年 6 月，该公司参与的全球重大储能系统项目超过 1000 个，在调频调峰、辅助新能源并网、微电网、工商业及户用储能等领域拥有广泛的研发与应用经验。

上述储能系统集成商的涌现，从各自公司的技术领域与积累出发，积极并全面推动着储能系统集成的专业化与标准化。

1.3 电池储能系统的基本特点与面临的挑战

电池储能系统（BESS），是将储能电池、功率变换装置、本地控制器、配电系统、温度与消防安全系统等相关设备按照一定的应用需求而集成构建的较复杂综合电力单元。其基本特点包括：

1）BESS 内部设备间各自分工明确又相互关联，在安全、高效、长寿命的前提下，共同实现 BESS 并网点或输出端口的能量、功率以及电压控制。

2）BESS 中储能电池的安全性与寿命，很大程度地决定了整个系统的安全性和寿命，且其对工作环境有着严苛的技术要求，是进行系统内部设计时所必须关注的重点环节。

3）BESS 中的功率变换装置是整个储能系统对外进行电力交换的关键节点，其性能直接体现了 BESS 的工作模式、控制精度、响应速度、并网友好性等，也影响着客户在短时间内对储能系统最直观的使用感受。

4）储能电池、功率变换装置以及空调、消防等设备，均各自配置有独立的控制器，以实现自我运行、告警或保护，而系统功能的实现、设备间的联动与协同、起停与故障保护操作、对外通信与有效信息传递等，则由本地控制器完成，以使得储能系统能够作为一个整体参与电网调度或实现项目应用目标。

5）储能系统，作为对外统一、对内自治的电力执行单元，接受上层能量管理系统调度，执行功率或模式控制指令，因此应具备丰富的对外通信接口和灵活、多样化的工作模式，通过能量按需搬移、功率快速爬升、电压稳定控制等功能改善发电、电网、负荷等应用场景的整体运行效果，并以此体现自身价值。

6）控制与管理是储能系统发挥价值的关键，而这在很大程度上取决于系统集成商对应用领域原有系统、控制或发展方向的理解；从这一角度出发，将储能系统视为原有电力系统的“能量补丁”或“柔性升级”不无道理。

受限于电池本体容量及电力电子功率变换装置的发展水平，BESS 一直在安全高效与高能量密度、多样化复杂功能间存在矛盾。特别是随着在新能源发电侧、电网侧的大规模应用，储能系统的整体容量与电压等级不断提高，通信架构愈发庞大、电磁环境更加复杂，这些都对储能系统及其集成技术提出了严峻的挑战：

1）如何全面掌握相关行业应用背景理论与技术，配置有效合理的储能系统容量与功率；如何采用针对性控制方案，在实现与原有系统无缝衔接的同时，达成项目整体应用目标。

2）如何依据项目应用技术特点，提出储能系统具体的技术参数、功能需求和性能指标，相应选择储能系统内部关键设备，如 PCS、电池等。

3）如何在储能系统容量不断增加、电压等级逐渐提高的情况下，进行储能系统电气设计，确保储能系统内部设备电气安全、分级保护及并网友好性。

4）如何围绕电池寿命与安全，进行储能系统内部环境控制设备及安全消防设备的选型、参数计算、安装布局，以在尽量减少占地面积的前提下，满足大容量高能量密度电池均温散热要求。

5）如何协同管理储能系统内部多样化设备，以充分发挥各设备功能与性能，并确保储能系统整体性能的优化，避免由于不合理的集成方式导致的整体性能弱化；如何在故障状态下，实现协同保护，确保不出现单个设备故障导致的故障扩大化或蔓延，特别关注电气设备与电池设备间的联动与隔离，避免电弧、局部热量积累、电气元器件损坏或炸裂导致的电池安全等问题。

6）如何构建适用不同应用场景的储能系统对内、对外通信架构与数据模型，实现内部设备间标准化通信接入与数据交换，实现储能系统整体对上层管理系统的指令接收与信息传递，实现快速控制指令与可能存在的大量内部数据，如电芯数据的解耦通信，避免控制延迟或干扰。

7）如何通过单元化储能系统并联的方式，构建更大规模储能项目或电站，如何通过站级管理与控制，消除储能系统间个体性能离散化差异，避免在快速调度与暂态转换过程中各储能系统间的交叉耦合与相互干扰，确保整体电站内部的稳定运行、与电网间的受控能量流动、与上层控制系统间的快速信息交互与指令执行。

8）如何基于现有的电气、消防、BESS 等工程安装规范，完成储能系统内部设备的集成安装与调试，尽量减少现场操作或对电池组的频繁移动，避免不适宜的安装平台、接地方式，导致储能系统防护等级的降低或带来的不稳定性因素。

9）如何将人工智能、区块链等先进技术应用于储能系统，以提高储能系统的智能管理、寿命预测、故障早期预警或诊断等能力，切实改善用户对储能系统当前和未来的性能把握与运行预期，也为智能电网、虚拟电厂等先进系统调度与能量管理技术的实现提供关键的硬件基础与执行手段。

正是由于储能系统自身构成的复杂性、外部应用的专业性以及对设备安全的高要求，储能系统集成技术成为底层设备（电池、PCS 等）与应用领域相结合的具体实现手段和必要技术桥梁。

1.4 电池储能系统集成技术的任务

BESS 集成技术的主要任务正是在于基于应用领域技术原理及项目整体目标需求，通过对储能电池、PCS、配电、控制、环境与安全等底层设备的经济配置、有机整合、各自功能的优化运行、彼此间逻辑的有效衔接、电气与温度环境的安全构建，最终实现储能系统对内智能化自治管理、对外一体化响应或主动完成功率控制与能量调度。

BESS 集成技术涉及电气、电力电子、工业设计、电化学及应用领域等多专业技术方向，这对系统集成团队的专业学科建设、人员技术能力提出了较高的要求，如图 1-5 所示。

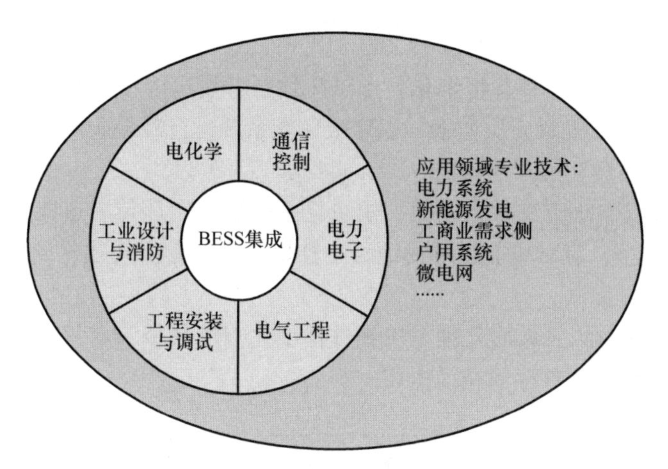

图 1-5 BESS 集成技术

当前，国内储能系统集成团队，大多以电池或 PCS 为技术基础，随项目应用而不断完善团队建设、培养集成能力，其关键在于是否能够迅速完成从单一技术研究与应用转变至多技术交叉研究与综合应用，从底层设备研发转变至系统集成研发；全面掌握储能系统应用领域相关技术原理，建立均衡发展的系统集成多技术能力，最终在底层标准化设备与多样化应用场景之间实现高效、经济、安全的集成整合。

BESS 正逐渐从项目定制型向标准产品型发展，决定其进程快慢的主要因素包括储能应用场景需求的固化与明确、与应用领域原有系统功能界面的清晰划分与接口规范、储能系统内部设备组成与功能的定义、对系统整体成本控制的目标及市场总体规模等。

按照应用场景的最大公约数，采用模块化组合方式来实现主要功率或容量需求覆盖，是一条合乎逻辑且较为清晰的储能系统产品标准化道路，但毫无疑问这必须基于目标市场的成熟发展和系统集成商的经验积累。例如，可以将储能系统按照功率等级划分为大功率储能系统（1MW 以上），主要应用于发电侧或电网侧；中功率储能系统（50kW ~ 500kW），主要应用于工商业；小功率储能系统（50kW 以下），主要应用于户用。但是，上述功率等级的划分并不完全准确，甚至在具体的项目中存在彼此间功率重叠或覆盖；此外其产品集成研发中，还应依据细分市场需求，考虑容量配置，如功率型、能量型等，这就自然增加了储能系统产品的种类，如果再考虑并网、离网和无缝切换等功能性需求，那么似乎就只能陷入项目定制的桎梏中。

总体而言，处理项目定制需求与标准化产品间的关系，将是储能系统集成研发与管理重要且长期的工作内容，节奏的把握将在很大程度上决定业务的发展：

1）储能系统集成团队应按照资源和能力匹配明确主要目标市场，采取针对性系统开发，有所取舍，避免不必要的研发投入和无止境的功能扩展。当然，在业务发展初期，需求趋势不明、团队能力欠缺、应用功能繁杂、业务体量不足等客观因素间的矛盾就显得异常突出。

2）储能系统集成团队应对底层设备，如 PCS、电池及彼此间接口有着深入的研究，以实现其功能的最大化利用；通过本地控制器，实现对底层设备的有效管理与整合，避免简单的硬件设备堆砌与物理连接。

3）储能系统集成团队应具备精细化、虚拟化运行分析与经济测算能力，结合应用领域专业知识，提供储能系统配置及应用方案，以完成储能系统运行效果预测及经济性分析；应建立数字化仿真平台，以缩短项目开发周期。

4）储能系统集成团队应具备自动化、模块化系统集成设计与制造能力，建立并不断完善标准化设备或器件模型，应对可能出现的项目个性化需求；建立规范化设计与制造流程，以实现系统快速集成与交付。

5）储能系统集成团队应灵活处理系统硬件标准化与项目需求软件定制化间的矛盾，追求售前、售中及售后全流程的整体效益最大化。

1.5 本书主要内容

BESS 的安装场地限制较小、控制响应精确快速，可以被广泛应用于改善电网调频调峰性能、辅助新能源发电并网、支持或稳定微电网电压、优化分布式电源接入等方面，并具有显著的技术优势，业已成为能源互联网、智能电网不可或缺的重要组成部分，在全球范围内迅速发展。本书只讨论 BESS 的集成技术。

BESS 集成技术，近年来被广泛关注，究其原因，一方面是从应用的角度而言，希望电池、PCS 等相关设备能够以集成系统为单元，统一接受上层能量管理系统的调度与控制，而上层能量管理系统则不必协调或关注过于细分的底层设备的运行与控制，实现彼此间控制范围与时间尺度上的清晰划分；另一方面是从设备研制角度而言，储能系统集成技术实现了设备与应用领域的紧密衔接，为设备的模块化、标准化和低成本提供了保障；最后，设备的进步与发展，也为储能系统最终实现自身的模块化、标准化和低成本提供了基础，有效促进电池储能技术和行业的整体发展。

本书分章概述如下：

第 1 章简述储能系统的发展概况、BESS 基本特点及面临的挑战，并介绍 BESS 集成技术的作用与发展。

第 2 章叙述 BESS 的架构、性能指标及内部关键设备，包括主要种类的电池、功率变换装置的原理，最后介绍 BESS 的主要成本构成和比例。

第 3 章以火储联合、辅助新能源并网、一次调频、改善电网稳定性及微电网为例，详述储能系统在这些应用领域的配置、控制及整体解决方案等内容。

第 4 章详细阐述 BESS 电气部分的设计原则，包括低压电气的设计、变压器及接地方式的选择、高压开关柜及电力线缆的选型、直流汇流回路的设计与保护、系统控制配电设计及 BESS 并网对配电网保护的影响等内容。

第 5 章详细阐述 BESS 结构与安全设计，包括 BESS 整体结构与预制舱的设计、预制舱围护结构与布局、预制舱内部接地与静电防护、BESS 热管理设计与具体的实现方式、基于计算机的辅助设计过程、电池火灾分析与自动灭火系统设计，最后介绍了较为新颖的火探管灭火系统。

第 6 章详细阐述以本地控制器为核心的 BESS 内部通信与控制逻辑，包括本地控制器不同硬件平台的选型及软件架构、BESS 的基本工作状态分析与逻辑转换、储能系统内部监控设备配置方案与外部监控网络、能量管理系统及基于 IEC 61850 的储能系统建模。

第 7 章详细阐述 BESS 设备集成安装与检验，包括系统集装箱及户外柜、高压开关柜、变压器、低压开关柜、PCS、电池汇流柜与直流线缆、空调与消防系统等内部设备的安装与检验；简述 BESS 的出厂调试、起吊运输及现场安装等工作过程。

第 8 章介绍了电池常用模型与改进型模型、PCS 建模与控制，并在 PSCAD 仿真平台上建立储能系统仿真模型，从调频控制、调压控制、紧急功率支撑和调峰控制 4 个方面来验证基于虚拟同步机控制策略的储能系统在多种工况下的运行性能。

第 9 章介绍物联网、神经网络、区块链等先进技术与 BESS 的结合，以进一步增强及完善 BESS 智能化水平与性能，扩展新的应用方式与领域。

第 10 章介绍 BESS 的若干典型应用案例与系统。

参考文献

[1] 张静 . 2019 年全球储能市场回顾 [J]. 电器工业，2020（4）：18-21.

[2] 孙慧娟，刘广斌，杨舒君 . 可再生能源配额制政策的国际经验及其对我国的启示 [J]. 现代经济信息，2012（2）：305，316.

[3] 王刚，黄国日，金东亚，等 . 美国可再生能源配额制实践及对我国可再生能源消纳政策的启示 [C]. 中国电机工程学会电力市场专业委员会 2019 年学术年会暨全国电力交易机构联盟论坛 . 成都：中国电机工程学会，2019.

[4] 罗承先 . 美国加州的可再生能源配额制及对我国的启示 [J]. 中外能源，2016，21（12）：19-26.

[5] 谢旭轩，王仲颖，高虎 . 先进国家可再生能源发展补贴政策动向及对我国的启示 [J]. 中国能源，2013，35（8）：15-19.

[6] 马宇骏 . 英国可再生能源政策发展及对我国的启示 [D]. 北京：华北电力大学，2011.

[7] 王田，谢旭轩，高虎，等 . 英国可再生能源义务政策最新进展及对我国的启示 [J]. 中国能源，2012，34（6）：32-35.

[8] BORTOLINI M，GAMBERI M，GRAZIANI A. Technical and economic design of photovoltaic and battery energy storage system[J]. Energy Conversion & Management，2014，86：81-92.

[9] 邱名义 . 储能电站集电系统若干问题研究 [D]. 杭州：浙江大学，2012.

[10] 白建华，辛颂旭，贾德香 . 我国风电大规模开发面临的规划和运行问题分析 [J]. 电力技术经济，2009，21（2）：7-11.

[11] 游峰，钱艳婷，梁嘉 .MW 级集装箱式电池储能系统研究 [J]. 电源技术，2017（11）：1657-1659.

[12] 韩毅刚，王大鹏，李琪 . 物联网概论 [M]. 北京：机械工业出版社，2012.

[13] 孔祥玉，胡昌华，韩崇昭 . 系统特征信息提取神经网络与算法 [M]. 北京：科学出版社，2012.

[14] 陈珩 . 电力系统稳态分析 [M]. 北京：中国电力出版社，2007.

[15] QIAN H，ZHANG J，LAI J S. A high-efficiency grid-tie battery energy storage system[J]. IEEE Transactions on Power Electronics，2011，26（3）：886-896.

[16] 张矿，姬喜军，张维 . 预制舱式二次设备在智能变电站中的应用 [J]. 自动化应用，2016（7）：118-119.

[17] 周欣，谢鹏，杨旭 . 应用于风力发电的分散式集装箱储能系统设计 [J]. 现代制造技术与装备，2020（2）：23-25.

[18] 杨艺云，张阁，葛攀 . 高适用性集装箱储能系统技术研究 [J]. 广西电力，2015，38（6）：10-14.

[19] 高运动，王剑波 . 模块化智能变电站预制舱设计方案研究 [J]. 安徽电力，2017（1）：26-28.

[20] SREEKANTH K J，AL FORAIH R，AL-MULLA A，et al. Feasibility analysis of energy storage technologies in power systems for arid region[J]. Journal of Energy Resources Technology，2019，141（1）：1-16.

[21] 崔岩 . 箱式一体化储能系统概述 - 访中国电力科学研究院电工与新材料研究所储能研究室主任李建林 [J]. 电气应用，2017，36（1）：4-6.

[22] 房凯，孙威，徐少华 . 箱式一体化储能系统研究概述 [J]. 低压电器，2017（7）：69-72.

[23] 谢仲华，康丽惠，莫海宁 . 光伏储能一体化系统的研究及运用 [J]. 上海节能，2016（3）：132-138.

[24] 王金甫，王亮 . 物联网概论 [M]. 北京：北京大学出版社，2012.

[25] BAGGALEY D.Using smart battery integration to enhance the features of portable devices（part two：advance energy storage）[J].EDN，2005（9）：21-22.

[26] SINGH S，SINGH M，KAUSHIK S C. Feasibility study of an islanded microgrid in rural area consisting of PV，wind，biomass and battery energy storage system[J]. Energy Conversion and Management，2016（128）：178-190.

第 2 章　电池储能系统架构与关键设备

电池储能系统（BESS）内部主要设备包含电池（能量存储）、储能变流器（PCS 或 DC/DC 等功率变换器）、本地控制器、配电单元、预制舱及其他温度、消防等辅助设备，并在本地控制器的统一管理下，独立或接受外部能量管理系统（EMS）指令以完成能量调度与功率控制，实现安全、高效运行。

2.1　电池储能系统架构

BESS 架构如图 2-1 所示。

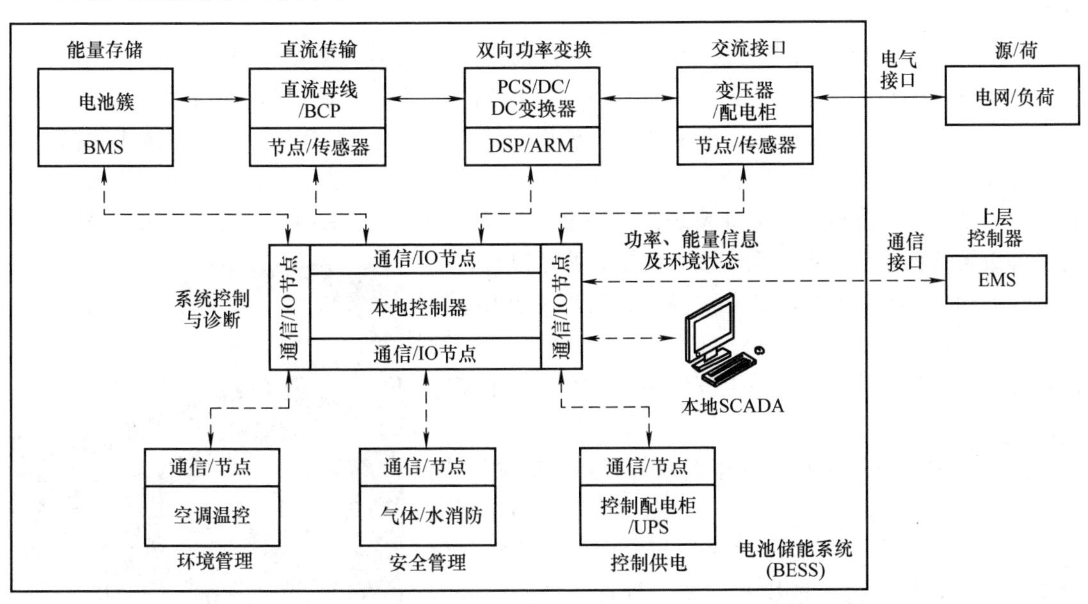

图 2-1　BESS 架构

电池，是指利用化学反应进行能量存储的装置，其通过电池壳内活性物质间的电极氧化 / 还原反应，实现化学能与电能间的转换，并以电压 / 电流的形式向外部电路输出电力。与不可充电的一次电池相比，储能领域使用的二次电池可多次循环充放电使用，主要包括铅酸电池、锂电池、钒电池、钠硫电池等。正是由于电池充放电过程本质上是电化学反应过程，所以往往伴随着发热、结晶、析气等现象，影响了电池组的寿命、效率和安全。此外，为了扩大储能系统容量规模和电压等级，BESS 的电池包含若干并联或串联的电池单元，即电芯。这样一来，从安全性考虑，特别对于锂电池而言，由于其在严重过充电状态或高温等极端情况下存在爆炸风险，所以电池管理系统（Battery Management Systems，BMS）也成为 BESS 一个非常重要的设备。BMS 对电芯及电池簇进行有效的监控、保护、能量均衡和故障警报，提高了整个储能电池的工作效率和使用寿命。

PCS，是电池与电网或用电负荷间的功率转换与电气接口。尽管随着电力电子装置的不断发展与应用，PCS 成本不断降低，但是它却决定了整个储能系统的输出电能质量与功率特性，也在很大程度上，与 BMS 相配合，影响着电池的使用寿命与安全。

本地控制器，通过通信、传感器检测、节点检测的方式，实现对整个储能系统状态的感知、逻辑的控制、主要设备与辅助设备的运行协调及故障的处理，以提高 BESS 的工作效率和可利用率。本地控制器的功能比较灵活，其范围也可能随项目的情况而扩展，如在简单而小型化的微电网系统中，本地控制器还会延伸控制光伏设备、柴油发电机组及交流配电开关等设备；又比如在较为大型的、含有多个储能系统的电站中，就有可能是多个本地控制器通过级联方式完成较为复杂的任务分工，上层本地控制器实现储能系统间的起停协调、功率分配，而下层本地控制器则主要完成本储能系统内的相关控制工作。

预制舱，作为储能系统的载体和平台，确保储能系统对各种复杂环境的适应，具有防水、保暖、隔热、阻燃、防振、电磁屏蔽等功能。从结构形式上，往往视项目所在地的自然条件、人工成本，可选用固定式建筑、集装箱或户外柜。其中固定式建筑建设周期长，成本较高；而集装箱和户外柜，相对而言在制造和运输成本方面都具有一定优势。所以，在目前大多数项目中，中小型（1MWh 以下）储能系统，对外形美观要求较高，多采用户外柜；而大型系统，对防护等级及结构强度要求较高，多采用集装箱。以集装箱为例，如图 2-2 所示，箱体需要按照动静态载荷受力分析设计强度，必要时可进行箱体改造，增设加强梁。同时，还需要按照相关标准，在箱体上安装逃生标志、逃生锁等辅助部件。

图 2-2　集装箱式储能系统

其他辅助设备还包括电池汇流及保护柜（BCP）、控制配电柜、本地监控柜（可选）等设备。在有些微电网项目中，还可能会在交流接口端安装开关切换柜等定制化设备，并将它们交由本地控制器统一管理，进而也成为 BESS 的一部分。

2.2　电池储能系统性能指标

一套完整的 BESS，需要关注的性能指标主要包括两个方面，一个是与能量的存储能力及有效利用有关，即与容量有关；另一个则是与能量的补充或释放能力有关，即与功率有关。而两者之间的关系又往往被用来区分该储能系统为能量型或功率型。

1. 系统容量

该指标体现的是储能系统理论最大可存储的能量容量，一般单位用千瓦时（kWh）或兆瓦时（MWh）表示。这是储能系统最重要的一个参数指标，但是，其真正可用容量却又受到了电池充放电深度（DOD）和系统效率的影响。

BESS 系统容量，强调的是可以输出或被利用的能量的大小，这一点和电池容量的定义有所区别。电池容量一般是指在一定条件下（放电率、温度、终止电压等）电池能够放出的电荷量，以安时（Ah）为单位，表示的是电流与时间的积分。

2. 系统最大功率

系统最大功率，体现的是储能系统最大充放电能力，一般单位用千瓦（kW）或兆瓦（MW）表示。该性能指标决定于电池内部、直流传输回路、PCS 及交流接入的整个主电路设计，甚至通过最大功率运行下的损耗（该损耗将主要转化为热能），而影响温控系统和其他辅助设备的设计。同样容量的储能系统，由于最大功率的不同，而在功能上产生显著差异；即使是同一个储能系统，由于运行功率的不同，其效率也会产生二次方倍的差异。

当功率参数相对容量参数较大时，如 1MW/500kWh，将被称为功率型储能系统；而反之，如 500kW/1MWh，则被称为能量型储能系统。所以有时，也会引入时间的概念，如前者可被标记为 1MW/0. 5h，而后者可被标记为 500kW/2h。

3. 能量损失与效率

储能系统的效率，反映系统在充放电过程中的能量损失，可理解为系统放出能量与充入能量的比值，也称为循环效率。这一损失，不仅仅与储能电池的技术类型有关，也决定于 PCS 等电气环节。狭义的系统效率，将主要表现充放电过程中主电路上的损耗，从电池、直流母线、PCS 最后到变压器（如果存在的话）。但是，事实上在工程应用中，温控系统等辅助设备的功率消耗也经常会被折算入总的损耗中，对效率产生影响。

此外，电池静置过程中也会产生能量损失，铅酸电池一般为 1% ~ 3%/ 月，而锂电池则小于 1%/ 月。

能量损失

$$E_{\mathrm{c}}-E_{\mathrm{d}}=\delta E_{\mathrm{c}}+\delta E_{\mathrm{s}}+\delta E_{\mathrm{d}} \tag{2-1}$$

式中　E_{c}、E_{d}——充电能量、放电能量；

δE_{c}、δE_{s}、δE_{d}——充电过程损耗、静置过程损耗、放电过程损耗。

系统循环效率

$$\mu=\frac{E_{\mathrm{d}}}{E_{\mathrm{c}}} \tag{2-2}$$

系统能量平衡关系如图 2-3 所示。

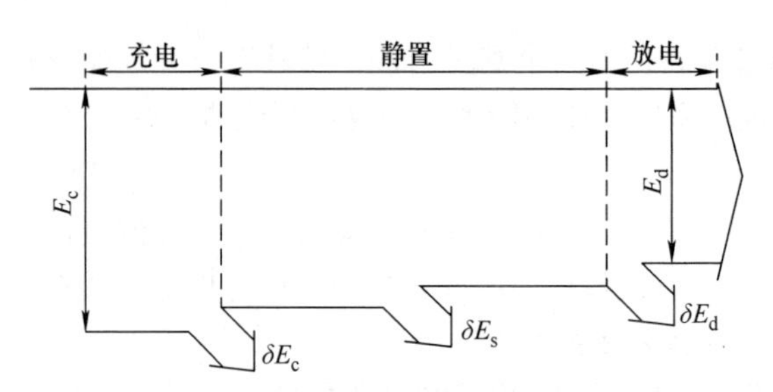

图 2-3　BESS 能量平衡关系

4. 循环次数

电池的循环次数，即为电池的寿命。而整个储能系统中，由于电池的高价值，其寿命也决定了整个储能系统的寿命。循环次数的衰减，会使得电池内阻增加，损耗和发热量也随之上升，将进一步加剧循环次数的衰减过程。此外，频繁的过充和过放，将导致电池中金属物质在电解液中的溶解、沉积的往复，也将对电池循环次数和安全产生显著影响。

某型锂电池在 1C 充电、1C 放电情况下，不同 DOD 时循环次数产生了较为明显的差异，如图 2-4 所示。

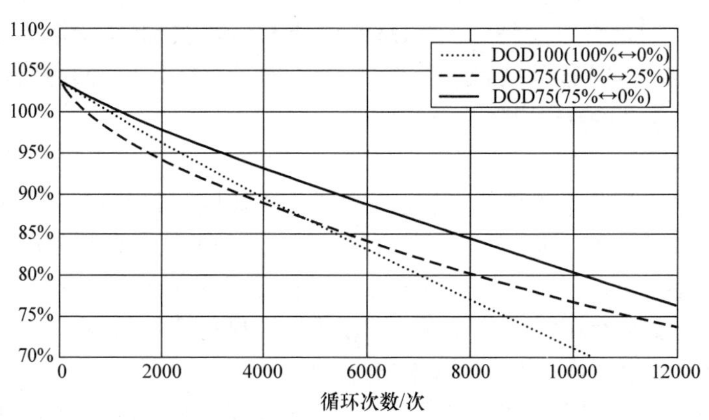

图 2-4　锂电池组循环寿命

5. 成本

储能系统的成本，将与系统的容量、功率、现场工作环境紧密相关。一般来说，能量型储能系统中，电池的成本比重相对较高；而功率型储能系统中，电池的成本比重却相对较低。但无论如何，在当前情况下，电池组的成本总是占据整个 BESS 成本的主要部分，且在未来也是系统成本下降的主要选择。

成本的单位可以采用元 /kWh 或元 /kW，但是均不能完全准确表达其含义，因此在具体项目的讨论过程中对容量和功率的同时约定非常必要。

6. 响应时间

对于 BESS 而言，功率本身的转换和响应时间均在毫秒级，这对于电力系统应用而言已经足够。这也是 BESS 相较于飞轮储能、抽水蓄能等其他物理储能方式优越的地方。可由于受到电压、安装方式及电芯容量的限制，单个 BESS 的功率及容量均较为有限，这样一来在大型储能电站中，如某个由数十组常规低压 5MW/2h 储能系统并联组建的大型储能电站，其响应时间的瓶颈将主要受限于通信方式和调度机制，也将会受到并联设备间功率协同、环流抑制等功能的影响，最终的站级响应时间可能会在百毫秒或秒量级。当然，单体 5MW/2h 的 BESS 只是假设，其过多的电池并联本身就存在较大的安全隐患。这一问题的解决，需要群控方式的改变，也需要高压直挂等新的储能系统技术的突破和应用。

7. 其他特性

在其他一些应用场景或经济性分析中，也会用到比能量（能量与质量之比，Wh/kg）、比功率（功率与质量之比，kW/kg）、单位容量占地面积（能量与占地面积之比，Wh/m^2）等概念，这在核算项目运输成本、占地空间等方面也具有参考意义。

2.3　电池及电池管理系统

2.3.1　先进铅酸电池

铅酸电池（见图 2-5），最早由法国化学家 Gaston Plante 在 1859 年提出，160 多年来，其工作原理几乎没有发生变化。普通铅酸电池的正极活性材料是二氧化铅（PbO_2），负极活性材料是铅（Pb），而电解液为硫酸溶液（H_2SO_4）。电解液既作为电池的反应物，也承担离子输送功能。

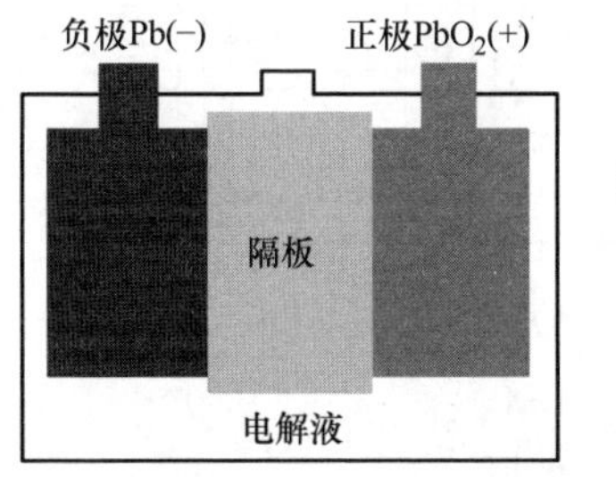

图 2-5　铅酸电池

其放电过程中，负极铅金属与硫酸反应形成硫酸铅并释放出电子：

$$Pb + H_2SO_4 \rightarrow PbSO_4 + 2H^+ + 2e^- \tag{2-3}$$

正极二氧化铅获得电子并与硫酸反应形成硫酸铅：

$$PbO_2 + H_2SO_4 + 2H^+ + 2e^- \rightarrow PbSO_4 + 2H_2O \tag{2-4}$$

而充电过程则是硫酸铅分别被氧化或还原成氧化铅和铅。

总的化学反应式为

$$Pb + PbO_2 + 2H_2SO_4 \leftrightarrow 2PbSO_4 + 2H_2O \tag{2-5}$$

上述原发性反应，产生的额度电压是 2V，最低放电电压 1.5V，最高充电电压 2.4V。在具体电池制作过程中，可通过串联方式获得 12～48V 的额定电压等级。

在上述原发性反应过程中，特别是电池充电阶段，可能会发生大量的副反应，析出一定量的氢气和氧气，产生析气问题。析气问题导致了电解液的损失，需要定期维护，否则将影响电池的正常使用。因此，免维护电池，就是基于氧还原技术，完成了氢气与氧气再化合成水后返回电解液中。此类电池没有补液需求，其中电解液也大多添加了凝胶剂使其形成胶态，或者其他固定方式，而外壳采用密封设计。这样一来，在电池运输过程中就不必刻意去考虑电池朝向；在储能项目安装过程中，对设备与人员防护等问题的处理也相对简易。尽管在正常使用时，很少甚至没有析气问题，但是当电池过充时，依然会有少量氢气和氧气释放，这类电池也必须设置阀门以避免电池内部产生过高的压力。所以此类电池也被称为阀控铅酸（VRLA）电池。阀门的打开，导致了电解液的损失，影响电池寿命，应采取合理的电池充放电管理机制，防止电池过充。

以某款 6V、60Ah 铅酸电池为例，放电曲线及充电区间如图 2-6 所示。

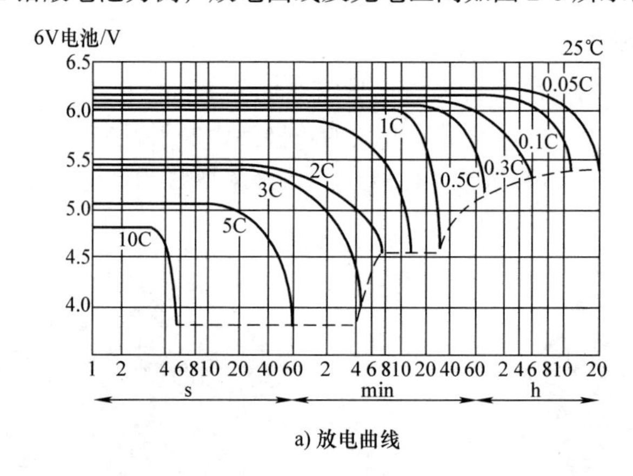

a) 放电曲线

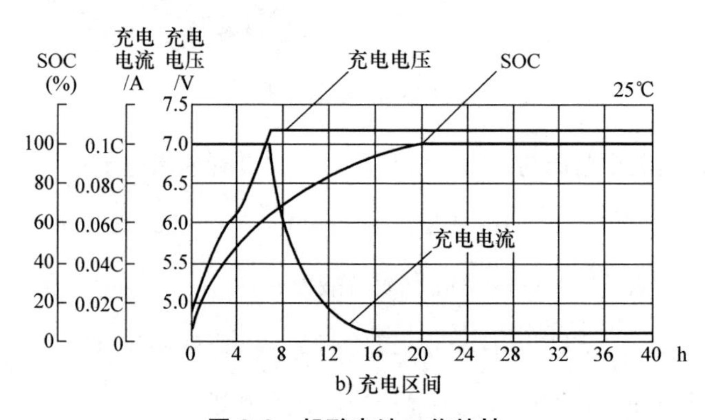

b) 充电区间

图 2-6　铅酸电池工作特性

可以看出，铅酸电池容量受放电倍率影响较大，且在不同的放电倍率曲线末端都将出现急剧的下降拐点。将这些拐点相连得到的曲线就是安全工作时电池的终止电压曲线，储能系统应尽量将电池的工作电压终点设置在这条曲线附近。而拐点最下端的放电曲线终点，称为最小终止电压，低于此电压将造成电池永久性失效，因此相关系统应设计防止电池深度放电的保护功能。

铅酸电池的充电一般分为恒流充电、恒压充电和涓流浮充三个阶段。其中，恒流充电主要恢复电池电压，恒压充电恢复电池容量，而涓流浮充则主要抑制电池的自放电、保持储能。但在储能系统中，除非备电应用，否则一般很少出现长时间的浮充状态。因此，可将储能变流器（PCS）设置为恒压限流工作模式，即在电池电压较低时，跟踪外部充电功率指令，而在靠近最高电压时自动转为限流模式，以防止电池过充。

此外，铅酸电池的放电容量也和温度密切相关。温度低，放电容量低；温度高，放电容量高。虽然铅酸电池具有很宽的工作温度范围，可达 −20 ~ 50℃，但是在储能系统设计过程中也应尽量确保其工作温度在 25℃左右，避免加速老化或失效。

铅酸电池的老化会导致其容量的衰减和最终的失效。而老化的主要过程一类为正极活性材料二氧化铅（PbO_2）与硫酸铅在充放电过程中体积的不断收缩和膨胀导致的结合力缓慢破坏，直至脱落、泥化；另一类则是不可逆的硫酸盐化，这是大型储能系统主要的电池失效原因。

正常情况下，放电过程中产生的硫酸铅虽然是一种难溶物质，可结晶较小，在充电时，依然比较容易溶解并在负极还原成铅。储能系统中，电池工况大多为部分荷电状态下的高倍率充放电（High-Rate Partial-State-Of-Charge Condition，HRPSOC），无法长期处于满充状态，甚至易出现过放电等情况。在这种情况下，硫酸铅就会形成比较大且坚硬的结晶体，附着在电极表面，使其不仅难以还原成铅，而且减少了电池中有效的活性物质，引起电池容量的下降乃至寿命终止。

尽管铅酸电池具有低廉、安全和环境适应性强等优点，但是针对大规模储能应用领域，其寿命短、能量密度低的问题成为应用限制因素。为了解决这些问题，可以将超级电容与铅酸电池性能相结合，在铅酸电池的负极中部分或者全部采用碳材料，其产品主要包括“内并”混合式超级电池 [UltraBattery，以澳大利亚联邦科学与工业组织（CSIRO）及日本 Furukawa 公司为代表]、高级阀控铅酸（Advanced VRLA）电池（以美国 East Penn 公司为代表）及铅炭（PbC）电池（以美国 Axion Power 公司为代表），如图 2-7 所示。

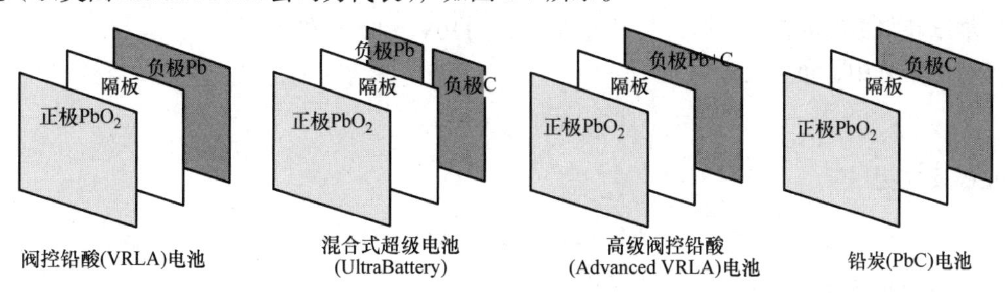

图 2-7 改进型铅酸电池

研究人员在负极中进行了各种碳类型添加的尝试，包括石墨、乙炔炭黑、活性炭、石墨烯、碳纳米纤维以及它们的混合物，但是大多数研究还是侧重对电池充放电倍率或寿命延迟的性能研究，对电池内部潜在机理还亟待探索，甚至有种观念认为，碳的添加只是改变了负极材料的孔隙结构，使得更多的活性材料被有效利用，从而增加了电池容量，也阻止了大晶体硫酸铅的形成，消除了严重硫酸盐化。不论如何，这些理论机理上研究的缺失，导致铅炭电池在碳材料选择和添加计量上存在一定的不确定性，这成为铅炭电池进一步发展的瓶颈。

铅炭电池，在比能量、比功率方面部分改善了铅酸电池的性能，其HRPSOC工况下的电池寿命也延长了一个数量级之多。以国内电池厂家生产的AGM电池为例，其70%DOD下，循环次数超过4200次。再加上成熟的生产工艺、相对宽松的运行环境要求及丰富的应用经验，都使得铅炭电池在辅助新能源并网、电网侧及用户侧储能方面具备了一定的应用空间。

铅酸电池的电解液为酸性含铅物质，电极也为铅的复合物，两者均有危险性和污染性。据统计，仅中国每年就产生500万吨废弃铅酸电池，如果不能建立有效的回收机制和科学的处理方法，将会产生严重的环保问题。目前，欧美地区对铅酸电池采用强制回收制度，其回收再生铅消费比例均超过80%，美国更是在2008年将铅酸电池生产从主要的铅污染源中排除。从技术层面，我国铅酸电池回收率最高可达99%以上，随着铅酸电池回收利用制度和渠道的不断完善，最终有望尽快形成全方位的回收闭环体系。

2.3.2 全钒液流电池

现代意义的液流电池是在1974年由美国航空航天局（NASA）工程师赛勒（L. H. Thaller）为探索月球基地太阳能存储方法而提出的，当时采用Fe-Cr元素作为液流电池的电化学活性物质，组成氧化还原反应，但是由于在运行过程中正负极电解液不同活性物质间的交叉污染，导致容量损失非常严重而无法长期稳定运行。为解决这一问题，澳大利亚新南威尔士大学（UNSW）的Skyllas-Kazacos及其同事们尝试在正负极电解液中采用相同成分的活性物质，并于1986年首次申请了全钒液流电池（VRB）的专利。自2006年，VRB相关的主要专利失效后，其规模化研发、制造与应用更是获得了迅速发展。

VRB（见图2-8）通过不同价态的钒离子相互转化实现电能的存储与释放，是众多化学电源中唯一使用同种元素组成的电池系统，从原理上避免了正负极不同种类活性物质相互渗透产生的交叉污染。正极为VO^{2+}/VO_2^+，负极为V^{2+}/V^{3+}，单电池开路电压为1.25V，可通过串联方式组成电堆以获得更高的输出电压，一般包括48V、110V、220V和380V。

其放电过程中，负极反应为

$$V^{2+} \rightarrow V^{3+} + e^- \tag{2-6}$$

正极反应为

$$VO_2^+ + 2H^+ + e^- \rightarrow VO^{2+} + H_2O \tag{2-7}$$

充放电过程总的反应为

$$V^{3+} + VO^{2+} + H_2O \leftrightarrow V^{2+} + VO_2^+ + 2H^+ \tag{2-8}$$

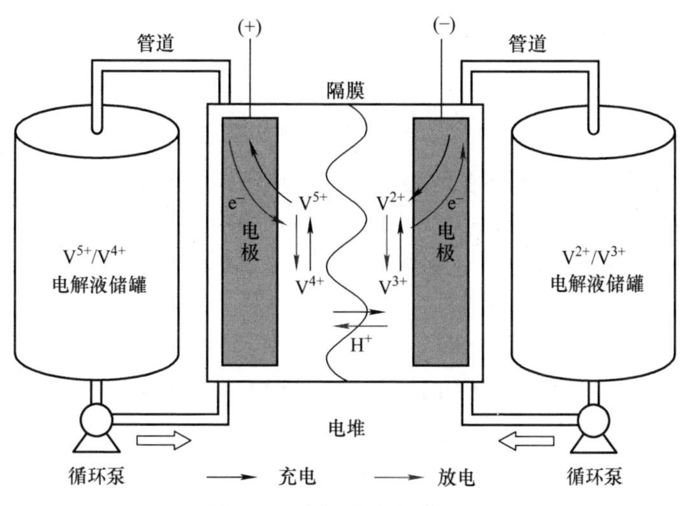

图 2-8　全钒液流电池原理

VRB 系统由电堆、电解液、电解液储罐、循环泵、管道、辅助设备、仪表以及检测保护系统组成。正负极电解液被循环泵压入电堆内，并在机械动力作用下，分别在由正负极电解液储罐和电堆构成的闭环回路内，以适当的速度循环流动。VRB 电堆由数节单体电池按照压滤机的形式组装而成，是正负极电解液发生化学反应的场所，主要包括惰性电极、离子交换膜、集流板、双极板及其他绝缘固定、分流密封等部件。其中，电子转移反应发生在惰性电极上，而离子交换膜作为正负电解液的隔膜，防止了正负极电解液两边活性物质的混合，同时允许氢离子的通过，与外部电子形成闭环回路，使得存储在溶液中的化学能转换为电能。这个可逆的过程使 VRB 顺利完成循环充、放电。此外，循环泵为电解液的流动提供动力，如果一旦出现故障，整个 VRB 系统将无法工作，因此其不仅决定着 VRB 系统的可靠性，也影响着约 5% 的 VRB 的系统效率。

鉴于 VRB 系统的复杂性，进行效率研究时会考虑电流效率（库仑效率）μ_i、能量效率 μ_e 和系统效率 μ_S。计算公式如下：

$$\mu_i = \frac{\int_{\text{discharge}} I\mathrm{d}t}{\int_{\text{charge}} I\mathrm{d}t} \tag{2-9}$$

式中　I——充放电电流；

t——时间。

$$\mu_e = \frac{\int_{discharge} IV\mathrm{d}t}{\int_{charge} IV\mathrm{d}t} \tag{2-10}$$

式中　V——充放电电压。

$$\mu_S = \frac{放电能量-系统损耗}{充电能量+系统损耗} \tag{2-11}$$

系统损耗主要是为推动电解液在闭环回路中循环而提供的动力，决定了电解液流量的大小。在 VRB 系统中，$\mu_i>\mu_e>\mu_S$。

正是由于 VRB 有别其他类型电池的原理，使其具有扩容便利、高循环寿命、SOC 可测性及高安全性。

在所有的储能系统应用中，电池的功率与容量备受关注。VRB 电堆的输出电压取决于串联的单体电池数量，而输出电流与电极的面积有关，这两者最终决定 VRB 电堆的输出功率，一般在 10kW ~ 40kW 范围。VRB 系统，可由多个电堆通过电气并联、串联或串并联来提高电压等级和输出功率，以满足更大规模储能系统应用需求。而 VRB 的容量则决定于电解液存储罐中电解液的体积和钒离子浓度。VRB 功率与容量间相互独立，这是一个与其他类型电池相比独有的特性，也为储能系统的设计提供了便利。目前，VRB 系统输出功率在数 kW 至数十 MW 范围，容量在数十 kWh 至数百 MWh 范围，与其他电池相比，更易构建大规模储能系统。

由于 VRB 从原理上避免了正负极电解液间不同活性物质相互污染导致的电池性能劣化，所以其充放电循环次数可达 13000 次以上（取决于隔膜的老化），能量效率也可达 75% ~ 85%，且基本不随循环次数的增加而改变。而且，VRB 有一个重要的特性，即在整个放电电流工作区间内，电池容量（Ah）将基本不随电流大小而变化。究其原因在于，随着工作电流的增加，虽然电池的能量效率有所下降，但是由于在大电流密度下，钒离子通过隔膜的阻力增大，反而避免了正负极溶液的交叉渗透，提高了电流效率，最高可达 98% 以上。

需要注意的是，电解液流量对 VRB 的功率与容量都有显著影响，应选择最佳流量以充分发挥 VRB 的性能，避免因电堆中活性物质钒离子的扩散速度与反应速度的不匹配，而导致电池容量和效率的下降或不必要的辅助系统损耗。

VRB 系统的另一个重要特点是其 SOC 的可检测性。可以通过实时监测电解液的 SOC 来保证 VRB 在规定的充放电区间内运行，这对储能系统的应用非常具有实际意义。首先，由于电堆中所有的串联单体电池都采用相同的电解液，因此单体电池的 SOC 与电堆的 SOC 相一致，不需要额外的串联均衡操作；其次，可以通过取样方式，如设置额外的电解液支路作为 SOC 电池，通过检测该电池的开路电压获取电池的 SOC。

由能斯特（Nernst）方程可知，VRB 电池开路电压与 SOC 之间的关系如下：

$$V_{SO} = N_{cell}[V_0 + \frac{2RT}{nF}\ln(\frac{SOC}{1-SOC})] \tag{2-12}$$

式中　V_{SO}——VRB 系统输出开路电压；

N_{cell}——串联单体电池数量；

V_0——氢离子浓度一定且 50%SOC 时单体电池理论开路电压，可通过测量方式确定，测量结果随着钒和酸总浓度的不同而不同；

R、T、F——摩尔气体常数、绝对温度（K）、法拉第常数；

n——氧化还原反应物质转移当量数，取 1。

单体 VRB 电池 SOC 与理论开路电压的关系如图 2-9 所示。

VRB 系统具有很高的安全性和环境友好性，只要控制好充放电截止电压，保持环境通风，VRB 就不存在着火爆炸的潜在风险。这是因为，在运行过程中，绝大部分的正负极电解液被保存在完全隔离的储液罐中，而只有很少部分停留在电堆中。即使电堆中出现了短路或意外事故，导致正负极电解液中的活性物质直接接触，其氧化还原反应释放的热量也极其有限。VRB 系统中所用的电解液、金属材料、碳材料和塑料，也大多可被反复使用或再生利用，具有环境友好性。但是，过充依然有可能导致析氢，甚至腐蚀电极、双极板等关键部件，严重影响系统效率和寿命，必须严格加以控制。

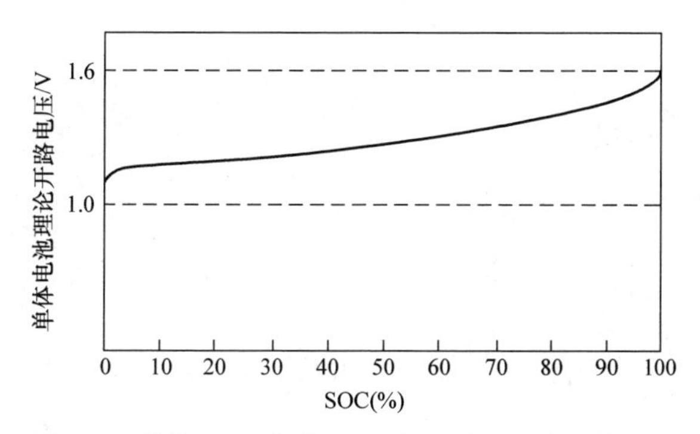

图 2-9　单体 VRB 电池 SOC 与理论开路电压的关系

VRB 的主要不足之处是系统复杂，仅辅助系统就包括循环泵、电控、管道、通风等设备且必须提供稳定电力；能量密度较低，不适宜小型化或移动式储能系统；相较锂电池而言，VRB 系统效率较低，大约在 85% 以下，这意味着至少有 15% 的能量转化为热量，必须妥善处理以维持电解液温度在适宜范围（20～40℃）。

为了管理 VRB 系统中相关的流量、压力、温度、气体或漏液等重要参数指标，维持系统正常运行，并完成故障状态下的保护，应配置相应的电池管理系统（BMS），如图 2-10 所示。

通过传感器，BMS 获取的数据包括电堆与系统的热、电、流体、气体以及阀门和开关的位置信号等相关信息，完成对 VRB 的控制；并通过数据分析与计算，实现故障诊断与预测，采取相应的故障保护动作，完成故障代码上报、告警，指导电站运维人员完成诸如漏液处理、电堆故障排除及电解液存储罐排氢等操作。此外，BMS 还将进行 SOC 的实时估算，并与相关的 PCS 和上层 EMS 间建立交互通信，协调完成充放电管理和储能系统级功能。

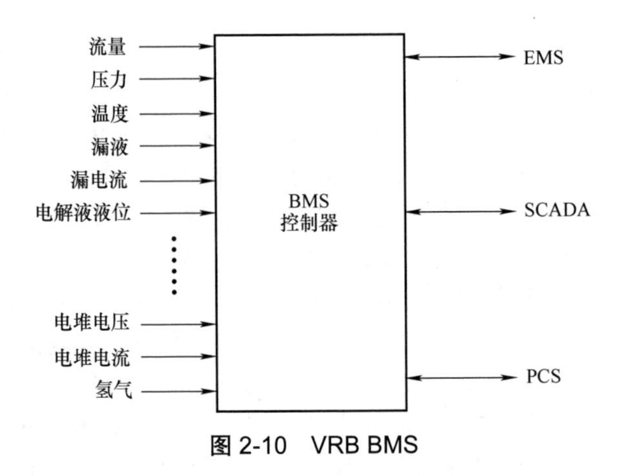

图 2-10　VRB BMS

VRB 系统在日本、澳大利亚和中国，均有大量的应用项目，领域覆盖辅助新能源并网、电网侧或用户侧削峰填谷及微电网，其单个集成系统最大容量已达 500kW/2MWh 以上，如图 2-11 及表 2-1 所示。

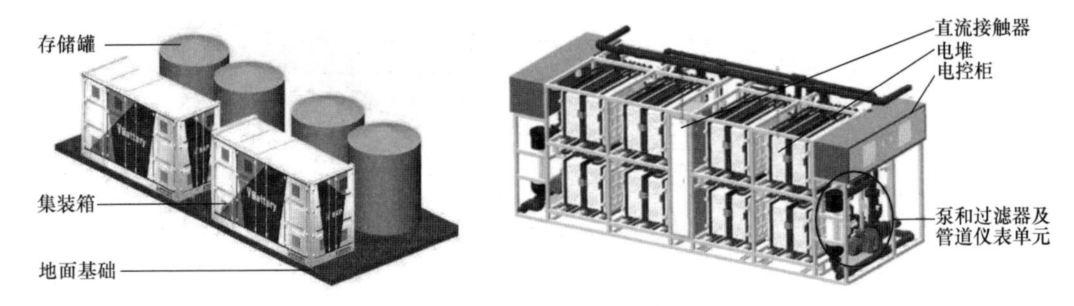

图 2-11　500kW/2MWh VRB 储能系统

表 2-1　500kW/2MWh VRB 储能系统规格

类别	参数	类别	参数
额定功率	500kW	额定容量	2000kWh、可定制
直流侧效率	77%～79%	系统效率	70%～71%
直流电压范围	416～645V	交流输出电压	250V
最大电流	AC 1200A	通信接口及协议	RS485/Modbus-RTU
响应时间	100ms	绝缘电阻	>550MΩ
集装箱尺寸	6.058m×2.38m×2.591m	外形尺寸	16.7m×8m×4m
总重量	220t	最大承重要求	3.5t/m^2
运行环境温度	−30～40℃	运行环境湿度	5%～95%

近年来，我国在 VRB 的关键材料、电池结构设计及制造水平方面都不断提升，已处于国

际领先水平。随着电池的功率密度不断提高，成本也在不断下降，已从 2013 年的 7000 元 /kWh 下降到当前的 3000 元 /kWh 左右。综合考虑 15000 次以上的循环寿命，其度电成本具有较强竞争力。目前我国规划的 VRB 最大示范项目容量已达 200MW/800MWh。通过这些大量的示范项目，积累了丰富的设计、运维经验，证明了 VRB 的安全性和使用寿命，并在这些方面体现出其他类型电池无法比拟的优势。但是，在新材料和新技术、电池功率密度与能量密度提高等方面还需要进一步研究，而和所有新技术一样，其商业化的发展更是离不开政府、企业与市场的全方位合作，并通过标准化研究和规模化应用不断完善其可靠性与制造工艺，降低系统成本。

2.3.3　锂离子电池

1989 年，索尼公司推出了锂离子电池，以取代存在较大安全隐患的金属锂电池，并在 1990 年实现了商业化。金属锂电池，也是一种可循环充放电使用的二次电池，但是其采用不稳定的金属锂或锂合金作为负极材料，易在充电过程中产生锂枝晶生长，刺穿隔膜而导致正负极短路，引发起火爆炸。从 20 世纪 80 年代中期开始，人们就不断尝试各种新材料以替代金属锂。1980 年，古迪纳夫（Goodenough）团队发现钴酸锂（$LiCoO_2$）能够很好地改善锂电极枝晶问题；在随后的 1982 年，该团队又发现了更稳定、更低廉的锰酸锂（$LiMn_2O_4$）。这些材料可以作为锂离子电池的正极材料，从而改变了原先“锂源负极”的观念，影响了锂离子电池材料的发展。随后，索尼公司引入钴酸锂技术，并结合石墨负极材料，最终实现了锂离子电池的商业化。

锂离子电池具有高能量密度、较高循环寿命（3000 ~ 6000 次以上）、高能量效率（94% ~ 98%）和无污染等特点，在储能应用领域被广泛关注，并逐渐占据主流地位。自 2017 年，在全球电池储能累计装机规模与新增装机规模中，锂离子电池储能系统占比均超过 70% 和 90%。

锂离子电池在充电过程中，锂离子从正极材料脱出，通过电解质扩散到负极，并嵌入到负极晶体中，同时得到由外电路从正极流入的电子，放电过程则与之相反，如图 2-12 所示。

以钴酸锂（$LiCoO_2$）为例，放电过程中，负极反应为

$$Li_xC \rightarrow C + xLi^+ + xe^- \tag{2-13}$$

正极反应为

$$Li_{1-x}CoO_2 + xLi^+ + xe^- \rightarrow LiCoO_2e^- \tag{2-14}$$

充放电过程总的反应为

$$LiCoO_2 + C \leftrightarrow Li_{1-x}CoO_2 + Li_xC \tag{2-15}$$

目前正在开发和使用的锂电池正极材料除钴酸锂外，主要包括尖晶石型的锰酸锂（$LiMn_2O_4$，LMO）、橄榄石型的磷酸铁锂（$LiFePO_4$，LFP）及层状结构的镍钴锰（$LiNi_xCo_yMn_zO_2$，NMC）三元材料等。正极材料主要影响电池的功率密度、能量密度、寿命和安全。同时，由于在锂电池中成本比例最高，也直接影响了锂电池的经济性。磷酸铁锂和三元材料，是目前发展最为成熟的两种正极材料，并在储能系统中被大量使用。

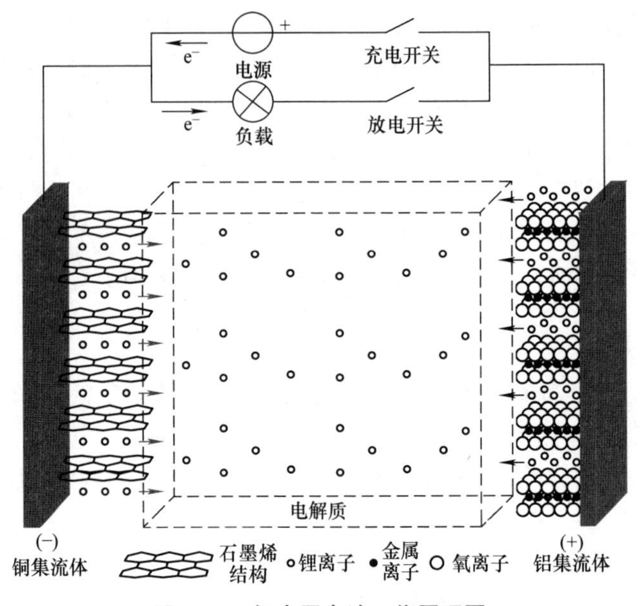

图 2-12　锂离子电池工作原理图

1997年，古迪纳夫团队首次报道了LFP，其理论容量为170Ah/kg，实际容量为130～160 Ah/kg，且充放电过程中电压平台较稳定，电压范围为3.2～3.7V，平均电压为3.45V，如图2-13所示。由于具有较低的固态氧化还原电势以及较高的结构稳定性和热稳定性，使得LFP在安全性方面具有明显优势；此外，LFP材料的主要金属元素为铁，储藏丰富、环境友好、成本低廉。但由于LFP的电子电导性能较差，在10^{-9}S/cm量级，最初被认为是一种低功率的正极材料。后来，随着纳米颗粒掺杂、无机材料涂层及碳包覆等增强活性物质方法的出现，使得LFP的电化学性能显著提高，具有了更好的充放电倍率。

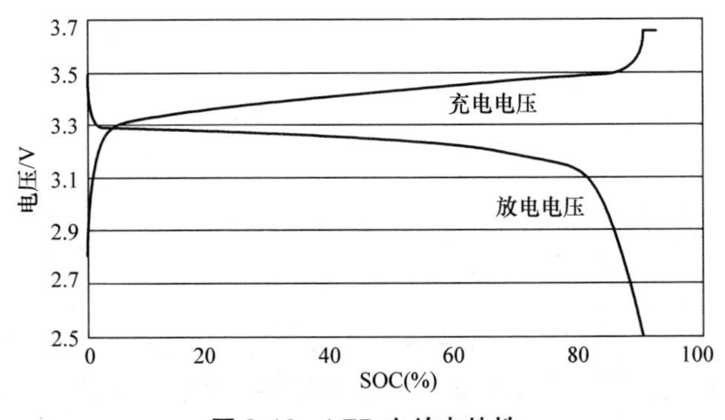

图 2-13　LFP 充放电特性

另一种商业化非常成功的正极材料是层状结构的NMC，其相较LFP具有更高的理论容量，为273～285Ah/kg，但为了防止层状结构崩塌，放电时只有66%的锂从正极中脱嵌，所以实际容量一般为 155 ~ 220Ah/kg。NMC 在充放电过程中电压曲线倾斜，电压范围为 2.5 ~ 4.6V，平均电压为 3.6V，如图 2-14 所示，这对于通过电压控制进行充放电过程中的安全保护具有重要意义；此外，由于层状结构的特点，使得 NMC 允许相当高的充放电倍率。但由于钴材料的使用，提高了电池成本且具有毒性；又由于外部锂脱嵌导致的结构不稳定，充电过程中氧气析出并释放热量，使得 NMC 对过充电敏感且热稳定性较差，可能导致热失控，需要采取相应方法确保在脱锂反应中层状结构的稳定，并通过对反应颗粒进行涂覆防止其与电解液直接接触。

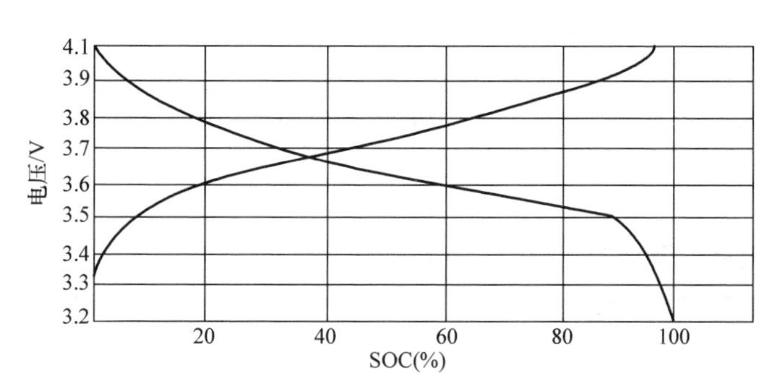

图 2-14　NMC 充放电特性

负极材料主要影响锂电池的充放电效率、循环性能等。负极材料主要分为以下三类：碳材料（石墨类）、金属氧化物材料以及合金材料。好的负极材料主要技术特点包括：比能量高；充放电反应可逆性好；与电解液和粘结剂的兼容性好；比表面积小（<$10m^2/g$）、密度高（>2. 0g/cm^3）；嵌锂过程中尺寸和机械稳定性好；资源丰富、价格低廉；在空气中稳定、无毒副作用等。现阶段，石墨材料是负极材料的主流，但常规石墨负极材料的倍率性能已经难以满足锂电池下游产品的需求；在动力电池方面，碳酸锂可能是新的发展方向；在消费类电子产品方面，需要提高电池的能量密度，以硅 - 碳（Si-C）复合材料为代表的新型高容量负极材料是未来发展趋势。

储能锂离子电池电芯，从外观上主要可以分为方形硬壳、圆柱形硬壳及软包三种形式，如图 2-15 所示；而从内部结构上则由正极、负极、隔膜、电解液、其他（外壳和引出端子等）组成，成本的占比分别约为 40%、15%、10%、10% 和 25%。

a) 方形硬壳

b) 圆柱形硬壳

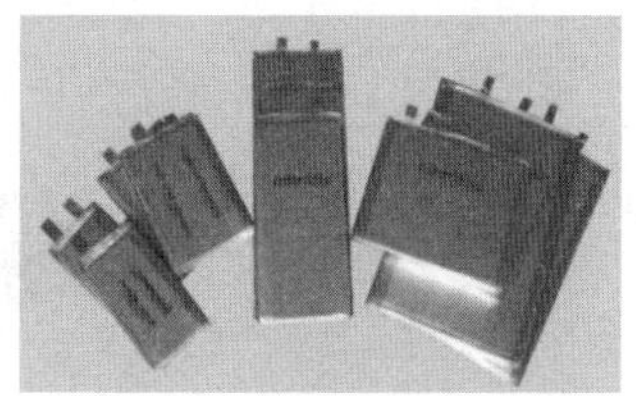

c) 软包

图 2-15　多种锂离子电池外形

每只电芯的容量有限，为了应用于储能系统，以方形硬壳锂离子电池为例，数只电芯

（Cell）通过串联、并联组成电池组（Module）；多个电池组再经过串联组成电池簇（Rack）；电池簇通过开关盒（Switch Gear，SG）输出，与相邻电池簇并联，从而最终组成大规模、高电压的锂电池储能系统。

电池组，是储能系统进行集成安装的最小电池单元，内置若干电芯、传感器、均衡电路及电池组 BMS 等；开关盒，是电池簇输出并与其他电池簇并联的开关操作与保护设备，内部器件主要有直流接触器、直流熔断器或断路器、分流器或电流传感器及电池簇 BMS 等。

锂电池储能系统必须匹配与上述成组形式相应的 BMS，以防止电池生产制造过程中的缺陷以及储能系统使用过程中的滥用导致的电芯寿命缩短、损坏，甚至严重情况下的安全事故。基于成本和可扩展性的综合考量，一个完整的储能系统 BMS 由电池组 BMS、电池簇 BMS 及系统 BMS 组成，这对于由大量电芯串并联组成的大规模储能系统而言，三级 BMS 的设计从最大程度上避免了电芯电压的不均衡及其所导致的过充及过放。

锂电池储能系统及三级 BMS，如图 2-16 所示。

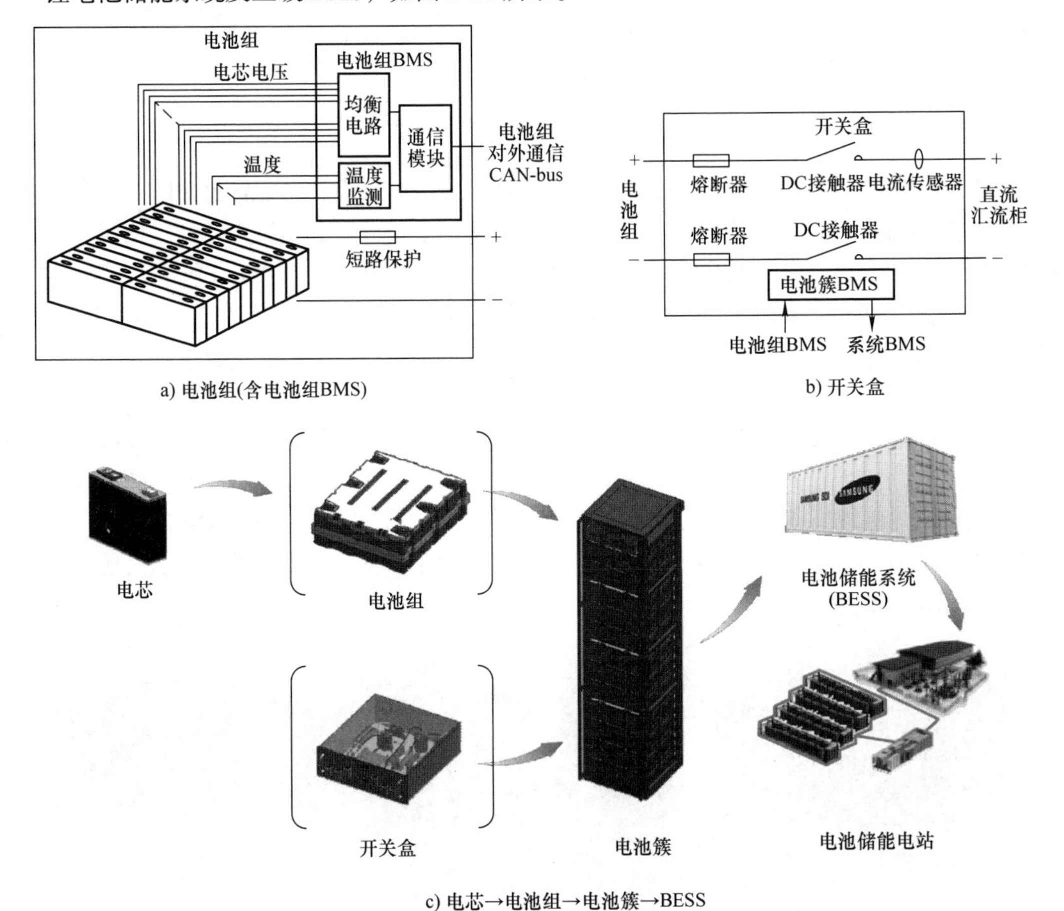

图 2-16　锂电池储能系统及三级 BMS

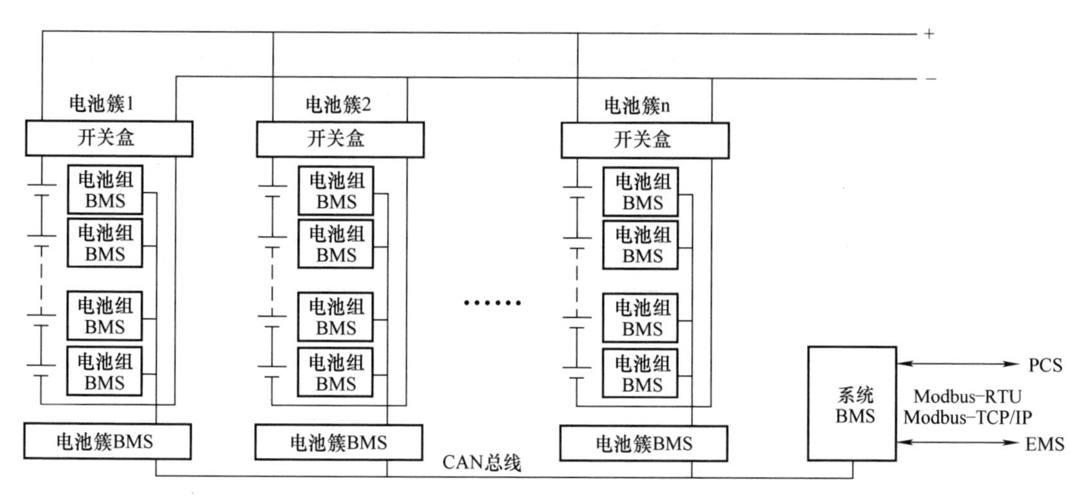

d) 锂电池储能系统

图 2-16　锂电池储能系统及三级 BMS（续）

储能电池 BMS 的主要功能包括状态监测与评估、电芯均衡、控制保护、通信及日志记录等，如图 2-17 所示。

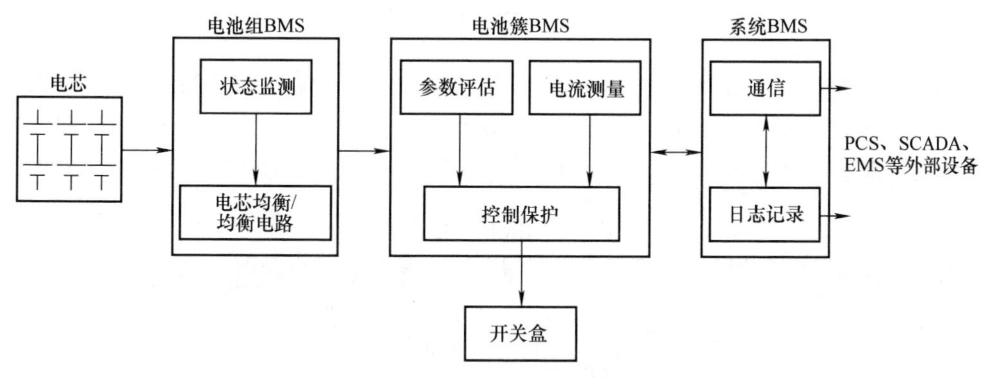

图 2-17　BMS 主要功能

状态监测与评估：被监测数据包括各电池簇电压与电流、电芯电压、系统总电流、电池组或电芯温度、环境温度等；依据测得的数据，进行电池水平相关参数评估，主要包括荷电状态（SOC）、健康状态（SOH）、电池内阻及容量等。其中状态监测是 BMS 的最基本功能，主要由电池组 BMS 完成，也是后续进行均衡、保护和对外信息通信的基础；而参数评估，则是电池簇 BMS 所具有的较复杂功能。信息详细内容如表 2-2 所示。

电芯均衡：在保证电芯不会过充的前提下，留出更多的可充电空间。具体的均衡算法可以基于电压、末时电压或 SOC 历史信息而设计；而均衡电路，如图 2-18 所示，要么是以电阻热量形式消耗的被动均衡，要么是以电芯间能量传递形式再分配的主动均衡。

表 2-2　BMS 状态监测

电池组 BMS	电池簇 BMS	系统 BMS
电芯电压 电芯温度	电池簇电压 电池簇电流 电池簇 SOC、SOH 等 开关盒状态 故障告警信息	系统电压 系统 SOC、SOH 等 控制电源状态 故障告警信息 其他相关信息

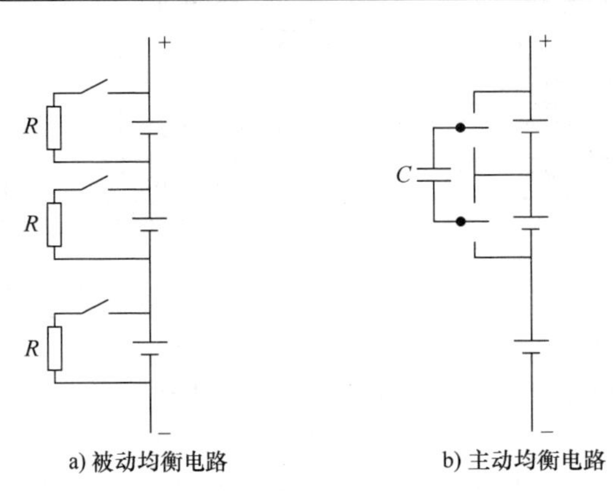

a) 被动均衡电路　　b) 主动均衡电路

图 2-18　BMS 均衡电路

控制保护：电池簇 BMS 与系统 BMS 的控制功能主要表现为通过对开关盒中接触器的操作，完成电池组的正常投入与切除；而保护功能主要是通过主动停止、减少电池电流或反馈停止、减少电池电流来防止锂离子电芯电压、电流、温度越过安全界限。具体内容如表 2-3 所示。

表 2-3　BMS 保护功能

BMS	告警信息
电池簇 BMS	充电过电压保护
	放电欠电压保护
	过温保护
	低温保护
	BMS 通信故障
系统 BMS	过电压保护
	欠电压保护
	过电流保护
	电压不均衡
	电芯温度不均衡
	系统直流接触器故障保护
	系统直流电流传感器故障
	BMS 通信故障

通信：电池系统通过系统 BMS 实现对外通信，通信协议可以采用 Modbus-RTU、Modbus-TCP/IP 及 CAN 总线等。对外传输的信息除了前述的状态监测或估算信息外，还可以包括相关统计信息或安全信息，如电池系统电压、电流或 SOC；各电池簇最大及最小电芯电压和温度；最大及最小允许充电和放电电流；电池簇故障和告警信息；开关盒内部开关器件和传感器信息等。

日志记录：可以在系统 BMS 中内置存储设备，如简单的 SD 卡，如图 2-19 所示，进行必要的电池运行关键数据存储，包括电压、电流、SOC/SOH、最大和最小单体电压、最低和最高温度及报警与错误信息等。

图 2-19　日志记录

2.4　储能变流器

储能变流器（PCS），是电池与电网或交流负荷的接口，它不仅决定了电池储能系统对外输出的电能质量和动态特性，也在很大程度上影响了电池的安全与使用寿命。按照电路拓扑与变压器配置方式，PCS 基本类型可分为工频升压型和高压直挂型，如图 2-20 所示。

当前常规的电池簇电压等级不超过 1500V，且随着 SOC 的变化存在一定的波动范围，因此为了适应不同电网或负荷供电电压等级的需求，PCS 交流侧往往会配置工频变压器。这样一方面实现了交流电压的升压或整定，在离网系统中则可以形成三相四线，为单相负荷供电；另一方面也改善了储能系统保护和电磁兼容抑制。

根据级数不同，工频升压型 PCS 又可以分为单级和双级拓扑。

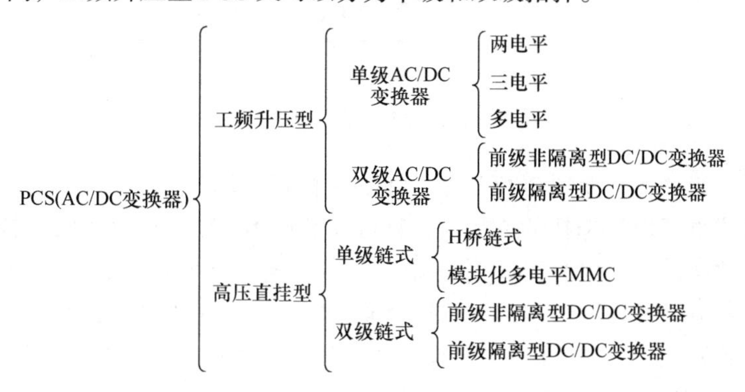

图 2-20　PCS 分类

工频升压型单级 PCS 工作效率高，结构简单；但电池组容量低和电压选择灵活性差，且 PCS 直流侧出现短路故障时易导致电池组受到较大电流冲击，危害大。单级 PCS 也可以根据输出电压电平分为两电平、三电平或多电平，随着电平数的增加，可以进一步提高 PCS 直流侧电压等级与输出电能质量，如图 2-21 所示。

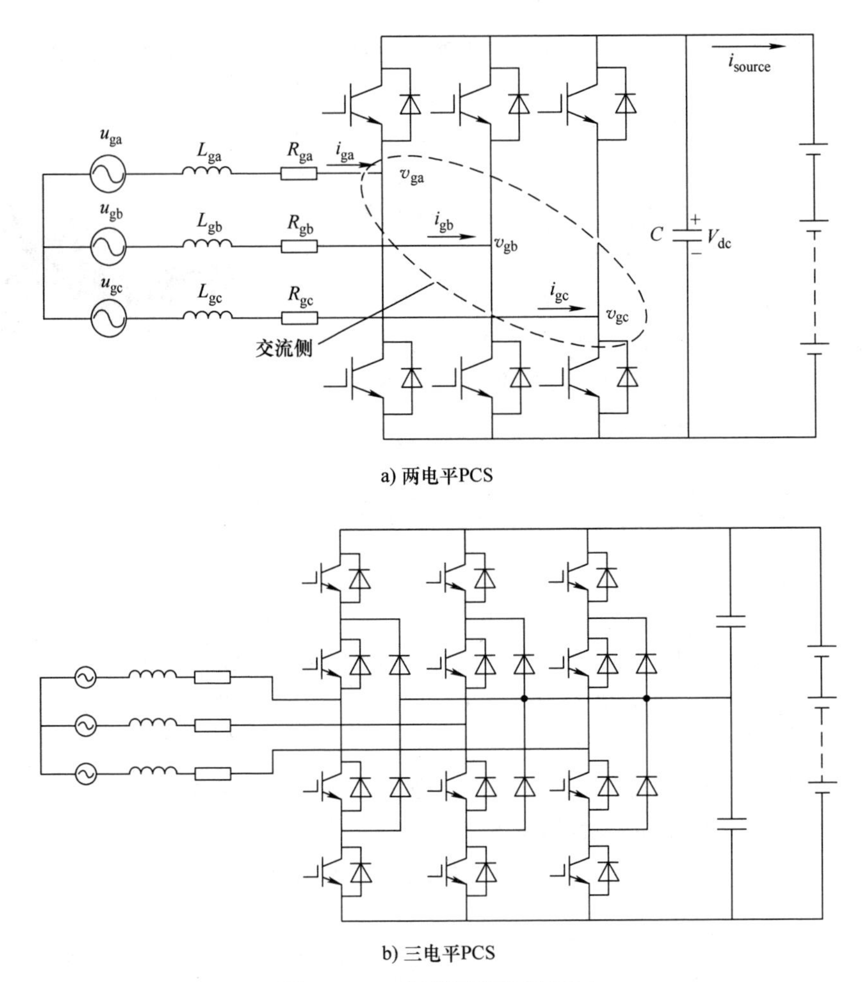

a) 两电平PCS

b) 三电平PCS

图 2-21　工频升压型单级 PCS

工频升压型双级 PCS，如图 2-22 所示，是在电池接入端配置了双向 DC/DC 变换器，提高了电池组容量和增强了电压选择的灵活性，且可以实现多组电池的分别独立控制；但成本高，控制相对复杂，效率低。根据 DC/DC 变换器的结构不同，双级 PCS 又可分为非隔离型与隔离型两种，其中隔离型双级 PCS 可以进一步提升电压变比，具有更宽的电池电压适应性，但大容量隔离型高升压比双向 DC/DC 变换器的设计存在较大技术难度，主要难点包括高频变压器设计、系统绝缘、移相或串联谐振软开关、高功率密度设计等。

对于大容量储能系统中较为常用的锂离子电池，其 SOC 在 15% ~ 85% 的范围内时，输出电压变化范围不大，因此我国现用的大容量储能系统大多采用单级 PCS。而随着直流电压趋近 1500V，三电平拓扑结构也将被越来越多地应用。1500V 电池储能系统，减少了占地面积和开关盒、直流线缆等电气设备的使用，在一定程度上降低了系统成本；但由于电池与 PCS 间距离较短，并不能像大规模光伏电站那样带来直流传输损耗的明显减少，且对双向直流断路器、双向直流接触器等器件提出了更高的性能要求，直流回路的电气安全与保护设计是这一系统实施的核心难点。

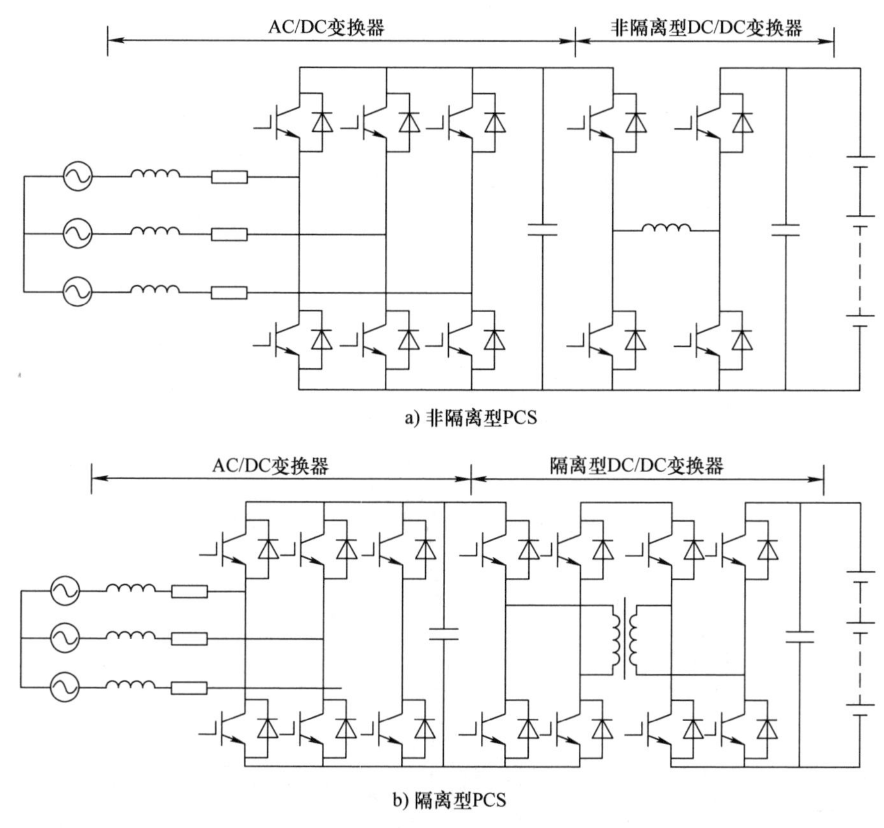

a) 非隔离型PCS

b) 隔离型PCS

图 2-22　工频升压型双级 PCS

为了实现超大规模电池储能电站的应用，避免出现过多电池组的并联，也为了避免工频变压器带来的损耗、降低成本，采用模块化链式结构的高压直挂型 PCS 成为主要的研究方向。与工频升压型 PCS 类似，按照功率变换级数的不同，高压直挂型 PCS 也可分为单级和双级拓扑。

链式单级 PCS 可以不经过工频变压器输出高压，直接接入高压电网，适合构建超大规模储能系统；链式结构实现了级联多电平输出，在单个模块开关频率较低的情况下也可以确保系统获得较低的输出电压谐波特性，降低了开关损耗。但链式单级 PCS 要求直流侧必须相互绝缘，对电池组与 BMS 提出了较高的绝缘压力，需要特殊设计；各电池组相互间及与地间存在共模电流通路，必须解决其共模电流抑制问题；电池组充放电电流中存在 2 倍频脉动，会对电池的高效安全运行和全寿命周期成本产生负面影响。链式单级 PCS 根据模块电路拓扑的不同主要可分为 H 桥链式与模块化多电平换流器（MMC）链式，如图 2-23 所示。

与图 2-22 中工频升压型双级 PCS 类似，链式双级 PCS 通过电池接入端 DC/DC 变换器的引入，进一步扩宽了电池电压的适用范围，也抑制了电池充放电电流中的 2 倍频脉动。当采用高频隔离型 DC/DC 变换器时，各个电池组间不再需要高电压绝缘，绝缘的压力主要由高频变压器承担，但相应地增加了系统复杂度，降低了系统效率。

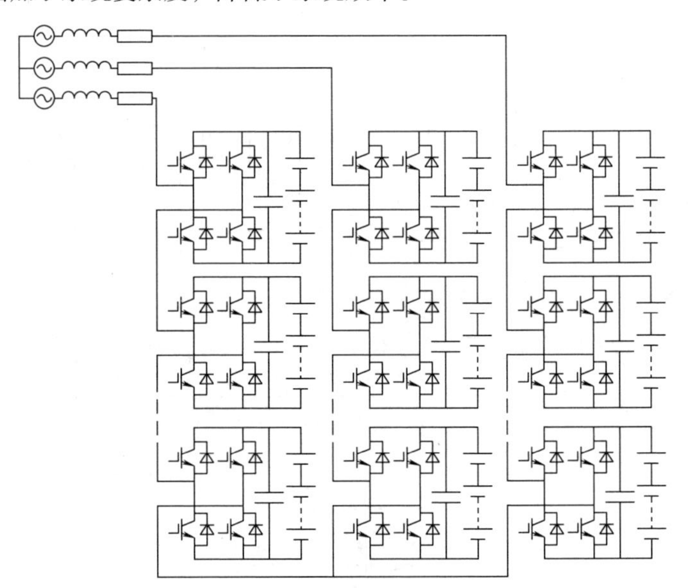

a) H桥链式单级PCS

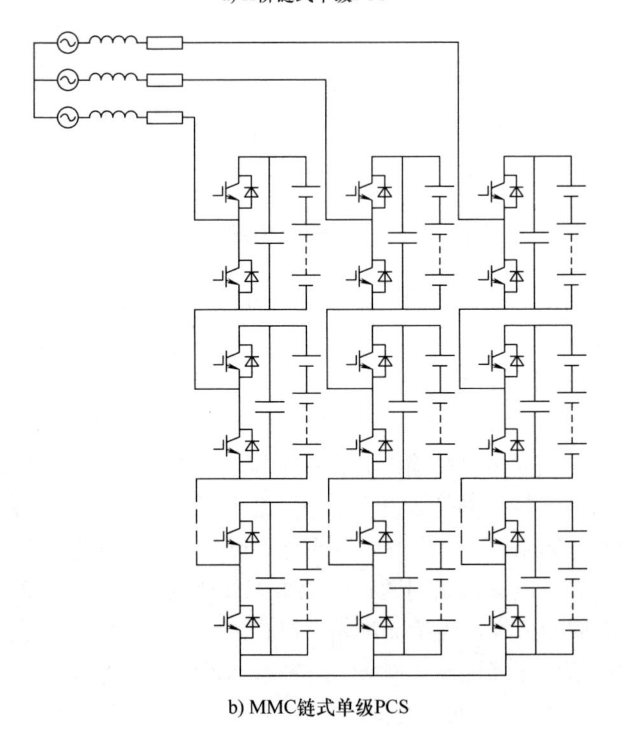

b) MMC链式单级PCS

图 2-23 高压直挂型链式单级 PCS 常用拓扑

总体而言，高压直挂型PCS是解决储能系统超大容量化带来的安全和效率下降难题的关键解决方案，但对电池组或隔离型DC/DC变换器均提出了较高的绝缘要求，制约了其推广与应用，且在超大规模容量的电池集中堆放、电气连接与安全设计方面也存在挑战。

以工频升压型单级PCS为例，主电路如图2-21a所示。图中，u_{ga}、u_{gb}、u_{gc}分别为三相电网的相电压；i_{ga}、i_{gb}、i_{gc}分别为三相输入电流；v_{ga}、v_{gb}、v_{gc}分别为变换器交流侧的三相电压；V_{dc}为变换器直流侧电压；C为直流母线电容；i_{source}为直流侧电流。主电路中的L_{ga}、L_{gb}、L_{gc}分别为每相进线电抗器的电感；R_{ga}、R_{gb}、R_{gc}分别为包括电抗器电阻在内的每相线路电阻。

设图2-21a中主电路的功率器件为理想开关，三相静止坐标系中PCS的数学描述为

$$\begin{cases} u_{ga}-i_{ga}R_{ga}-L_{ga}\dfrac{di_{ga}}{dt}-S_{ga}V_{dc}=u_{gb}-i_{gb}R_{gb}-L_{gb}\dfrac{di_{gb}}{dt}-S_{gb}V_{dc} \\ u_{gb}-i_{gb}R_{gb}-L_{gb}\dfrac{di_{gb}}{dt}-S_{gb}V_{dc}=u_{gc}-i_{gc}R_{gc}-L_{gc}\dfrac{di_{gc}}{dt}-S_{gc}V_{dc} \\ C\dfrac{dV_{dc}}{dt}=S_{ga}i_{ga}+S_{gb}i_{gb}+S_{gc}i_{gc}-i_{source} \end{cases} \tag{2-16}$$

式中　S_{ga}、S_{gb}、S_{gc}——PCS各相桥臂的开关函数，且定义上桥臂功率器件导通时为1、下桥臂功率器件导通时为0。

考虑到PCS一般采用三相无中线的接线方式，根据基尔霍夫电流定律可知，无论三相电网电压平衡与否，其交流侧三相电流之和均应为零，即

$$i_{ga}+i_{gb}+i_{gc}=0 \tag{2-17}$$

将式（2-17）代入式（2-16）可得

$$\begin{cases} L_{ga}\dfrac{di_{ga}}{dt}=u_{ga}-i_{ga}R_{ga}-\dfrac{u_{ga}+u_{gb}+u_{gc}}{3}-\left(S_{ga}-\dfrac{S_{ga}+S_{gb}+S_{gc}}{3}\right)V_{dc} \\ L_{gb}\dfrac{di_{gb}}{dt}=u_{gb}-i_{gb}R_{gb}-\dfrac{u_{ga}+u_{gb}+u_{gc}}{3}-\left(S_{gb}-\dfrac{S_{ga}+S_{gb}+S_{gc}}{3}\right)V_{dc} \\ L_{gc}\dfrac{di_{gc}}{dt}=u_{gc}-i_{gc}R_{gc}-\dfrac{u_{ga}+u_{gb}+u_{gc}}{3}-\left(S_{gc}-\dfrac{S_{ga}+S_{gb}+S_{gc}}{3}\right)V_{dc} \\ C\dfrac{dV_{dc}}{dt}=S_{ga}i_{ga}+S_{gb}i_{gb}+S_{gc}i_{gc}-i_{source} \end{cases} \tag{2-18}$$

PCS交流侧的三相线电压与各相桥臂开关函数S_{ga}、S_{gb}、S_{gc}间的关系为

$$\begin{cases} v_{gab}=(S_{ga}-S_{gb})V_{dc} \\ v_{gbc}=(S_{gb}-S_{gc})V_{dc} \\ v_{gca}=(S_{gc}-S_{ga})V_{dc} \end{cases} \tag{2-19}$$

转换成为相电压关系为

$$\begin{cases} v_{ga} = [S_{ga} - \dfrac{(S_{ga} + S_{gb} + S_{gc})}{3}]V_{dc} \\ v_{gb} = [S_{gb} - \dfrac{(S_{ga} + S_{gb} + S_{gc})}{3}]V_{dc} \\ v_{gc} = [S_{gc} - \dfrac{(S_{ga} + S_{gb} + S_{gc})}{3}]V_{dc} \end{cases} \tag{2-20}$$

将式（2-20）代入式（2-18）可得

$$\begin{cases} L_{ga}\dfrac{di_{ga}}{dt} = u_{ga} - i_{ga}R_{ga} - \dfrac{u_{ga} + u_{gb} + u_{gc}}{3} - v_{ga} \\ L_{gb}\dfrac{di_{gb}}{dt} = u_{gb} - i_{gb}R_{gb} - \dfrac{u_{ga} + u_{gb} + u_{gc}}{3} - v_{gb} \\ L_{gc}\dfrac{di_{gc}}{dt} = u_{gc} - i_{gc}R_{gc} - \dfrac{u_{ga} + u_{gb} + u_{gc}}{3} - v_{gc} \\ C\dfrac{dV_{dc}}{dt} = S_{ga}i_{ga} + S_{gb}i_{gb} + S_{gc}i_{gc} - i_{source} \end{cases} \tag{2-21}$$

由于式（2-21）中未对 PCS 的运行条件做任何假定，故在电网电压波动、三相不平衡、电压波形畸变（存在谐波）等各种情况下该方程均能有效适用。

2.5 电池储能系统成本分析

根据美国可再生能源实验室（NREL）的报告，在电池单位容量成本不变的情况下，储能系统总容量越大，分摊至单位容量的其他成本越低，这样 BESS 在大容量储能系统中的应用也将越来越显现出优势，如图 2-24 所示。

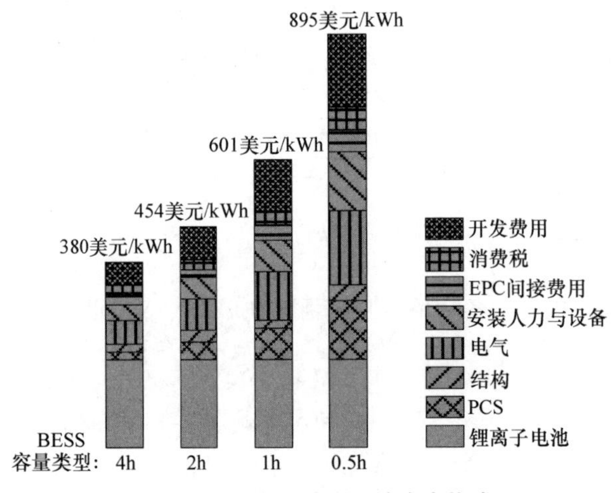

图 2-24 锂电池储能系统成本构成

而具体从集装箱式 BESS 的制造与安装调试过程来看，其成本比例详细分布如表 2-4 所示。

表 2-4　BESS 成本比例分布

BESS 参数	装配	电气	结构	温控	消防	PCS	电池
50kW/2h	4. 3%	11. 3%	8. 7%	3. 4%	—	7. 5%	64. 8%
250kW/2h	1. 5%	5. 2%	5. 6%	2. 4%	2. 3%	7. 0%	76. 0%
2500kW/2h	0. 7%	2. 5%	2. 0%	1. 3%	1. 0%	5. 0%	87. 5%

以 250kW/2h 集装箱式 BESS 为例，电池将约占到总成本的 76%；集装箱、本地控制器、温控、消防、配电及其他相关附件（照明、线缆等）约占 15.5%；PCS 约占 7%。但是上述系统中未考虑并网变压器。

可以看出，从硬件与制作成本角度分析，随着储能系统容量与功率的不断增加，PCS 及其他电气、结构等成本比例将相应降低，而电池成本比例却不断增加，因此电池成本的控制将对 BESS 的整体成本的下降产生决定性影响。

2.6　小结

本章较为详细地介绍了 BESS 的整体架构、系统性能指标及内部主要关键设备，如先进铅酸电池、全钒液流电池（VRB）、锂离子电池及 PCS 等，最后分析了 BESS 及项目的主要成本构成并给出了不同 BESS 参数下的硬件成本比例分布。

参考文献

[1]　郭自强，陈亚昕 . 先进铅酸电池联合会及其计划 [J]. 船电技术，1994，4（7）：34-40.

[2]　陈红雨，熊正林，李中奇 . 先进铅酸蓄电池制造工艺 [M]. 北京：化学工业出版社，2010.

[3]　王福骞 . 中国铅酸电池市场应用现状和未来展望 [J]. 蓄电池，2014，4（51）：171-175.

[4]　雷迪 . 电池手册 [M]. 汪继强，刘兴江，等译 . 北京：化学工业出版社，2013.

[5]　HAGIWARA M，AKAGI H. Experiment and simulation of a modular push–pull PWM converter for a battery energy storage system[J]. IEEE Transactions on Industry Applications，2014，50（2）：1131-1140.

[6]　WEN-HUA CUI，JIE-SHENG WANG，YUAN-YUAN CHEN. Design and performance testing of lead-acid battery experimental platform in energy storage power station[J]. IAENG International Journal of Computer Science，2017，44（4）：471-481.

[7]　LECCE D D，MARANGON V，BENITEZ A，et al. High capacity semi-liquid lithium sulfur cells with enhanced reversibility for application in new-generation energy storage systems[J]. Journal of Power Sources，2019，412（2）：575-585.

[8]　陈梅 . 超级电池——超级电容器一体型铅酸蓄电池 [J]. 电源技术，2010，34（5）：419-420.

[9]　LAM L T，LOUEY R，HAIGH NP，et al. VRLA Ultrabattery for high-rate partial-state-of-charge

operation[J]. Journal of Power Sources，2007，174（1）：16-29.

[10] 刘勇刚，田新春，杨春平 . 环保型铅炭超级电池的研究进展 [J]. 电池，2011，41（2）：112-114.

[11] HOSSAIN A，ULLAH，et al. Feasibility analysis of a hybrid off-grid wind-DG-battery energy system for the eco-tourism remote areas[J]. Clean Technologies and Environmental Policy，2015，17（8）：2417-2430.

[12] 胡晨，相佳媛，林跃生 . 炭材料在铅炭超级电池负极中的应用 [J]. 材料导报，2015，29（11）：41-48.

[13] 欧阳名三，余世杰 .VRLA 蓄电池容量预测技术的现状及发展 [J]，蓄电池，2004，41（2）：59-63.

[14] SHAHRIARI M，FARROKHI M. Online state-of-health estimation of VRLA batteries using state of charge[J]. IEEE Transactions on Industrial Electronics，2013，60（1）：191-202.

[15] 刘宗浩，张华民，高素军 . 风场配套用全球最大全钒液流电池储能系统 [J]. 储能科学与技术，2014，3（1）：71-77.

[16] 王晓丽，张宇，张华民 . 全钒液流电池储能技术开发与应用进展 [J]. 电化学，2015（5）：433-440.

[17] KREIN P T，WEST S，PAPENFUSS C. Equalization requirements for series VRLA batteries[C]. Sixteenth Annual Battery Conference on Applications and Advances. Proceedings of the Conference. Long Beach：IEEE，2002.

[18] 尹丽 . 全钒液流电池储能系统仿真建模及其应用研究 [D]. 长沙：湖南大学，2014.

[19] SHEERAZ M，GHULAM A，HYUN-JIN S，et al. Enhancing the performance of all-vanadium redox flow batteries by decorating carbon felt electrodes with SnO_2 nanoparticles[J].Applied Energy，2018，229：910-921.

[20] 张华民 . 全钒液流电池储能技术及其应用 [C]. 中国化学会学术年会 - 第三十分会：化学电源 . 大连：中国化学会，2016.

[21] 张华民，张宇，李先锋 . 全钒液流电池储能技术的研发及产业化 [J]. 高科技与产业化，2018（4）：59-63.

[22] WEI Z，TSENG K J，WAI N，et al. Adaptive estimation of state of charge and capacity with online identified battery model for vanadium redox flow battery[J]. Journal of Power Sources，2016，332：389-398.

[23] 张华民，王晓丽 . 全钒液流电池技术最新研究进展 [J]. 储能科学与技术，2013（3）：281-288.

[24] 龚俊 . 锂电池一体化箱式移动电源系统的实践运用 [J]. 科技与创新，2016（2）：128-128.

[25] AARON D，YEOM S，KIHM K D，et al. Kinetic enhancement via passive deposition of carbon-based nanomaterials in vanadium redox flow batteries[J]. Journal of Power Sources，2017，366（11）：241-248.

[26] FLOX C，SKOUMAL M，RUBIO-GARCIA J，et al. Strategies for enhancing electrochemical activity of carbon-based electrodes for all-vanadium redox flow batteries[J]. Applied Energy，2013，109（9）：344-351.

[27] 杨晓伟，张瑞，谢秋 . 锂电池一体化箱式移动电源系统的应用 [J]. 储能科学与技术，2014，3（5）：550-554.

[28] 沃纳 . 锂离子电池组设计手册：电池体系、部件、类型和术语 [M]. 王莉，何向明，赵云，等译 . 北京：

清华大学出版社，2018.
[29] 熊瑞 . 动力电池管理系统核心算法 [M]. 北京：机械工业出版社，2018.
[30] GOODENOUGH J B，PARK K S. The li-ion rechargeable battery ：a perspective[J]. Journal of the American Chemical Society，2013，135（4）：1167-1176.
[31] 工业和信息化部人才交流中心，恩智浦（中国）管理有限公司 . 电动汽车电池管理系统的设计开发 [M]. 北京：电子工业出版社，2018.
[32] MAHARJAN L，INOUE S，AKAGI H，et al. State-of-charge（SOC）-balancing control of a battery energy storage system based on a cascade PWM converter[J].IEEE Transactions on Power Electronics，2009，24（6）：1628-1636.
[33] 王震坡，孙逢春，刘鹏 . 电动车辆动力电池系统及应用技术 [M]. 北京：机械工业出版社，2020.
[34] 陶瑜 . 直流输电控制保护系统分析及应用 [M]. 北京：中国电力出版社，2015.
[35] LI H，WANG Z，CHEN L，et al. Research on advanced materials for li-ion batteries[J]. Advanced Materials，2009，21（45）：4593-4607.
[36] 皮斯托亚 . 锂离子电池技术——研究进展与应用 [M]. 赵瑞瑞，余乐，常毅，等译 . 北京：化学工业出版社，2017.
[37] PARK J K. 锂二次电池原理与应用 [M]. 张治安，杜柯，任秀，译 . 北京：机械工业出版社，2017.
[38] VERMA P，MAIRE P，NOVÁK P. A review of the features and analyses of the solid electrolyte interphase in Li-ion batteries[J]. Electrochimica Acta，2010，55（22）：6332-6341.
[39] 张兴 . 新能源发电变流技术 [M]. 北京：机械工业出版社，2018.
[40] KABIR M N，MISHRA Y，LEDWICH G，et al. Coordinated control of grid-connected photovoltaic reactive power and battery energy storage systems to improve the voltage profile of a residential distribution feeder[J]. IEEE Transactions on Industrial Informatics，2014，10（2）：967-977.
[41] TAN J，ZHANG Y. Coordinated control strategy of a battery energy storage system to support a wind power plant providing multi-timescale frequency ancillary services[J]. IEEE Transactions on Sustainable Energy，2017 ：1140-1153.
[42] ABOUZEID S I，GUO Y，ZHANG HAO-CHUN. Coordinated control of the conventional units，wind power，and battery energy storage system for effective support in the frequency regulation service[J]. International Transactions on Electrical Energy Systems，2019.
[43] 安德里亚 . 大规模锂离子电池管理系统 [M]. 李建林，李倩，房凯，等译 . 北京：机械工业出版社，2018.
[44] 科特豪尔 . 锂离子电池手册 [M]. 陈晨，廖帆，闫小峰，等译 . 北京：机械工业出版社，2018.
[45] 瑞恩 . 电池建模与电池管理系统设计 [M]. 惠东，李建林，官亦标，等译 . 北京：机械工业出版社，2018.
[46] 皮斯托亚 . 锂离子电池技术研究进展与应用 [M]. 赵瑞瑞，余乐，常毅，等译 . 北京：化学工业出版社，2017.

[47] LU CHUN-FENG, LIU CHUN-CHANG. Effect of battery energy storage system on load frequency control considering governor deadband and generation rate constraint[J]. IEEE Transactions on Energy Conversion, 1995, 10（3）: 555-561.
[48] ADITYA S K, DAS D. Load-frequency control of an interconnected hydro-thermal power system with new area control error considering battery energy storage facility[J]. International journal of energy research, 2000, 24（6）: 525-538.
[49] YOSHIMOTO K, NANAHARA T, KOSHIMIZU G. New control method for regulating state-of- charge of a battery in hybrid wind power/battery energy storage system[C]. Power Systems Conference & Exposition. Atlanta : IEEE, 2006.

第3章　电池储能系统主要应用与解决方案

电池储能系统的应用涵盖几乎所有的电力生产、传输与消费领域，并且由于其响应时间短、调节速度快、控制精度高的特点，为所有的应用方向都带来了功能或性能上的极大扩展与提升。

本章节将从火储联合调频、辅助新能源并网、一次调频及微电网等方面讨论储能系统的应用与解决方案。

3.1　火储联合调频系统

3.1.1　火电机组 AGC 基本原理

电力系统频率和有功功率自动控制系统称为自动发电控制（Automation Generator Control，AGC），通常指的是电网调度中心直接通过机组分布式控制系统（Distributed Control System，DCS）实现自动增、减机组目标负荷指令，是目前发电机组的一种基本功能。

在生产高质量电能的前提下，AGC 满足电力供需实时平衡，应对几分钟至十几分钟内的负荷变化，属于二次调频。其根本任务包括维持电网频率在允许误差范围之内，即频率无差调整；控制互联电网净交换功率按计划值运行；控制互联电网交换电能量在计划限值之内；在满足电网安全约束条件、电网频率和对外净交换功率计划的前提下，协调参与遥调的发电厂（机组）按最优经济分配原则运行，使电网获得最大的效益，即参与三次调频。

为保障电力系统的安全稳定运行，对于参与 AGC 运行的机组容量和可调容量均有目标要求，我国的电力系统一般要求参与 AGC 的机组额定容量占系统总装机容量的 50% 以上，参与 AGC 的机组可调容量占系统最高负荷的 15% 以上。而具体到参与 AGC 的火电机组，额定功率为 P_e 时，功率调节范围一般为 $50\%P_e \sim 100\%P_e$；每分钟功率变化率最高为 $3\%P_e$；负荷调节响应时间应小于 30s；对于动态调节误差，以 300MW 火电机组为例，调节误差小于 3MW，最大误差小于 5MW。

AGC 系统（见图 3-1），主要由电网调度中心的 AGC 控制器、实时传输通道、远动控制装置（RTU）、单元机组 DCS 组成。电网调度中心，依据实时掌握的电网负荷情况、机组工作状态及电网频率情况，对机组进行远程负荷调度，产生 AGC 指令；AGC 指令，通过远程传输通道，如以载波通信方式，传送至电厂 RTU；RTU 再将 AGC 指令以 4～20mA 电流信号的形式传输至单元火电机组 DCS，DCS 依据机组负荷限幅、负荷变化率设定值等调节机组实发功率，跟踪 AGC 指令；同时，机组实时状态，如实发功率、AGC 投入状态、负荷及变化率限幅等，经变送器转换为 4～20mA 信号传至 RTU；RTU 将机组实时状态，再转换为遥测数据，经远程传输通道以高频载波方式传输至电网调度中心。因此，AGC 是建立在以计算机为核心的数据采集与监控（SCADA）系统、发电机组协调控制系统以及高可靠信息传输系统基础之上的电力生产过程远程闭环控制系统。

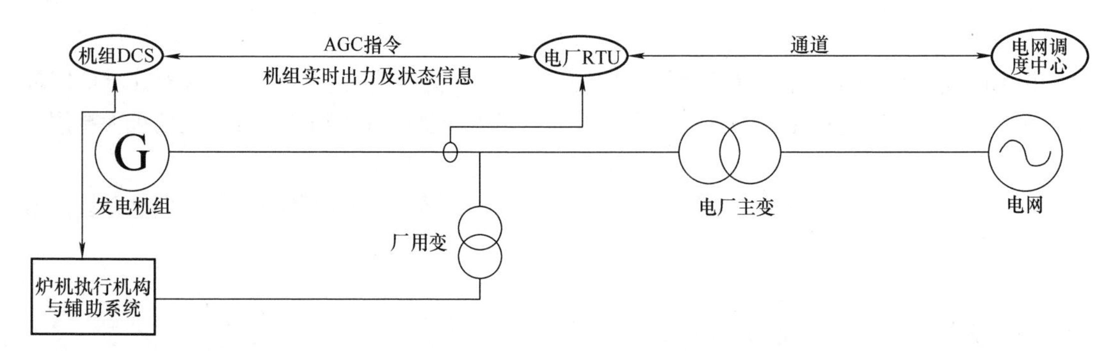

图 3-1　火电机组 AGC 系统

火电机组 AGC 调节及典型响应过程如图 3-2 所示。

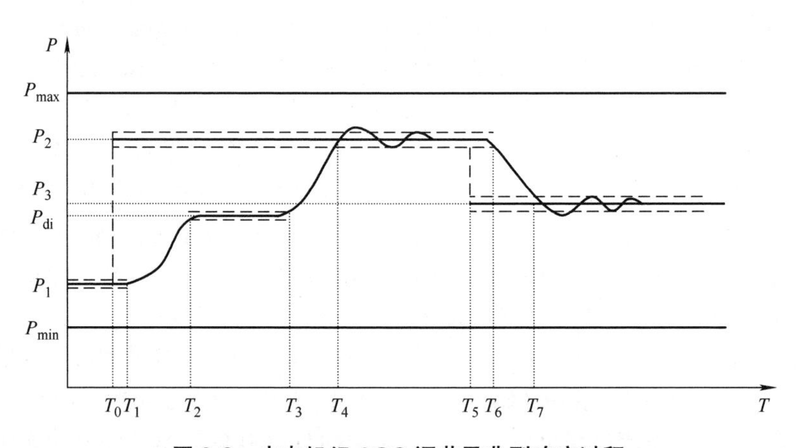

图 3-2　火电机组 AGC 调节及典型响应过程

AGC 作为一种电厂向电网提供的有偿辅助服务，各区域电网分别出台有对应的并网发电厂辅助服务管理实施细则和并网运行管理实施细则（简称“两个细则”），对包括 AGC 在内的各项有偿辅助服务，从性能指标计算及考核度量办法两个方面进行了详细的规定。以华北区域并网发电厂“两个细则”（2019 年修订版）为例，发电机组提供 AGC 服务，考核指标包括可利用率指标 K_A、调节性能指标 K_P，其中 K_P 见下式：

$$K_P = K_1 \times K_2 \times K_3 \tag{3-1}$$

式中 K_1——调节速率，2-（机组实际调节速率 / 机组标准调节速率）；

K_2——调节精度，2-（调节偏差量 / 调节允许偏差量）；

K_3——响应时间，2-（机组出力响应时间 / 机组标准响应时间）。

具体性能指标计算细节，可参考相关管理文件。

AGC服务贡献日补偿费用计算如下：

$$\text{日补偿费用} = D \times \ln\left(K_{Pd}\right) \times Y_{AGC} \tag{3-2}$$

式中 D——机组AGC日调节深度（MW），为一日内AGC指令绝对值的累计值；

K_{Pd}——调节性能日指标，为一日内AGC调节过程调节性能指标K_P的平均值；

Y_{AGC}——AGC补偿标准（元/MW）。

3.1.2 火储联合系统

火电机组作为提供AGC辅助服务的主要调频资源，其缺点是响应时间长，一般响应时间在数十秒量级；调节速率慢，火电机组标准调节速率（MW/min）不超过额定功率的3%；调节精度差，火电机组允许偏差为额定功率的1%。而采用电池储能系统配合火电机组共同响应AGC指令，可以充分发挥储能系统响应时间短（<100ms）、调节速率快（空载至满载的调节时间小于20ms）和调节精度高的特点，在整体提高机组调节性能指标K_P的同时，也避免了对储能系统大容量的需求，使得项目能够获得较好的经济收益。

火储联合调频的基本原理及过程：

1）电气上实现储能与火电机组在并网端的并列运行，共同出力以跟踪AGC调度指令，使之整体调节性能大幅改善；

2）在不改变原有火电机组AGC控制的前提下，基于AGC指令与火电机组实时出力间的差值构造储能系统出力指令，利用储能系统快速、精确功率控制的特点弥补差值导致的功率需求缺口；

3）随着火电机组出力对AGC指令的响应与不断趋近，储能系统出力相应撤出，直至最终全部由火电机组承担AGC指令出力；可见单次AGC调节过程中，储能系统大功率工作时间在1～2min量级。

基本原理如图3-3所示。

上述过程可以看出，BESS输出最大功率为AGC指令和火电机组当前出力间差值，性能需求凸显大功率快速精确调节，而对容量需求有限，是较为典型的功率型BESS应用方式。尽管BESS容量和功率，理论上可以从电网频率和该区域控制误差信号波动特性出发，综合考虑负荷波动影响、电网AGC调度分配原则，并以经济性收益为优化目标进行最优配置，但目前大多设计过程均是基于对机组过往AGC指令的分析与数据统计，力求能够完全跟踪90%以上的AGC调度指令，且在运行过程中，尽量保持电池SOC在50%附近。此外，基于对火电机组每分钟功率变化率最高为 3%P_e 的技术要求，而 AGC 指令变化又多以分钟量级为周期，所以按照火电机组额定功率 P_e 的 3% 配置 2C 储能系统较为合理。

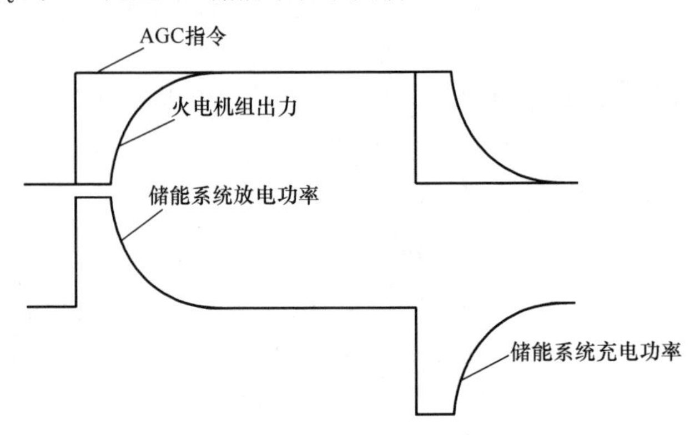

图 3-3　火储联合 AGC 原理

火储联合系统中，BESS 的电网接入方式一般分为两种，一种为利用原有厂用变富裕容量，经二次升压接入发电机出口；另一种为配置独立升压变，直接实现储能系统接入发电机组出口。两种接入方式，都应关注线路短路容量及谐波的变化，确保原有火电机组、主变及炉机执行机构与辅助系统的运行安全。当前，以采用厂用变接入方案较多。

在通信及控制系统方面，RTU 及 DCS 都应做相应改动，如图 3-4 所示。

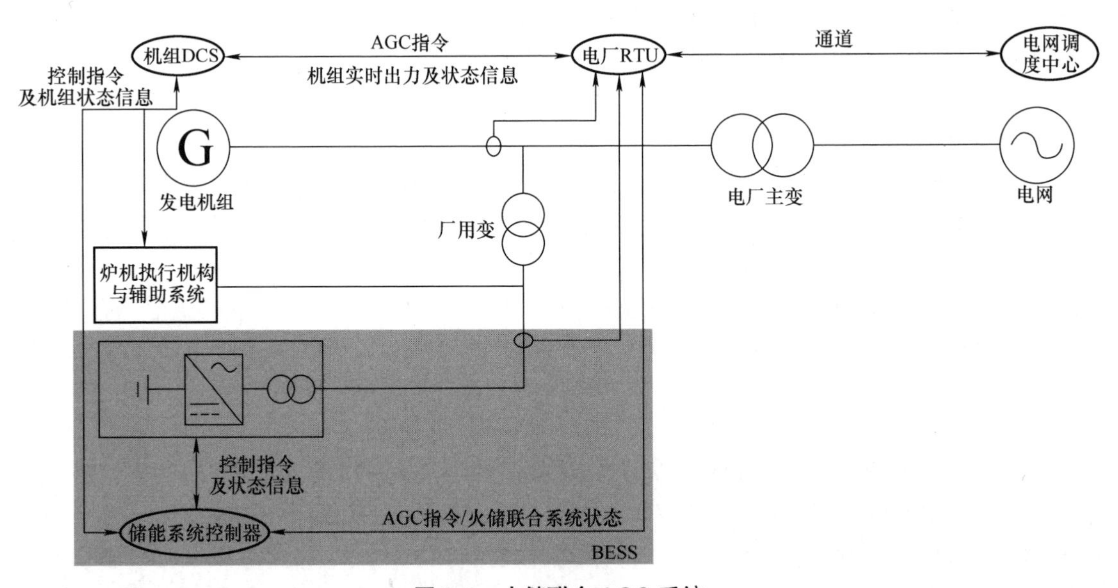

图 3-4　火储联合 AGC 系统

设备技术改造与基本功能包括：

RTU，新增 BESS 功率测点，与发电机组出力测量值合并后，传输至电网调度中心，作为

AGC 考核依据；新建与 BESS 间通信，分配 AGC 指令，并可依据需求向 BESS 传输该火储联合系统出力信息及状态信息，以便在本地进行初步 AGC 调节性能指标 K_P 评估及收益分析。

DCS，新建与 BESS 间通信，传输 AGC 指令、发电机组出力反馈、发电机组实际负荷指令、发电机组 AGC 投入反馈、发电机组一次调频动作标志、发电机组出力限幅、发电机组调节速率限幅等。

BESS，依据 AGC 指令及机组实时出力，结合储能系统电池 SOC，构造储能系统功率指令，实现快速功率控制与调节，如图 3-5 所示。

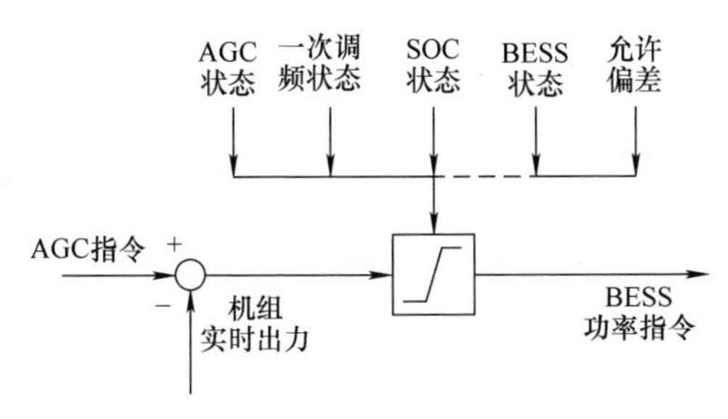

图 3-5　BESS 辅助 AGC 控制器

火储联合调频系统中，储能系统大多由 PCS+ 升压变集装箱、电池集装箱、高压接入及本地监控集装箱组成。其中，PCS+ 升压变集装箱内置环网柜、升压变及 PCS，在直流侧与电池集装箱相连，而在交流侧与相邻储能系统并联后再经中置柜接入厂用变。

具体的项目实施中，设计与改造的细节不尽相同，但都须遵循对原有火电机组影响最小原则，不应给 DCS 及机组的正常运行带来安全隐患。

随着对电能品质要求的不断提高，特别是风电和光伏等新能源接入容量的迅速增加，电网对优质调频资源有着越来越多的需求。而火电机组频繁进行大范围 AGC 调节，一方面会对机组设备造成影响，不利于机组的稳定运行；另一方面，超低排放改造将进一步限制火电机组的调节速率，降低调节性能指标 K_P。因此，火储联合调频系统具有直接的技术效应及良好的经济收益。

以西北某火储联合项目为例，未加入储能前独立火电机组 AGC 调节性能指标 K_P 在 1.97 ~ 2.62 之间，而加入储能后的火储联合系统则提升至 4.95 ~ 5.91；补偿费用也由原来的不足 1 万元 / 天提升至近 11 万元 / 天。

但是，在负荷相对稳定的一段时期内，电网对调频资源的需求存在上限，该应用市场的空间会被快速挤占；由于采用“零和”规则，且受到政策及相关利益分配机制的影响，项目收益特别是储能系统业主的收益，存在一定的不确定性。

3.2　辅助新能源并网

以风电和光伏为代表的新能源发电，具有明显的出力波动性和不确定性。不论是风电还是光伏，其有功出力直接受到局部气候的影响，易出现急剧的出力爬升或陡降，对电力系统的调频裕度产生挑战；由于功率波动和较为复杂的并网阻抗特性，在大规模集中并网或分布式并网情况下，易导致功率振荡，引发电力系统稳定性问题，影响负荷用电安全；新能源出力的随机性和反调峰性能，也要求系统留有足够的备用容量，以免影响常规机组的正常计划性生产。因此，提高新能源发电可调度性，改善其短时波动性，是提高电网新能源接纳能力，获得系统广域稳定性和经济性的关键。

储能与新能源发电相结合，主要从减少电网等效负荷峰谷差，提高发电预测精度和计划性，平抑短时波动这三个方面入手。通过小时级能量存储与释放，实现对电网负荷削峰填谷，缓解常规机组调峰压力，充分发挥现有电网接纳新能源的能力；通过分钟级或10min级功率调节，基于短期日前发电功率预测，能够较好地将新能源纳入日前发电计划，制定包括新能源在内的各种发电机组合理的运行方式，合理配置备用容量；基于超短期功率预测，在提高超短期预测精度的同时，平滑新能源分钟级实时波动，降低对电网快速调频资源的需求，提高电网频率稳定性。

3.2.1 削峰填谷

新能源发电与常规机组发电相比，发电设备或机组利用率相对较低，对电网的线路规划与输电能力提出了很多不确定性的挑战。以我国“三北”地区为例，根据风资源统计，风电场总出力大于总装机容量60%的概率一般都在5%以下，而为了提高线路利用率，在进行线路能力规划时，一般会按照满足95%情况下的风电外送或风电场总装机容量的60%左右进行规划。因此，一年中将会出现一定比例的因输送通道能力不足而弃风。对于光伏，情形则更为严重。

新能源发电，在一天内小时级别的较长时间波动性以及与负荷用电的不匹配性（反调峰特性），将增加系统的上调和下调备用容量需求。光伏发电在夜晚用电高峰到来时（一般为晚间19～22点），全无电力输出；而风力发电又往往可能在全天负荷最低点，即夜间24点时，出现满功率发电，如果再考虑抵消新能源发电在预测上的不确定性，电网和常规发电机组都将不得不承担较大的深度调峰风险。

削峰填谷，正是利用储能对能量在时间上的平移特性，在最大限度地利用线路传输能力，匹配负荷用电趋势的同时，减少对常规机组上调容量和下调容量的需求。

将给定的日负荷 P_l 曲线与新能源发电出力 P_{NE} 曲线相汇总，能够获得最终的系统等效负荷曲线 $\sum P_l$，即 $\sum P_l = P_l - P_{NE}$。然而，考虑到常规电厂和调峰电厂的出力调节范围及该区域通过联络线能够向外部电网输送或获取的最大功率 P_L，上网机组的最大有效功率 P_{gmax} 为

$$P_{gmax} = \mu \times (P_f + P_b + P_L) \tag{3-3}$$

式中 P_f——调峰机组最大输出功率；

P_b——无法参与调峰的机组最小出力；

μ——电网传输及运行效率。

上网机组的最小有效功率 P_{gmin} 为

$$P_{\text{gmin}} = \mu \times \left[(1 - C_{\text{f}})P_{\text{f}} + P_{\text{b}} - P_{\text{L}}\right] \tag{3-4}$$

式中　C_{f}——调峰机组输出功率调节系数。

各功率关系如图 3-6 所示。

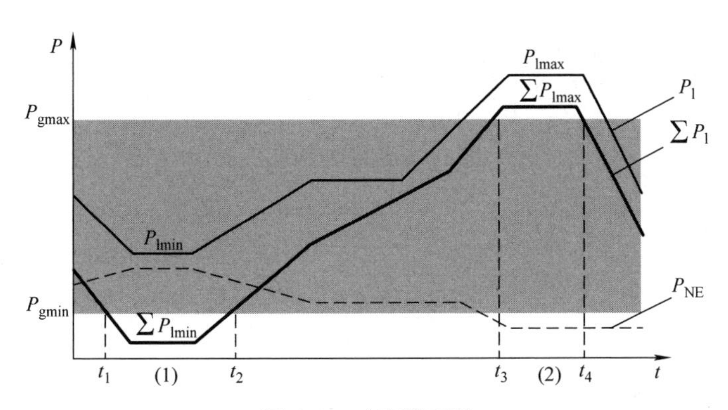

图 3-6　功率关系图

在电网负荷最低谷时段 $t_1 \sim t_2$，常规调峰机组留出的向下调节容量就是电网在低谷时段可接纳的最大新能源功率 P_{NE}^*，即

$$P_{\text{NE}}^* = P_{\text{lmin}} - P_{\text{gmin}} \tag{3-5}$$

式中　P_{lmin}——日最小负荷。

可以看出，在不配置储能系统的情况下，$t_1 \sim t_2$ 时段的新能源发电就只能采取限发措施；而在 $t_3 \sim t_4$ 时段的则必须采取甩负荷措施。

通过储能系统配置，在负荷低谷 $t_1 \sim t_2$ 时段充电，在负荷峰值 $t_3 \sim t_4$ 时段放电，将有效限制等效负荷曲线 $\sum P_{\text{l}}$ 在 P_{gmax} 与 P_{gmin} 范围以内，避免了新能源限发和甩负荷行为，提高了电网对新能源的消纳能力，也降低了对电网备用容量的需求，提高了系统整体效率。

BESS 功率 P_{BESS} 为

$$P_{\text{BESS}} = \max\left(P_{\text{gmin}} - \sum P_{\text{lmin}}, \sum P_{\text{lmax}} - P_{\text{gmax}}\right) \tag{3-6}$$

BESS 能量 E_{BESS} 为

$$E_{\text{BESS}} = \max\left(\mu_{\text{c}}\int_{t_1}^{t_2}\left(P_{\text{gmin}} - \sum P_{\text{l}}\right)\text{d}t; \frac{1}{\mu_{\text{d}}}\int_{t_3}^{t_4}\left(\sum P_{\text{l}} - P_{\text{gmax}}\right)\text{d}t\right) \tag{3-7}$$

式中　μ_{c}——储能系统充电效率；

　　　μ_{d}——储能系统放电效率。

广义上进一步研究表明，由于负荷高峰、低谷的持续时间往往较短，配置一定容量的储能系统就可以较好地有效减少负荷峰谷差，如图 3-7 所示。

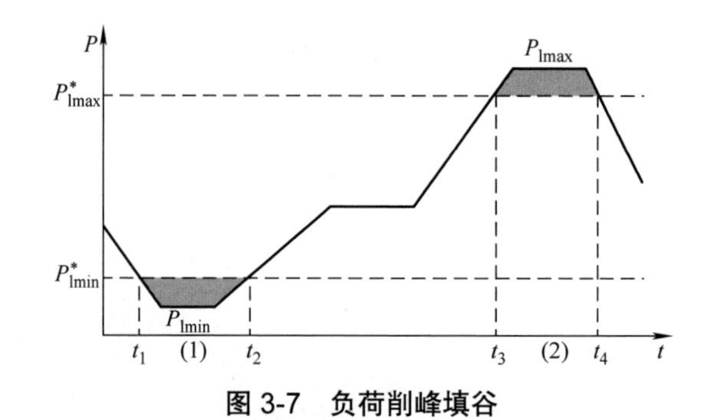

图 3-7 负荷削峰填谷

负荷峰谷差改善水平为

$$\nabla P=\left(P_{\text{lmax}}-P_{\text{lmin}}\right)-\left(P_{\text{lmax}}^{*}-P_{\text{lmin}}^{*}\right) \tag{3-8}$$

式中 P_{lmax}^{*}——负荷期望最大值；

P_{lmin}^{*}——负荷期望最小值。

储能系统配置方法，与先前类似，不再复述。

3.2.2 提高预测精度

根据 NB/T 32011—2013《光伏发电站功率预测系统技术要求》中规定，光伏发电站发电时段（不含出力受限时段）的短期预测均方根误差应小于 0.15，月合格率应大于 80%；超短期预测第四小时月均方根误差应小于 0.1，月合格率大于 85%。

根据《风电场功率预测预报管理暂行办法》中规定，风电场日预测曲线最大误差不超过 25%，实时预测误差不超过 15%，全天预测均方根误差应小于 20%。

日前短期预测和超短期预测，均以 15min 为一个点，提供预测数据。因此，可以将新能源出力按照 15min 间隔进行分段控制，全天划分 96 个控制段，并以相关预测技术规范中允许的最大误差为基准，确立允许控制误差带宽 ΔP。如图 3-8 所示，图中 P_{NE}^{*}（1）、P_{NE}^{*}（2）分别为第一个 15min 和第二个 15min 预测功率值，而 ΔP 则为允许误差带宽，设置为 15% 新能源发电装机容量。

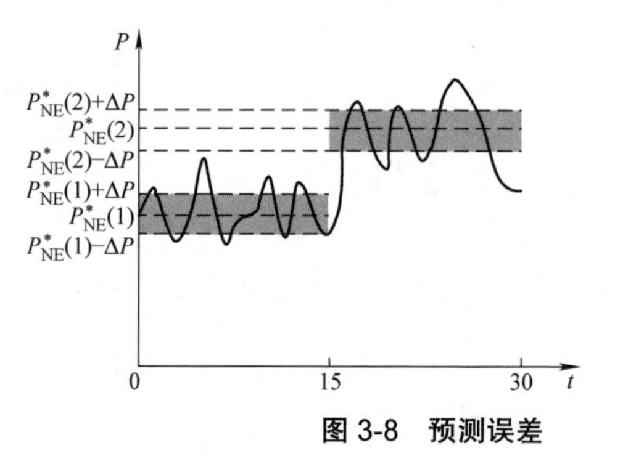

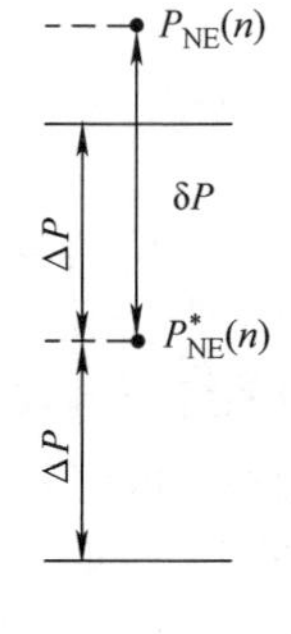

图 3-8 预测误差

增加储能系统，以使得储能系统出力 P_{BESS} 和新能源出力 P_{NE} 的汇总 $\sum P$ 与预测新能源出力 P^*_{NE} 间的误差被控制在允许的最大误差带宽 ΔP 内。

$$\sum P(j)=P_{NE}(j)-P_{BESS}(j) \tag{3-9}$$

式中　$\sum P(j)$——j 时刻新能源 + 储能系统汇总输出功率；

$P_{NE}(j)$——j 时刻新能源系统输出功率；

$P_{BESS}(j)$——j 时刻储能系统运行功率，充电为正，放电为负。

控制目标要求为

$$\left|\sum P(j)-P^*_{NE}(j)\right|\leqslant \Delta P \tag{3-10}$$

式中　$P^*_{NE}(j)$——j 时刻所属时间段预测功率（15min 间隔）。

储能系统功率与容量的配置，主要基于对过往功率预测误差 δP 的概率统计结果而进行设计。

$$\delta Pj=P_{NE}(j)-P^*_{NE}(j) \tag{3-11}$$

对某一新能源电站过往一年的功率预测误差 δP 进行统计，统计间隔 1min，则可以获得 525600 个数据样本，如图 3-9 所示。

再对其中误差绝对值 $|\delta P|<\Delta P$ 的数据点进行剔除。当 $\delta P<-\Delta P$ 时，获得负值分析样本序列（$\delta P+\Delta P$）；当 $\delta P>\Delta P$ 时，获得正值分析样本序列（$\delta P-\Delta P$）。对新获得的样本序列做概率统计，并将充放电区域合并，δP 超出允许带宽 ΔP 的各功率值的出现概率一般符合正态分布，如图 3-10 所示。

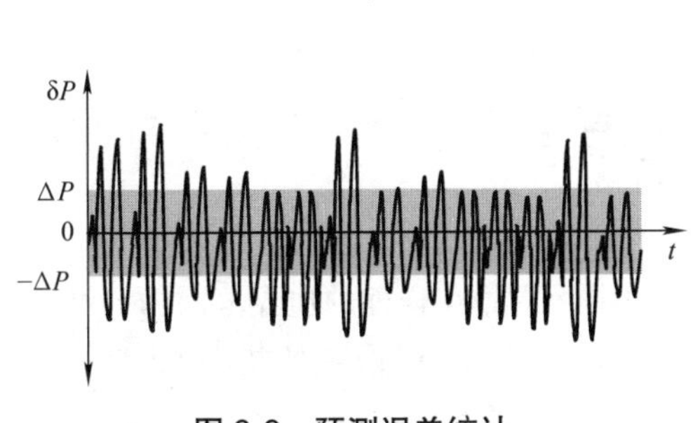

图 3-9　预测误差统计

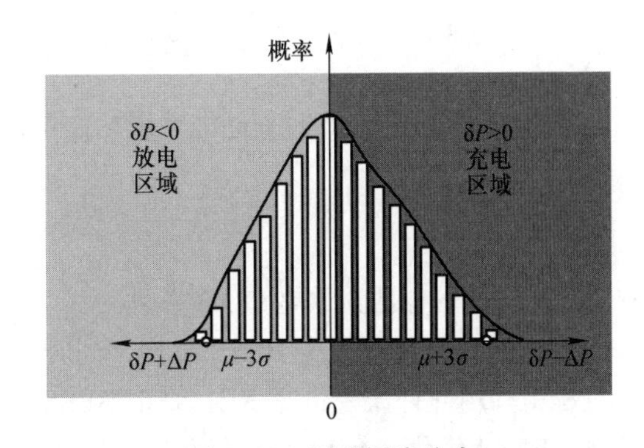

图 3-10　误差概率分布

图 3-10 中，μ 和 σ 分别表示误差样本合并后的平均值与标准差。根据正态分布原理，将约有 99.7% 的功率点处于 $\mu\pm3\sigma$ 以内。这里不考虑电网对预测误差不达标情况下的考核措施，则储能系统额定功率 P_{BESS} 可选为

$$P_{\mathrm{BESS}} = \max\left(\left|\mu - 3\sigma\right|, \left|\mu + 3\sigma\right|\right) \tag{3-12}$$

全年储能系统 j 时刻实际运行功率为

$$\begin{cases} P_{\mathrm{BESS}}(j) = \min\left(\delta P(j) - \Delta P,\ P_{\mathrm{BESS}}\right) & \delta P(j) > \Delta P \\ P_{\mathrm{BESS}}(j) = 0 & -\Delta P < \delta P(j) < \Delta P \\ P_{\mathrm{BESS}}(j) = \max\left(\delta P(j) + \Delta P, -P_{\mathrm{BESS}}\right) & \delta P(j) < -\Delta P \end{cases} \tag{3-13}$$

式中　j——当前计算时刻，取值范围 1 ~ 525600。

从 0 时刻开始，逐点对 P_{BESS}（j）过往时刻进行累计积分，即可获得 BESS 容量的变化曲线 ΔE，如图 3-11 所示。

$$\Delta E(j) = \frac{1}{60}\sum_{i=1}^{j}\left(K(j)P_{\mathrm{BESS}}(j)\right) \tag{3-14}$$

式中　ΔE（j）——j 时刻储能容量变化值；

K（j）——j 时刻充放电转换效率，$K(j) = \begin{cases} \mu_{\mathrm{c}} & \delta P > 0 \\ 1/\mu_{\mathrm{d}} & \delta P < 0 \end{cases}$。

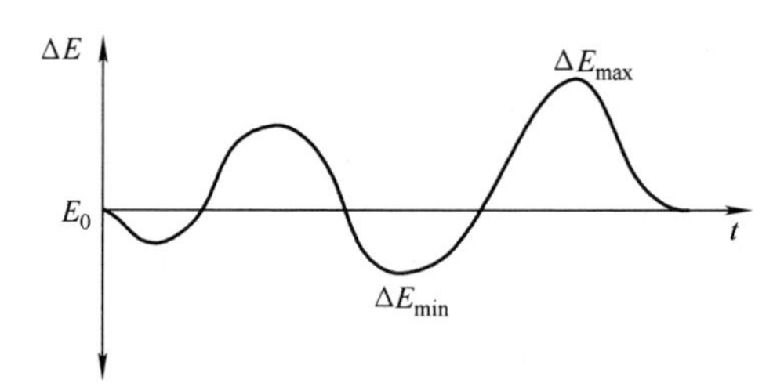

图 3-11　储能系统变化曲线 ΔE

图 3-11 中，E_0 为 0 时刻储能系统初始电量，则储能系统设计容量如下：

$$E_{\mathrm{BESS}} = \frac{\Delta E_{\max} - \Delta E_{\min}}{K_{\mathrm{DOD}}} \tag{3-15}$$

式中　K_{DOD}——电池充放电 DOD 系数。

为了进一步优化减少 BESS 容量，同时使得电池单元运行在合理的边界范围内，可在充放电过程中利用允许误差带宽 ΔP，修正 BESS 运行功率 P_{BESS}（j），即采取双边界改进型平滑控制算法。BESS 优化运行 SOC 容量范围如图 3-12 所示。

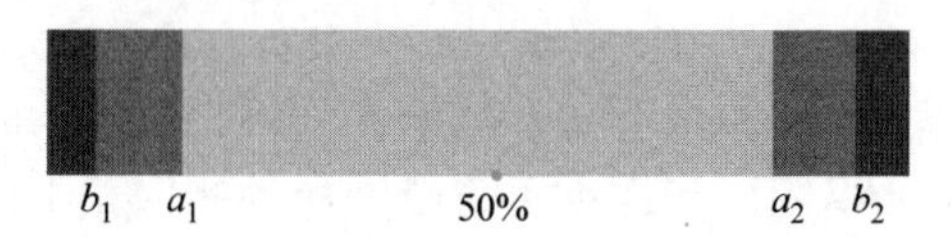

图 3-12　BESS 优化运行 SOC 容量范围

a_1、a_2为储能系统优化运行一级边界，b_1、b_2为储能系统优化运行二级边界，沿50%SOC点对称分布。当SOC小于b_1时，BESS只能工作于充电状态；而SOC大于b_2时，BESS则只能工作于放电状态；当SOC位于两者之间时，可在满足光储出力总和$\sum P$跟踪误差绝对值不大于ΔP的前提下，优化调节$P_{BESS}(j)$，如表3-1所示。

表3-1 BESS优化运行参数

状态	$\delta P<-\Delta P$	$-\Delta P<\delta P<0$	$0<\delta P<\Delta P$	$\delta P>\Delta P$
SOC<b_1	0	$\delta P+\Delta P$	$\delta P+\Delta P$	$\delta P+\Delta P$
b_1<SOC<a_1	$\delta P+\Delta P$	0	δP	δP
a_1<SOC<a_2	$\delta P+\dfrac{a_2-\mathrm{SOC}}{a_2-a_1}\Delta P$	$\dfrac{\mathrm{SOC}-a_1}{a_2-a_1}\delta P$	$\dfrac{a_2-\mathrm{SOC}}{a_2-a_1}\delta P$	$\delta P-\dfrac{\mathrm{SOC}-a_1}{a_2-a_1}\Delta P$
a_2<SOC<b_2	δP	δP	0	$\delta P-\Delta P$
b_2<SOC	$\delta P-\Delta P$	$\delta P-\Delta P$	$\delta P-\Delta P$	0

注：上述表格约束条件为：$|P_{BESS}(j)|<P_{BESS}$。

分析可以看出，表3-1中BESS的动作将更为频繁，甚至当某些正向误差出现，即新能源实际出力大于预测值时，由于电池SOC较高，BESS依然可以利用误差带宽ΔP的裕度而采取放电控制。这样做的优点在于将进一步减少对BESS容量的需求，毕竟电池具有最高的单位成本。

3.2.3 平滑

新能源发电的短时变化率也应满足电力系统稳定要求，当前电网对新能源并网发电有功功率变化限值如表3-2所示。

表3-2 新能源并网发电有功功率变化限值

新能源电站 装机容量/MW	10min有功功率变化 最大限值/MW	1min有功功率变化 最大限值/MW
<30	10	3
30～150	装机容量/3	装机容量/10
>150	50	15

在新能源平滑应用中，也是利用BESS对新能源发电的存储和释放，抑制新能源并网系统的分钟级功率波动，使得储能P_{BESS}与新能源P_{NE}的合成出力$\sum P$波动变化量满足上述技术要求，控制时间间隔也大多取1min。只是，与提高预测精度算法所不同的是，其关注的主要是新能源出力的功率波动，因此在具体的BESS额定功率选择上，进行数据统计和概率分析的数据样本

源将是来自于新能源出力分钟级和 10min 级的有功功率变化量。

BESS 的功率与容量设计，依然可以基于过往功率变化量的数据概率统计和电量累计变化进行设计，力求能够满足 80% ~ 90% 以上情况下的平滑需求，这里不再复述。

为使得功率波动范围满足上述要求，采用的 BESS 功率控制算法主要为两种，一种为逐点限值法；另一种则为低通滤波法。

1. 逐点限值法

以图 3-13 为例，图中是在 j 时刻的新能源出力 $P_{NE}(j)$ 与过去 10min 的合成出力 $\sum P(j-n)$。对比可以看到，在（$j-3$）时刻，即 $\sum P(j-3)$ 与 $P_{NE}(j)$ 的变化量最大，且超越了 10min 最大允许波动带宽 ΔP_{10}。因此，为了满足 10min 功率波动限值，BESS 的出力范围（充电为正，放电为负）为

$$\delta P_{10}(j)-\Delta P_{10}<P_{BESS}(j)<\delta P_{10}(j)+\Delta P_{10} \tag{3-16}$$

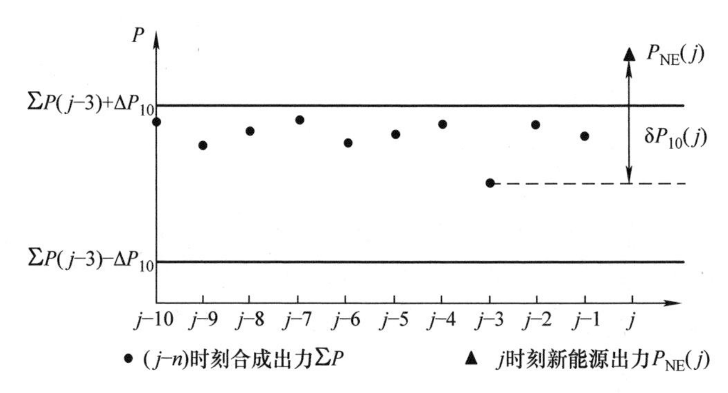

图 3-13　逐点限值法

同理，也可以获得 $P_{NE}(j)$ 与 $\sum P(j-n)$ 的相邻 1min 变化量 $\Delta P_1(j)$，以及为了满足 1min 波动限值 ΔP_1 的 BESS 出力范围（充电为正，放电为负）为

$$\delta P_1(j)-\Delta P_1<P_{BESS}(j)<\delta P_1(j)+\Delta P_1 \tag{3-17}$$

BESS 的实时运行功率取值，应同时满足上述两个约束条件：

$$\max\left(\delta P_{10}(j)-\Delta P_{10},\ \delta P_1(j)-\Delta P_1\right)<P_{BESS}(j)<\min\left(\delta P_{10}(j)+\Delta P_{10},\ \delta P_1(j)+\Delta P_1\right) \tag{3-18}$$

在优化控制中，也可以如 3.2.2 节中表 3-1 所示，考虑电池的 SOC 范围来最终确定 BESS 的运行功率取值，减少对电池的容量需求。

2. 低通滤波法

基于信号处理中的滤波原理，如图 3-14 所示，低通滤波器通过对输入信号的幅值进行加减处理，使得输出的信号更为平滑，而 BESS 的接入也将通过其充放电控制来实现对新能源电站输出功率的波动平滑，满足相关技术条件要求。

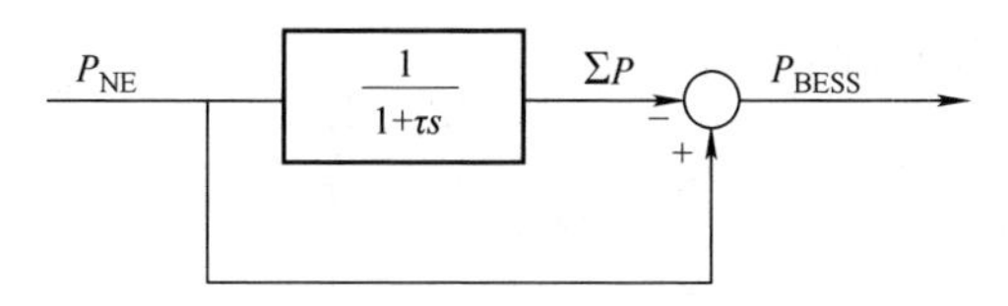

图 3-14　低通滤波法

新能源与储能汇总并网功率 $\sum P$ 期望控制值为

$$\sum P = P_{NE}\frac{1}{1+\tau s} \tag{3-19}$$

式中　$\tau = \frac{1}{2\pi f_c}$，$f_c$ 为低通滤波器截止频率。

做离散化处理，t 为控制周期，取 1min，则

$$\sum P(j) = \frac{\tau}{\tau + t}\sum P(j-1) + \frac{t}{\tau + t}P_{NE}(j) \tag{3-20}$$

已知 $\sum P(j) = P_{NE}(j) - P_{BESS}(j)$，则

$$P_{BESS}(j) = \frac{\tau}{t+\tau}\left(P_{NE}(j) - \sum P(j-1)\right) \tag{3-21}$$

或

$$P_{BESS}(j) = \frac{\tau}{t}\left(\sum P(j) - \sum P(j-1)\right) \tag{3-22}$$

依据并网功率波动技术要求，$\sum P(j)$ 的分钟级波动范围应满足

$$\left|\sum P(j) - \sum P(j-1)\right| \leqslant \min\left(\Delta P_1, 0.1\Delta P_{10}\right) \tag{3-23}$$

带入 $P_{BESS}(j)$ 的计算公式，可得

$$\tau \geqslant \frac{t}{\min\left(\Delta P_1, 0.1\Delta P_{10}\right)}\left|P_{BESS}(j)\right| \tag{3-24}$$

3.2.4　直流耦合系统及控制

储能系统辅助新能源并网解决方案主要分为交流并联与直流耦合两种。

交流并联方案（见图 3-15），是指新能源电力电子并网设备，如光伏逆变器或风机变流器，与储能变流器（PCS）通过交流电网进行连接，在 EMS 的统一协调控制下完成削峰填谷、提高预测精度及平滑等功能。

交流并联方案的主要优点包括各设备间电气连接简单清晰、功能相互解耦、设备研制与制造过程易于标准化；主要不足在于线路与接入设备成本投入较高，对 PCS 要求要有较快的控制

响应速度，能量多次变换效率较低。

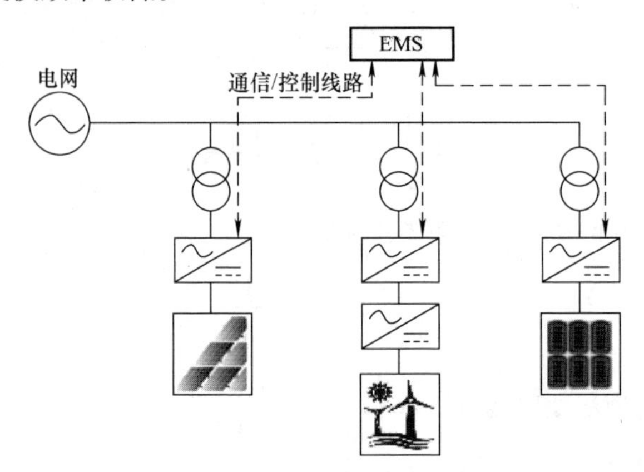

图 3-15　新能源 - 储能交流并联系统

而直流耦合方案，则可以较好地利用新能源并网发电系统一般均存在直流环节，直接添加电池储能设备，减少新能源电力的多次功率变换，提高系统并网与能量存储效率；直接利用原有新能源并网设备和电网连接通道，不再进行交流设备扩容，降低硬件设备投资成本。但是在控制上与原有新能源并网设备间存在耦合，其耦合紧密程度取决于原新能源系统的并网控制方式。

以全功率风电机组并网变流器为例（见图 3-16），一般为交流 - 直流 - 交流的“背靠背”结构，网侧变流器工作于直流侧稳压模式，而机侧变流器则工作于风机功率控制模式或转矩控制模式，两者之间以直流侧为界，在控制上相互独立，而直流侧大的电容池正是起到了缓冲与解耦的作用。因此，在直流侧接入一定容量的 BESS，构成一体化的风储系统，则可以较好地实现风机发电并网功率的控制与能量在时间上的搬移，且对风机系统，特别是风机变流器的控制无大的影响。

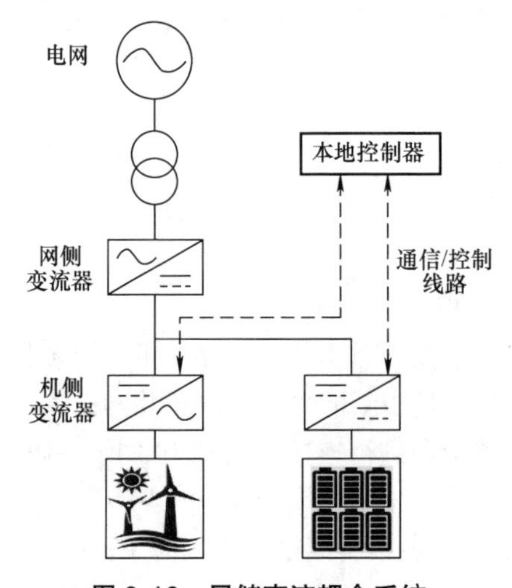

图 3-16　风储直流耦合系统

其基本控制原理：本地控制器设定工作模式，如削峰填谷、提高预测精度或平滑，并综合电网调度信息，以产生在某一时刻风储系统总的并网功率目标指令 $\sum P^*$；实时检测风机发电功率 P_{NE} 及储能系统状态，综合计算产生储能系统充放电控制指令 P^*_{BESS}：

$$P^*_{\mathrm{BESS}} = P_{\mathrm{NE}} - \sum P^* \tag{3-25}$$

BESS 通过 DC/DC 变换器控制，跟踪 P^*_{BESS} 指令，实现风机变流器直流侧与电池间能量的存储与释放；风机网侧变流器工作在整流器工作模式，稳定直流侧电压 V_{dc}，实现风电机组总的并网功率 $\sum P$ 输出：

$$\sum P = P_{\mathrm{NE}} - P_{\mathrm{BESS}} \tag{3-26}$$

当储能系统 SOC 处于临界过充状态时，本地控制器还需要通过对风机主控的调度，限制风电机组出力指令 P^*_{NE}，实现风电机组限功率运行。

控制系统简图如图 3-17 所示。其中，V_{dc}、U_{grid} 分别对应风机变流器直流侧电压及电网相电压有效值；I_{BESS}、I_{dc}、I_{NE}、I_{grid} 分别对应储能系统充放电电流、风机网侧变流器直流电流（由直流侧母线电容池流向网侧变流器 IGBT 桥臂）、风机机侧变流器直流电流（由机侧变流器 IGBT 桥臂流向直流侧母线电容池）及风机网侧变流器并网电流（即风储系统总并网电流）。

而对于双馈风电机组而言，P_{NE} 将由转子侧输出功率及定子侧输出功率两部分组成，本地控制器在进行储能系统功率指令计算时需综合考虑。

可以看出，在风储系统中，不论是风机网侧变流器还是风机机侧变流器，均依然维持原先的直流侧稳压控制模式和机侧功率控制模式，无须做控制算法上的改动；但及时、准确获取风储系统状态信息，则是本地控制器对储能系统及风机主控系统进行统一控制的关键。

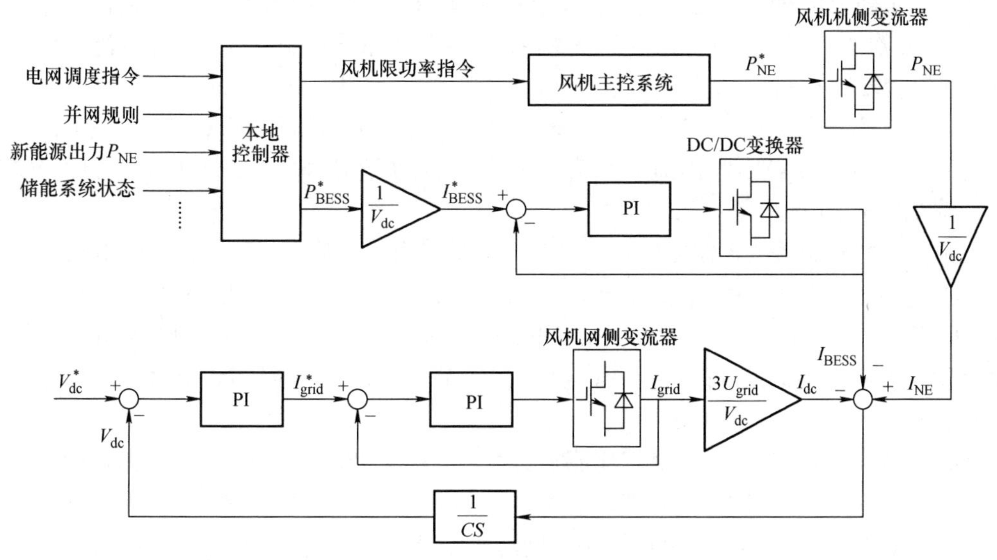

图 3-17　风储直流耦合控制方案

光储直流耦合系统方案依据功率变换器配置方式的不同，分为串联与并联两种，如图 3-18 所示，其中串联方案与风储系统相似。串联光储直流系统，通过光伏侧 DC/DC 变换器与网侧 AC/DC 变换器形成“背靠背”结构，而储能系统通过 DC/DC 变换器接入直流侧；其中光伏侧 DC/DC 变换器实现光伏最大功率点追踪，网侧 AC/DC 变换器稳定直流母线电压，储能侧 DC/DC 变换器则在本地控制器调度下实现充放电控制。

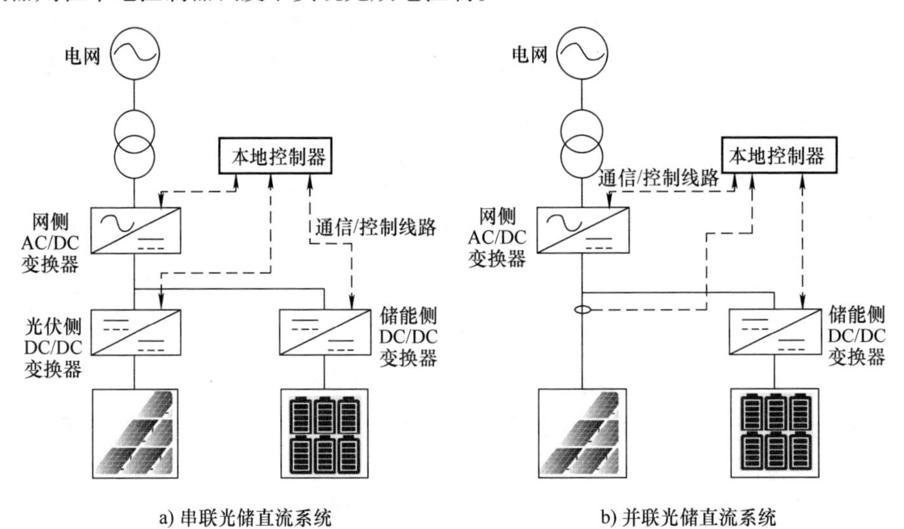

a) 串联光储直流系统　　b) 并联光储直流系统

图 3-18　光储直流耦合系统

在电池电压范围可直接满足网侧 AC/DC 变换器并网工作而省略储能侧 DC/DC 变换器时，或 BESS 通过 DC/DC 变换器的控制建立稳定直流母线电压时，网侧 AC/DC 变换器可工作在并网 PQ 模式下，直接接受光储系统并网功率调度指令。该系统控制原理与风储直流系统控制方案基本相似，控制逻辑简单清晰，各设备间耦合度不高，这里不再详细论述。

串联光储系统，光伏电力存在双级或多级功率变换，效率较低，功率变换器成本投入也较大；而采用 AC/DC 变换器与 DC/DC 变换器在光伏组件侧直接并联的方式，构建并联光储耦合系统，则可以避免上述问题。

但是，并联光储系统控制方案较为复杂。这是因为，在基于“背靠背”的串联光储系统中，各功率变换设备功能单一，光伏最大功率点控制与并网控制相互独立；储能系统未直接与光伏组件相连，对光伏组件输出特性并无直接影响。而在并联光储系统中，网侧 AC/DC 变换器和储能 DC/DC 变换器的控制都将直接影响光伏组件输出特性，甚至可能对最大功率点追踪产生影响或干扰。

并联光储系统中本地控制器获取储能系统状态信息及光伏组件输出电气参数，如当前光伏组件出力 P_{NE}、组件端口电压 V_{dc}，完成最大功率追踪控制，并产生光储系统并网功率目标指令 $\sum P^{*}$。依据 AC/DC 变换器与 DC/DC 变换器间功率分配的不同，具体的控制方案可以分为两种，分别如图 3-19、图 3-20 所示。

图 3-19 所示的控制方案一，由网侧 AC/DC 变换器完成直流侧电压控制，以实现光伏板最大功率输出；储能系统跟踪 P^*_{BESS} 指令，通过电池组与直流侧间能量的存储与释放，补偿系统并网功率 $\sum P$ 与光伏板输出功率 P_{NE} 间的差值。

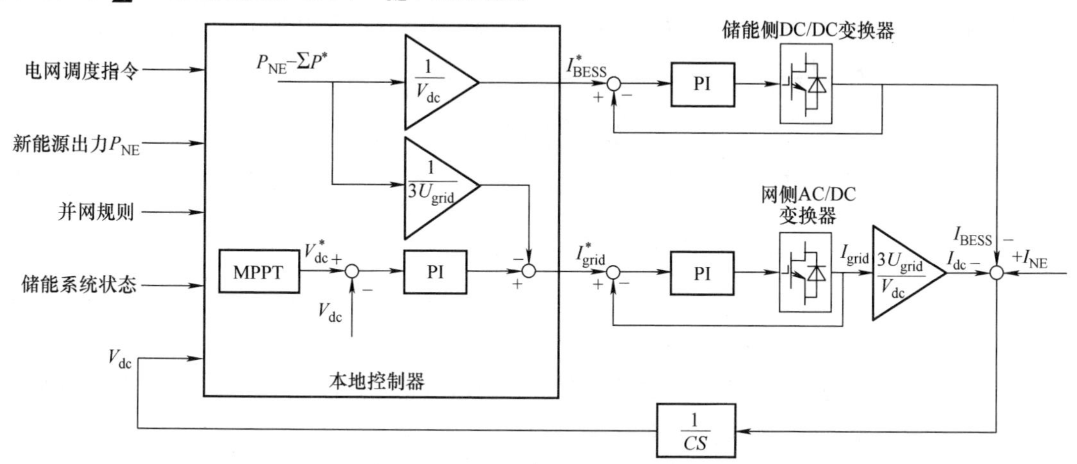

图 3-19　并联光储直流系统控制方案一

图 3-20 所示的控制方案二，储能系统在补偿系统并网功率 $\sum P$ 与光伏板输出功率 P_{NE} 间差值的同时，完成光伏组件端口电压控制；网侧 AC/DC 变换器，接受本地控制器功率调度指令 $\sum P^*$，实现光储系统总的并网功率 $\sum P$ 输出。

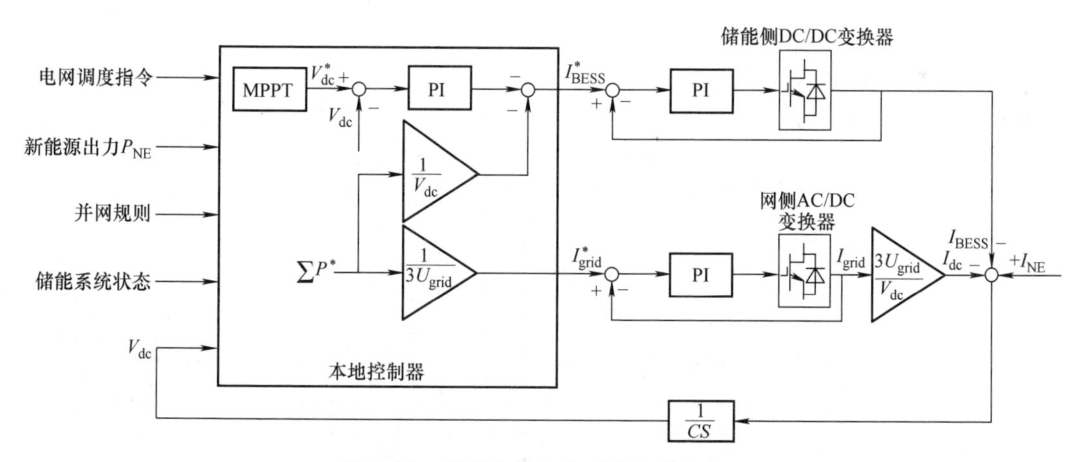

图 3-20　并联光储直流系统控制方案二

上述两种并联光储系统控制方案，本质上是将 DC/DC 变换器与 AC/DC 变换器均看成功率受控设备，而光伏组件最大功率追踪控制、功率指令产生与分配等系统功能均集成于本地控制器中，要求本地控制器能够实时检测光伏组件输出功率和端口电压，同时与 DC/DC 变换器、AC/DC 变换器等设备间存在快速通信与数据交换。

针对现有光伏电站项目，要求在不更改原有光伏逆变器软硬件结构的前提下，后期增加储能系统，则需采取试探追踪法。在此类项目中，储能系统的接入点位于光伏逆变器与光伏组件之间，且储能系统及本地控制器的工作不应对光伏逆变器的最大功率点追踪产生大的影响。

本地控制器依据并网规则及电网调度指令，产生光储系统并网功率目标指令 $\sum P^*$，允许控制误差带宽为 $2\Delta\sum P^*$，即要求光伏逆变器并网功率 P_{Inv} 满足下式：

$$\sum P^* - \Delta\sum P^* \leqslant P_{\mathrm{Inv}} \leqslant \sum P^* + \Delta\sum P^* \tag{3-27}$$

EMS 根据 P_{Inv} 及 $\Delta\sum P^*$，以试探方式快速调整储能系统充放电控制指令 P^*_{BESS}，同时限制光伏逆变器最大输出功率不超过（$\sum P^*+\Delta\sum P^*$）。当光伏逆变器输出功率达到（$\sum P^*+\Delta\sum P^*$）时，可以认为光伏逆变器达到了限发状态，随即减少储能系统放电功率，最终可由放电状态转为充电状态，使得光伏逆变器退出限发状态，恢复 MPPT 功能；当光伏逆变器输出功率位于合理控制误差带宽范围内时，保持储能系统功率不变；当光伏逆变器输出功率低于（$\sum P^*-\Delta\sum P^*$）时，随即减少储能系统充电功率，最终可由充电状态转为放电状态，以使得光储系统并网功率回到合理控制误差带宽范围内。控制方案如图 3-21 所示。

该控制方案，不会对光伏逆变器的工作过程产生影响，其始终工作于 MPPT 模式或短时间的限发模式；而储能系统配合本地控制器，进行快速功率调节，以维持光储系统并网功率在允许控制误差带宽范围内。

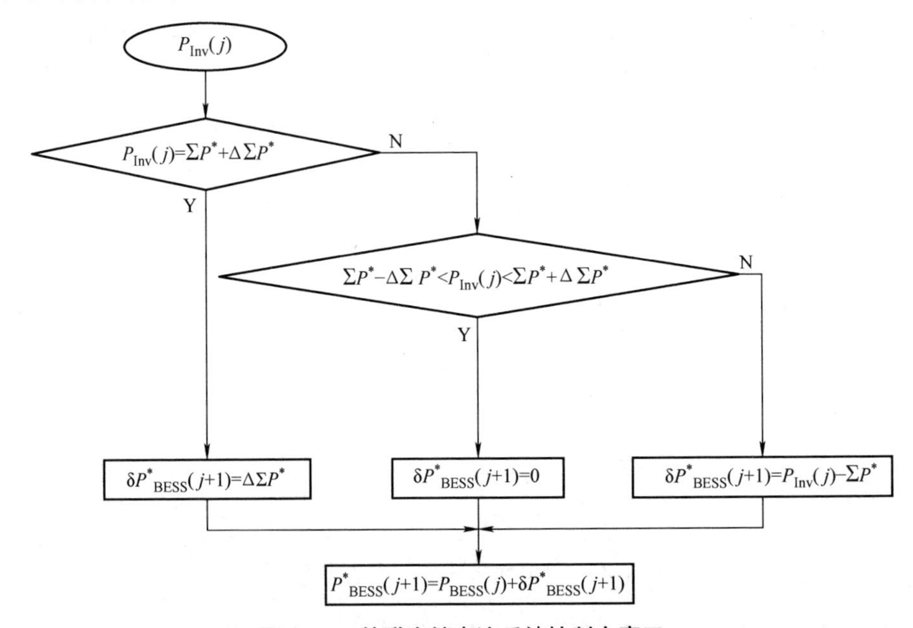

图 3-21　并联光储直流系统控制方案三

辅助新能源并网，是 BESS 一个非常重要的应用领域，从控制时间尺度上分为小时级的削峰填谷与分钟级的提高预测精度和平滑波动。前者对充分发挥现有电网新能源接纳能力，减少常规机组备用或避免长时间新能源限发具有重要意义；而后者则与新能源发电预测等技术相协同，提高了新能源并网的计划性和可调度性，也改善了新能源并网的友好性，减少了对电网快速调频资源的占用。

在实际项目中，削峰填谷的应用对 BESS 系统来说，要求能够存储或释放数小时级别的电量，必须配置较大容量的蓄电池单元，在现行商业模式下，单纯的应用该功能往往不具备经济性，或者存在很大的随季节而经济效益降低的可能性。与此同时，随着新能源发电预测精度的不断提高，以及 BESS 功率控制算法的不断改进，完全有可能将分钟级的 BESS 辅助新能源并网功能融入削峰填谷项目中，使得一个项目能够在 EMS 或本地控制器的统一管理下，分时或同时承担综合性应用，提高项目的复合经济性。并且，从提高预测精度和平滑功能的功率、容量配置需求来看，大多为小功率、高频次的功率型储能应用方式，这些功能的加入对原削峰填谷项目的配置影响较为有限，具有技术可操作性。

3.3　一次调频

3.3.1　独立一次调频

一次调频主要为应对短期的快速负荷波动，在电网频率超限情况下，自主向电网进行的有功支持（或有功吸纳）。电网对不同种类的发电机组一次调频性能要求不尽相同，如火电机组一次调频控制死区为（50 ± 0.033）Hz；水电机组为（50 ± 0.05）Hz；光伏电站为（50 ± 0.06）Hz；风电场为（50 ± 0.10）Hz。

一次调频为有差频率控制，当前主要由常规发电机组承担，其规定的容量配置在每个国家或地区有所不同。以法国为例，要求 40MW 以上的任何发电厂都必须能够将其额定容量的 2.5% 作为一次调频使用，且要求至少能够在 30s 内完全释放，持续时间不少于 15min；而我国火电机组基本上都可以拿出 8% 的额定功率完成一次调频，从持续时间上看，也不会超过 10min，再考虑火电机组的整个能量控制链，从调速器检测到发电机组转差超限到输出一次调频功率，其时间也可以控制在 30s 以内。

参考文献 [32] 对华北电网某 35kV 母线 PMU 频率数据进行长期统计，随机抽取一天频率可得该地区电网正常运行工况下频率波动范围在（50 ± 0.04）Hz 以内，频率日越过火电机组调频死区 ±0.033Hz 的总次数为 1670 次，其中越上限 720 次，越下限 950 次；当电网频率越过一次调频死区上限时，火电机组一次调频功能启动。

储能系统利用其快速准确的电网频率检测和功率控制能力，能够相较火电机组更快地响应电网频率变化，独立承担一次调频能力。

PCS 独立完成一次调频，如图 3-22 所示。PCS 自主检测电网频率 f 值及与设定频率 f_{ref} 间偏差 Δf，并按照既定的下垂曲线，进行有功功率的调节（充电 / 放电）。一次调频下垂曲线斜率，即调频系数可灵活设置，其调节全过程也基本可由 PCS 独立完成并进行控制。

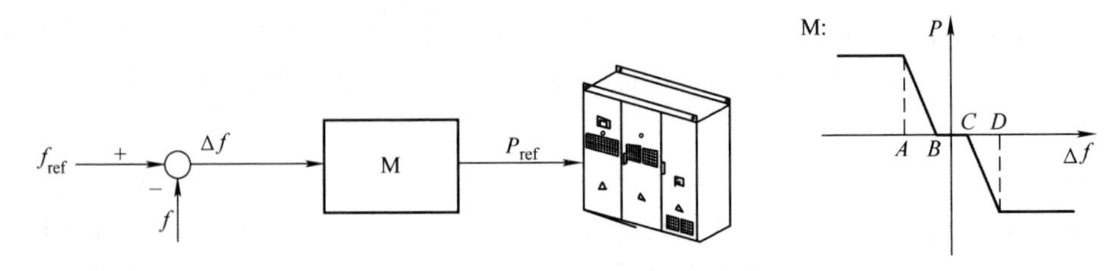

图 3-22　电网调频控制策略逻辑图

在频率偏差设定曲线中，可设置 A、B、C、D 四个阈值：当电网频率偏差值在 B、C 之间时，默认电网频率正常，PCS 不做调节；当电网频率偏差值在 A、B 之间时，PCS 根据频率偏差值对应的功率值，对电网补充有功功率；当电网频率偏差值低于 A 时，PCS 以最大功率输出有功功率；当电网频率偏差值在 C、D 之间时，PCS 根据频率偏差值对应的功率值，对电网吸收有功功率；当电网频率偏差值高于 D 时，PCS 以最大功率吸收有功功率。其中 B、C 值根据 PCS 的频率检测精度 0.01Hz，最小的设置区间为 −0.01 ~ 0.01Hz。

依据西北电网双细则要求，参照目前常见的 300MW 火电机组，一次调频的限幅为额定容量的 8%，即 24MW，机组一次调频负荷调整量为 160MW/Hz（频率偏差 0.033 ~ 0.183Hz，对应调节出力 0 ~ 24MW），可以假设每次超限后机组的出力都为 ±0.2% 的额定功率，即 ±600kW。按照上述技术要求，独立交由 BESS 承担，则 BESS 单次充放电工作时间仅 10s 左右，且上下频率超限可认为概率大致相当，配置 600kW/0.5h 的 BESS 较为适宜。这样，辅助于合理的 SOC 管理策略，虽然每日 BESS 充放电循环次数较多，但是电池基本处于 SOC50% 附近浅充浅放，DOD 范围较小，确保了电池的使用寿命。

3.3.2　新能源配置储能系统实现一次调频

依据相关电网双细则考核，在新能源电站增加储能系统，能够完成或改善调峰、一次调频和 AGC 调度等方面的功能。

调峰功能，需要的储能系统容量比较庞大，其主要经济收益取决于限发新能源电力的电价和具体的限发比例。至于其他相关的收益，比如缓解电网线路堵塞、避免火电机组大深度调峰乃至停机、提高电网稳定性和惯量等收益，目前无法进行量化评估。

一次调频，比较能够体现和发挥功率型储能系统快速功率爬坡性能，且容量需求有限。在辅助服务补偿细则中也提到，针对新能源电站“一次调频服务补偿按照场站改造成本、月度一次调频实际贡献原则进行补偿。”

AGC 调度相当于电网的二次调频功能。由于新能源电站出力的不可控，在电网双细则中，并没有对此提出明确要求。但如果将新能源发电预测、储能技术以及电网的三次调频相结合，一方面能够提高新能源并网的可调预测性和可调度性，同时又可以释放常规发电机组的储备容量，极大地提升电网在 15min 级别的功率储备或惯量支撑能力。

为分析新能源装机占比提升后电力系统的频率特性，参考文献 [32] 针对华北电网新能源装机占比为 0%、21% 和 50% 这 3 种系统进行仿真研究，得到了系统发生 5% 功率缺额后的电网频率动态特性。无新能源情况下，电网频率最大下降至 49.5Hz；新能源装机占比 21% 情况下，电网频率最大下降至 49.2Hz；新能源装机占比 50% 情况下，电网频率最大下降至 48.6Hz。如果新能源机组不具备一次调频能力，随着新能源装机占比的提升，电网对功率突变事件的抗干扰能力将大为削弱。

当前，新能源电站在不配置储能的情况下，参与一次调频的方案比较有限。如当频率超上限时，风电和光伏都可采取快速限功率措施，减少并网功率；对于频率超下限，光伏可采取的办法，仅为在正常运行时采取限功率措施，比如限制为 80% 额定功率运行。这种情况下，需要设置专门的标准参考光伏逆变器，以确定当前可满发功率，同时还需要折算和调节因分布位置不同而带来的参考偏差，在出现频率超下限时通过通信调度和再均衡措施，确保整体电站的一次调频功率输出达标。总的来说，损失较大。

而风电，由于其结构类似于火电机组，有原动机（叶片）、发电机、变流器，则实现一次调频手段相对较多。

风电机组正常运行时，为实现最大功率输出，要求不同的风速下，采取不同的叶尖速，同时相应地输出最大功率，如图 3-23 所示。由于风机主控系统的存在，风机变流器会按照主控系统下发的功率指令运行，并不承担风电机组的 MPPT。

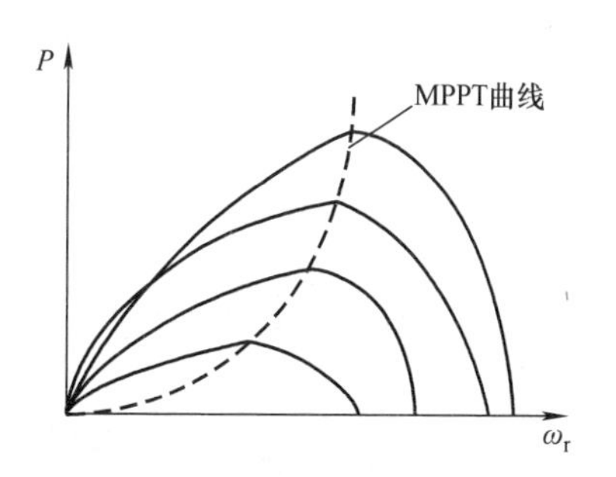

图 3-23　风电机组功率 - 转速特性曲线

在电网频率超下限情况下，风电机组增加功率输出的方式有三种。第一种就是通过变桨系统调节，使得机组捕获风能的能力降低，而不运行在最佳功率点。第二种是通过主控系统减少变流器的功率输出，从而提高转子转速，偏离最佳功率点。这两种方法都是通过正常工作时机组偏离最佳功率点，相当于于光伏限发，来实现功率储备，待电网频率超下限后快速增加能量输出。而第三种，则是电网正常时，风电机组运行于最佳功率点，但是当电网频率超下限时，强制增加变流器并网功率，压低风机转速，释放风机转动惯量。第一、二种方式，存在较大的电力损失，而第三种方式虽然也能达到一次调频的效果，但是在完成惯量释放后，必须尽快恢复再平衡，否则如果很快再出现一次电网频率超下限，则可能无法再次进行一次调频动作。

因此，在现有光伏系统和风电机组的基础上，增加储能系统对于实现新能源一次调频功能具有重要的意义。

鉴于电网在功率缺额较小（3% 以内）时，频率降低值与缺额值成正比关系，新能源加装储能系统功率考虑为 3%、最大 5% 的额定功率，时间为 0.5h。因此，选用 2C 的功率型储能系统最为合适。

风机变流器都具有直流环节，不论是双馈风机变流器还是全功率风机变流器。那么，在直流侧增加储能系统将是最简便的风储方案，如图 3-24 所示。

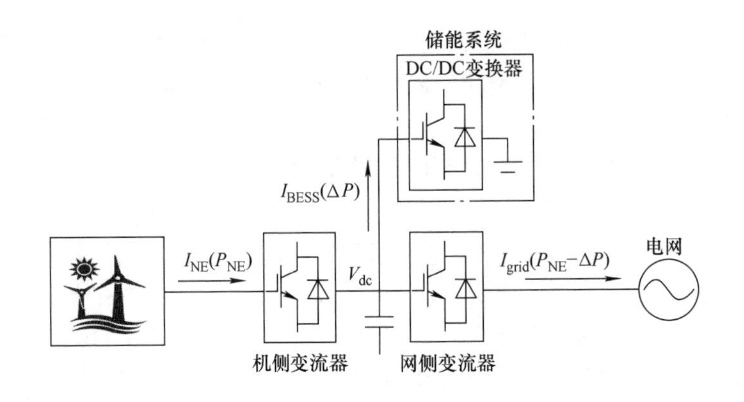

a) 风储一次调频系统

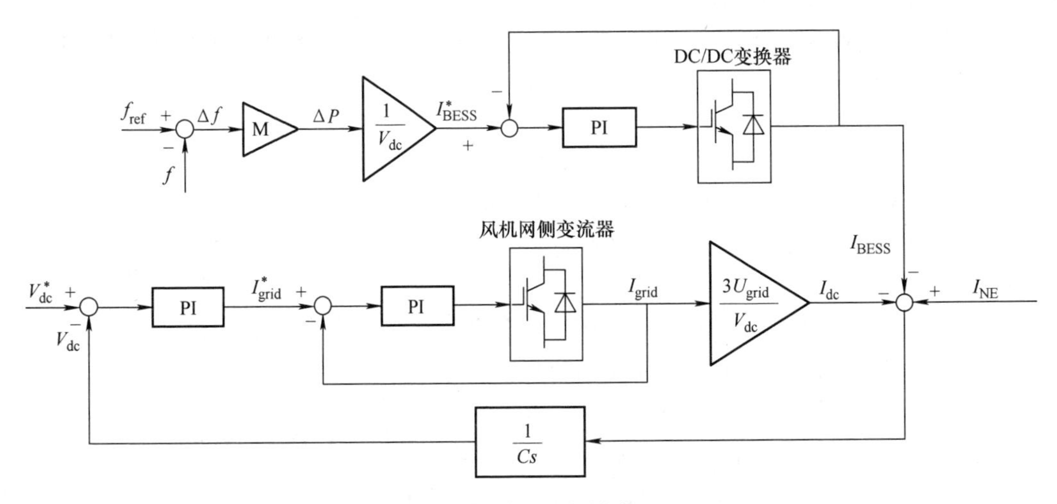

b) 风储一次调频控制方案

图 3-24　风储一次调频

风机变流器中，网侧变流器工作于整流器模式，负责直流侧电压稳定，而机侧变流器负责电机定子或转子功率输出。在直流侧增加 DC/DC 变换器 + 电池 BESS，并依据电网频率变化，主动向直流环节注入或抽取功率，来动态调节网侧变流器的并网功率。该方案不需要改变风机变流器的任何控制策略，仅在硬件电路上留出直流接口即可。并且，在任何状态下，该风机系统都可工作于最大功率点模式。此外，直流环节储能系统的存在也为风电机组的 LVRT 提供了更有利的支持，必要时甚至可以取代直流 Crowbar 的部分作用。

一次调频量 ΔP 最大选择为风机系统额定功率的 5%。对于一个 3MW 的全功率风电机组，储能系统容量 150kW/0.5h，网侧变流器可直接利用自身过负荷能力；对于 3MW 的双馈风电机组，储能系统容量依旧为 150kW/0.5h，一般网侧变流器为 30% 机组额定功率，约 1MW，需设计过负荷能力至 1150kW。

在光储一次调频方案中，如图 3-25 所示，依然利用原有的并网逆变器通道进行一次调频量的输出。以 5MW 光伏阵列为例，在直流侧增加 250kW/0.5h 的储能系统，通过直流侧功率的注入与抽取，实现并网侧一次调频功能。其控制方案依然不会改变原光伏逆变器的控制算法。

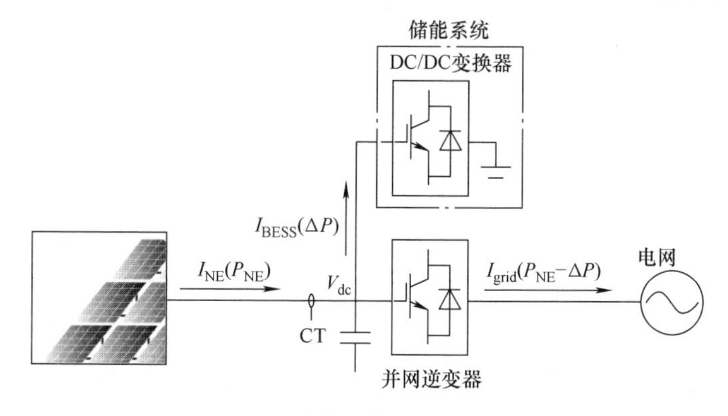

a) 光储一次调频系统

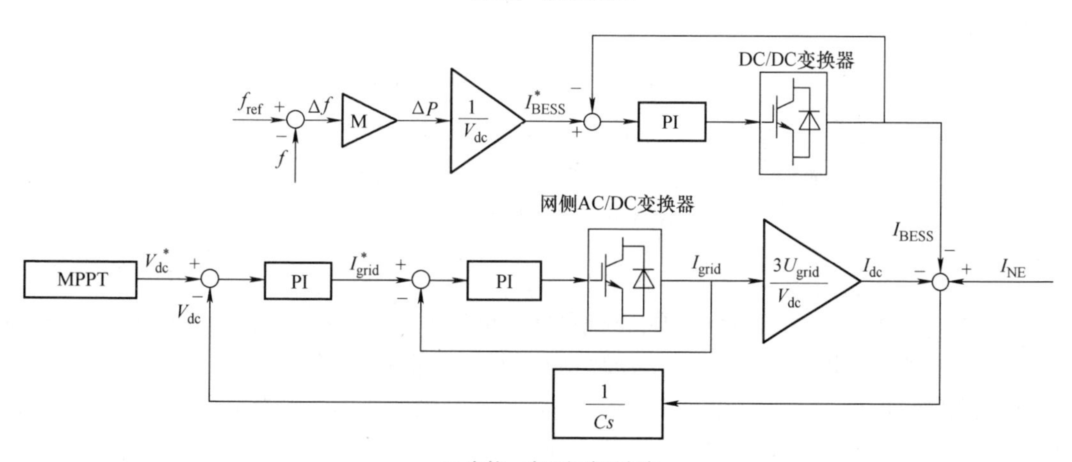

b) 光储一次调频控制方案

图 3-25　光储一次调频

当然，也可以在一个大的新能源电站中，在交流侧集中安装储能系统，使得储能系统运行于独立的并网一次调频状态，而风电或光伏系统依然可以正常独立发电。

3.4　微电网

微电网，特别是风光柴储微电网，是储能系统在用户侧应用的一种重要形式，也是改善弱电网供电品质，实现无电地区电力供应的一种重要的技术方案。按照与大电网的联络关系，微电网有并网、离网两种基本的运行模式，而在其中储能系统总是承担着能量瞬时平衡、电压稳定等重要功能。

以光储柴微电网为例，其具体应用形式取决于新能源等发电设备的现场安装条件、负荷分布情况及与电网间的连接方式；各类分布式发电设备、负荷及与电网的并网装置等，均在微电网能量管理系统（EMS）的统一协调下实现经济运行或保障负荷供电。总的来说，分为交流母线、直流母线两种基本形式。

3.4.1 交流母线微电网

在交流母线微电网中，发电设备、用电负荷均通过区域内交流母线相连，并经唯一的可控并网装置并入外部电网，如图 3-26 所示。

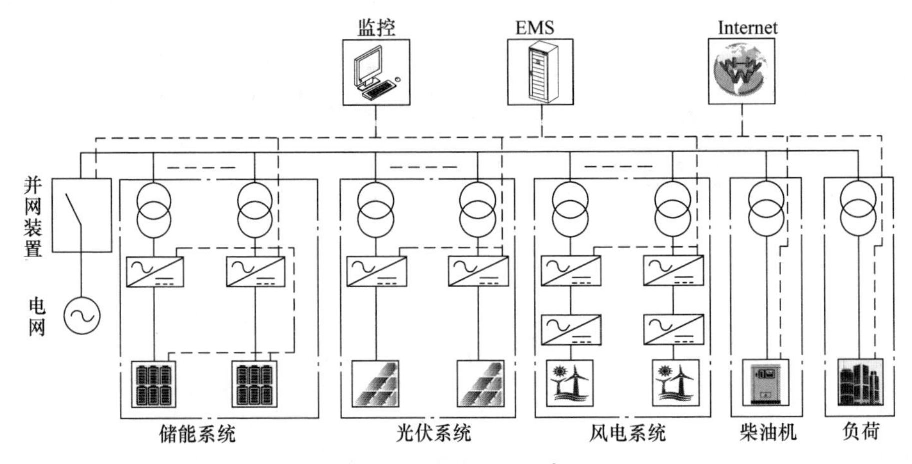

图 3-26　交流母线微电网

在微电网并网模式下，储能系统接受 EMS 的功率调度与管理，承担削峰填谷、最大容量消减等功能，实现区域内负荷用电的经济性最优；也可在适宜的电力市场交易规则下，对外部电网提供诸如紧急备电、一次调频等辅助服务，以提高储能系统的综合收益。

在微电网离网模式下，储能系统承担区域内电压稳定的作用，而光伏等新能源发电设备、用电负荷等，则需要在 EMS 的管理下，依据储能系统状态进行功率限值或切除；在外部电网可靠性较差，或完全的孤岛型微电网中，柴油发电机组是保障供电可靠性的必要补充。

柴油发电机组，依据控制方式的不同，可以运行于转速控制模式，承担微电网的主电源功能，亦或者运行于并网模式，与储能系统并列运行，向作为主电源的储能系统提供能量支持，确保在极端情况下的负荷持续供电。

柴油发电机组与储能系统并列运行前，并机同期机构将柴油发电机组的频率调整到比储能系统输出频率稍高，并检测与微电网的电压差、频率差以及相位差在允许并网范围内，如 6.6kV 母线，要求电压差小于 18V、频率差小于 0.25Hz 及相位差小于 20°，完成并列合闸操作。需要注意的是，如果柴油发电机组不是在稍高于储能系统电压频率的情况下并列合闸，而是在稍低的情况下并列合闸，由于柴油发电机组的空载频率低于储能系统的电压频率，那么柴油发电机组将作为电动机运行而从微电网中消耗有功功率，导致柴油发电机组可能出现逆功率故障保护跳机，并列过程失败。

在柴油发电机组与储能系统并列运行时，储能系统的电压控制方式将对 EMS 及柴油发电机组的控制产生直接影响。

当储能系统输出电压为恒压恒频时，以 n 组 PCS 并联主从 VF 控制为例，柴油发电机组并列后的频率不会改变，EMS 通过调节油门，可以控制柴油发电机组提供的有功功率，如图 3-27 所示。

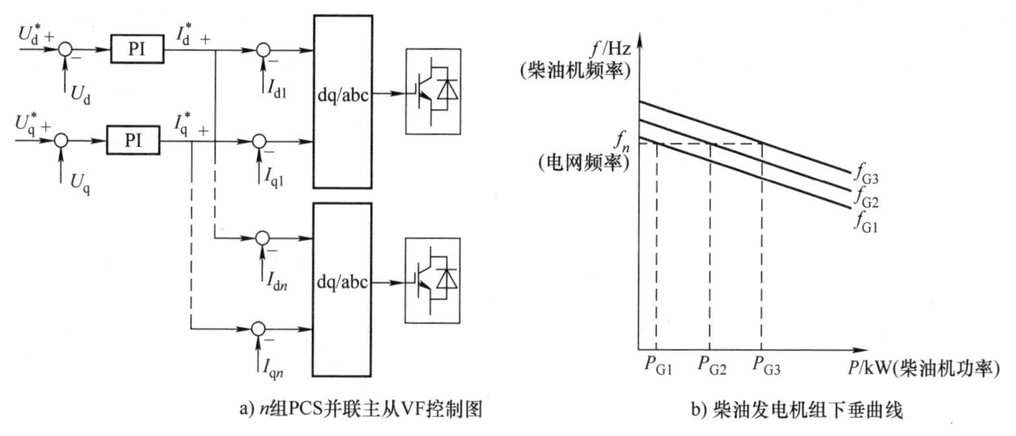

a) n组PCS并联主从VF控制图　　b) 柴油发电机组下垂曲线

图 3-27　PCS 与柴油发电机组并联控制

柴油发电机组油门的调节，使得柴油发电机组的工作曲线由 f_{G1} 向上平移至 f_{G2}、f_{G3}，由于微电网频率被储能系统恒定，柴油发电机组的输出有功将相应由 P_{G1} 增加至 P_{G2}、P_{G3}。

柴油发电机组并列运行后，可以通过 EMS 的控制，运行于最佳燃油发电效率点，为柴油发电机组额度功率的 50%～80%。

在这种控制方式下，由于微电网电压由储能系统建立，频率恒定，柴油发电机组仅提供区域内基础负荷电力或向储能系统提供能量补充，快速波动性负荷依然依靠储能加以瞬时平衡。

储能系统的 VSG 控制模式如图 3-28 所示。

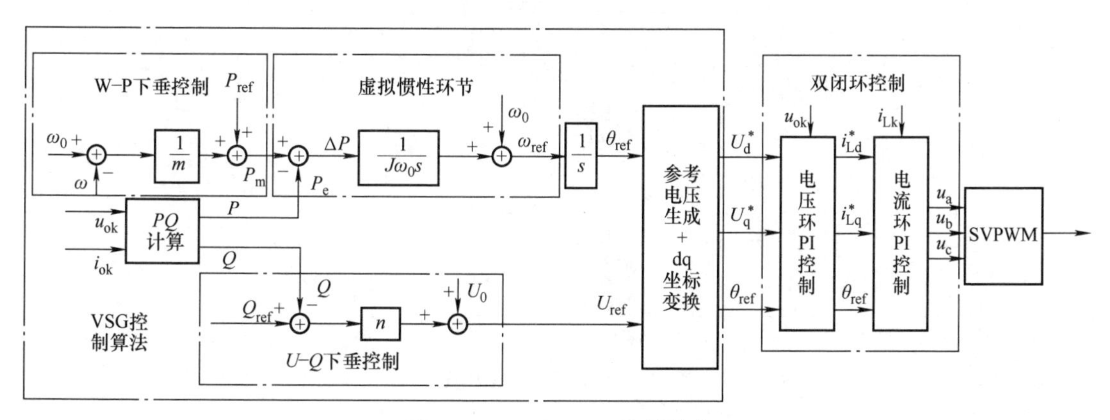

图 3-28　PCS VSG 控制模式

VSG 储能系统的特性能够模拟同步发电机组的下垂以及转动大惯量特性，从而实现与柴油发电机组的对等并列运行，共同承担平衡瞬时功率负荷波动及稳定电网电压的功能。微电网系统电压调节过程分为三个阶段，分别是：一次调频，储能系统与柴油发电机组利用自身惯量平衡功率波动，包括负荷功率波动及光伏等新能源发电功率波动，产生频率偏差；二次调频，当频率偏差超限，EMS 通过调节储能系统及柴油发电机组 *f-P* 工作曲线，将微电网频率无差调节至额定点；三次调频，EMS 通过 SOC 监测、负荷预测、新能源发电预测及经济性分析，在储能系统与柴油发电机组间再次进行输出功率调整，实现经济最优化运行。

需要注意的是，尽管可以将储能系统，特别是 PCS 的下垂系数及虚拟惯量尽量与柴油发电机组匹配，但是由于 PCS 具有更快的调节速度，且与柴油发电机组间存在暂态特性差异，瞬时功率波动无法在两者之间做到实时均分，这会对储能系统与柴油发电机组的并列稳定运行产生不利影响。况且，由于 PCS 中的电力电子功率器件，不具备柴油发电机组的短时大过载能力，极端情况下的功率波动超限甚至会直接损害 PCS，这些故障情况的避免都要依赖于微电网的系统性设计及对储能系统的控制优化。

交流母线微电网中，各设备间可完全独立安装，不受空间限制，适合 MW 级以上的区域负荷供电。

3.4.2 直流母线微电网

针对 MW 以下的小型区域负荷供电，可采用系统结构与控制都更为简单的直流母线方案，如图 3-29 所示。

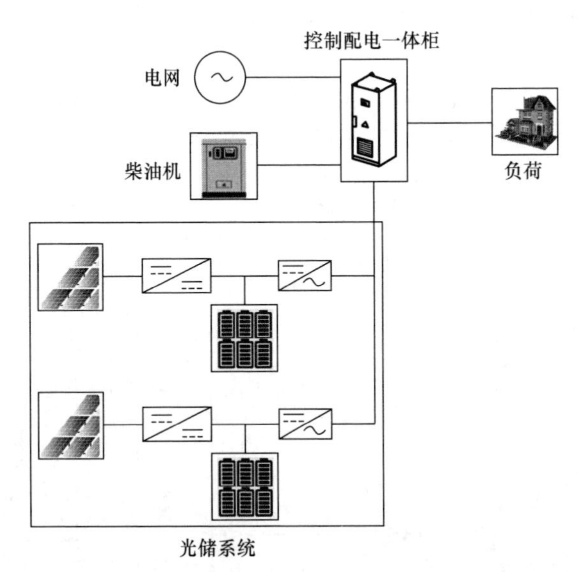

图 3-29　直流母线微电网

在直流母线方案中，DC/DC 变换器工作于 MPPT 模式，直接使用光伏电力为储能系统充电，这样既节约了并网设备的使用，又减少了光伏电力的多次转换，提高了系统效率；DC/DC 变换器也可以依据电池组 SOC，自主采取限发措施，避免蓄电池过充，简化了 EMS 在光伏与储能间的能量管理与协调。

其中，控制配电一体柜如图 3-30 所示，具有丰富的通信接口和多电力输入输出端口，能够调度多种分布式发电设备，也能够基于内部配电设备进行系统运行状态转换与能量管理，实现 EMS 功能与配电单元的融合。这种集成化的设计，简化了系统软硬件构成，方便了现场集中部署与调试，适用于功率较小、构成较为简单的百 kW 级微电网系统。

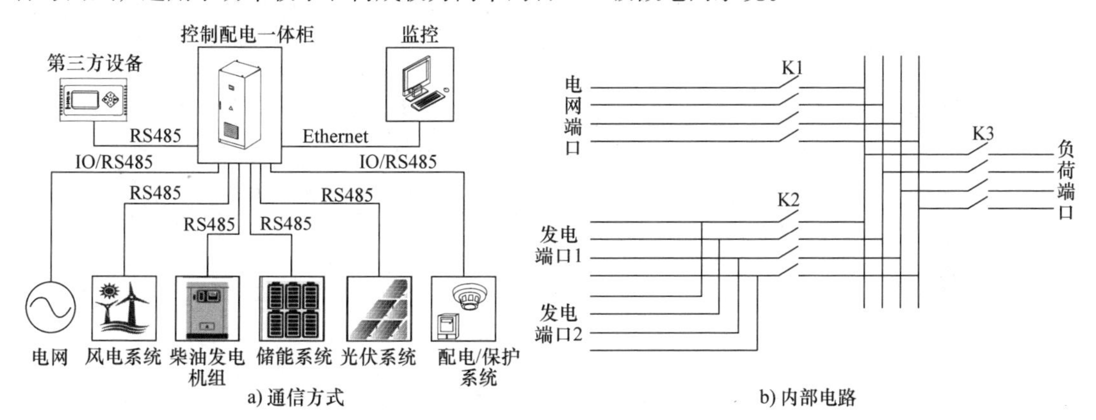

图 3-30　控制配电一体柜

3.4.3　无缝切换

针对重要负荷，微电网系统在并离网切换过程中希望实现负荷不间断供电，即需要在 10ms 内通过对微电网并网开关的快速精确控制，实现无缝切换，如图 3-31 所示。

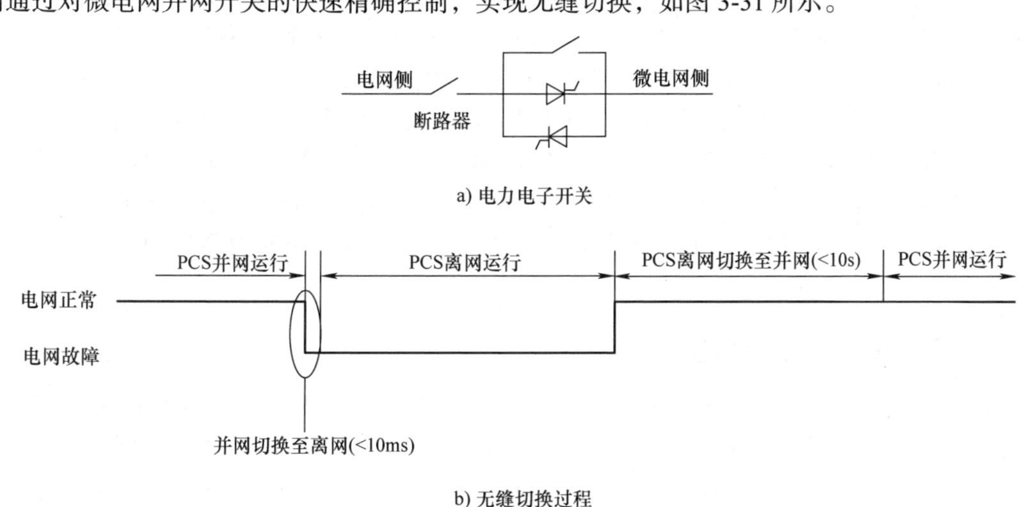

图 3-31　无缝切换

当 PCS 运行于 VSG 模式时，微电网与电网间的无缝切换相对简单，过程如图 3-32 所示。

电网故障后，EMS 可快速断开并网开关，微电网由并网切换至离网；待电网恢复后，EMS 确认电网稳定，即可通过对 PCS 的频率与电压调节，将并网开关两端的电压幅值差、相位差和频率差控制在允许范围内，即可直接合闸，微电网由离网切换至并网。整个过程中，由于 PCS 的电压源输出特性实现了负荷的不间断供电，而储能系统也无须做任何运行控制模式的调整。

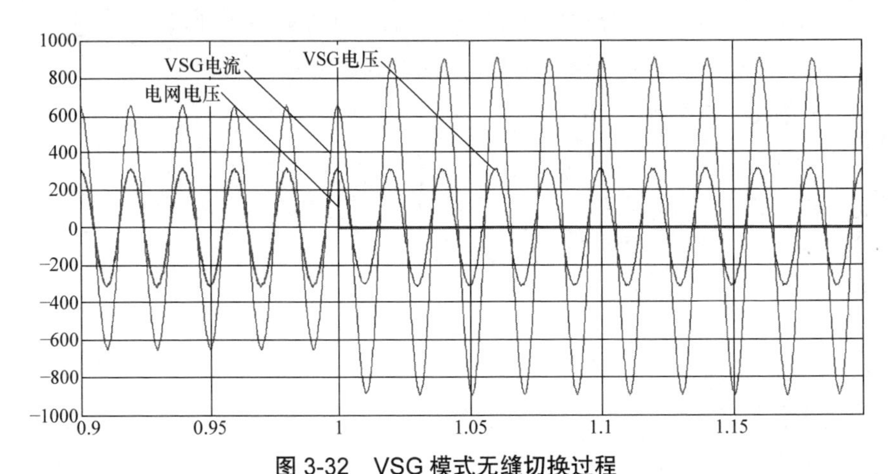

图 3-32　VSG 模式无缝切换过程

但当 PCS 运行于 PQ-VF 模式时，无缝切换过程相对复杂，且为了确保 10ms 内完成由并网至离网的过程，并网开关应由 PCS 直接控制。基本过程如下：

1）“PCS 并网运行” 阶段：PCS 处于并网阶段，此时对 PCS 的设置可以是并网运行下的任意一种模式，比如交流功率控制、直流电流控制或者恒压限流模式。

2）“PCS 并网切换至离网” 阶段：PCS 监测电网发生故障后，为了保证微电网内部负荷不间断供电，PCS 由并网运行切换至离网运行，并断开快速开关，整个切换过程应小于 10ms。

3）“PCS 离网运行” 阶段：PCS 离网运行，建立微电网电压。

4）“PCS 离网切换至并网” 阶段：电网恢复，PCS 首先实现微电网与电网间同步，闭合快速开关，随即由离网运行切换至并网运行的交流功率控制模式，且尽量维持离网状态下的功率输出；稳定后，缓慢减少并网交流功率至离网状态下的部分负荷。整个过程小于 10s。

5）“PCS 并网运行” 阶段：PCS 由交流功率控制模式，恢复到电网正常工作模式。

切换过程如图 3-33 所示。

3.4.4　微电网能量管理系统

微电网采用了大量先进的电力电子技术、多种新能源发电设备和多样化的储能系统等，具有高效能源利用、优化经济指标、改善环境效益等优势，但也带来了许多与电力系统完全不同的特点，如分布式发电单元过载能力差、潮流双向流动、能源特点不一、经济优化复杂等，因此，微电网稳定优化运行需要依赖于先进的系统级控制和能量管理技术。

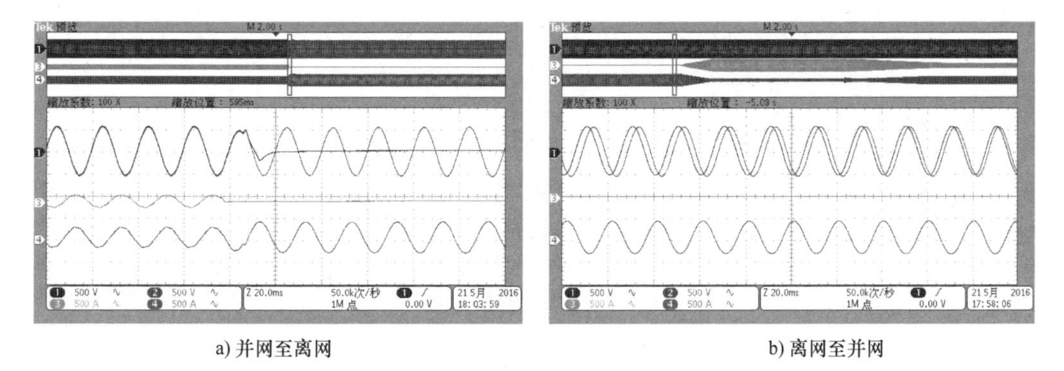

a) 并网至离网　　　　b) 离网至并网

图 3-33　PQ-VF 模式无缝切换过程

微电网能量管理系统（EMS）必须具备以下两个基本功能：

1）系统监控功能，是指实现微电网内分布式发电单元的测量数据、状态信息以及控制信号的远距离可靠交互与展示。主要包括多台 PCS 的遥测、遥控、遥调；多台分布式发电设备的遥测、遥控、遥调；环境监测仪设备的信息读取；电表设备的信息读取；接触器、指示灯、外部设备控制、干接点预留等；本地数据显示、控制；电池信息显示；远程监控；实时监测电网质量数据；微电网电压与频率调节，潮流控制，功率因数调节；支持电网调度；储能调节；负荷控制；支持 AGC 和 AVC 功能；支持 IEC 61850 等标准；发电预测（预留接口和资源）；负荷预测（预留接口和资源）。

2）系统协调优化功能，主要包括安全监控、调度管理与计划、自动控制功能等；根据负荷预测、发电预测、交换计划、发电计划、储能单元特性及运行状态、安全约束和最优潮流等信息制定出各分布式发电设备输出功率的参考值，实现系统经济优化运行。

主要功能模块如图 3-34 所示。

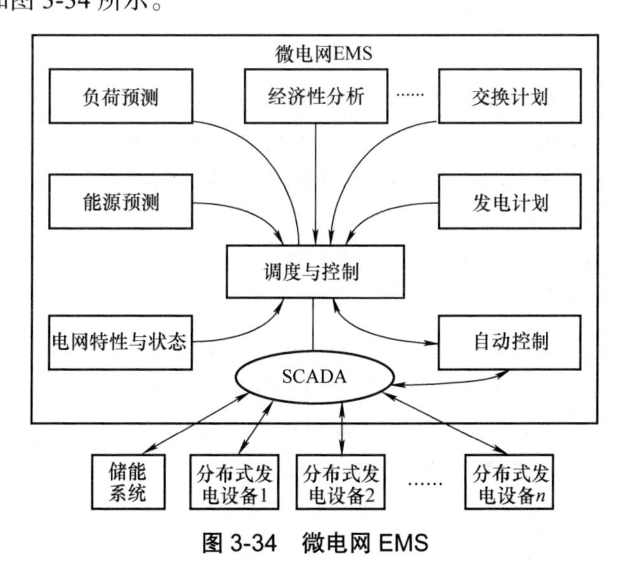

图 3-34　微电网 EMS

关于EMS的详细功能及IEC 61850在BESS中的应用将在第6章进一步详细论述。

3.5 小结

储能系统可以辅助火电机组提升AGC水平，将其响应时间从分钟级缩短至秒级；储能系统可以辅助新能源并网，在提升电网新能源消纳能力的同时，平抑新能源出力波动；储能系统可以承担独立调频功能，进一步减少电网频率波动范围，改善电网供电品质；储能系统也可以作为微电网主电源，切实为无电地区送去光明与文明。

因此，储能系统能够结合不同应用场景需求或电力政策，从功率、能量两个维度分别提供响应能力与可调度空间，也为EMS提供更全面的经济性优化方式和更直接的能量管理手段。同时，EMS的综合控制与协调也决定着储能系统功能的发挥以及与应用场景的有效结合，这就要求储能系统集成商与项目开发商更全面地掌握系统经济模型，合理配置容量与功率，最终构建高效、合理、安全的储能系统或电站整体解决方案。

参考文献

[1] 施泉生，丁建勇. 电力需求侧管理[M]. 上海：上海财经大学出版社，2018.

[2] LEADBETTER J，SWAN L. Battery storage system for residential electricity peak demand shaving[J].Energy & Buildings，2012，55（12）：685-692.

[3] OUDALOV A，CHARTOUNI D，OHLER C. Optimizing a battery energy storage system for primary frequency control[J].IEEE Transactions on Power Systems，2007，22（3）：1259-1266.

[4] YOSHIMOTO K，NANAHARA T，KOSHIMIZU G. New control method for regulating state-of- charge of a battery in hybrid wind power/battery energy storage system[C].Power Systems Conference & Exposition. Atlanta：IEEE，2006.

[5] ZHANG B，ZENG J，MAO C. Improvement of power quality and stability of wind farms connected to power grid by battery energy storage system[J].Power System Technology，2006，30（15）：54-58.

[6] 刘辉，葛俊，巩宇，等. 风电场参与电网一次调频最优方案选择与风储协调控制策略研究[J]. 全球能源互联网，2019，2（1）：50-58.

[7] 宋峻竑. 电池柔性成组储能系统故障容错控制研究[D]. 北京：北京交通大学，2018.

[8] MALY D K，KWAN K S. Optimal battery energy storage system（BESS）charge scheduling with dynamic programming[J]. IEEE Proceedings - Science，Measurement and Technology，2002，142（6）：453-458.

[9] HOUSSEINI B，OKOU A F，BEGUENANE R. Robust nonlinear controller design for on-grid/off-grid wind energy battery-storage system[J]. IEEE Transactions on Smart Grid，2018，9（6）：5588-5598.

[10] 李建林，黄际元，房凯. 电池储能系统调频技术[M]. 北京：机械工业出版社，2018.

[11] 孙宏斌. 能源互联网[M]. 北京：科学出版社，2020.

[12] KERDPHOL T，QUDAIH Y，MITANI Y. Battery energy storage system size optimization in microgrid

using particle swarm optimization[C]. Innovative Smart Grid Technologies Conference Europe（ISGT-Europe），2014 IEEE PES. Istanbul：IEEE，2015.

[13] DUI X，ZHU G，YAO L. Two-stage optimization of battery energy storage capacity to decrease wind power curtailment in grid-connected wind farms[J]. IEEE Transactions on Power Systems，2018，33（3）：3296-3305.

[14] GLOBAL SUSTAINABLE ENERGY SOLUTIONS PTY LTD. 蓄电池储能光伏并网发电系统 [M]. 中国电力科学院，译 . 北京：中国水利水电出版社，2017.

[15] MAHMUD N，ZAHEDI A，MAHMUD A. A cooperative operation of novel PV inverter control scheme and storage energy management system based on ANFIS for voltage regulation of grid-tied PV system[J]. IEEE transactions on industrial informatics，2017，13（5）：2657-2668.

[16] SAIPET A，NUCHPRAYOON S.On controlling power ramping and output of grid-connected Rooftop solar PV using battery energy storage system[C]. IEEE International Conference on Environment and Electrical Engineering，IEEE Industrial and Commercial Power Systems Europe.Genova：IEEE，2019.

[17] KHALID M，ALMUHAINI M，AGUILERA R P，et al. Method for planning a wind-solar-battery hybrid power plant with optimal generation-demand matching[J].Renewable Power Generation，IET，2018，12（15）：1800-1806.

[18] 孙威，李建林，王明旺 . 能源互联网储能系统商业运行模式及典型案例分析 [M]. 北京：中国电力出版社，2017.

[19] 李钟实 . 太阳能分布式光伏发电系统设计施工与运维手册 [M]. 北京：机械工业出版社，2020.

[20] SINGH B，KASAL G K. Battery energy storage system based controller for a wind turbine driven isolated asynchronous generator[J].Journal of Power Electronics，2008，8（1）：81-90.

[21] LOU S，WU Y，CUI Y，et al. Operation strategy of battery energy storage system for smoothing short-term wind power fluctuation[J]. Automation of Electric Power Systems，2014，38（2）：17-22+58.

[22] KOUTROULIS E，KOLOKOTSAL D，STAVRAKAKIS G. Optimal design and economic evaluation of a battery energy storage system for the maximization of the energy generated by wind farms in isolated electric grids[J].Wind Engineering，2009，33（1）：55-81.

[23] SENJYU T，KIKUNAGA Y，YONA A，et al. Study on optimum capacity of battery energy storage system for wind power generator[J].IEEE Transactions on Power & Energy，2008，128（1）：321-327.

[24] 莫尼卡塔斯，斯卡拉斯 - 哈萨科斯，里姆 . 大中型储能电池的研究进展 [M]. 段喜春，译 . 北京：机械工业出版社，2018.

[25] KAMI A，LUO LIWEN. Energy balance based DC-link voltage control of grid tied battery connected multistage bidirectional PV inverter system[C].International Conference on Power and Renewable Energy. Chengdu：IEEE，2017.

[26] 李富生，李瑞生，周逢权 . 微电网技术及工程应用 [M]. 北京：中国电力出版社，2013.

[27] TANG S，YANG H，ZHAO R，et al. Influence of battery energy storage system on steady state stability

of power system[C]. The 12th International Conference on Electrical Machines and Systems. Funabori：IEEE，2009.

[28] 张中青 . 电网侧分布式电池储能技术应用及商业模式 [M]. 北京：中国电力出版社，2019.

[29] 张建华，黄伟 . 微电网运行控制与保护技术 [M]. 北京：中国电力出版社，2010.

[30] SATTAR A，AL-DURRA A，CARUANA C，et al.Testing the performance of battery energy storage in a wind energy conversion system[C].2018 IEEE Industry Applications Society Annual Meeting（IAS）. Portland：IEEE，2018.

[31] CAU G，COCCO D，PETROLLESE M，et al. Energy management strategy based on short-term generation scheduling for a renewable microgrid using a hydrogen storage system[J].Energy Conversion & Management，2014，87：820-831.

[32] 刘辉，葛俊，巩宇，等 . 风电场参与电网一次调频最优方案选择与风储协调控制策略研究 [J]. 全球能源互联网，2019，2（1）：50-58.

[33] JOHNSON J，NEELY J C，DELHOTAL J J，et al. Photovoltaic frequency-watt curve design for frequency regulation and fast contingency reserves[J]. IEEE Journal of Photovoltaics，2016，6（6）：1611-1618.

[34] 巴恩斯，莱文 . 大规模储能系统 [M]. 肖曦，聂赞相，译 . 北京：机械工业出版社，2018.

[35] CHOI J Y，CHOI I S，AHN G H，et al. Advanced power sharing method to improve the energy efficiency of multiple battery energy storages system[J].IEEE Transactions on Smart Grid，2018，9（2）：1292-1300.

[36] FATHIMA H，PALANISAMY K. Optimized sizing，selection，and economic analysis of battery energy storage for grid-connected wind-PV hybrid system[J]. Modelling and Simulation in Engineering，2015：1-16.

[37] THANG V V. Optimal sizing of distributed energy resources and battery energy storage system in planning of islanded micro-grids based on life cycle cost[J].Energy Systems，2020：1-20.

[38] 赵波 . 微电网优化配置关键技术及应用 [M]. 北京：科学出版社，2015.

[39] HOUSSEINI B，OKOU A F，BEGUENANE R.Robust nonlinear controller design for on-grid/off-grid wind energy battery-storage system[J]. IEEE Transactions on Smart Grid，2018，9（6）：5588-5598.

[40] KUMAR M. Solar PV based DC microgrid under partial shading condition with battery-part 2：energy management system[C].IEEE India International Conference on Power Electronics. Jaipur：IEEE，2018.

[41] 中国化工学会储能工程专业委员会 . 储能技术及应用 [M]. 北京：化学工业出版社，2018.

[42] 邱应军 . 储能电池及其在电力系统中的应用 [M]. 北京：中国电力出版社，2018.

[43] GONZALEZ-GARRIDO A，SAEZ-DE-IBARRA A，GAZTANAGA H，et al. Annual optimized bidding and operation strategy in energy and secondary reserve markets for solar plants with storage systems[J]. IEEE Transactions on Power Systems，2019，34（6）：5115-5124.

[44] 华志刚 . 储能关键技术及商业运营模式 [M]. 北京：中国电力出版社，2019.

[45] JIANG Quanyuan，WANG Haijiao. Two-time-scale coordination control for a battery energy storage system to mitigate wind power fluctuations[J]. IEEE Transactions on Energy Conversion，2013，28（1）：52-61.

[46] ORITI G，JULIAN A L，ANGLANI N，et al. Novel economic analysis to design the energy storage control system of a remote islanded microgrid[J].IEEE Transactions on Industry Applications，2018（6）：6332-6342.

[47] LIU Y，DU W，XIAO L，et al. A Method for sizing energy storage system to increase wind penetration as limited by grid frequency deviations[J]. IEEE Transactions on Power Systems，2015，31（1）：729-737.

[48] 雷恩，弗朗索瓦，德力尔，等 . 电网储能技术 [M]. 杨凯，刘皓，高飞，等译 . 北京：机械工业出版社，2017.

[49] MASTERI K，VENKATESH B，FREITAS W. A feeder investment model for distribution system planning including battery energy storage[J]. Canadian Journal of Electrical and Computer Engineering，2018，41（4）：162-171.

[50] LIN C C，DENG D J，LIU W Y，et al. Peak load shifting in the internet of energy with energy trading among end-users[J]. IEEE Access，2017，5：1967-1976.

[51] BEZERRA P，SAAVEDRA O R，RIBEIRO L A S. A dual battery storage bank configuration for isolated microgrids based on renewable sources [J].IEEE Transactions on Sustainable Energy，2018：1618-1626.

[52] BOROWY B S，SALAMEH Z M . Dynamic response of a stand-alone wind energy conversion system with battery energy storage to a wind gust[J].IEEE Transactions on Energy Conversion，1997，12（1）：73-78.

[53] MUSASA K，NWULU N I.Interfacing a battery energy storage system（BESS）with a wind farm with DC collector system via a flyback DC-DC converter：modelling，control strategy and performance analysis[C]. International Conference on Computational Techniques，Electronics and Mechanical Systems. Belgaum：Ramrao Adik Institute of Technology，2018.

[54] OLASZI B D，LADANYI J et al. Comparison of different discharge strategies of grid-connected residential PV systems with energy storage in perspective of optimal battery energy storage system sizing[J]. Renewable & sustainable energy reviews，2017：710-718.

[55] 李建林，修晓青，惠东 . 储能系统关键技术及其在微网中的应用 [M]. 北京：中国电力出版社，2016.

[56] FLEER J，ZURMÜHLEN S，MEYER J，et al. Techno-economic evaluation of battery energy storage systems on the primary control reserve market under consideration of price trends and bidding strategies[J]. Journal of Energy Storage，2018，17（6）：345-356.

[57] AGHAMOHAMMADI M R，ABDOLAHINIA H. A new approach for optimal sizing of battery energy storage system for primary frequency control of islanded microgrid[J].International Journal of Electrical Power & Energy Systems，2014，54（1）：325-333.

[58] 李建林，惠东，靳文涛，等 . 大规模储能技术 [M]. 北京：机械工业出版社，2016.

[59] EL-BIDAIRI K S，NGUYEN H D，MAHMOUD T S，et al. Optimal sizing of battery energy storage systems for dynamic frequency control in an islanded microgrid：a case study of Flinders Island，Australia[J]. Energy，2020，195（3）：1-25.

[60] AKAGI S，YOSHIZAWA S，YOSHINAGA J，et al. Capacity determination of a battery energy storage system based on the control performance of load leveling and voltage control[J].Journal of International Council on Electrical Engineering，2016，6（1）：94-101.

第 4 章　电池储能系统电气设计

电池储能系统（BESS）的电气集成设计环节任务繁重。依据储能系统的应用场景，涉及直流、高 / 低压配电、控制电源配电、接地与防雷、安全标准和规范等多方面的内容。在设计过程中，既要考虑 BESS 自身内部设备的用电需求、故障保护和操作人员安全，还应结合应用场景考虑 BESS 的对外交直流接入方案、外部故障隔离保护及对相邻或上级电网安全的影响。

4.1　电气系统概述

图 4-1 为比较典型的 BESS 电气简图。一般而言，可分为主电路及控制电路两个部分。

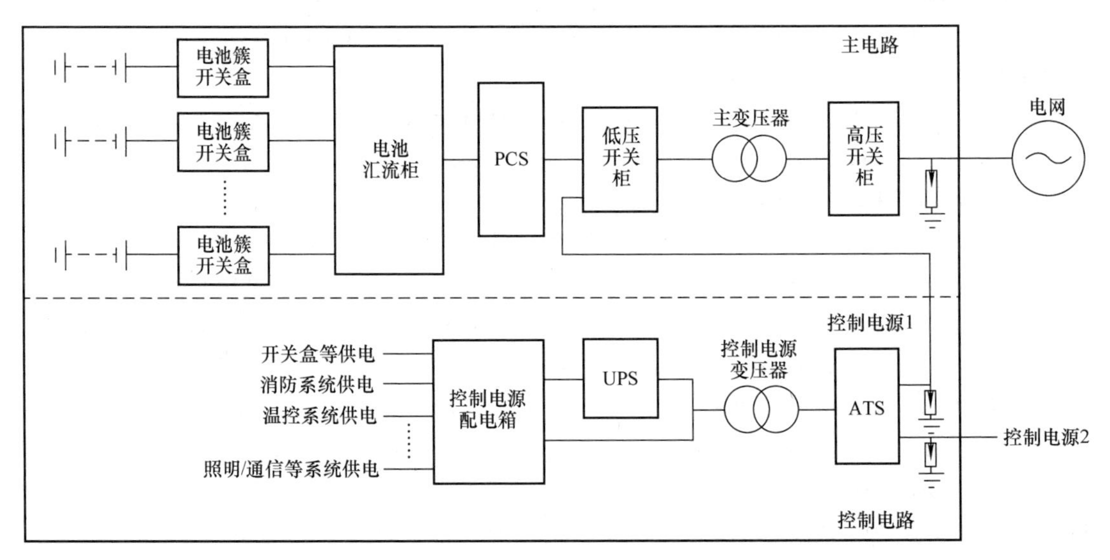

图 4-1　BESS 电气系统简图

主电路部分主要分为直流回路、PCS 及交流并网接口。其中直流回路自电池簇（Rack）输出 / 输入端开始，经各开关盒（Switch Gear，SG）、直流线缆至电池汇流柜（Battery Connection Panel，BCP）中进行汇流；在这一线路上将设置必要的直流保护和开关器件，以配合 BMS，实现电池安全可靠并联、故障隔离及故障恢复后的再投入。BCP 与 PCS 直流侧相连，具体连接方式取决于 PCS 的直流侧设计；对于集中式 PCS，大多采用单接口输入（输出）；而对于模组化 PCS，则需要设置多路端口；虽然 PCS 的直流侧一般都具有比较完善的直流保护器件、开关器件和缓充电路，如熔断器、接触器或可电操作的断路器等，但是为了维护方便，在 BCP 中依然建议设置具有可视断点的开关器件。交流并网接口，或接入低压 400V/690V 电网，或经升压变接入 6kV 以上高压电网；也可能会在其中安装并离网切换装置，支持 BESS 离网运行，为负荷独立供电。

控制电路主要为 BESS 内部设备供电，其输入端可安装多路自动转换开关（Automatic Transfer Switch，ATS）实现灵活取电。例如，控制电源 1 可从 400V 低压电网取电，而控制电源 2 预留从外部设备，如柴油发电机组取电，以实现 BESS 在离网状态下的启动。为隔绝外部电源谐波等干扰，控制电源变压器是非常必要的。系统控制或辅助设备将依据重要程度进行供电管理。一般而言，BMS、本地控制器、故障录波及消防系统等设备，应由 UPS 供电；特别对于消防系统，由于其启动时外部电源已经切断，而内部相关压力、温度等信息对后续处理依然非常重要，因此必须持续供电。

4.2　低压开关柜设计

4.2.1　电气绝缘

低压开关柜的设计，应参照 GB 7251.1—2013《低压成套开关设备和控制设备　第 1 部分：总则》、GB/T 24275—2019《低压固定封闭式成套开关设备与控制设备》、GB 50054—2011《低压配电设计规范》、GB/T 10233—2016《低压成套开关设备和电控设备基本试验方法》、GB/T 36547—2018《电化学储能系统接入电网技术规定》等相关标准。

低压开关柜一般包括断路器、隔离开关、计量表计、浪涌保护器及柜体，如图 4-2 所示。其主要功能为：实现 PCS 的交流输出，满足 BESS 并网或离网技术要求，实现对交流端的连接、监控与保护。

按照 GB/T 156—2017《标准电压》中规定，1kV 为高低压界限。220 ~ 1000V 低压交流系统的标准电压可选择为 220/380V、380/660 V，而低压成套开关设备与控制设备的额定电压一般应比所在系统的标准电压高 10% ~ 20%，为 400/690V。因此，PCS 交流输出电压等级在考虑电网接入方式、直流侧电池电压范围和 IGBT 电压应用水平的同时，也应考虑开关柜及内部设备的额定电压等级，留出一定裕度。

BESS 中低压开关柜采取固定密闭式设计，目前大多由各厂家自行生产和命名，但在设计与制造过程中可参考 GGD 型交流低压配电柜。GGD 型交流低压配电柜的第一个字母“G”表示柜式；第二个字母“G”表示固定式，指开关柜内的所装元器件固定安装于柜内，不可移动，相对应的是移动式开关柜，指柜内所安装的主要元器件可以移出；第三个字母“D”表示电力。柜体所有侧面均为密闭设计，所有开关、保护和检测控制等电气元器件均固定其中，可靠墙或离墙安装。柜体外壳采用冷轧钢板，厚度 2mm。柜体上下端均有不同数量的散热槽孔，当柜内电气元器件发热后，热量上升，通过上端槽孔排出，而冷空气由下端槽孔进入柜内形成自然风道达到散热效果。GGD 的框架采用 8MF 型材，安装孔的模数为 20mm，组装式结构，提高了生产效率，安装精度高，调整方便，也易于增加结构件。顶部四角安装吊环，便于起吊装运。柜门用转轴式活动铰链与框架相连，门的折边外嵌有山型橡胶条，形成接触缓冲，也提高了对内的防护性。装有电气元器件的仪表门用多股软铜线与框架相连，柜内的安装件与框架间用滚花螺钉连接，整柜构成完整的接地保护电路。

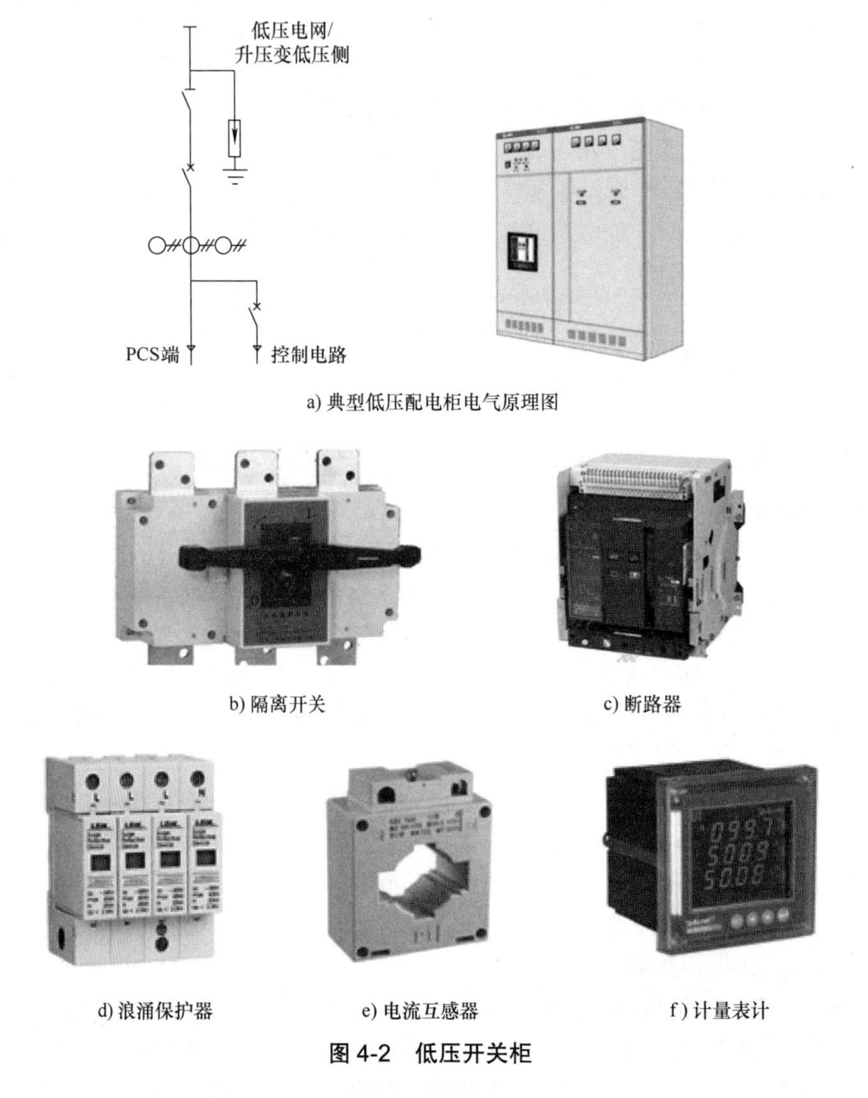

a) 典型低压配电柜电气原理图

b) 隔离开关

c) 断路器

d) 浪涌保护器

e) 电流互感器

f) 计量表计

图 4-2　低压开关柜

BESS 低压开关柜的电压绝缘设计，主要考虑电气空气绝缘间隙与爬电距离。

电气空气绝缘间隙（简称电气间隙）是指开关柜中两个导电部件之间的空间最短距离，包括带电导体之间、带电导体与接地导体之间以及带电导体与易碰零件之间的最小空气间隙，如图 4-3 所示。影响绝缘间隙的因素主要包括电压等级（交流有效值或直流值）、可能进入开关柜内的瞬时过电压大小、安装环境污染等级、绝缘类型及海拔等因素。

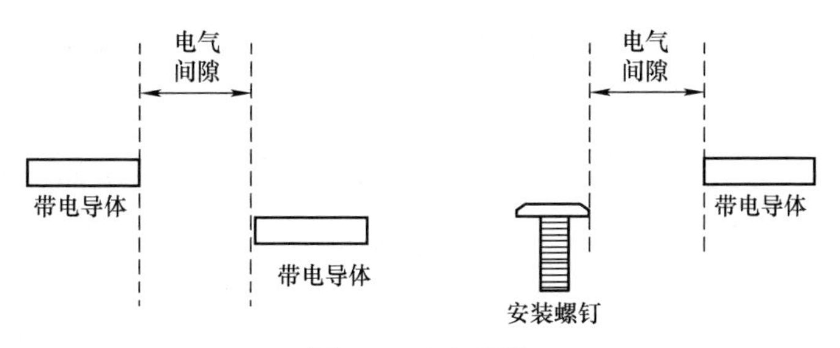

图 4-3　电气间隙

BESS 低压开关柜主要分为 400V 和 690V 两个电压等级。考虑 BESS 在电网中的安装位置，按照 GB 14048.1—2012《低压开关设备和控制设备　第 1 部分：总则》确定其额定冲击耐受电压 U_w 不低于 8kV，如表 4-1 所示。

表 4-1　电网电源瞬态电压

交流电网电源电压（小于或等于）	电网电源瞬态电压（峰值）/V			
	过电压类型			
V（有效值）	Ⅰ	Ⅱ	Ⅲ	Ⅳ
$V \leqslant 50$	330	500	800	1500
$50< V \leqslant 100$	500	800	1500	2500
$100< V \leqslant 150$	800	1500	2500	4000
$150< V \leqslant 300$（含 230/400）	1500	2500	4000	6000
$300< V \leqslant 690$（含 400/690）	2500	4000	6000	8000

再依据 GB 7251.1—2013《低压成套开关设备和控制设备　第 1 部分：总则》表 1，确定安装海拔 2000m 处的 BESS 低压开关柜空气中最小电气间隙，如表 4-2 所示。

表 4-2　低压开关柜最小电气间隙

<table>
<tr><th rowspan="3">额定冲击耐受电流 / kV</th><th colspan="8">最小电气间隙 /mm</th></tr>
<tr><th colspan="4">污染等级（非均匀电场条件下）</th><th colspan="4">污染等级（均匀电场条件下）</th></tr>
<tr><th>1</th><th>2</th><th>3</th><th>4</th><th>1</th><th>2</th><th>3</th><th>4</th></tr>
<tr><td>0.33</td><td>0.01</td><td rowspan="3">0.2</td><td rowspan="4">0.8</td><td rowspan="5">1.6</td><td>0.01</td><td rowspan="3">0.2</td><td rowspan="5">0.8</td><td rowspan="6">1.6</td></tr>
<tr><td>0.5</td><td>0.04</td><td>0.04</td></tr>
<tr><td>0.8</td><td>0.1</td><td>0.1</td></tr>
<tr><td>1.5</td><td>0.5</td><td>0.5</td><td>0.3</td><td>0.3</td></tr>
<tr><td>2.5</td><td>1.5</td><td>1.5</td><td>1.5</td><td>0.6</td><td>0.6</td></tr>
<tr><td>4</td><td>3</td><td>3</td><td>3</td><td>3</td><td>1.2</td><td>1.2</td><td>1.2</td></tr>
<tr><td>6</td><td>5.5</td><td>5.5</td><td>5.5</td><td>5.5</td><td>2</td><td>2</td><td>2</td><td>2</td></tr>
<tr><td>8</td><td>8</td><td>8</td><td>8</td><td>8</td><td>3</td><td>3</td><td>3</td><td>3</td></tr>
<tr><td>12</td><td>14</td><td>14</td><td>14</td><td>14</td><td>4.5</td><td>4.5</td><td>4.5</td><td>4.5</td></tr>
</table>

当项目海拔高于2000m时，电气间隙需要进行相应的修正，如表4-3所示。

表4-3　电气间隙倍增系数

额定工作海拔/m	倍增系数
≤2000	1.00
2001～3000	1.14
3001～4000	1.29
4001～5000	1.48

BESS开关柜安装环境仅有非导电性污染，所以选择污染等级2；而一般的电源电路都很难达到均匀电场条件。

爬电距离是指两个导体之间沿绝缘材料表面测量的最短空间距离，如图4-4所示。影响爬电距离的主要因素包括工作电压的有效值或直流量、材料绝缘性能及污染等级等。

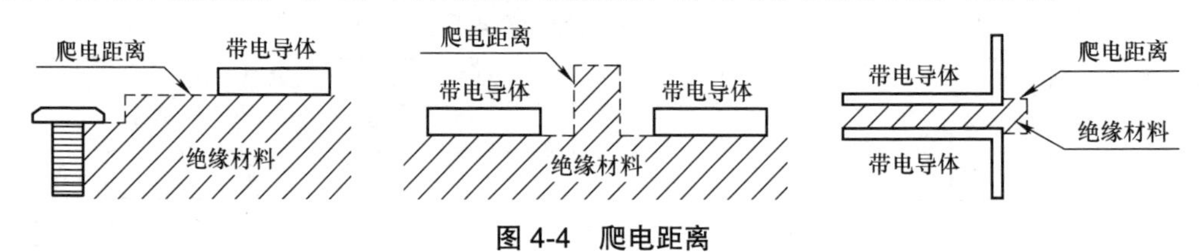

图4-4　爬电距离

材料的绝缘性能按照相比漏电起痕指数（Comparative Tracking Index，CTI）被分为四个组别，可参阅GB/T 4207—2012《固体绝缘材料耐电痕化指数和相比电痕化指数的测定方法》。其中玻璃、陶瓷或其他不产生漏电起痕的无机绝缘材料的爬电距离无须大于其相关的电气间隙；也可以在一些固体绝缘表面增设凸起结构、凹槽结构和凹凸组合结构来增加爬电距离。

据GB 7251.1—2013《低压成套开关设备和控制设备　第1部分：总则》表2，确定BESS低压开关柜在污染等级2条件下的最小爬电距离，节选如表4-4所示。

表4-4　低压开关柜在污染等级2条件下的最小爬电距离

设备额定绝缘电压或实际工作电压交流均方根值或直流/V	污染等级2条件下设备长期承受电压的爬电距离/mm		
	材料组别		
	I/CTI≥600	II/CTI≥400	III/CTI≥100
400	2	2.8	4
500	2.5	3.6	5
630	3.2	4.5	6.3
800	4	5.6	8
1000	5	7.1	10
1250	6.3	9	12.5

BESS项目安装地点不超过2000m时，AC 400V低压开关柜推荐电气参数为：额定绝缘电压690V、额定冲击耐受电压8kV、电气间隙10mm、爬电距离8mm、主回路耐压水平

2.5kV/50Hz/1min；AC 690V 低压开关柜推荐电气参数为：额定绝缘电压 1000V、额定冲击耐受电压 12kV、电气间隙 16mm、爬电距离 12mm、主回路耐压水平 4kV/50Hz/1min。

4.2.2　导体设计

导体电流载荷能力主要考虑额定电流、额定短时耐受电流及额定峰值耐受电流。

开关柜的额定电流可以依据系统额定电压与 BESS 容量确定。开关柜内部，除各种电气开关设备外，铜排是最主要的载流导体。目前，国内 95% 以上的低压开关柜都使用矩形铜排，因此依据额定电流，选取合适的矩形铜排截面积，使其具有适宜的载流量，是开关柜设计的主要工作之一。

依据德国 DIN 43671 的规定，矩形铜排载流量的选取主要决定于铜排截面积、铜排周边空气温度、铜排自身温度和安装方式。当裸铜排周边空气温度 35℃，铜排自身温度 65℃、垂直安装且多层并联汇流铜排间距等于铜排自身厚度时，截面积与持续电流间的关系如表 4-5 所示（节选）。

表 4-5　铜排截面积与持续电流间的关系（节选）

宽度 × 厚度 /（mm × mm）	交流持续电流 /A			直流持续电流 /A		
	并联铜排数量			并联铜排数量		
	1	2	3	1	2	3
12 × 2	108	182	216	108	180	220
15 × 3	162	282	361	162	282	365
20 × 5	274	500	690	274	502	687
40 × 10	715	1290	1770	728	1350	1880
50 × 10	852	1510	2040	875	1610	2220
60 × 10	985	1720	2300	1020	1870	2570

注：材料为德标 E-Cu F30。

不同条件下的允许持续电流 I_{al} 为

$$I_{al} = I_{table}\sum_{i=1}^{5}K_i \tag{4-1}$$

式中　I_{table}——表 4-5 中标准持续电流基准值（A）；

K_1——铜排材料系数，随铜合金材料不同而变化，如 H96 铜，电导率 57m/（Ω · mm²），取值 1.01；

K_2——温度偏差修正系数；

K_3——铜排安装方向修正系数，竖直安装长度大于 2m 或宽度方向水平安装时可取 0.8，其他情况取 1；

K_4——铜排中交流电流相互影响导致的附加集流效应修正系数，铜排并行长度小于 2m 可取 1；

K_5——安装环境及海拔修正系数，室内且海拔不超过 1000m 可取 1。

所选铜排截面积的持续电流 I_{al} 不应小于 BESS 低压交流侧最大持续工作电流 I_{max}，以保证铜排实际温升不超过允许温升：

$$I_{al} \geqslant I_{max} \tag{4-2}$$

K_i 的详细说明请参阅 DIN 43671，其中 K_2 的具体取值，与铜排周边空气温度及铜排自身温度直接相关，可由 DIN 43761 查表获得，也可以按照下式估算：

$$K_2 = \sqrt{\frac{T_{al} - T_c}{T_1 - T_0}} \tag{4-3}$$

式中　T_{al}——铜排设计运行最高温度（℃）；

T_c——铜排设计工作环境温度（℃）；

T_1——铜排工作基准最高温度，DIN 43671 中为 65℃；

T_0——铜排工作基准环境温度，DIN 43671 中为 35℃。

关于 BESS 低压开关柜中铜排设计运行最高温度 T_{al}，按照 GB 7251.1—2013 中表 6 的规定，开关柜内用于连接外部绝缘导线的端子温升不应超过 70℃，而其他部位的铜排和导体可在考虑对周边或相连器件的影响后确定。从实际情况来看，主电路母排最高温度点往往也正是出现在母排固定处或对外导线连接端子处，也就是说只要对外导线连接端子处温升不超过 70℃，那么铜排其他部位的温升必然小于 70℃。综合相关标准规范，如 GB 50060—2008《3 ~ 110kV 高压配电装置设计规范》中要求，裸导体的正常最高工作温度不超过 70℃，镀锡母排允许达到 85℃；而在主要船级社的规定中，无论裸铜排或镀锡铜排，温升均不得超过 45℃。因此建议，在具体项目设计和后续的测试中，应确保铜排固定连接处或接线端子处温度不超过 115℃，在此前提下，铜排其他部位的设计运行最高温度选择为 70 ~ 85℃并据此开展铜排载流量计算。

在明确了开关柜内部主要器件的损耗、柜体尺寸、风道及内部主要结构布局的情况下，可依据 GB/T 24276—2017《通过计算进行低压成套开关设备和控制设备温升验证的一种方法》，如表 4-6 所示，进行开关柜内部中间高度处及顶部空气温升的估算以确定铜排设计工作环境温度 T_c。

表 4-6　通过计算进行低压成套开关设备和控制设备温升验证的一种方法

<table>
<tr><th colspan="3">计算式</th><th colspan="2">外　壳</th></tr>
<tr><th rowspan="2">有效散热面积 A_e/m²</th><th colspan="2">空气温升 /℃</th><th rowspan="2">有效散热面积 A_e</th><th rowspan="2">是否带通风口</th></tr>
<tr><th>外壳高度中点</th><th>外壳顶部（内部）</th></tr>
<tr><td rowspan="3">$A_e = \sum(A_0 b)$</td><td rowspan="3">$\Delta t_{0.5} = k \times d \times P^x$</td><td rowspan="3">$\Delta t_{1.0} = c \times \Delta t_{0.5} k$</td><td rowspan="2">>1.25m²</td><td>不带</td></tr>
<tr><td>带</td></tr>
<tr><td>>1.25m²</td><td>不带</td></tr>
</table>

注：A_0—外壳外表面积（m²）；P—安装在柜体内部设备的有功功率损耗；b—表面系数；k—外壳常量；d—外壳内水平隔板温升系数；c—温度分布系数；x—指数。

当BESS低压开关柜或其输入/输出端使用电力电缆时，应参考GB 50217—2018《电力工程电缆设计标准》中的相关规定。在电压等级确定的情况下，低压线缆的选择首先应按照负荷最大工作电流、安装环境及效率考量来确定导体截面积，线路最大电压损耗不应超过允许值（如：<1%），且导体的负荷电流在正常持续运行中产生的温度，不应使绝缘材料的温度超过表4-7中的规定。考虑到BESS阻燃、防火等要求，可选用交联聚乙烯（XLPE）等不含卤素的绝缘线缆。

表4-7 各类绝缘最高正常运行温度

导体绝缘		各类绝缘最高正常运行温度/℃
聚氯乙烯		70
交联聚乙烯和乙丙橡胶		90
工作温度60℃的橡胶		60
矿物质	聚氯乙烯护套	70
	裸护套	105

对于BESS中直接埋地的电缆，为防止机械损伤，可以选择有铠装层的电缆。按照IEC 60364《Low-voltage electrical installations》和GB/T 16895.3—2017《低压电气装置 第5-54部分：电气设备的选择和安装 接地配置和保护导体》中的规定，当BESS中低压电缆线路较短，如小于20m，可以选择一端铠装金属保护层接地，而另一端对地开路，且对地开路端工作时感应电压不超过50V。与前述铜排设计类似，一般厂家会给出电缆在最高工作温度65℃、15℃地中直埋和25℃空气中敷设的推荐持续电流基准值I_{table}，而实际使用的电流I_{al}则需要做相应修正，且同样要求I_{al}不应小于BESS低压交流侧最大持续工作电流I_{max}。

$$I_{al}=K_tK_pK_{tr}I_{table} \tag{4-4}$$

式中 K_t——温度修正系数，参见式（4-3）；

K_p——并列修正系数；

K_{tr}——土壤热阻修正系数。

上述修正系数及选取方式，可参阅中国电力出版社出版的《工业与民用供配电设计手册》（第四版）。

当BESS长期稳定工作时，持续工作电流I_{Pm}经技术经济性比较确认合理后，可按照表4-8经济电流密度J_{ec}选择导体截面积S（mm^2），即

$$S\geqslant\frac{I_{Pm}}{J_{ec}} \tag{4-5}$$

针对BESS开关柜中的保护线，如PE线，在系统正常工作时是非载流导体，其截面积应满足回路保护电气可靠动作的要求，如表4-9所示。

表 4-8　经济电流密度 J_{ec}

导线材料	经济电流密度 J_{ec}/(A/mm²)		
	年最大负荷利用小时数 3000h 以下	年最大负荷利用小时数 3000～5000h	年最大负荷利用小时数 5000h 以上
铝线、钢芯铝线	1.65	1.15	0.9
铜线	3.00	2.25	1.75
铝芯电缆	1.92	1.73	1.54
铜芯电缆	2.50	2.25	2.00

表 4-9　保护地线允许最小截面积

电缆相芯线截面积 /mm²	保护地线允许最小截面积 /mm²
$S \leqslant 16$	S
$16<S \leqslant 35$	16
$35<S \leqslant 400$	$S/2$
$400<S \leqslant 800$	200
$S>800$	$S/4$

4.2.3　短路故障导体应力计算

开关柜的额定短时耐受电流及额定峰值耐受电流，一般对应开关柜在三相金属性短路情况下的短路稳态电流有效值与短路电流峰值。而在三相低压交流系统短路时，产生的短路电流很大。巨大的短路电流通过开关柜铜排及其内部设备，形成热损耗且来不及被散热系统带走，导致快速的内部温升，形成短路电流的热效应。同时短路电流也将产生很大的电动力，可能使得铜排脱离母排夹约束，导致形变甚至损坏，形成短路电流的力效应。此外，基于三相短路电流还可进行开关柜内部保护元器件的参数选择、开断能力与灵敏度校验。

PCS 在电网外部短路的情况下，可进入限流运行模式，一般对外输出短路电流不大于 2 倍额定电流；而当发生内部短路时，短路回路为 F1、F2，如图 4-5 所示。其中 F2 短路回路包含了 PCS 交流侧滤波环节 Z_l，具有一定阻抗，其短路电流幅值与持续时间都较为有限，而 F1 的短路电流较大。

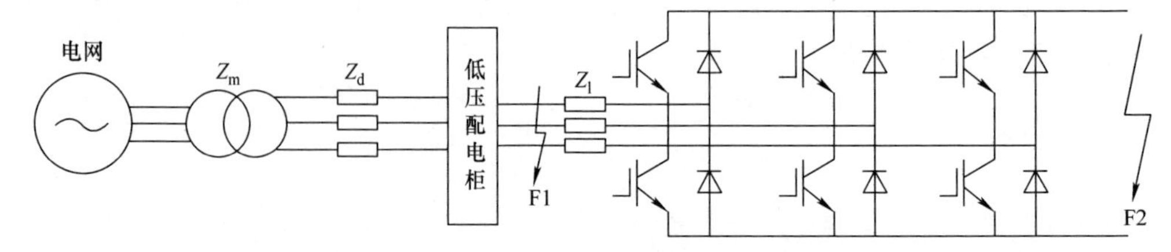

图 4-5　PCS 短路示意图

三相短路全电流，如图4-6所示，分为周期分量与非周期分量两部分。周期分量只与短路回路的阻抗有关，而非周期分量则取决于短路回路衰减时间常数、短路发生时刻及短路前电流大小。

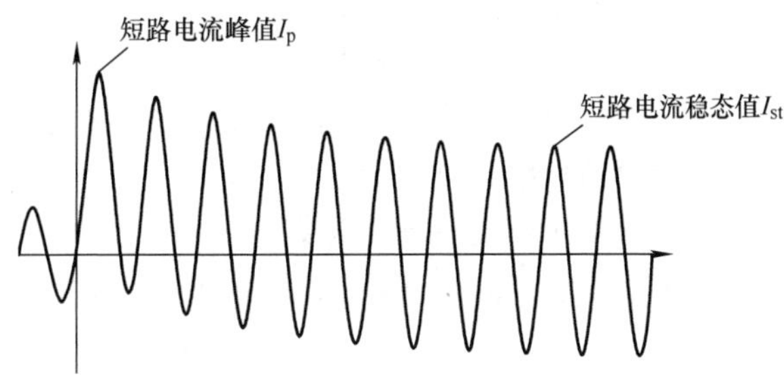

图4-6 三相短路全电流

由于短路电流中存在非周期分量，因此短路电流峰值出现在短路后的第一个峰值上，为周期分量与非周期分量在该时刻的大小之和，随后短路电流的最大值随着非周期分量的衰减而逐渐减小，直至短路电流进入稳态。在高压系统中，或发电机出口侧，线路电抗较大，往往衰减速度较慢，而在低压系统中，线路电阻较大，衰减速度较快。但当BESS并网变压器超过1MVA时，非周期分量导致的最大峰值对线路的冲击依然不能忽略。

1. 电网等效短路阻抗计算

在进行F1短路电流的计算时，可向当地电力部门咨询BESS并网点电力系统短路容量S_G，或按照10kV系统短路容量400MVA、20kV系统短路容量500MVA、35kV系统短路容量750MVA进行估算。当电力系统容量远远大于BESS容量时，也可认为变压器一次侧接入的是理想电压源。

电网等效阻抗计算，可不考虑电阻：

$$X_G = \frac{U_N^2}{S_G} \tag{4-6}$$

式中 X_G——电网电抗（Ω）；

S_G——电网短路容量（MVA）；

U_N——短路点额定电压（kV）。

2. BESS并网变压器阻抗计算

变压器铭牌上给出的参数中与阻抗有关的主要为短路电压百分值$U_k\%$，其值是通过变压器短路实验获得。所谓变压器短路试验，是指将变压器的一侧短路而在另一侧加上可调电压源，并从零开始逐渐增大输入电压，同时观测电流大小。通常是高压侧绕组接可调电压源而低压侧绕组短路。当电流达到额定电流时，记下此时的电压，即为短路电压U_k。U_k占可调电压源所在绕组侧额定电压的百分比值，即为$U_k\%$。此时，可调电压源的输出功率，即为变压器短路损耗P_k。变压器阻抗可按下式计算：

$$\begin{cases} R_T = \dfrac{P_k U_N^2}{1000 S_N^2} \\ X_T = \dfrac{U_k\% U_N^2}{100 S_N} \end{cases} \tag{4-7}$$

式中 R_T——变压器高低压侧绕组总电阻（Ω）；

P_k——变压器短路损耗（kW）；

S_N——变压器额定容量（MVA）；

X_T——变压器高低压侧绕组总电抗（Ω）；

$U_k\%$——额定电压的百分比值，计算中直接使用百分值，不带%号。

3. 三相线缆阻抗计算

变压器与低压开关柜间低压线缆长度在 10～15m 以上，在进行短路电流计算时，应予以考虑。电力金属线缆有铝线、铜芯铝线和铜线，每相线缆阻抗可按下式计算：

$$\begin{cases} R_L = \dfrac{l}{\gamma S} \\ X_L = 2\pi f l\left(4.6\lg\dfrac{D_m}{r} + \dfrac{\mu_r}{2}\right)\times 10^{-7} \end{cases} \tag{4-8}$$

式中 R_L——每相线缆电阻（Ω）；

l——线缆长度（m）；

γ——电导率 [m/（Ω · mm²）]，铜取 53.2、铝取 31.7；

S——导体截面积（mm²）；

X_L——每相线缆电抗（Ω）；

D_m——三相线缆间几何平均距离（mm），$D_m = \sqrt[3]{D_{ab}D_{bc}D_{ca}}$，其中 D_{ab}、D_{bc}、D_{ca} 分别为线缆相间距；

r——导体半径（mm²）；

μ_r——导体材料相对磁导率，铜、铝取 1；

f——交流电频率（Hz）。

当电网频率为 50Hz 时，式（4-8）中第二式可简化为

$$X_L = l\left(0.1445\lg\frac{D_m}{r} + 0.0157\right)\times 10^{-3} \tag{4-9}$$

在低压 400V 系统中，三相铜芯电缆每米电阻和电抗参数如表 4-10 所示。

表 4-10 三相铜芯电缆每米电阻和电抗参数

电缆截面积 /mm²	电阻（80℃）/mΩ	电抗 /mΩ	电缆截面积 /mm²	电阻（80℃）/mΩ	电抗 /mΩ
4	5.500	0.101	70	0.315	0.078
6	3.690	0.095	95	0.230	0.075
10	2.160	0.092	120	0.164	0.066
16	1.370	0.090	150	0.132	0.056
25	0.864	0.088	185	0.118	0.040
35	0.616	0.084	240	0.091	0.058
50	0.448	0.081	300	0.072	0.066

注：上述表格参考 ABB 公司《低压配电电气设计安装手册》。

三相短路稳态电流有效值 $I_{st}^{(3)}$ 为

$$I_{st}^{(3)}=\frac{U_1}{\sqrt{3}\sqrt{\left(R_T+R_L\right)^2+\left(X_G+X_T+X_L\right)^2}} \tag{4-10}$$

式中　$I_{st}^{(3)}$——三相短路电流有效值（A）；
　　　U_1——短路点电网线电压有效值（V）。

两相相间短路时，短路电流有效值 $I_{st}^{(2)}$ 为

$$I_{st}^{(2)}=\frac{U_1}{2\sqrt{\left(R_T+R_L\right)^2+\left(X_G+X_T+X_L\right)^2}}=0.87I_{st}^{(3)} \tag{4-11}$$

在 TN 系统中，对于单相对地短路，短路电流有效值 $I_{st}^{(1)}$ 为

$$I_{st}^{(1)}=\frac{U_1}{\sqrt{3}\sqrt{\left(R_T+R_L+R_N\right)^2+\left(X_T+X_L+X_N\right)^2}} \tag{4-12}$$

式中　R_N、X_N——设备中性点回路电阻、电抗。

由于非周期分量的存在，短路发生后最大峰值与短路稳态电流有效值之间并不是$\sqrt{2}$倍的关系。短路电流最大峰值 I_p 的具体计算较为复杂，可由下式估算：

$$I_p=K_pI_{st}^{(3)} \tag{4-13}$$

式中　K_p——低压系统短路电流峰值与短路稳态电流有效值之比。

K_p 取值参阅 GB 7251.1—2013 的表 7，如表 4-11 所示。

表 4-11　低压系统短路电流峰值与短路稳态电流有效值之比

短路电流有效值 /kA	功率因数	K_p
$I \leqslant 5$	0.7	1.5
$5<I \leqslant 10$	0.5	1.7
$10<I \leqslant 20$	0.3	2
$20<I \leqslant 50$	0.25	2.1
$I>50$	0.2	2.2

4. 汇流排和电缆热稳定校验

基于短路稳态电流有效值就可以进行主电路回路的热稳定校验。热稳定校验的实质是短路发生的较短时间内，一般小于 5s，在不考虑散热的情况下，短路电流流过导体后导致的导体最高发热温度是否超过导体自身允许的最高短时温度。

铜排，属于裸导体，而电力电缆属于带有绝缘层的相导体。两者的热稳定校验均可参考 GB 50054—2011《低压配电设计规范》3.2.14，按下式进行校验：

$$S \geqslant \left(\frac{I}{K}\right)\sqrt{t} \tag{4-14}$$

式中　S——导体截面积（mm^2）；

I——电流有效值（A），短路时即为 $I_{st}^{(3)}$；

t——短路电流流过时间（s）；

K——导体材料热稳定校验系数，具体取值见表 4-12。

表 4-12　热稳定校验系数

母排热稳定校验系数							
裸导体所在的环境	温度/℃				导体材料热稳定系数/（$As^{1/2}/mm^2$）		
	初始温度	最终温度			铜	铝	钢
		铜	铝	钢			
可见的和狭窄的区域内	30	500	300	500	228	125	82
正常环境	30	200	200	200	159	105	58
有火灾危险	30	150	150	150	138	91	50

电力电缆热稳定校验系数						
导体绝缘		温度/℃		导体材料热稳定系数/（$As^{1/2}/mm^2$）		
		初始温度（绝缘材料最高正常运行温度）	最终温度	铜	铝	铜导体的锡焊接头
聚氯乙烯		70	160（140）	115（103）	76（68）	115
交联聚乙烯和乙丙橡胶		90	250	143	94	
工作温度 60℃的橡胶		60	200	141	93	
矿物质	聚氯乙烯护套	70	160	115		
	裸护套	105	250	135		

注：括号内数值适用于截面积大于 300mm^2 的聚氯乙烯绝缘导体。

对于裸导体在短路时间 0.2 ~ 5s 内的热稳定校验，GB/T 3906—2020《3.6kV ~ 40.5kV 交流金属封闭开关设备和控制设备》附录 D 中也给出了相应的公式：

$$S \geqslant \left(\frac{I}{a}\right)\sqrt{\frac{t}{\Delta\theta}} \tag{4-15}$$

式中　a——以 $\frac{A}{mm^2}\left(\frac{S}{K(°C)}\right)^2$ 表示，铜取 13、铝取 8.5、铁取 4.5、铅取 2.5；

$\Delta\theta$——温升（K），对裸导体一般取 180；如果 $2s<t<5s$，可取 215。

其他参数含义与式（4-14）相同。该标准是针对高压系统中裸导体的设计要求，但校验热效应时可忽略电压因素而直接应用于低压 BESS 开关柜的设计，与 GB 50054—2011《低压配电设计规范》综合考虑。

5. 母排动稳定校验

由于线缆是柔性连接方式，所以动稳定校验主要针对固定安装方式的母排。当三相单片矩形母排平行敷设在同一平面内，流过冲击电流时，中间相母排所受的电动力最大，其单位长度所受最大相间电动力 F_{phm}（N）为

$$F_{phm}=1.732K_f\frac{\left(I_{st}^{(3)}\right)^2}{a}\times10^{-7} \tag{4-16}$$

式中　K_f——母排形状系数，当导体长度远大于导体间距时，取 1，其他情况如图 4-7 所示；

a——相间母排间距（m）。

当每相由多条母排组成时，短路电动力包括相间电动力 F_{phm} 和条间电动力 F_{tm}。当每相由 1、2 两条母排组成时，条间中心间距为 2b（b 为母排厚度），则单位长度所受最大条间电动力 F_{tm} 为

$$F_{tm}=2.5K_{f12}\frac{(I_{st}^{(3)})^2}{b}\times10^{-8} \tag{4-17}$$

式中　K_{f12}——条 1、2 的母排形状系数。

相应地，当每相由 1、2、3 三条母排组成时，边条受力最大，单位长度所受最大条间电动力 F_{tm} 为

$$F_{tm}=8(K_{f12}+K_{f13})\frac{(I_{st}^{(3)})^2}{b}\times10^{-9} \tag{4-18}$$

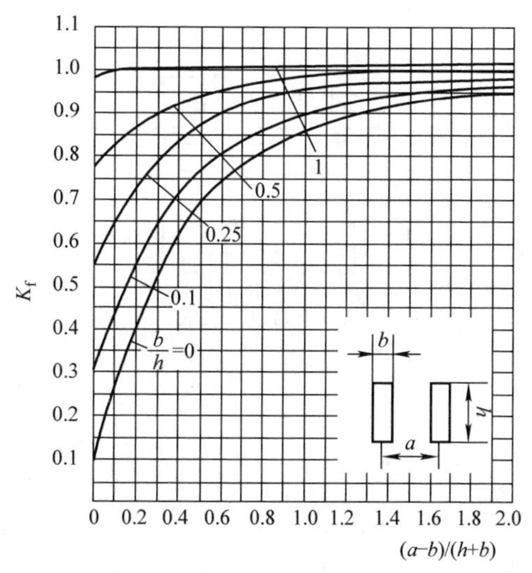

图 4-7　母排截面形状系数

母排由绝缘子固定，为获得良好的动稳定性，要求每跨母排中产生的最大应力不大于母排材料允许的抗弯应力，即

$$\sigma_{max}\leqslant\sigma_{al} \tag{4-19}$$

式中　σ_{max}——短路时每跨母线最大计算应力（Pa）；

σ_{al}——母排允许抗弯应力（Pa），铜取 137.29MPa，铝取 68.6MPa，钢取 156.9MPa。

根据材料力学原理，母排在弯曲时最大相间计算应力为

$$\sigma_{max}=\frac{M}{W} \tag{4-20}$$

式中　W——母排截面系数（m^3），与母排截面形状、布置方式有关，如表 4-13 所示；

M——最大弯矩（N·m）。

表 4-13　母排截面系数

母排布置方式	W/m^3
h b	$0.1667bh^2$
	$0.1667b^2h$
 b	$0.3333bh^2$
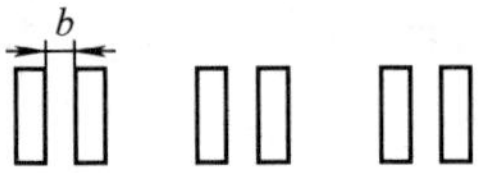 b	$1.44b^2h$
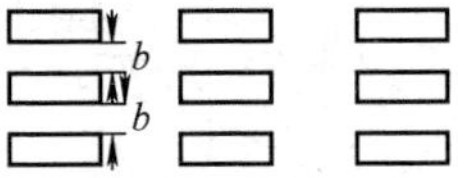 b b	$0.5\ bh^2$
 b b	$3.3b^2h$

当每相为单条母排时，相间最大弯矩 M_{phm} 为

$$M_{phm}=\begin{cases}\dfrac{F_{phm}l^2}{8} & 母排跨数\leqslant 2\\ \dfrac{F_{phm}l^2}{10} & 母排跨数>2\end{cases} \tag{4-21}$$

式中　l——母排跨距长度（m）。

母线短路电流产生的相间应力 σ_{phm} 为

$$\sigma_{phm}=\begin{cases}\dfrac{F_{phm}l^2}{8W} & 母排跨数\leqslant 2\\ \dfrac{F_{phm}l^2}{10W} & 母排跨数>2\end{cases} \tag{4-22}$$

也可以获得满足动稳定性要求的最大跨距 l_{max} 为

$$l_{max}=\begin{cases}\sqrt{\dfrac{8\sigma_{al}W}{F_{phm}}} & 母排跨数\leqslant 2\\ \sqrt{\dfrac{10\sigma_{al}W}{F_{phm}}} & 母排跨数>2\end{cases} \tag{4-23}$$

当每相为多条母排时，短路电流产生的最大弯矩包括相间最大应力 σ_{phm} 和条间最大应力 σ_{tm}。相间最大应力 σ_{phm} 按照式（4-22）计算获得，而条间最大应力 σ_{tm} 对应的条间最大弯矩 M_{tm} 可按照两端固定的均载荷梁计算：

$$M_{tm}=\frac{F_{tm}l_t^2}{12} \tag{4-24}$$

式中 l_t——条间衬垫跨距（m）。

F_{tm}——按照式（4-17）、式（4-18）计算获得。

条间最大应力 σ_{tm} 为

$$\sigma_{tm}=\frac{M_{tm}}{W} \tag{4-25}$$

式中 W——取 $0.1667b^2h$。

相应地，可根据条间允许应力（$\sigma_{al}-\sigma_{phm}$）来决定最大允许条间衬垫跨距 l_{tmax}，即

$$l_{tmax}=\sqrt{\frac{12(\sigma_{al}-\sigma_{phm})W}{F_{tm}}}=b\sqrt{\frac{2h\left(\sigma_{al}-\sigma_{phm}\right)}{F_{tm}}} \tag{4-26}$$

在短路电流及母排尺寸一定的情况下，可通过增大母排相间距离、减少母排跨距尺寸和条间衬垫间距尺寸的方式改善动稳定性。

4.2.4 低压断路器

为确保 BESS 的可靠并网运行及电网与用电设备安全，低压开关柜中需配置可重复动作的断路器。低压断路器，能够承载、接通及分断正常工作电流，也能够分断过负荷和短路电流。按照其绝缘方式的不同分为空气断路器（Air Circuit Breaker，ACB，也称框架断路器）和塑壳断路器（Molded Case Circuit Breaker，MCCB），其实两者的灭弧介质都是空气，只不过在回路绝缘上，前者是空气间隙，而后者是塑料。除这两种外还有就是微型断路器（Miniature Circuit Breaker，MCB），体积和电流都很小，可用于 BESS 的内部控制电路和辅助设备配电。

应用于 BESS 低压侧的断路器，其选型和使用可参考光伏专用并网断路器，具有以下特点：

1）正常情况下能够实现 BESS 的可靠并网或离网运行；能按照系统或用户要求，可靠动作，在低压线路发生故障时快速动作切除故障线路；在配变、低压线路停电检修时，用于隔离电源。

2）具有明显的开断指示，便于电网公司或用户的维护人员现场确认 BESS 的并 / 离网状态。

3）BESS 并网运行时，能躲避电网的电压波动和暂降，确保电网电压出现短时波动时，BESS 不至于立刻脱网，确保并网功能的实现及用户利益最大化；BESS 离网运行时，能承受由于大负荷投入或切除时导致的 PCS 输出电压波动（一定范围内），确保离网负荷供电的持续性；失压跳闸推荐定值 <50% 电网电压 U_g，延迟 15s 内可调。

4）能避免用户无压合闸送电，即在电网或 PCS 输出长时间故障失电状态或计划性检修状态下，用户不会因为随意合闸而导致对操作人员的意外性伤害；交流检有压合闸下限 >80%U_g。

因此，此类断路器内部除常规的电磁脱扣器，即实现过电流和短路分断外，还应包括欠电压脱扣器、欠电压延时模块等。基本结构原理如图 4-8 所示。

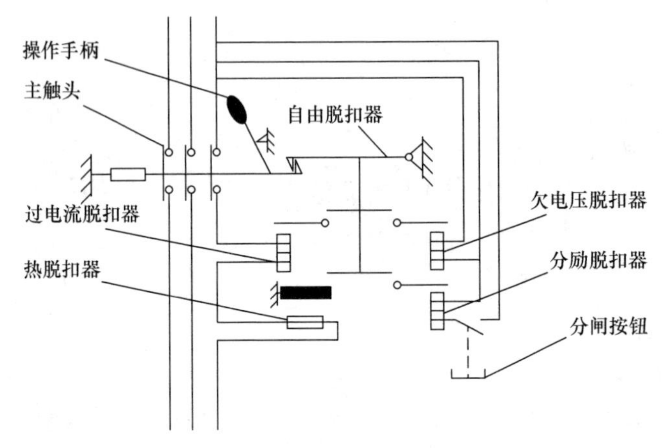

图 4-8 断路器基本结构原理

BESS 断路器的脱扣器基本工作原理可以分为电磁型脱扣器、热脱扣器和电子式脱扣器，而按照脱扣器的作用又可分为过电流脱扣器、欠电压脱扣器和分励脱扣器。

过电流脱扣器，具有电流过负荷长延时保护、短路电流短延时保护和大短路电流瞬时保护，即所谓的三段保护特性。正常工作时，断路器触头能够接通和分断额定电流，而在过负荷情况下，则利用热脱扣器的双金属元件受热变形原理，实现反时限长延时过负荷保护，断路器跳闸；当线路短路时，短路电流使得电磁型脱扣器衔铁被吸合，带动牵引杆使断路器分断，实现瞬时动作或短延时动作。

当系统欠电压时，欠电压脱扣器的衔铁释放，完成断开动作。欠电压脱扣器动作延时时间在 0 ~ 15s 内可调，而欠电压阈值也在 30% ~ 70%U_g 范围内可设置，推荐为 30%U_g。欠电压脱扣器，一方面可避免 BESS 在电网发生暂时性电压降低过程中的误动作，继续维持并网状态，以等待系统恢复正常；另一方面也可以在当电网发生长久性失电故障后，BESS 自动实现与电网断开。欠电压脱扣器也可以通过电气联锁，实现有压合闸功能。如在电网长久故障后，由于欠电压脱扣器弹簧的作用，断流器会依然处于断开状态，当电网电压恢复，且经欠电压监测电路检测到电压处于 80% ~ 110%U_g 范围内时触发电子开关，使得欠电压脱扣器的欠电压线圈得电，产生吸合电磁力。当操作人员确认系统完全恢复正常后，人工通过脱扣杆施加作用力，与欠电压线圈产生的吸合电磁力一道，克服欠电压脱扣器弹簧的反作用力，使得欠电压脱扣器的衔铁完成吸合，断路器合闸。但是，当 BESS 工作于离网状态并建立电压时，应屏蔽欠电压脱扣功能。

分励脱扣器，主要用于远距离控制，实现远端断开断路器，以切断电路。正常情况下，分励脱扣器线圈处于断电状态，当需要远程断开时，通过控制节点使得线圈得电，通过脱扣机构完成主电路断开。

断路器过电流脱扣器的功能，可按其用途有如下组合方式：

1）作为负荷保护和短路保护时，由“长延时 + 瞬时”脱扣器组合起来构成非选择性保护；BESS 中 PCS 为非隔离型，低压开关柜内断路器大多可以选择此类组合。

2）当要求短路快速保护，但无过负荷可能时，可只由“瞬时”脱扣器构成非选择性保护；非隔离型 PCS 内置并网断路器可选择此类方式。

3）当短路保护有延时要求时，由“长延时 + 短延时 + 瞬时”脱扣器构成选择性保护。BESS 的 PCS 为隔离型时，低压开关柜内部断路器可以选择此类组合方式。

4）当短路保护有延时要求，但无过负荷可能时，可由“短延时 + 瞬时”脱扣器构成选择性保护。对于无缓起动的电机和变压器类负荷，如内部含有变压器的隔离型 PCS，其内置并网断路器应选择此类组合。

“长延时”脱扣和“短延时”脱扣，都可以用来实现对 BESS 变压器合闸涌流的避开，但“短延时”脱扣还可以用于实现上下级线路短路保护的选择性，所以“短延时”脱扣又称为选择性保护。例如，BESS 与其他负荷采用同一上级断路器并网，当发生 BESS 内部短路且上下级线路短路电流差别不大时，为了不至于出现越级跳闸或上下级同时跳闸的情况，应将上级断路器设置为“短延时”（可配合“长延时”或“瞬动”保护），为 BESS 内部断路器的率先瞬时脱扣留出时间，实现保护的选择性，并起到对下级线路的后备保护作用。

断路器的电流参数，主要包括壳架电流 I_{nm}、脱扣器额定电流 I_n、长延时保护电流阈值 I_r、短延时保护电流阈值 I_{sd} 及瞬时保护电流阈值 I_i。

壳架电流 I_{nm} 是指基于断路器基本几何尺寸和结构的物理最大电流，脱扣器额定电流 I_n 小于或等于壳架电流 I_{nm}，但两者并不存在一一对应关系，且一般情况下定义的断路器额定电流指的就是脱扣器额定电流 I_n。长延时保护电流阈值 I_r、短延时保护电流阈值 I_{sd}、瞬时保护电流阈值 I_i，均为现场需要按照负荷情况进行整定的参数。

除此以外，断路器电流参数还包括与分断能力对应的使用分断电流 I_{cs} 及极限分断电流 I_{cu}，与电流热稳定校验对应的短时耐受电流 I_{cw} 及与动稳定校验对应的短路接通电流 I_{cm}。其中 I_{cs}、I_{cu} 需通过不同的实验测试获得，一般来说，断路器的使用分断电流 I_{cs} 常为极限分断电流 I_{cu} 的 50% ~ 100%。断路器在分断了使用分断电流 I_{cs} 后可继续正常使用；而在分断了极限分断电流 I_{cu} 后，断路器应进行检查维护后再投入使用；I_{cw}、I_{cm} 则依然基于交流短路电流的定义，分别为断路器能够承受的 1s 时长的短路电流稳态有效值及短路发生后 10ms 左右出现的短路电流峰值。各电流之间关系为

$$I_r \leqslant I_n < I_{sd} < I_i < I_{cw} < I_{cs} < I_{cu} < I_{cm} \tag{4-27}$$

下面以施耐德 Compact NSX 脱扣单元为例，介绍断路器的电流整定过程，该断路器特性曲线如图 4-9 所示。

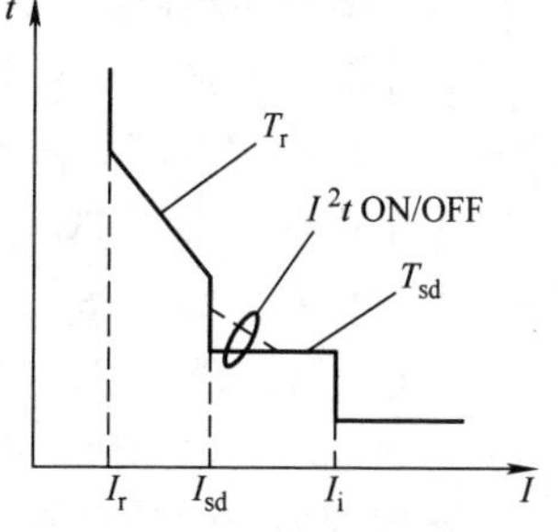

图 4-9　断路器特性曲线

三段电流保护参数整定步骤为：

1）长延时保护电流阈值 I_r 的选择，根据 BESS 交流最大工作电流 I_{max} 和断路器额定电流 I_n 进行选择，一般 I_r 值为 0.4 ~ 1 倍的断路器额定电流 I_n；当 BESS 系统最大工作电

流 I_{max} 与断路器额定电流 I_n 相差较大时，可以通过合理选择 I_r 提高电流保护精度，一般设置为 BESS 最大工作电流 I_{max} 的 1.1 倍。

2）长延时保护时间整定值 T_r 在该系列断路器中不可调，依据电流反时限曲线，$1.5I_r$ 对应动作时间 T_r=400s，$6I_r$ 对应动作时间 T_r=16s；而在 Masterpact MT 系列断路器中，可以依据所要求的长延时动作电流和动作时间，通过查表获得 $6I_r$ 情况下的 T_r 整定值，具有更大的灵活性。

3）短延时保护电流阈值 I_{sd} 的设置范围为 1.5 ~ 10 倍 I_r。

4）短延时保护时间整定值 T_{sd}<80ms，并可在定时限延时与反时限特性间选择。

5）瞬时保护电流阈值 I_i 的设置范围 >$10I_n$。

6）瞬时保护延迟时间 <50ms。

除了上述提到的三段保护整定电流参数外，断路器的分断能力在具体设计过程中大多以使用分断电流 I_{cs} 为准，即使用分断电流 I_{cs} 应大于预期短路电流有效值 $I_{st}^{(3)}$，但这样却存在过度设计的可能。这是因为在短路电流的估算中，往往忽略了高压系统阻抗、短路电弧压降及接线端子电阻等，而把短路简单地看成了三相金属性短路，估算的短路电流就要比实际情况大得多。在这种情况下，使用分断电流 I_{cs} 来选择断路器的分断能力，不仅会造成成本浪费，还可能出现断路器拒动等问题，失去了保护功能。在具体的工程实践中，只需估算短路电流为 50% ~ 60% 最大三相短路全电流稳态值即可，因此可以尝试使用极限分断电流 I_{cu} 来选择断路器的分断能力。以 1000kVA 干式变压器为例，低压 400V 额定电流 1440A，短路阻抗 6%，最大预期短路全电流即三相纯金属短路电流 24kA，以极限分断电流 I_{cu} 为准，选择极限分断电流 I_{cu}=30kA 即可满足要求。

断路器的电压参数主要包括额定电压 U_n、额定绝缘电压 U_i 和额定耐受冲击电压 U_{imp}。额定电压 U_n 即为断路器的额定工作电压，应考虑所在交流系统的额定电压等级和可能在正常工作中出现的最高电压波动，例如对于 380V 系统，断路器的额定电压应该在 400V 或以上。而额定绝缘电压 U_i 用于衡量断路器工频耐压水平，不得小于额定电压 U_n。额定耐受冲击电压 U_{imp} 也是一个非常重要的电气参数。额定耐受冲击电压 U_{imp}，在 GB 14048.1—2012《低压开关设备和控制设备　第 1 部分：总则》中定义：在规定的条件下，电器能够耐受而不被击穿的具有规定形状和极性的冲击电压峰值，该值与电气间隙有关。电器的额定冲击耐受电压 U_{imp} 等于或大于该电器所在电路中可能产生的瞬态过电压规定值。因此可以看出，U_{imp} 与所在交流系统的相对地电压的最大值和断路器安装类别有很多关系。低压系统中，大型 BESS 可以认为是四类安装类别，耐受冲击电压应选择≥ 8kV；工商业 BESS 可选择三类或二类安装类别，耐受冲击电压应选择≥ 6kV 或≥ 4kV，小型化户用 BESS 则可选择一类安装类别，耐受冲击电压选择≥ 2.5kV。

开关柜中断路器与 PCS 内置断路器的保护范围各不相同。开关柜中断路器只为实现 PCS 并网端短路保护，而 PCS 内置断路器则主要为实现 PCS 内部，特别是 PCS 直流侧短路保护。若 BESS 中只有一台 PCS，在 PCS 内部发生短路时，希望通过开关柜继续维持 BESS 其他控制或辅助系统供电；若 BESS 中有多台 PCS 并联，当其中一台 PCS 发生内部短路时，相应 PCS 内置断路器率先动作且避免开关柜中断路器动作从而限制故障范围。因此，BESS 开关柜中断路器与 PCS 内置断路器应在电流保护上形成上下级级间配合。事实上，两者在进行脱扣方式与整定电流的设置中，对短路电流的计算也并不相同。前者短路总阻抗为电网短路阻抗、并网变压器短路阻抗与线路阻抗之和，而后者则还需要加上 PCS 内部滤波回路阻抗，如果是隔离型 PCS，还应考虑内部隔离变阻抗。以非隔离型 PCS 为例，因不存在过负荷可能与变压器合闸涌流，PCS 内置断路器设置为“瞬时”脱扣保护即可，整定电流尽量小；而上级的开关柜内部断路器则可以选择为“长延时 + 瞬时”保护方式，长延时整定电流可按照 BESS 额定工作电流的 1.1 倍，而瞬时保护整定电流应大于 PCS 内部最大短路电流。或者上级开关柜中断路器设置有“短延时”功能，且短延时整定电流为 PCS 内置断路器瞬时保护动作整定电流的 1.3 倍，短延迟时间 0.2s，以实现对 PCS 内部短路的后备保护。但如果内置 PCS 为隔离型，即 PCS 内部含有隔离变压器时，上下级断路器不仅要实现级间配合，还应避开隔离变压器的合闸涌流。一般概念上，PCS 内置隔离变压器的合闸涌流为 PCS 额定电流 I_n^{PCS} 的 7 倍，PCS 内置断路器为了避开合闸涌流，应采用“短延时 + 瞬时”的选择性保护，且延迟时间要大于变压器合闸过渡时间，可设置为 0.2s；短延时保护电流阈值 I_{sd} 应不小于 1.2 倍的合闸涌流，即 $I_{sd} \geqslant 8.5\, I_n^{PCS}$，相应的 I_i 应为合闸涌流的 2 倍，即 $I_i \geqslant 17\, I_n^{PCS}$。BESS 低压开关柜中的断路器，也应采取选择性保护，采取“长延时 + 短延时 + 瞬时”的组合方式，其中短延时的整定电流应大于 PCS 内置断路器短延时保护电流阈值的 1.3 倍，时间差不小于 0.1s；而瞬时短路保护电流整定值应不小于 PCS 内部短路电流。但是，如果 PCS 内置变压器的合闸涌流达到或接近 PCS 内部短路电流时，那么就可能不得不取消其内置断路器的瞬时保护功能而只保留短延时保护。这样一来，PCS 的内部短路保护将不得不考虑其他的措施。

4.2.5 交流低压 SPD

电涌保护器（Surge Protective Device，SPD），也称为浪涌保护器、浪涌抑制器等。其主要作用是将通过电力线路或信号线路窜入设备端的瞬时过电压限制在设备的额定冲击耐受电压范围内，以避免设备绝缘被击穿或危害设备内部元器件安全。其保护原理，是通过在高电压下的瞬时低阻抗实现浪涌电流的泄漏，避免大的浪涌电流流入电气设备。

SPD 与避雷器，在工程上有一定的相似之处，但是 SPD 具有更高的参数精度、更灵敏的过电压抑制效果；从电压应用等级上 SPD 主要应用于交流 400V、交流 690V 或直流 1500V 低压系统、信号传输线路及 IT 系统中，而避雷器却可以应用于高压的电力系统中。

用于 SPD 的基本保护元器件有氧化锌压敏电阻、放电间隙、充气放电管、雪崩二极管等。从过电压保护特性上，可分为电压开关型、限压型和组合型。电压开关型 SPD，在无浪涌冲击时为高阻态，当过电压超过限值时，将突然变为低阻抗，内部保护元器件通常有放电间隙、充气放电管等，具有不连续的电压电流特性；限压型 SPD，无浪涌电压出现时，呈现高阻态，随着浪涌电压和浪涌电流的增加，其阻抗连续减小，具有连续的电压电流特性，内部保护元器件通常为氧化锌压敏电阻；组合型 SPD，由开关型和限压型元器件组合而成，其特性随所加电压特性不同而不同，兼具上述两种 SPD 的特点。

依据 GB 18802.1—2011《电压电涌保护器（SPD）第 1 部分：低压配电系统的电涌保护器性能要求和试验方法》（IEC 61643.11-2-11）中的规定，SPD 的主要技术参数包括：

最大持续工作电压 U_c，可连续地施加在 SPD 上的最大交流电压有效值。在这一电压下，SPD 不导通，泄漏电流 I_c<1mA。

电压保护水平 U_p，由于施加规定梯度的冲击电压和规定幅值及波形的冲击电流而在 SPD 两端之间预期出现的最大电压，其表征了 SPD 有能力将设备输入端的过电压限制在不超过 U_p 的范围内。

残压 U_{res}，放电电流流过 SPD 时，在其端子间出现的电压峰值，也即限制电压的最高值。相对 U_p 而言，U_{res} 是实际测量值，而 U_p 是规定的技术参数。

$$U_{max}^{o} < U_p < U_w \tag{4-28}$$

式中 U_w——设备额定冲击耐受电压，如表 4-1 所示；

U_{max}^{o}——设备最高运行电压，一般为设备额定电压的 1.2 倍。

标称放电电流 I_n，流过 SPD 具有 8/20μs 波形的电流峰值，且通过规定次数的 I_n 后 SPD 不至损坏。

最大放电电流 I_{max}，或称通流能力，SPD 所能够承受的单次最大 8/20μs 波形的电流峰值，具有破坏性，为 I_n 的 2～2.5 倍。

冲击放电电流 I_{imp}，SPD 能够通过 10/350μs 波形的电流峰值，由三个参数来定义：电流峰值 I_{peak}、电荷量 Q 和单位能量 W/R，主要用于反映 SPD 承受直击雷的能力。

响应时间，从瞬态过电压开始到 SPD 实际导通放电时刻之间的延迟时间，SPD 的响应时间为纳秒级，快的有 5～25ns，慢的为 100ns 以上。

按照耐电涌能力，SPD 的测试分为三类，分别是Ⅰ类、Ⅱ类及Ⅲ类。

Ⅰ类试验，也称为 T1，按照 8/20μs 标称放电电流 I_n、1.2/50μs 冲击电压和 10/350μs 最大冲击放电电流 I_{imp} 进行测试，一般对应于开关型 SPD。符合Ⅰ类试验的 SPD，推荐应用于高暴露地点，如 BESS 箱体或建筑物的电缆入口。

Ⅱ类试验，也称为 T2，按照 8/20μs 标称放电电流 I_n、1.2/50μs 冲击电压和 8/20μs 最大放电电流 I_{max} 进行测试，一般对应于限流性 SPD。

Ⅲ类试验，也称为 T3，按照开路时施加 1.2/50μs 冲击电压，短路时施加 8/20μs 冲击电流，开路电压峰值和短路电流峰值之比为 2Ω，一般对应组合型 SPD。

符合Ⅱ、Ⅲ类试验的 SPD，推荐用于较少暴露地点，如 BESS 的内部设备或内部配电系统中。

Ⅰ类试验的严酷程度是三者中最高的，因为其采用的 10/350μs 测试电涌通流容量比 8/20μs 测试波形要大得多。其中，10/350μs 波是指雷电流的视在波前时间 T_1（在雷电流上升阶段，幅值从 10% 上升至 90% 的时间的 1.25 倍）为 10μs，半峰值时间 T_2（近似为雷电流从上升阶段的 10% 幅值，到下降阶段的 50% 幅值的时间）为 350μs。8/20μs 电流波的相关定义与之相同。

GB 50057—2010《建筑物防雷设计规范》中对雷电流单位能量的定义为

$$\frac{W}{R}=\frac{1}{2}\times\frac{1}{0.7}\times I^2T_2 \tag{4-29}$$

式中　I——雷电流幅值（A）；

T_2——半峰值时间（s）。

以雷电流幅值为 50kA 的 8/20μs 电流波为例，在单位能量相等的情况下，只相当于雷电流幅值为 12kA 的 10/350μs 电流波。

BESS 的 SPD 设计，首先应明确 BESS 项目安装地点的气候条件与雷击强度，其次是按照雷电流由外向内的传输路径、内部电气设备的耐压防护等级及重要性，采取分级配置的方案，逐级泄漏冲击电流和限制冲击电压，如图 4-10 所示。其中设备耐压防护等级按照电网电源瞬态电压选取，如表 4-1 所示。

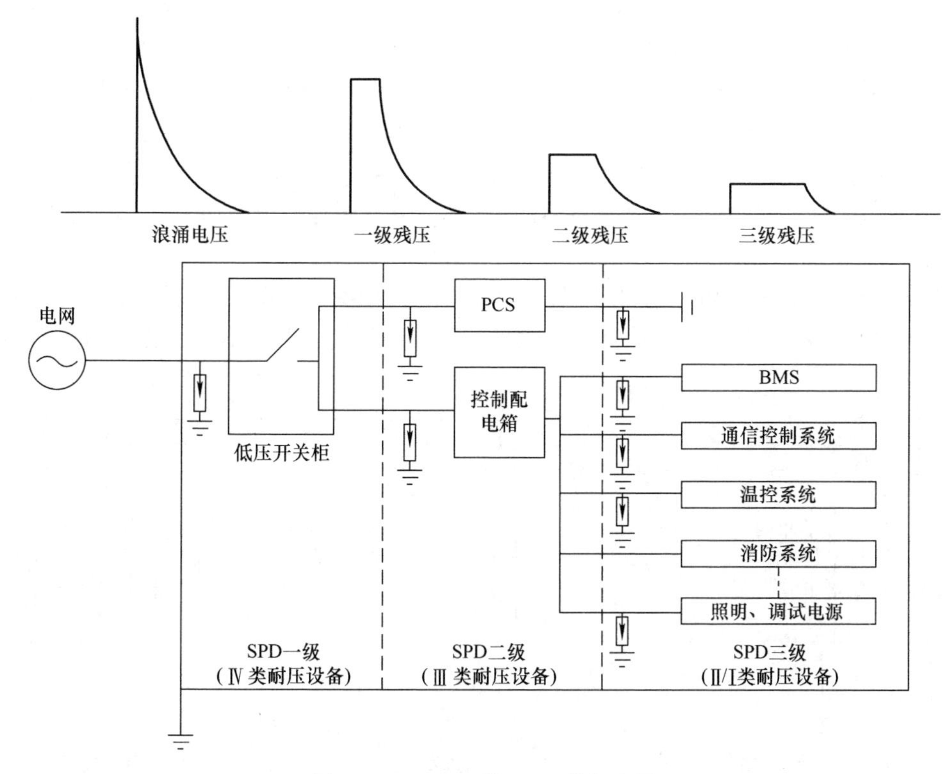

图 4-10　BESS 的 SPD 分级配置

一级 SPD，用于 BESS 内外交界面穿越处电源线路上，如低压开关柜进线端。其防护区域的设备不可能遭受直接的雷击，通过电力线缆流入的雷电流也要比外部区域更小，且由于受到集装箱金属箱体的屏蔽，该区域内部的雷电电磁场强度也相对减弱。应选择符合Ⅰ或Ⅱ类试验要求的 SPD。

一级 SPD 的参数选择及安装连线方式，与 BESS 并网接线方式相关。当并网接线方式为 TT 系统时，依据 GB 50057—2010《建筑物防雷设计规范》中的要求，分为以下两种情况：

1）高压电网采用小电流接地方式，或高压电网采用大电流接地方式，但变电站保护接地与 BESS 并入的低压系统工作接地分开设置（即各自有独立的接地线路），则 BESS 低压开关柜可以采用“4+0”的接地方式。即选用四只 SPD，三只安装于相线与 PE 线之间，一只安装于 N 线与 PE 线之间。这是因为，在高压电网发生单相接地故障的情况下，如果接地电阻较大，电流一般不超过 20A（即小电流接地方式），且保护接地电阻小于 4Ω，这样高压侧对地故障电压不超过 80V，不会击穿 BESS 侧的 SPD；又或者由于保护地与工作地独立设置，尽管在高压大电流接地情况下发生高压单相故障接地时，会产生过电压，但不会传入低压系统，也就不会在低压侧导致暂态工频过电压击穿 SPD。

2）高压电网采用大电流接地方式，且变电站保护接地与 BESS 并入的低压系统工作地共用接地系统，则应选择“3+1”的接地方式，即选用三只限压型 SPD 安装于相线与 PE 线之间，一只开关型 SPD 安装于 N 线与 PE 线之间。此时，如果发生高压单相对地故障，故障电流将达数百安，通过接地电阻产生过电压，一般应通过限制接地电阻使得该故障过电压不超过 1200V。如果继续采用“4+0”的 SPD 配置方式，该故障过电压，将叠加在相线与 PE 线间、N 线与 PE 线间，可能导致 SPD 被击穿。因此，在 BESS 侧的 N 线与 PE 线间安装一只开关型 SPD 或放电间隙，其作用就是阻止 SPD 被击穿。放电间隙的泄放电流不小于三相 SPD 泄放电流之和。

对于 IT 型低压系统，如果无 N 线引出，则可用三只 SPD 连接于相线与 PE 线之间；而对于有 N 线引出的系统，也可参考 TT 系统，采取“4+0”或“3+1”的 SPD 配置方案，如图 4-11 所示。

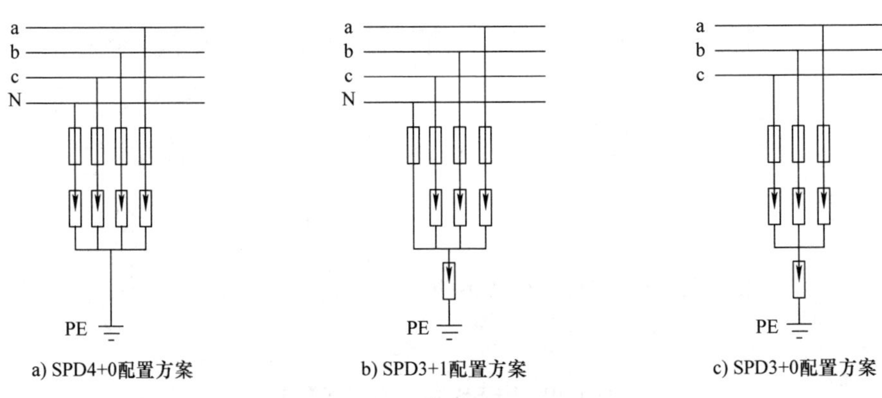

a) SPD4+0配置方案　　b) SPD3+1配置方案　　c) SPD3+0配置方案

图 4-11　SPD 接线方式

根据 GB 50057—2010《建筑物防雷设计规范》及 GB 18802.1—2011《低压配电系统的电涌保护器（SPD）第 1 部分：低压配电系统的电涌保护器　性能要求和试验方法》中的规定，SPD 最大持续运行电压 U_c 的最小值如表 4-14 所示。

表 4-14　SPD U_c 最小值

SPD 连接位置	接地系统				
	TT 系统	TN-C 系统	TN-S 系统	IT 系统（有中性线引出）	IT 系统（无中性线引出）
相与 N 之间	$1.15U_o$	—	$1.15U_o$	$1.15U_o$	—
相与 PE 之间	$1.15U_o$	—	$1.15U_o$	$\sqrt{3}U_o$	相间电压
N 与 PE 之间	U_o	—	U_o	U_o	—
相与 PEN 之间	—	$1.15U_o$	—	—	—

注：U_o 为相电压有效值。

SPD 有效保护电压水平的选择，主要基于以下考虑因素：SPD 安装的位置及方式；与需要保护设备间的距离及被保护设备的额定耐受冲击电压；设备非雷击故障过电压，如单相接地故障等不应击穿 SPD。

一级 SPD 采用线缆方式安装在 BESS 低压开关柜的电源进线端。由于电涌电流的变化率很快，di/dt 很大，故即使引线电感 L 很小，也会在其中产生较大电压差。因此，BESS 电源进线端的实际保护电压为 SPD 的电压保护水平 U_p 加上引线电压降。

对于限压型 SPD，有效电压保护水平 U_{pf} 为

$$U_{pf} = U_p + L\frac{di}{dt} \tag{4-30}$$

对于开关型 SPD，有效电压保护水平 U_{pf} 为

$$U_{pf} = \max\left(U_p,\ L\frac{di}{dt}\right) \tag{4-31}$$

Ldi/dt 为 SPD 安装引线上的感应电压降，在 BESS 电压开关柜中，当电网进线电缆自户外引入时，可按 1kV/m 计算，其他场合可按 $0.2U_p$ 计算。

如果低压开关柜进线端 SPD 仅考虑对低压开关柜自身的防雷保护，或者后序相关设备的安装位置距离 SPD 沿线路长度均不超过 5m 时，只需不大于所有被保护设备的最低额定耐受冲击电压 U_w，即

$$U_{pf} \leqslant U_w \tag{4-32}$$

当被保护设备安装位置距离 SPD 沿线路长度超过 10m 时，应满足

$$U_{pf} \leqslant \frac{(U_w - U_i)}{2} \tag{4-33}$$

式中　U_i——雷击建筑物附近 SPD 与被保护设备之间的电路环路的感应电压，参见 GB 50057—2010 附录 G。

依据 GB 14048.1—2012《低压开关设备和控制设备　第 1 部分：总则》中的要求，220/380V 低压系统中，BESS 中低压开关柜及其内部的表计、滤波器、总开关等，满足Ⅳ类要求，额定

冲击耐受电压应为 6kV；后序的相关设备，如 PCS、控制电源配电箱等，则应为Ⅲ类，额定冲击耐受电压应为 4kV。而 400/690V 低压系统中，则分别为 8kV 和 6kV。

对于 220/380V 的 BESS，当 PCS 等后序用电设备与进线端 SPD 距离小于 5m 时，进线端 SPD 的有效电压保护水平 U_{pf} 应低于 4kV，再考虑引线的 $L\mathrm{d}i/\mathrm{d}t$，留出 20% 的裕量，一级 SPD 的电压防护水平 U_p 应低于 3.2kV；而对于 400/690V 低压系统，SPD 一级的电压防护水平 U_p 应低于 4.8kV。当前，一级 SPD 的 U_p 不超过 2.5kV，能够满足相应的技术要求，且 PCS 等后序用电设备无须再配置二级 SPD。

一级 SPD 选择符合Ⅰ类试验要求的开关型 SPD，保护电压水平 U_p 为 2kV。标称冲击放电电流 I_{imp} 的计算，则需要根据 BESS 安装项目地的雷击情况及接线方式等确定，按照 GB 50057—2010 中的规定，如表 4-15 所示。

表 4-15 首次正极性雷击的雷电流参数

雷电流参数	防雷建筑物类别		
	一类	二类	三类
幅值 I/kA	200	150	100
波头 T_1/μs	10	10	10
半值时间 T_2/μs	350	350	350
电荷量 Q_s/C	100	75	50
单位能量 W/R/(MJ/Ω)	10	5.6	2.5

BESS 选定为二类防雷建筑物，雷电流幅值为 150kA，进线为无屏蔽线缆并按照 50% 雷电流流入 BESS 进行计算。如果为有屏蔽线缆，则按照 30% 进行计算。

三相四线制接线方式（TT 或 IT 有 N 线）：

$$I_{imp}=\frac{150\mathrm{kA}\times 50\%}{4}=18.75(\mathrm{kA})$$

三相三线制接入方式（IT 无 N 线）：

$$I_{imp}=\frac{150\mathrm{kA}\times 50\%}{3}=25(\mathrm{kA})$$

可选择 I_{imp} 为 35kA 的开关型 SPD。

GB 50057—2010 中要求，SPD 的连接线缆应小于 0.5m，考虑恶劣情况下取 1m，电感值 1μH，则

$$L\frac{\mathrm{d}i}{\mathrm{d}t}=1\times\frac{25}{10}\mathrm{kV}=2.5(\mathrm{kV})$$

满足设备安全工作要求。

但是，当 PCS 等用电设备安装位置距离一级 SPD 沿线长度方向超过 10m，U_{pf} 则需要至少小于 U_w 的一半，即相对于 220/380V 和 400/690V 低压系统而言，分别是 2kV 和 3kV，再留出

20% 的裕量，一级 SPD 的电压防护水平 U_p 应分别低于 1.6kV 和 2.4kV。这样一来，要么需要进一步降低进线端 SPD 的电压防护水平，要么就应考虑在 PCS、控制电源配电箱等后序设备的进线端安装二级 SPD，并选择符合Ⅱ类试验的限压型。

由于 SPD 的非线性特性，SPD 的级间配合难以用简单办法分析或计算。一般来说，希望第一级 SPD 泄放绝大部分的电流和能量，第二级次之，所以在设计时，往往第一级 SPD 有较大的通流容量和较高的电压保护水平，而第二级则相对较小、较低。但是，由于一条线路上的 SPD 动作时彼此间相互影响，分流情况并不一定能够按照设想那样依次降低，如果配合不当反而使得第二级 SPD 承受更多的雷电流，引起损坏或爆炸。在 BESS 中，建议第一级选用开关型 SPD 而第二级选用限压型 SPD，就是考虑尽管开关型 SPD 的动作时间较长，有可能出现第二级限压型 SPD 抢先导通的情况，但一旦第一级 SPD 动作，且滞后时间最多在几十纳秒左右，其残压较低，就会使得第二级 SPD 即刻截止，大量的涌流仍将被转移至第一级 SPD。

依据 GB 50057—2010 中的要求，第二级 SPD 与上级 SPD 在能量配合上的有关资料应由制造商提供。若无此资料，Ⅱ类试验的 SPD 标称放电电流不小于 20kA；Ⅲ类试验的 SPD 标称放电电流不小于 10kA。

电路设计时，一般也会在 SPD 的前端加装熔断器或断路器作为后备保护，主要用于过负荷保护及防止 SPD 由于老化导致的短路过电流。后备保护与 SPD 的配合，主要是希望在 SPD 泄放雷电流期间后备保护器件不动作，同时后备保护器件带来的额外过电压不至于影响 SPD 的有效保护电压水平。推荐的后备保护器件与连接线缆参数如表 4-16 所示。

表 4-16 后备保护器件与连接线缆参数

SPD 的保护分级	熔断器或空气断路器短路分断能力 /kA	熔断器或空气断路器长延时额定电流 /A	电源侧配线（铜）/mm²	接地侧配线（铜）/mm²
一级保护	≥ 35	50	16	25
二级保护	≥ 10	32	10	16
三级保护	≥ 6	16	6	10

4.3 变压器

4.3.1 变压器的选型

BESS 电力变压器的选择是为了协调不同的直流侧电池电压与电网电压间的匹配，并兼顾 PCS 的效率与控制方式。而在离网运行模式下，也是实现三相三线制供电转化为三相四线制供电，形成中线的一种主要方式。

目前 BESS 中使用的变压器大多为铜绕组干式变压器，符合 GB 1094.11—2007《电力变压器　第 11 部分：干式变压器》。干式变压器具有不易燃烧、不易爆炸的特点，适合在防火、防爆要求高的场合使用。干式变压器绝缘材料的耐热性能决定了变压器允许温升极限的大小。提高允许温升极限，意味着变压器绕组允许更大的电流密度，降低了体积与成本，但也导致了更高的有功损耗。绝缘材料的耐热等级分为 Y、A、E、B、F、H、C 级，对应的工作温度分别是 90、105、120、130、155、180、220℃。当 BESS 安装在高原项目现场时，以高度 1000m 为基点，每升高 500m，变压器工作温度限值，自冷式下降 2.5%，风冷式下降 5%；每升高 100m，绝缘耐压要求增加 1%。

干式变压器的缺点主要包括防护等级有限、只能室内安装、价格相对较高且当采用环氧树脂浇铸时，回收再利用困难。

相较干式变压器，油浸式变压器具有低廉、噪声低和可户外安装的优点，此外对于高压大容量变压器，目前还主要依靠油浸式变压器。但是油浸式变压器由于含油，存在维护复杂、安装和防火要求严、漏油风险等缺点，为安装和后续的运维带来了不便。

变压器铁心材料有晶粒取向硅钢片或称矽钢片及非晶合金材料。矽钢片具有磁导率高、铁损小且噪声低等特点。钢片厚度 0.23 ~ 0.5mm，相互间以绝缘漆绝缘，且越薄涡流损耗越小，但加工相对复杂，价格也相对较高。而非晶合金电阻率约为矽钢片的 3 倍，空载损耗更是降低了约 70%，尽管一次性投资较大，但相对于 BESS 的 20 年的设计和使用寿命而言，依然能够获得良好的整体经济性。

我国目前常用变压器产品的容量系列为 R10 系列，即变压器容量等级按 R10 倍数增加：

$$R10=\sqrt[10]{10}=1.25$$

如：125kVA、500kVA、630kVA、1000kVA、1250kVA、1600kVA 等。

干式变压器有自然冷却和强迫风冷两种冷却方式，在 BESS 设计时应预留专门的通风道，且应尽量选择自然冷却方式。这是因为虽然强迫风冷能够短时间实现变压器过负荷运行，但是也相应增加了变压器的损耗，有损变压器绝缘与寿命。干式变压器的温度监测传感器一般位于低压绕组的中上部 3/4 处，那里是变压器发热最严重的部位。变压器监控箱 / 器能够与 BESS 本地控制器相通信，依据温度传感器的数据，进行相绕组温度显示、风扇起停控制或进一步采取高温告警、故障保护（如系统降额、跳闸停机）等电气联锁操作。

在获得较为详细的 BESS 计算负荷前提下，变压器可以采取年有功电能损耗率最小时的节能负荷率或最高经济负荷率来计算容量。但是需要注意的是，变压器物理最高效率时的负荷率一般都较低，为 30% ~ 50%，因此 BESS 变压器的高效率不等于高经济效率。容量设计还是需要综合考虑 BESS 并网增容费、最大容量费、电价收费制度、日及年运行曲线等因素。

为了降低变压器相绕组承受的电压，减少变压器绝缘的投资，目前我国 110kV 及以上电压等级中变压器三相绕组联结成 Y，而 BESS 电网侧大多为 400V 低压或 10kV ~ 35kV 高压，变压器绕组联结组别可选择为 Dyn11、YNd11。这符合 GB/T 10228—2015《干式电力变压器技术参数和要求》中的规定，也符合我国《民用建筑电气设计规范》《工业与民用供配电系统设计规范》及《10kV 及以下变电所设计规范》中的推荐。D 联结绕组的存在，使得零序电流有了流通回路，不至注入电源系统；特别在离网模式下，变压器中性线允许电流可达相电流的 75%，因此也可以承受更大的不平衡负荷。具体对于隔离型 PCS 而言，为兼顾并网、离网两种运行模式，其内置变压器 PCS 侧绕组推荐 D 联结，而电网侧或负荷侧绕组推荐 Y 联结，N 线视运行方式决定是否引出。但是，按照 IEC 60364—1《Low-voltage electrical installations Part1》、IEC 60364-4-44《Low-voltage electrical installations Part4-44》及 GB/T 16895.1—2008《低压电气装置 第 1 部分：基本原则、一般特性评估和定义》中的要求，为去除杂散电流通路，多电源系统只能有单一接地点，即 BESS 作分布式电源系统，接入原有电源系统后不得改变原有接地方式，因此不论 BESS 中性线是否引出，都不得再直接接地，更不得干扰原有保护装置的工作。

4.3.2 交流接地方式

当 BESS 只工作在并网模式下，其输出应为三相三线制，中性线不做引出，但外壳就近可靠接地。下面将详细讨论当 BESS 具备并网、离网双工作模式时，推荐的几种 BESS 变压器与电网的连接方式。

原有供电系统为 TN 或 TT 系统时，交流接地方式如图 4-12 所示。

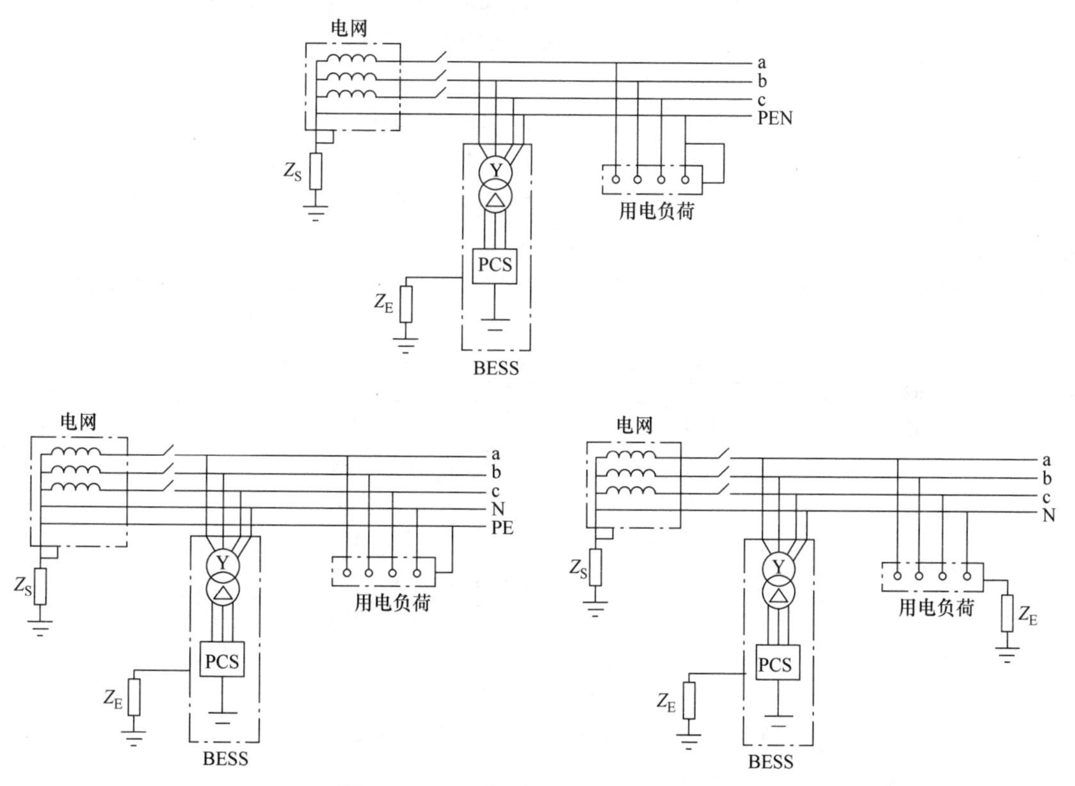

图 4-12 TN 或 TT 系统交流接地方式

BESS 变压器交流输出端中性线与电网系统的 PEN 或 N 相连，但外壳独立接地，其基本运行方式为 TT 系统。并网模式下，当 BESS 内部发生绝缘故障，如单相接地故障时，由于 BESS 中性线对外绝缘良好，流经中性线的短路电流近似为零。短路电流通过大地与电网构成回路，

此时单相接地短路故障电流 I_f 和接触电压 U_f 分别为

$$I_f = \frac{U_n}{\sqrt{3}(Z_l + Z_S + Z_E)} \tag{4-34}$$

$$U_f = \frac{U_l Z_E}{\sqrt{3}(Z_l + Z_S + Z_E)} \tag{4-35}$$

式中　U_n——电网线电压额定值（V）；

Z_l——线路阻抗（Ω）；

Z_S——电源侧中性点接地阻抗（Ω）；

Z_E——接地阻抗（Ω）。

按照 GB/T 16895.3—2017《低压电气装置　第 5-54 部分：电气设备的选择和安装　接地配置和保护导体》中的规定，漏电流在接地线路上产生的最高电压不得超过 50V 安全电压。而在 400V 低压系统中，若忽略线路阻抗 Z_l，两端接地电阻均为 4Ω，BESS 单相接地故障情况下外壳接触电压 U_f 约为 110V，已经远超 50V 安全电压。但是，短路电流却仅为 27.6A，通常无法触发短路过电流保护，应采用剩余电流保护器（RCD），在规定时间内迅速断开故障回路。

当电网故障，负荷转由 BESS 独立逆变供电时，断开电网三相线路，但保留 PEN/N 线，负荷依然通过原有电网侧 N 线实现单相供电，而维持原有接地方式，或通过 PEN 实现可靠接地，或就近独立接地，并未改变供电、接地方式和保护方案。

原有供电系统为 IT 运行方式时，一般为无中性线引出系统，交流接地方式如图 4-13 所示。

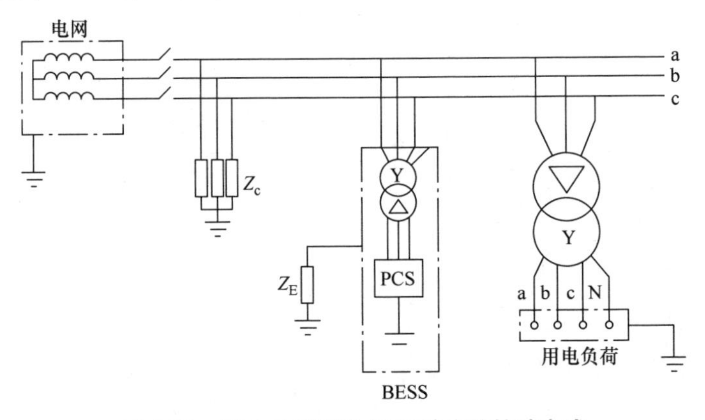

图 4-13　无中性线引出 IT 系统交流接地方式

在无中性线 IT 系统中，当 BESS 发生内部单相对地短路故障时，其短路故障电流和外壳接触电压为

$$I_f = \frac{\sqrt{3}U_n}{Z_c + 2Z_E} \tag{4-36}$$

$$U_{\mathrm{f}}=\frac{\sqrt{3}U_{\mathrm{n}}Z_{\mathrm{E}}}{Z_{\mathrm{c}}+2Z_{\mathrm{E}}} \tag{4-37}$$

式中　Z_{c}——每相对地绝缘阻抗（Ω）。

设备接地阻抗 Z_{E} 远远小于各相对地绝缘阻抗 Z_{c}，即使在 BESS 内部发生单相接地故障的情况下，BESS 外壳对地电压依然会被限制在安全范围以内，操作人员触电危险得以消除。BESS 可在发生首次单相接地故障后，不需要切断电源而继续运行，有效地保障了工作的连续性。但由于 IT 不提供中性线，所以不能直接为单相负荷供电，主要应用于矿山、冶金等只有三相用电设备的行业中，而对于以单相为主的民用负荷，则需要再设置降压变或隔离变，将三相三线制转化为三相四线制，使得线路结构复杂化。

为了解决单相负荷供电问题，也可以采用中性线引出的 IT 系统，即三相四线式 IT 系统，交流接地方式如图 4-14 所示。

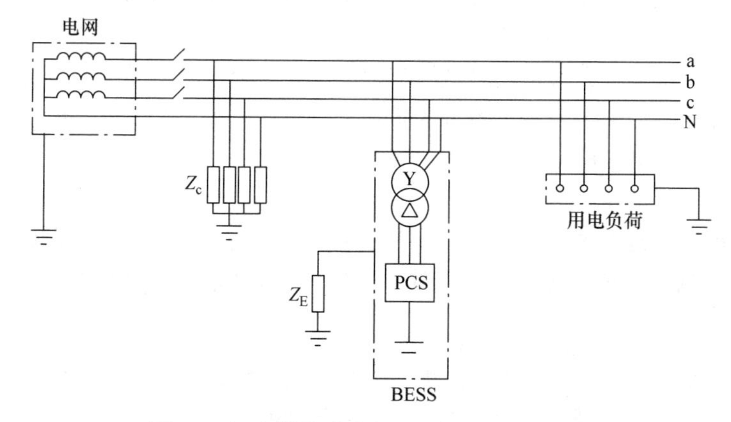

图 4-14　中性线引出 IT 系统交流接地方式

在有中性线 IT 系统中，当 BESS 发生内部单相对地短路故障时，其短路故障电流和外壳接触电压为

$$I_{\mathrm{f}}=\frac{4U_{\mathrm{n}}}{\sqrt{3}(Z_{\mathrm{c}}+3Z_{\mathrm{E}})} \tag{4-38}$$

$$U_{\mathrm{f}}=\frac{4U_{\mathrm{n}}Z_{\mathrm{E}}}{\sqrt{3}(Z_{\mathrm{c}}+3Z_{\mathrm{E}})} \tag{4-39}$$

IT 系统尽管具有单相接地故障不影响供电连续性，且外壳触电危险小的优点，但是单相接地故障后，其他两相以及中性线对地电压上升为线电压，不仅提高了对设备绝缘的要求，如常规的 220/380V 电网，其他系统常选用 300/500V 电缆，但 IT 系统至少要选择 450/750V 等级电缆，而且也影响了用电安全。此外，在三相四线制 IT 系统中，如果首先出现了中性线对地故障短路，那么系统就相应地变成了 TT 或 TN 系统，也就失去了 IT 系统的优势。当首次单相或中

性线接地故障未及时排除，再次发生异相接地故障时，故障电流就将是相间或相短路电流。因此，对 IT 系统的应用应加强管理，注意相地隔离、相地短路监测与故障保护。

4.4 高压开关柜

4.4.1 高压开关柜的选型

高压开关柜的主要技术标准有 GB/T 3906—2020《3.6kV ~ 40.5kV 交流金属封闭开关设备和控制设备》、GB/T 11022—2011《高压开关设备和控制设备标准的共用技术要求》、GB/T 3804—2017《3.6kV ~ 40.5kV 高压交流负荷开关》、GB 16926—2009《高压交流负荷开关 - 熔断器组合电器》、GB 1984—2014《高压交流断路器》及 GB 1985—2014《高压交流隔离开关和接地开关》等。高压开关柜电压等级与电力系统中标准高压电压等级相对应，分为 3.6kV（对应 3kV）、7.2kV（对应 6kV）、12kV（对应 10kV）、24kV（对应 20kV）及 40.5kV（对应 35kV）。高压开关柜的分类有很多种方式，按照柜体结构，可分为金属封闭间隔式、金属封闭铠装式及金属封闭箱式；按照柜内开关设备，可分为负荷开关柜、断路器柜、GIS 柜；按照断路器的安装方式，可分为固定式和移开式（手车式）；而按照断路器手车的安装位置，又可分为落地式和中置式。

高压开关柜可依据 JB/T 8754—2018《高压开关设备和控制设备型号编制办法》中的规定进行命名，如表 4-17 所示。但该标准并不是强制标准，所以各生产厂家也不一定完全遵守。

表 4-17 高压开关柜命名规则（简化）

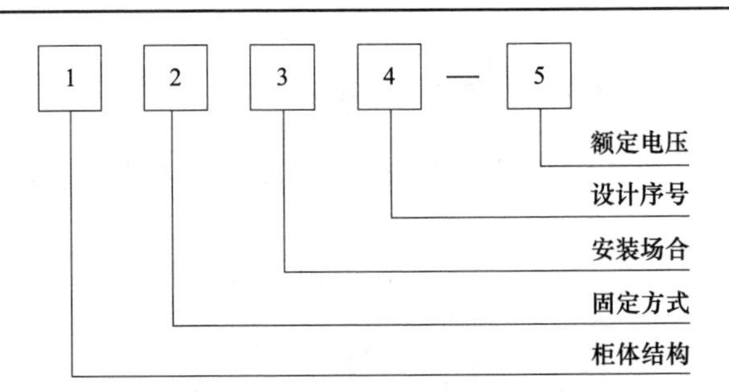

位置	内容	符号	实例
1	柜体结构	J——金属封闭间隔式	JYN1-40.5、KYN61-40.5、XGN15-12
		K——金属封闭铠装式	
		X——金属封闭箱式	
2	固定方式	Y——移开式	
		G——固定式	
3	安装场合	N——室内	
		W——室外	

高压开关柜的绝缘水平主要关注额定短时工频耐受电压（1min）及额定雷电冲击耐受电压。此外，电力行业标准 DL/T 593—2016《高压开关设备和控制设备标准的共用技术要求》中还规定了便于现场测量的空气绝缘间隙，如表 4-18 所示。

表 4-18　高压开关柜空气绝缘间隙

额定电压 / kV	1min 工频耐受电压 /kV				额定雷电冲击耐受电压 /kV				带电体相间与对地空气绝缘净距 /mm
	相对地	相间	断路器断口	隔离断口	相对地	相间	断路器断口	隔离断口	
3.6	25	25	25	27	40	40	40	46	—
7.2	32	32	32	36	60	60	60	70	100
12	42	42	42	48	75	75	75	85	125
24	65	65	65	79	125	125	125	145	180
40.5	95	95	95	118	185	185	185	215	300

电流参数主要为表征开关柜在规定条件下可持续通过电流最大有效值的额定电流、用于热校验的额定短时耐受电流（4s）和用于动校验的额定峰值耐受电流。相关内容可参阅前节所述。

目前用于 BESS 中较多的两种高压开关柜分别是中置柜、环网柜，此外 C-GIS 也具备应用潜力。

4.4.2　中置柜

中置柜，全称为金属铠装中置移开式开关柜，如 KYN61-40.5、KYN28-12 等，其主要作用是用于高压终端用户，如厂矿企业或大型用电负荷的配电并对电力线路提供过负荷 / 欠电压 / 短路保护、监视与测量等功能；也用于发电厂、中小型发电机组的送电和二次变电站的受电与送电。

根据内部不同配置，中置柜可以作为进线柜、出线柜（馈线柜）、PT 柜和隔离柜等。

以 10kV 中置柜 KYN28-12 为例，如图 4-15 所示。其内部结构分为上中下三层，其中上层主要为母线室和仪表室；中间层为开关室，放置手车式真空断路器，便于安装维护；下层为电缆室。内部主要设备包括真空断路器、电流互感器、本地微机保护装置、操作回路附件（把手、指示灯、压板等）、各种位置辅助开关。

真空断路器是中置柜中主回路的核心器件，在国内应用中占绝大部分。而真空断路器中最核心的是真空灭弧室，俗称真空泡，要求具有高分段能力、高绝缘强度、高真空度、低截流值、低重燃率及低漏气率。在电流等级上，依据额定电压的不同，从 630A 至 6300A，但是，在 10kV 高压系统中，1200A 最为常用，而 630A 则主要用于体积和容量都较小的环网柜中。真空断路器的主要型号有国产的 VS1、VSm、ZN65A 等，也可以选择 ABB 公司的 VD4，或根据客户需求配置永磁真空断路器。

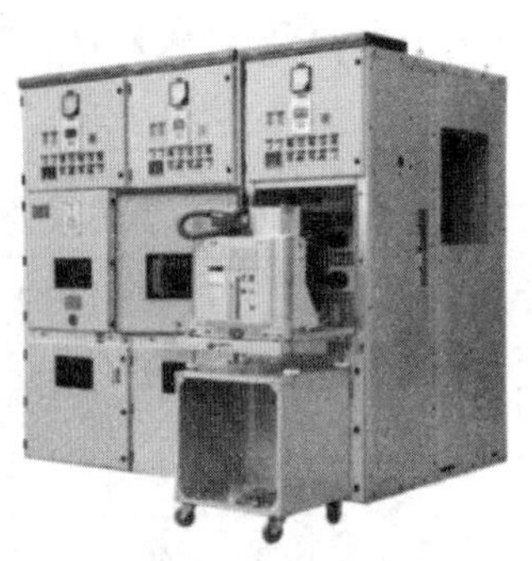

a) KYN28-12中置柜外观

b) 高压断路器　　c) 继电保护装置

d) 电流互感器　　e) 电压互感器　　f) 零序互感器　　g) 避雷器　　h) 接地开关

图 4-15　KYN28-12 中置柜

真空断路器的机械寿命不低于 10000 次免维护，而开断短路电流的电气寿命不低于 30 次。其他的主要技术参数还包括额定工频耐受电压、额定耐雷电冲击电压、短时耐受电流、开断直流分量及额定关合峰值电流等。

SF_6 断路器，也在有些场合或国家被广泛应用。相较于真空断路器，SF_6 断路器具有断开容性电流击穿率低、开断直流分量大等优点，所以在电容器补偿回路和大容量发电机出口回路中具有明显的技术优势，但成本也相对较高。

中置柜典型技术参数，如表 4-19 所示。

中置柜，具有完善的“五防”功能，即防止带负荷推拉断路器手车、防止误操作断路器、防止接地开关处在闭合位置时误合断路器、防止误入带电隔室、防止带电时误合接地开关等联锁功能。真空断路器还有明确的抽出、试验、工作标识，便于清楚了解手车是否推送到位。

在电池储能电站中，基于中置柜的典型一次方案如图 4-16 所示。

表 4-19　中置柜典型技术参数

项目	数据	项目		数据
额定电压 /kV	12	防护等级		IP4X
额定频率 /Hz	50	操作电源 /V		DC：110、220；AC：110、220
额定电流 /A	630、1250、1600、2000、2500、3150、4000	机械寿命 / 次	真空断路器	20000
			接地开关	2000
额定短路耐受电流 /kA	20、25、31.5、40、50、63	额定温度范围 /℃		−10 ~ +40
额定峰值耐受电流 /kA	40、50、63、80、100、125、160	海拔 /m		1000m/12kV 3000m/7.2kV
额定短路开断电流 /kA	20、25、31.5、40、50、63	相对湿度		90%
额定短路关合电流 /kA	40、50、63、80、100、125、160	地震烈度		8 度
额定工频耐受电压（对地及相间 / 断口）/kV	42/48	外形尺寸（宽 / 深 / 高）/mm		800（650、1000）/1500（1700）/2300
雷电冲击耐受电压（对地及相间 / 断口）/kV	75/85	重量 /kg		700 ~ 1200

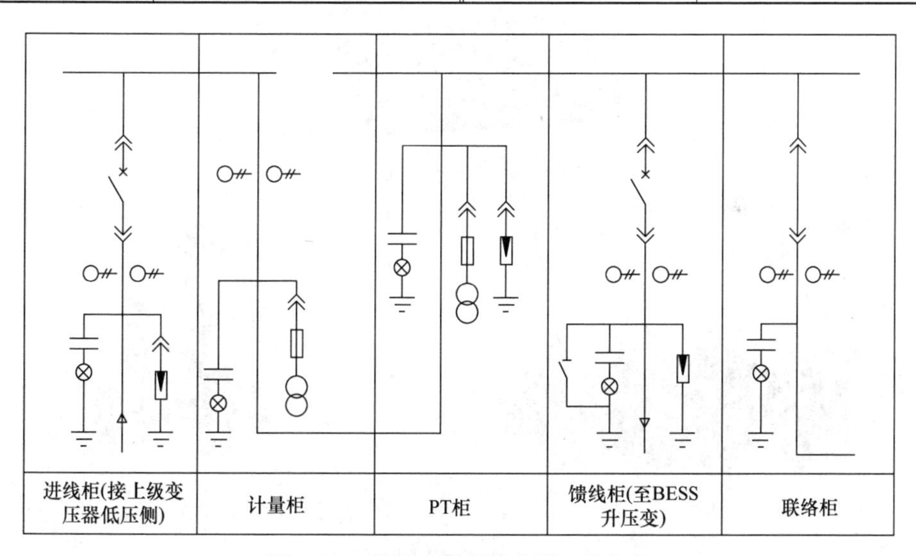

图 4-16　基于中置柜的典型一次方案

4.4.3　环网柜

环网柜是一组输配电高压开关设备装在金属或非金属绝缘柜体内或做成拼装间隔式环网供电单元的组合电器柜，其核心部分主要采用负荷开关 + 熔断器。环网柜工作原理是为了提高供电可靠性，使用户能够从两个方向获得电源，因此是一个连接两个电源的联络开关柜，一般不用来做用电设备的控制、保护和计量，功能较单一。“环网柜”的名称，是一个约定俗成的叫法，原指的是用于环网式供电的负荷开关柜，现在经常被用于负荷开关柜的代名词，而不管是否被用于环网式供电。由于相较于中置柜，环网柜结构简单、体积小巧、价格低廉，近年来其功能不断扩展，所以除了原有的环网式供电外，也有了更广泛的发展和应用，如高压分界室派接、高压末端变电室供电等。但各地供电部门对允许使用环网柜接入高压电网的变压器容量限制要求不一，一般为 1 ~ 1.6MVA，因此在 BESS 的设计时应加以核实。

环网柜按照其内部设备配置，也分为负荷开关柜、负荷开关熔断器组合电器柜、隔离开关断路器组合柜、计量柜及各种专用柜等。

以 HXGN3-10 环网柜为例（H 代表环网柜），如图 4-17 所示，柜体结构由钢板弯制焊接组装而成，防护等级 IP2X。柜体上部为母线室，仪表室位于母线室的前部，用钢板分隔。柜体中部为负荷开关室，负荷开关与其他元件之间设有绝缘隔板。对于电缆进出线柜，其柜底装有可拆装的活动盖板；对于架空线进出线柜，其柜顶可加装母线通道或遮拦架。

a) HXGN3-10环网柜外观

b) SF_6 负荷开关

c) 压气式负荷开关-熔断器组合电器

图 4-17　HXGN3-10 环网柜

环网柜内部的负荷开关，是一种具有简单灭弧装置的开关电器。依据 IEC 265《隔离开关总则》，负荷开关具有开断 1250kVA 空变的能力，而 10kV 电压等级下，此电流不超过 2A，现环网柜负荷开关开断空变能力已达 16A，完全满足应用要求。目前较常用的负荷开关有以空气为绝缘的压气式负荷开关、以 SF_6 气体作为绝缘的 SF_6 负荷开关以及全固封真空负荷开关，可以用来关合和开断负荷电流及过负荷电流，大多具有接通、断开和接地三工作位，结构简单，价格低廉。但是，负荷开关不能断开短路电流，所以需与高压限流（High Rupturing Capacity，HRC）熔断器组合使用，组成统一的功能模块，即负荷开关熔断器组。在负荷开关熔断器组中，任何一只熔断器熔断，都将引爆爆炸装置或撞针，使三极负荷开关联动切断回路，切断回路的功能就由熔断器转移至负荷开关，避免单相运行情况出现。

环网柜典型技术参数如表 4-20 所示。

表 4-20　环网柜典型技术参数

<table>
<tr><th colspan="2">项目</th><th>数据</th><th colspan="2">项目</th><th>数据</th></tr>
<tr><td colspan="2">额定电压 /kV</td><td>12</td><td colspan="2">防护等级</td><td>IP2X</td></tr>
<tr><td colspan="2">额定频率 /Hz</td><td>50</td><td colspan="2">操作方式</td><td>手动</td></tr>
<tr><td rowspan="2">额定电流 /A</td><td>负荷开关柜</td><td>630</td><td rowspan="2">机械寿命 / 次</td><td>负荷开关</td><td>5000</td></tr>
<tr><td>组合电器柜</td><td>125</td><td>接地开关</td><td>2000</td></tr>
<tr><td colspan="2">额定短路耐受电流 /kA</td><td>20</td><td colspan="2">额定温度范围 /℃</td><td>−10 ~ +40</td></tr>
<tr><td colspan="2">主回路、接地回路额定峰值耐受电流 /kA</td><td>50</td><td colspan="2">海拔 /m</td><td>1000m 及以下</td></tr>
<tr><td colspan="2">额定短路（熔断器）开断电流 /kA</td><td>31.5、40、50</td><td colspan="2">相对湿度</td><td>90%</td></tr>
<tr><td colspan="2">主回路、接地回路额定短路关合电流 /kA</td><td>50</td><td colspan="2">地震烈度</td><td>8 度</td></tr>
<tr><td colspan="2">额定工频耐受电压（对地及相间 / 断口）/kV</td><td>42/48</td><td colspan="2">外形尺寸（宽 / 深 / 高）/mm</td><td>400（600、800）/900/1400（1800）</td></tr>
<tr><td colspan="2">雷电冲击耐受电压（对地及相间 / 断口）/kV</td><td>75/85</td><td colspan="2">重量 /kg</td><td>400 ~ 600</td></tr>
</table>

环网柜也有着完善的防误操作联锁机构，如在负荷开关柜中，柜门关闭且接地开关离开接地位置后，方可进行合闸操作；开关分闸后，才能接地；接地开关接入接地位置后，才能打开柜门；打开柜门且开关锁定在分闸位置，才能操作接地开关做试验等。有的环网柜可以加装微机保护装置，实现如电流速断、反时限过电流保护、过负荷保护、零序及负序过电流保护、过电压、欠电压及非电量保护跳闸等保护功能，并具有多电量测量、遥控、遥信等监控功能，提高了环网柜及配电网系统的自动化水平。此外，为了节约成本，环网柜中也可采用断路器，逐渐在一些场合取代了中置柜。

电池储能电站中，基于环网柜的典型一次方案如图 4-18 所示。

当 BESS 容量不大于 1600kVA 时，出线环网柜可选用熔断器作为短路保护，即负荷开关熔断器组合电器柜，熔断器参数选型如表 4-21 所示；但是当 BESS 容量大于 1600kVA 时，则要选择额定电流 630A 以下的真空断路器环网柜。

中置柜和环网柜，依据 BESS 项目容量等级和配置，可以组合使用。如中置柜作为 110kV 或 220kV 变电站的 10kV 线路馈线柜，而向下配电至环网柜，环网柜以手拉手方式连接组成公用环网系统，各 BESS 单元则直接接入环网中，如图 4-19 所示。

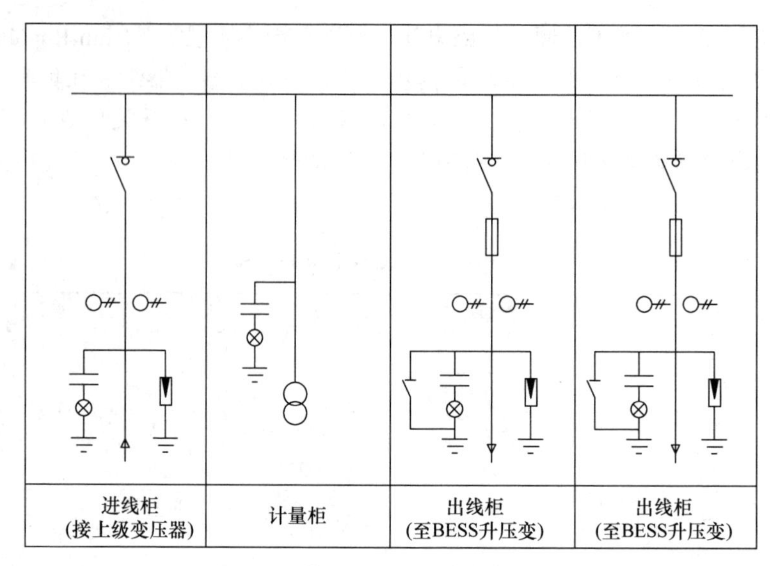

图 4-18 基于环网柜的典型一次方案

表 4-21 高压环网柜内熔断器的选择

BESS 容量 /kVA	熔断器额定电流 / 熔丝电流 /A	BESS 容量 /kVA	熔断器额定电流 / 熔丝电流 /A
100～160	63/16	630	63/63
200	63/20	800	100/80
250	63/25	1000	100/100
315	63/31.5	1250	125/100
400	63/400	1600	125/125
500	63/50		

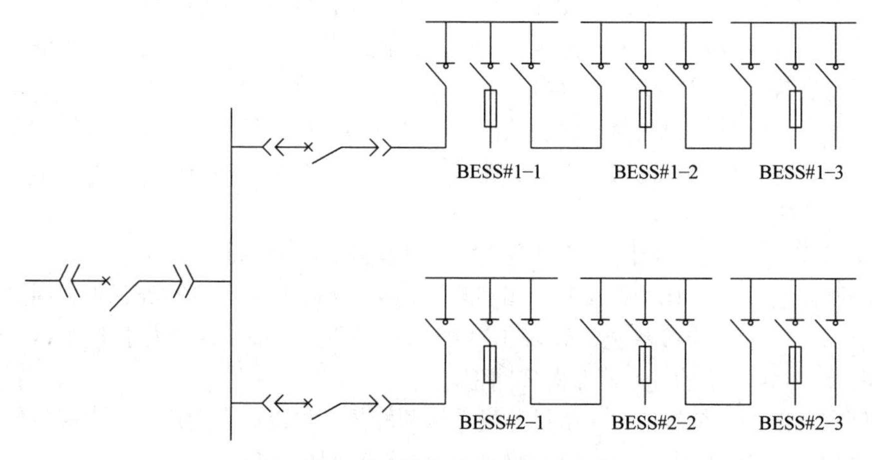

图 4-19 中置柜与环网柜组合方案

每个公用环网系统的首端线路保护由中置柜中的断路器完成，一般速断 0s、过电流 0.5s、零序 0.5s。当 BESS 侧出现短路时，环网柜中的限流熔断器具有速断 + 限流功能，能够在 10ms 内切除故障电流并限制最大短路电流值，一方面很好地起到了保护作用，另一方面也避免了上级中置柜中的断路器越级跳闸。

由于环网柜主回路额定电流为 630A，所以每个公用环网系统容量不超过 10MVA，10kV 供电电缆截面铜心也不超过 300mm²。

对于更大的 BESS，高压配电则可以采用中置柜及断路器环网柜组成相应的环网供电系统，如图 4-19 所示。

4.4.4　C-GIS

除上述两种金属密闭开关设备外，高压柜式气体绝缘金属密闭开关设备（Cubicle Type Gas Insulated Switchgear，C-GIS）也是一种以断路器为主开关，用于 10kV ~ 35kV 或更高电压等级的高压配电系统设备，能够接受或分配电力，并具有对电力系统的正常运行和故障情况下实行控制、测量、监视、保护和通信等功能。C-GIS 俗称充气柜，如图 4-20 所示，将 SF_6 的绝缘技术、密封技术与空气绝缘的金属密闭开关设备制造技术有机地相结合，将各高压元器件设置在箱型密封容器内，使之充入较低压力（一般在 0.2MPa）的绝缘气体，并严格确保 SF_6 气体年漏气率≤ 0.5%。C-GIS 内部主要包括高压室、低压室、电缆室、柜间连接、操作结构等，主要元器件包括主母线、断路器、三工位开关、接地开关、传感器、避雷器及电缆插座等。

图 4-20　C-GIS

C-GIS 最初出现于 20 世纪 80 年代的日本，随后 ABB、西门子、日立和三菱等各大电气公司都推出了 7.2kV ~ 40.5kV 的系列化产品，以及整体制造技术与工艺，如激光焊接、同步抽真空与充气、氦质谱捡漏等，都获得了长足的发展，使其逐渐成为金属密闭开关设备的一个重要分支。C-GIS 的最大优点在于可靠性高，且易于实现小型化，而这些优势对于要求结构紧凑、故障率低的 BESS 具有重要意义。

C-GIS 的高压部分由气体绝缘并密封于不锈钢壳体内，可以有效防止污秽、潮气、外界异物及其他形式的有害影响，可靠性较高。

12kV C-GIS 比常规开关柜占地面积减少了 1/3，体积减小了约 1/2；40.5kV 以上系统，C-GIS 的占地面积和体积优势更为明显，均减少了近 2/3。12kV/1250A C-GIS 外形尺寸为 500mm × 1000mm × 2000mm；40.5kV/1250A C-GIS 外形尺寸为 800mm × 1500mm × 2400mm。

此外，由于 C-GIS 采用整体运输到现场、成套吊装就位方式，安装时并不涉及 SF_6 的处理，安装简便。由于内部 SF_6 是低气压，与外部大气压相差不大，加之严格的密封焊接质量管控，防护柜体防护等级可达 IP67，C-GIS 只需按照 1 次 /（5 ~ 10）年的周期进行一次补气维护即可，甚至有的已经可以做到终身免维护。

下一步，C-GIS 的发展方向主要为减少对 SF_6 气体的使用。尽管 SF_6 气体用于高压开关设备具有优良的绝缘与灭弧能力，在常温下无色、无味、无毒，但在电弧作用下依然会分解出有毒成分，对空气造成污染。目前，采用 N_2、压缩空气替代 SF_6，以改善 C-GIS 的环保性能，实现无 SF_6 化。而另一个 C-GIS 的发展方向，是进一步降低成本，特别在 12kV 这个级别，尽管缩小了体积和占地面积，但是成本相对普通高压开关柜较高，这就限制了这一电压等级的BESS对 C-GIS 的选用。

4.4.5 高压电力线缆的选型

高压开关柜之间以及高压开关柜与变压器之间大多以高压线缆相连。高压线缆的额定电压是指相间电压，也就是电缆导体之间的电压，而相电压是电缆导体对金属屏蔽层或金属铠装层之间的电压。电缆导体材料主要是铜、铝及铝合金，其中铜载流量大，机械强度高，热稳定性好，但是价格高，重量大；铝相对便宜，重量轻，但机械强度差，载流量稍差，热稳定性也不够好，且与电气设备连接时还存在铜铝接头氧化腐蚀问题。当然，电缆不存在动稳定问题。

高压电缆的基本结构如图 4-21 所示。

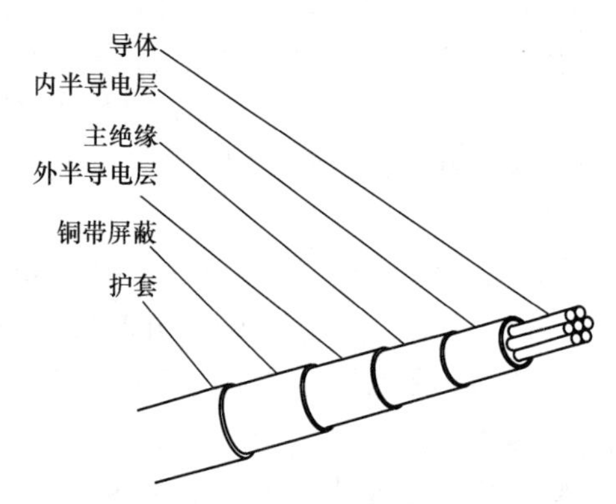

图 4-21 高压电缆的基本结构

高压电缆的主绝缘材料推荐使用交联聚乙烯，工作温度可达 90℃，提高了电缆的实际载流量；而聚氯乙烯及聚乙烯只能用于低压电缆。

10kV 及以上高压电缆均有半导电屏蔽层，分为内半导电层与外半导电层。内、外半导电层与主绝缘层采用“三层共挤”工艺，紧密挤塑，结合在一起，避免了外界杂质（空气、水分、异物颗粒等）侵入所造成的局部高电场，使得电场均匀平滑，从而提高了起始游离放电电压，大大提高了绝缘强度。

铜带屏蔽，即金属屏蔽层必须接地，三芯电缆一般两端接地，而单芯电缆应根据电缆线缆的情况采取合理的接地措施。半导电层通过铜带屏蔽层也实现了接地，使得整个屏蔽层处于零电位。因此，在制作电缆头时，一定要剥开一定长度的铜带屏蔽层，以保证足够的高低电位电气距离；当两段高压电缆连接使用时，也要通过铜屏蔽网套将两侧电缆的金属屏蔽层恢复连通状态。

护套，高压电缆的最外层，主要是提供防水及机械防护。建议护套材料采用聚乙烯，但是当温度条件较好，且存在酸碱腐蚀的条件下时，建议采用聚氯乙烯绝缘护套电缆。

当使用高压三芯线缆时，为了提高电缆机械强度，与低压电缆相同，也可以选择铠装电缆，一般选择钢带铠装。但是，对于单芯电缆，则尽量不用铠装，以免处理不当导致外皮感应电流引起发热。

电缆按照接地故障时间长短分为一类与二类。一类电缆用于接地故障持续时间大于 1min，但是小于 8h；而二类电缆可用于接地故障持续时间可能更长的系统。因此，一类电缆用于中性点有效接地系统，而二类电缆用于中性点非有效接地系统。高压电缆电压等级选择如表 4-22 所示。

表 4-22　高压电缆电压等级选择

电缆导体间额定电压 /kV	设备额定电压 /kV	导体与屏蔽层或金属护层间电压 /kV	
		一类	二类
6	7.2	3.6	6
10	12	6	8.7
15	17.5	8.7	12
20	24	12	18
35	40.5	21	24

高压电缆在选择载流量时，与低压电缆一样，需要考虑安装方式与环境，以及进行热稳定校验。表 4-23 为 ABB 样本中提供的 6/10kV 交联聚乙烯（XLPE）三芯铜电缆有关参数。

表 4-23　高压电缆载流量选择

截面积 / mm^2	载流量（直埋，25℃）/A	载流量（空气，40℃）/A	电容 /（μF/km）	充电电流 / A	三芯电感 /（mH/km）	热稳定电流（0.5s）/kA	热稳定电流（1.0s）/kA
25	135	125	0.19	0.4	0.38	5.5	3.6
35	161	156	0.21	0.5	0.36	7.0	5.0
50	195	185	0.23	0.5	0.35	9.8	7.2
70	235	265	0.26	0.5	0.33	13.9	10.2
95	279	286	0.3	0.5	0.31	18.7	13.6
120	315	330	0.33	0.6	0.30	24.5	17.2
150	360	375	0.36	0.7	0.29	29.5	21.5
185	403	431	0.38	0.7	0.28	37.8	26.5
240	470	500	0.43	0.8	0.27	49.0	34.5
300	530	580	0.48	0.9	0.27	61.4	42.9

4.4.6　高压避雷器

高压系统的避雷器与低压系统中的 SPD 功能相似，都是对系统可能承受的冲击过电压进行保护。过电压，按照过电压时间，分为长时过电压、长期过电压（如，单相接地导致的其余两相对地过电压）、暂态过电压（如，弧光接地导致的过电压）及瞬时过电压（冲击过电压，如雷电过电压和开关器件操作过电压）；按照发生机理，分为大气过电压，即雷电过电压和内部过电压，如真空断路器等开关设备的操作过电压、线路谐振过电压及电弧过电压等。避雷器和 SPD 一样，只能够对瞬时冲击电压进行保护，而不能够用于系统长期过电压保护，长期过电压只能够通过其他相应的方法加以避免。

避雷器过电压保护的机理，也是通过内部的非线性电阻装置与被保护设备并联安装，平时处于高阻截流状态，当瞬时过电压来袭时，非线性电阻快速转变为低阻导通状态，分流电涌电流，消耗过电压。其过电压保护水平等于避雷器自身导通残压和引线上电压降之和，应小于电气设备绝缘耐冲击电压。过电压消失后，避雷器应恢复高阻状态，截断后续工频电流。

避雷器与低压系统中 SPD 的区别主要在于其精度差、体积大且残压较高，并不适合低压末端设备，且主要用于雷击保护，而 SPD 却可以用于一切瞬时过电压的保护，包括雷电过电压和内部开关器件操作过电压等；避雷器在高压接线端主要采用共模接地方式，即每只避雷器皆接于相线与地之间，而 SPD 却有差模、共模和全模接线方式，能够提供相间、相对地及中性线对地等多种保护。

目前用于避雷器的非线性电阻装置主要为氧化锌电阻，在进行选型时主要关注的电气参数包括：

1）持续运行电压 U_c，一般选择为高压系统线电压的 1.32 倍，表征避雷器能够承受的 30min 的长时工频过电压最大值。

2）额定电压 U_r，一般选择为持续运行电压 U_c 的 1.25 倍，表征避雷器能够承受的时长 10s 的暂态工频过电压最大值。

3）残压 U_p，考虑到避雷器引线上的电压降，一般选择为被保护设备耐压 U_w 除以 1.2～1.4，表征避雷器在额定雷电放电电流下，两端出现的冲击电压最大值。

4）额定放电电流 I_n，表征避雷器能够承受 10 次 8/20μs 标准雷电波冲击，且不至损坏情况下的最大放电电流，高压系统避雷器额定放电电流有 20kA、10kA、5kA、3kA 和 1kA 五种，但大多选用 5kA。这是因为，据统计 80% 以上雷电流都在 10kA，通过其他防雷措施的分流，雷电流已经被削弱，实际进入避雷器的冲击电流按照 50% 雷电流计算即可。至于最大放电电流 I_{max}，表征避雷器能够承受的单次 8/20μs 标准雷电波冲击下的最大放电电流，属于破坏性测试指标。

4.5 电池汇流柜的设计

电池汇流柜（BCP）是 BESS 中最靠近电池簇（Rack）的主电路电气开关设备，其主要功能除实现多组电池簇的并联汇流、直流线路测量与保护、与 PCS 间电气连接外，在具体的工程设计中会将 BESS 控制配电、本地控制器、系统 BMS 集成其中，也可进一步集成整个 BESS 的对外通信和人机交互接口。BCP 原理如图 4-22 所示。

4.5.1 直流汇流回路设计

以锂电池为例，通过 200 节以上的电芯串联，单电池簇输出电压可达 1300V 左右，而为了满足 BESS 对输出电流的要求，还必须采取多电池簇并联汇流方式来进一步提高系统功率与容量，并实现多电池簇与 PCS 直流侧的安全连接。直流主回路主要包括熔断器、隔离开关、电涌保护器（SPD）及其他相关状态或电量检测设备，如熔断器通断状态触点、SPD 状态触点、直流汇流回路电流传感器、直流电压传感器等。

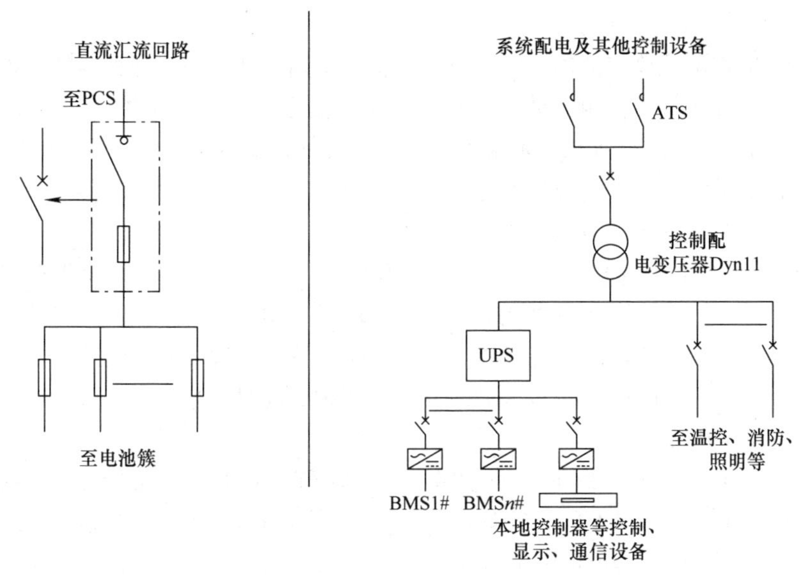

图 4-22　BCP 原理图

在 BESS 中，推荐电池采取不接地方式，以避免来自地线的尖峰噪声对电池和 BMS 的安全产生危害。在条件允许的情况下，也建议电池架与 PCS 等电气设备采取独立的接地方式。这一点将在第 5 章进一步论述。

在 BCP 的电池侧，任何时候直流正负极之间及对地电压不应超过最大工作电压的 1.5 倍（具体参数视不同电池及 BMS 绝缘参数确定），可加装 SPD 及智能型过电压计数器。当 SPD 发生动作时，能够直接发出故障指令，紧急情况下快速断开电池输出或停止 BESS 工作。直流系统中，SPD 常用共模接线方式，即采用两只 SPD，分别接入正极对地和负极对地；也可以采用“2+1”的接线方式，采用三只 SPD，如图 4-23 所示。

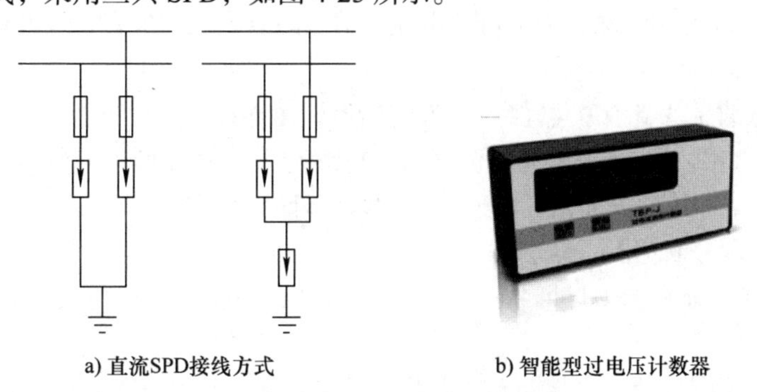

图 4-23　直流侧 SPD 接线方式及智能型过电压计数器

由于 BCP 位于 BESS 箱体内部，对外有 PCS、变压器等接入设备，因此直流侧 SPD 的分类试验等级可选择为Ⅱ类或者Ⅲ类，最大放电电流 I_{max} 不低于 15kA，电压保护水平视电池及相关联的 BMS 电路耐冲击电压水平而定。

为了进一步完善电池簇直流侧瞬时过电压保护，特别是针对一些开关器件的操作过电压保护，有的电池厂家要求在直流侧加装智能型过电压计数器。智能型过电压计数器可以对 BESS 电池端的过电压工作状态进行实时监测和累积计数，且具备本地液晶人机界面和远程通信接口，方便读取电池正负极之间、正负极对地之间过电压累积次数，为本地控制器等设备提供控制决策信息或提示现场人员进行 SPD 维护更换。

在 BCP 与 PCS 的直流连接端，可设置隔离开关，人工或电操作，以便于在维护状态下形成断点。但由于隔离开关无法实现直流短路或过电流保护功能，因此必须配置熔断器。在有些设计方案中，也可以用直流断路器替代隔离开关 + 熔断器的配置。使用断路器，特别是电操断路器的另一个优势是，可以在完成 PCS 侧短路故障保护的同时，与 PCS、SPD 等形成故障保护联动，主动断开电池簇输出。

电池簇经直流电缆连接至 BCP。直流线缆耐压和载流量，可以参考低压交流线缆的设计方法，或参见 DL/T 5044—2014《电力工程直流电源系统设计技术规程》，如该标准中要求蓄电池回路允许电压降小于 1% 的蓄电池额定电压，并考虑 15% 的环流。需要注意的是，为了确保并联均流的一致性，有些电池制造商希望各电池簇输出线缆应保持相同的长度，并紧密排列。这在有些项目中，如在 40ft[⊖] BESS 集装箱内，电池簇至 BCP 线缆长度最长可达 20m 左右，而最近却可能仅在 2m 左右，采用等距离电缆设计给走线布局带来了很大的麻烦。因此，建议在具体的设计中，研发人员可以根据电池内阻和线缆电阻的比例关系加以综合考虑。事实上，电缆阻抗相比 BESS 电池簇内阻抗而言要小得多。以 1C、100Ah 左右的 BESS 锂电池簇为例，大多由 200 节甚至更多的电芯串联而成，线缆截面积取 $50mm^2$，这样即使在电池内阻最小的 100%SOC 状态下，整个电池簇的内阻也在 100mΩ 左右，比往返路径 40m 的线缆阻抗大得多。况且电池内阻会随着 SOC 和 SOE 的不断降低而增高，可在一定程度上抵消由于线缆阻抗不一致带来的不均流。

在 BCP 与电池簇的接入端，为了避免电池外部短路对电池的危害，应设置相应的短路保护器件，如直流熔断器和直流断路器。

目前最常用的直流短路保护器件为直流熔断器，由连接片、熔断器元件（熔断体）、石英砂（灭弧物质）及垫圈保护套等组成。依据 GB 13539.1—2015《低压熔断器　第 1 部分：基本要求》中的规定，熔断体的分断范围与使用类别以字母表示。

第一个字母表示分断范围：

“g”——全范围分断能力熔断器，用于保护线路的过负荷、过电流及短路保护，可单独被使用；

“a”——部分范围分断能力熔断器，仅用于短路保护，通常作为后备保护，提高其他保护装置的分断能力，如断路器或带过负荷保护的接触器。

第二个字母表示使用类别。该字母准确地规定时间 - 电流特性、约定时间和约定电流以及

⊖ 1ft=0.3048m。

门限：

"G"——用于导体保护；

"M"——用于电动机电路保护；

"R"——用于半导体保护。

如"gG"表示一般用途全范围分断能力的熔断体；"aM"表示保护电动机电路的部分范围分断能力的熔断体。

直流熔断器，主要参数包括额定电流、额定电压、分断能力、熔断特性（时间 - 电流特性）、热化热能值（I^2t）等。

额定电流 I_n，是指熔断器在一定的环境条件下，能够长期工作而不动作的最大电流有效值，在使用中，需要按照环境因素进行修正：

$$I_n = \frac{I_c}{K_t K_e K_v K_a K_x} \tag{4-40}$$

式中　I_c——长期持续工作电流；

K_t——环境温度修正系数，当环境温度为 20℃时，取 1；

K_e——热连接修正系数，主要考虑与熔断器连接的母排或线缆有助于热量的耗散，从而降低了熔断器的工作温度，按照 IEC 60269.4 中的规定，安装熔断器的铜排最小电流密度为 1.3A/mm^2 时，K_e 取 1，如果铜排承载电流密度小于 1.3A/mm^2，则熔断器应该适当降低额定电流；

K_v——风冷修正系数，风速为 0 时，取 1；

K_a——电流海拔修正系数，在一般情况下，海拔超过 2000m 时环境温度的降低可以和空气稀薄、散热劣化造成的温度上升相抵消，但是当电气设备内部的环境温度并不随海拔升高而明显下降，则需要对熔断器降容使用，按照 0.98 ~ 0.95/1000m 对 K_a 进行取值；

K_x——封闭环境修正系数，对于散热条件较好的箱体取 0.9 ~ 0.95，而对于较差的取 0.8。

上述修正系数的取值需查阅熔断器制造厂商提供的相关资料。考虑到 BCP 一般与电池一起安装在空调环境中，工作环境温度较低，综合计算，I_n=1.25I_o，且一般不损坏熔断器和电连接接触面的耐受温度为 100 ~ 130℃，因此熔断器正常工作时表面温度不应超过这一范围。

额定电压 U_n，指熔断器断开后所能够承受的最大电压值，在 BESS 直流回路中，由于回路时间常数较小，直流熔断器的额定电压大于电池簇正常工作中所能够出现的最高电压即可。按照 IEC 60269-2 中的规定，直流熔断器的额定电压与具有分断能力至少 25kA 的时间常数 20ms 有关，不同的时间常数需对应不同的额定电压取值，相关推荐可以从熔断器制造厂的产品使用说明书或通过试验确定。

分断能力，是指在规定的使用和性能条件下，熔断器在规定电压下能够分断的预期电流值。在 BESS 中，应大于短路预期电流 I_p。在选择熔断器分断能力时，还需要充分考虑直流电路的时间常数。表 4-24 为典型直流电路的时间常数。

表 4-24　典型直流电路的时间常数

应用	时间常数 /ms
工业直流控制和负荷电路	≤ 10
用于 UPS 的电池电源	≤ 5
直流电动机和驱动器	20~40
电磁和电场电源	1000

熔断特性（时间 - 电流特性），即标准熔断器在不同电流下的弧前时间和熔断时间。IEC 60269-2 显示的时间 - 电流特性仅适用于大于或等于 0.1s 的动作时间范围。

热化热能值（I^2t），分为弧前 I^2t 和熔断 I^2t，分别表示在弧前时间和熔断时间内被保护电路中电流释放的能量，用于弧前时间小于 0.1s 的情况。

熔断器时间 - 电流特性与 I^2t 值，主要用于研究直流熔断器间的级差配合与选择性。当熔断时间≥ 0.1s 时，熔断器之间的选择性通过时间 - 电流特性进行验证；当熔断时间 <0.1s 时，熔断器之间的选择性通过弧前 I^2t 和熔断 I^2t 值进行验证。特别在 BESS 的短路保护中，如果希望实现直流熔断器间的选择性，应确保靠近短路点的熔断器最大熔断 I^2t 值必须小于远离短路点的熔断器的最小弧前 I^2t 值。

熔断器的工作过程主要包括：

升温：熔体应流过大的过负荷或短路电流，且散热速度不及发热速度，温度上升至熔化温度；

熔化：熔体被熔化和气化，熔体内部产生间隙；

起弧：熔体间隙被击穿，产生电弧；

灭弧：石英砂吸收电弧能量而成“熔岩”，电弧熄灭、电路被断开。

熔断体限流特性示意如图 4-24 所示。

图 4-24 中可以看出，“$t_0 \sim t_1$”定义为弧前时间（Pre-arcing time）或熔化时间（Melting time），“$t_1 \sim t_2$”定义为燃弧时间（Arcing time），两者之和为熔断时间（Operating time）；短路预期电流 I_p，即 BESS 直流回路在短路期间能够达到的最大值：

$$I_p = \frac{U_{max}^b}{\sum R} \tag{4-41}$$

式中　U_{max}^b——电池最高电压；

$\sum R$——直流短路路径中总电阻。

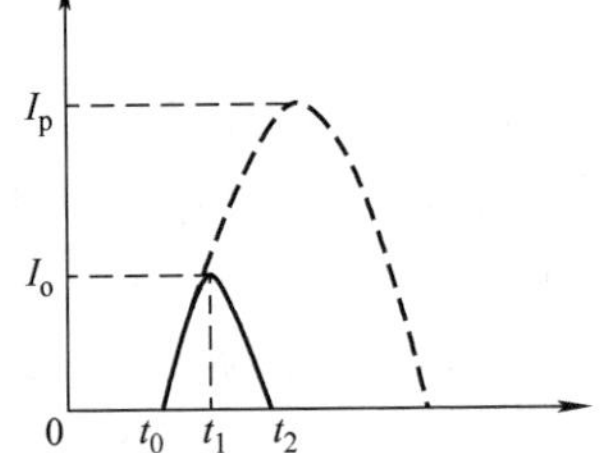

图 4-24　熔断体限流特性示意图

在 BESS 中，I_p 的大小将主要决定于电池簇内部阻抗和直流线缆阻抗。对于铅酸电池簇，短路电流一般不超过其额定电流的 15 倍；而对于锂电池簇，则可能达到近 100 倍以上。

截断电流 I_o，熔断体分断期间电流达到的最大瞬时值，由此阻止电流达到最大值。因此，相比于断路器，熔断器具有更快的动作响应速度，能够在短路电流达到最大值之前就完成保护动作，避免了大的短路电流在导体或绝缘系统中产生机械或热损害。与交流熔断器的截断电流不同，直流熔断器的截断电流取决于电路的时间常数。

下面重点讨论BESS的直流侧极间故障。极间故障主要分为三类，分别是电池连接线极间故障F1、直流母线极间故障F2和PCS侧直流故障F3。

4.5.2 直流侧极间短路故障分析

直流侧短路故障，分为极间短路与极地短路。其中极间短路通常短路电阻较小，可近似视为金属性短路；而极地短路，主要是指一点极地短路故障，由于BESS电池直流侧不接地，不存在故障电流通路，不会影响电站的正常运行。但是，极地故障会导致直流母线对地过电压，考验系统的绝缘水平并威胁操作人员人身安全，所以在允许短暂运行一段时间后应及时切除。为此，应加装相应的直流侧对地绝缘监测电路。

相关短路测试和计算表明，BESS直流回路包括电池簇和直流电缆，主要还是以电阻性为主，电感相对较小，时间常数小于5ms。直流短路回路时间常数，对于后续直流保护器件的参数选型意义重大。这是因为，在直流电路中电感属于储能元件，当短路保护器件动作，如直流熔断器或断路器在进行短路电流的分断期间，电感与电池内电势作用相同，都是向电路和电弧释放能量，决定着分断燃弧能量和分断时间。

目前，针对BESS内部熔断器的配置方案主要分为三种，第一种是BCP中，仅在与PCS连接端设置一只总的汇流熔断器，而电池簇的外部短路保护，则完全依靠电池簇内置开关盒中熔断器的动作。这样一旦出现直流母线上的短路，所有并联电池簇都将采取保护动作，可能带来较大的硬件损失，甚至是不必要的运维成本和周期。第二种是在BCP中，对应每组接入的电池簇都配置一只直流熔断器，但成本较高，且需要在满足一定条件下，如短路点位于电池簇与BCP之间，或电池簇正常工作最大电流小于其额定电流时，才能够与开关盒中熔断器形成主备保护配合。第三种则是将电池簇分成若干并联群组，由若干电池簇共用一只熔断器，在尽量降低成本的前提下，实现有限地选择性保护。

以分组配置熔断器为例，如图4-25所示，预期短路故障电流如表4-25所示。设BESS直流侧电池簇数量为（$n\times m$），各电池簇开关盒内均配置熔断器Fuse11～Fuse1n、⋯、Fuse$m$1～Fusemn；每n个电池簇在BCP内通过一只汇流熔断器并联，分成m个电池簇群组，这样BCP内对应共计有m个电池簇汇流熔断器Fuse1～Fuse$m$；同时，在PCS接入侧也配置一只总的汇流熔断器Fuse0。

如图4-25所示，以1#电池簇群组在F1点（含F1.1、F1.2）发生极间短路故障为例，将形成3条短路电流回路。第一条是1#电池簇所在群组内的电池簇通过各自内置熔断器形成的极间短路回路；第二条是相邻群组电池簇通过各自内置熔断器和汇流熔断器形成的短路电流回路；第三条是电网通过PCS并网设备、PCS、BCP总汇流熔断器Fuse0，形成的短路电流回路，其中后两条都将最终在Fuse1处汇流，到达短路点F1。

F1.1与F1.2的区别在于短路点具体位置的不同。F1.1短路点位于1#电池簇的输出端，即电池簇内置开关盒的输出接线端，而F1.2短路点位于BCP的接线端。

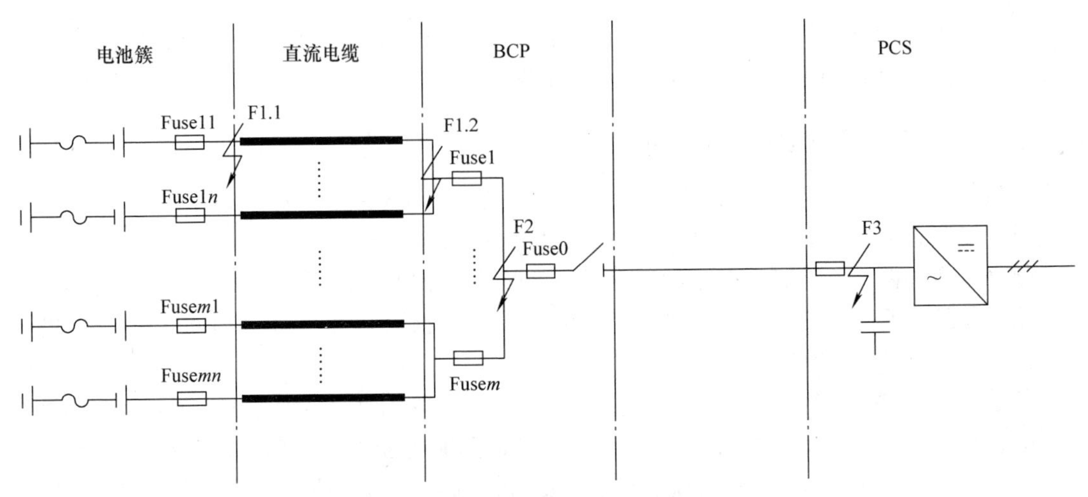

图 4-25　BESS 直流侧极间短路故障分析

表 4-25　预期短路故障电流

极间短路故障类型		预期短路故障电流（绝对值）			
		Fuse11 ~ Fuse1*n*；Fuse*m*1 ~ Fuse*mn*	Fuse1	Fuse2 ~ Fuse*m*	Fuse0
F1	F1.1	I_p^b	$n(m-1)I_p^b+I_p^{PCS}$	nI_p^b	I_p^{PCS}
	F1.2				
F2		I_p^b	nI_p^b	nI_p^b	I_p^{PCS}
F3		I_p^b	nI_p^b	nI_p^b	nmI_p^b

注：I_p^b—对应电池簇预期短路电流；I_p^{PCS}—PCS 直流侧预期短路电流。

1. F1.1 短路故障分析

Fuse0，即 BCP 与 PCS 间总汇流熔断器将承受电网短路电流 I_p^{PCS}，如图 4-26 所示。电流大小按照下式计算：

$$\begin{cases} U_{dc}=2.34U_g-Z_gI_g \\ I_p^{PCS}=1.22I_g \end{cases} \tag{4-42}$$

式中　U_g——电网相电压；

I_g——电网电流；

Z_g——BESS 并网总阻抗，含 PCS 交流滤波器、变压器及电网等阻抗。

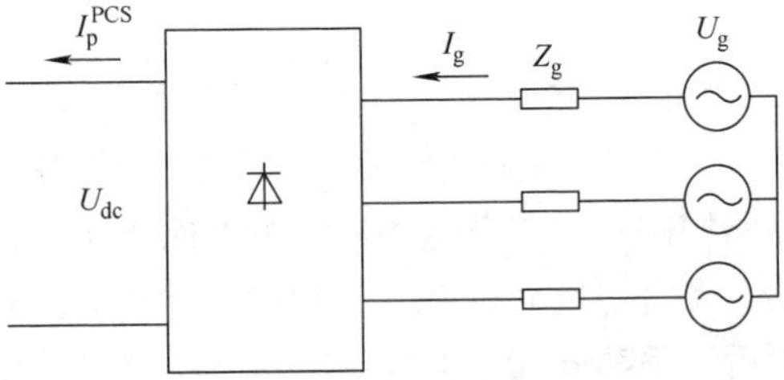

图 4-26　Fuse0 预期短路电流

由式（4-42）可得

$$I_p^{PCS}=\frac{2.34U_g-U_{dc}}{1.91Z_g} \tag{4-43}$$

Fuse11 预期短路电流 I_{p}^{Fuse11} 为

$$I_{p}^{Fuse11}=\frac{U_{max}^{b}}{Z_{b}} \tag{4-44}$$

式中　Z_b——电池簇内阻抗。

Z_b 可参考 FreedomCAR 的《功率辅助型混合电动车电池测试手册》中推荐的混合脉冲功率性能测试（The Hybrid Pulse Power Characterization，HPPC）方法测试获得，或参见 5.4.2 节。

在忽略 BCP 内部阻抗的情况下，Fuse12 ~ Fuse1*n*、…、Fuse*m*1 ~ Fuse*mn* 的预期短路电流均为

$$I_{p}^{Fuseij}=\frac{U_{max}^{b}-I_{p}^{PCS}Z_{l}^{b}}{Z_{b}+nmZ_{l}^{b}} \tag{4-45}$$

式中　I_{p}^{Fuseij}——非故障电池簇预期短路电流，i=1、2、…、m，j=2、3、…、n；

Z_{l}^{b}——电池簇至 BCP 的直流线缆阻抗。

Fuse1，即 1# 电池簇群组的汇流熔断器将承受来自非故障电池簇群组和 PCS 的短路电流，幅值为 $n(m-1)I_{p}^{Fuseij}+I_{p}^{PCS}$。

Fuse2、…、Fuse*m*，即各非故障电池簇群组的汇流熔断器，将承受各自组内电池簇极间短路电流 nI_{p}^{Fuseij}。

以 1MW/2h BESS 为例，并网电压 690V，进行 F1.1 的仿真计算。仿真计算参数如表 4-26 所示，仿真结果如图 4-27 所示。

表 4-26　F1.1 仿真参数

项目	参数	备注
并联群组内电池簇数量 n	4	每 4 组电池簇经 1 只汇流熔断器并联
电池簇并联群组数量 m	4	4 个电池簇并联群组经 Fuse0 汇流，连接至 PCS
电池簇内阻 Z_b	132mΩ、264μH	额定电压 1000V、额定电流 65A
电池簇至 BCP 引线阻抗 Z_{l}^{b}	20mΩ、5μH	引线长度 20m、截面积 35mm²
BCP 至 PCS 引线组抗 Z_{l}^{PCS}	1.2mΩ、1μH	引线长度 20m、额定电流 1000A、截面积 185mm² × 3
BESS 并网总阻抗 Z_g	0.12mH、10mΩ	

从仿真结果图 4-27 中可以看出，由于直流侧基本呈电阻性，短路电流具有很快的上升速率，基本在 5ms 内各短路电流达到峰值。

F1.1 所在电池簇极间故障短路电流约为 7.5kA，且其故障回路的切断只能依靠电池簇内置开关盒中熔断器 Fuse11 的动作；而其他非故障电池簇极间故障预期短路电流由于引线阻抗 Z_{l}^{b} 的限流作用，约为 2kA，相应汇流熔断器 Fuse2、…、Fuse*m* 的预期短路电流为 8kA。

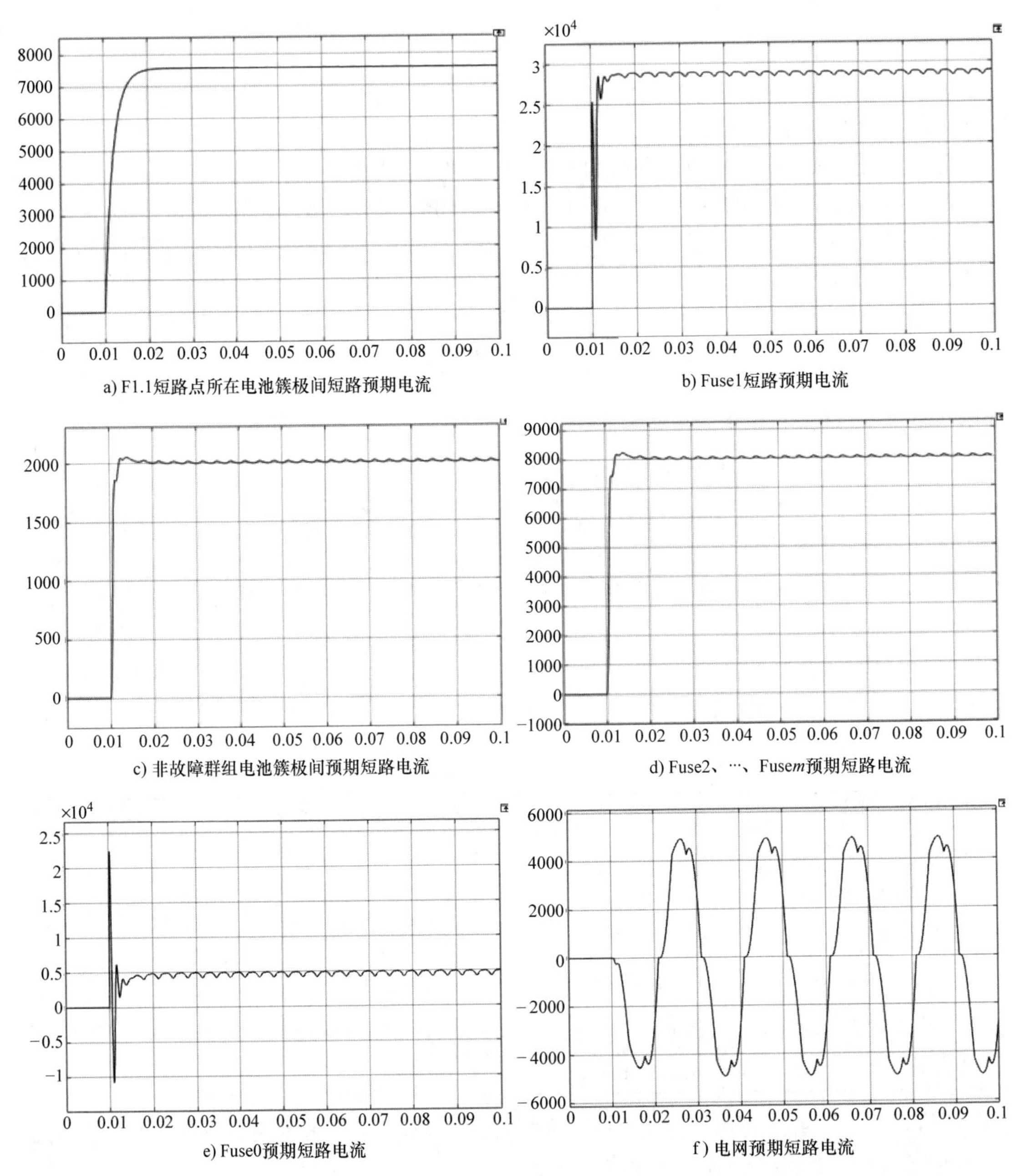

a) F1.1短路点所在电池簇极间短路预期电流

b) Fuse1短路预期电流

c) 非故障群组电池簇极间预期短路电流

d) Fuse2、…、Fuse*m*预期短路电流

e) Fuse0预期短路电流

f) 电网预期短路电流

图 4-27　F1.1 仿真结果

需要注意的是，与 F1.1 故障短路点在同一分组下的电池簇，虽然其短路电流也约为 2kA，但是由于缺少汇流熔断器的保护，其故障回路的切断也需要依靠内置开关盒中的熔断器

Fuse12、…、Fuse1*n* 的动作。

Fuse1，承受了所有相邻电池簇并联群组的故障预期短路电流和 PCS 直流侧短路电流，预期短路电流可达 29kA，且最终经故障电池簇输出引线、35mm² 线缆，流入故障短路点 F1.1。因此，按照线缆热稳定校验可得，最大允许短路时间为

$$t \leqslant \left(\frac{SK}{I}\right)^2 \tag{4-46}$$

式中　K——导体材料热稳定系数，交联聚乙烯铜质电缆取 143。

计算可得允许短路时间为 30ms，即 Fuse1 应在 30ms 内切断故障回路，否则将可能烧毁电池簇引线线缆。

Fuse0，在短路故障初期，由于 PCS 直流侧有较大电容池，且至故障点间的阻抗极小，将出现很大的短时振荡充放电过程，峰值可达 20kA 以上，但在 10ms 左右稳定至 5kA。

2. F1.2 短路故障分析

F1.2 与 F1.1 相比，短路点不经引线阻抗 Z_1^{b} 的限流，各电池簇距离短路点的距离基本相同，且 PCS 直流侧短路阻抗也极大地减小。

各电池簇极间短路故障预期电流为

$$I_{\mathrm{p}}^{\mathrm{b}} = \frac{U_{\max}^{\mathrm{b}}}{Z_{\mathrm{b}} + Z_1^{\mathrm{b}}} \tag{4-47}$$

Fuse1，即 1# 电池簇群组的汇流熔断器将承受来自非故障电池簇群组和 PCS 的短路电流，幅值为 $n(m-1)I_{\mathrm{p}}^{\mathrm{b}} + I_{\mathrm{p}}^{\mathrm{PCS}}$。

Fuse2、…、Fuse*m*，即非故障各电池簇群组的汇流熔断器，将承受群组内电池簇极间短路电流 $nI_{\mathrm{p}}^{\mathrm{b}}$。

依然采用表 4-26 中参数进行故障仿真，仿真结果如图 4-28 所示。

从仿真结果可以看出，各电池簇极间故障短路预期电流基本相同，均为 6.5kA；各非故障电池簇群组汇流熔断器 Fuse2、…、Fuse*m* 的短路预期电流可达 26kA；而 Fuse1，即 1# 电池簇群组的汇流熔断器将依然承受来自非故障电池簇群组和 PCS 的短路电流，幅值可达 90kA，是 F1.1 故障时的 3 倍以上。

Fuse0，在短路故障初期，瞬时放电峰值可达 140kA 以上，但在 10ms 以内稳定至 14kA。

因此，尽管短路故障点都发生在电池簇侧，但由于具体位置的不同，将产生很大的差别。

以 F1.1 故障为例，各非故障群组的电池簇短路电流与流经汇流熔断器的短路电流成正比例关系，这样就可以基于熔断器上下级差保护原理进行选择性保护设计。

为了确保 Fuse1 先熔断，而非故障群组的电池簇内置熔断器（Fuse21、…、Fuse2*n*、…、Fuse*m*1、…、Fuse*mn*）及其汇流熔断器（Fuse2、…、Fuse*m*）均不动作，应满足

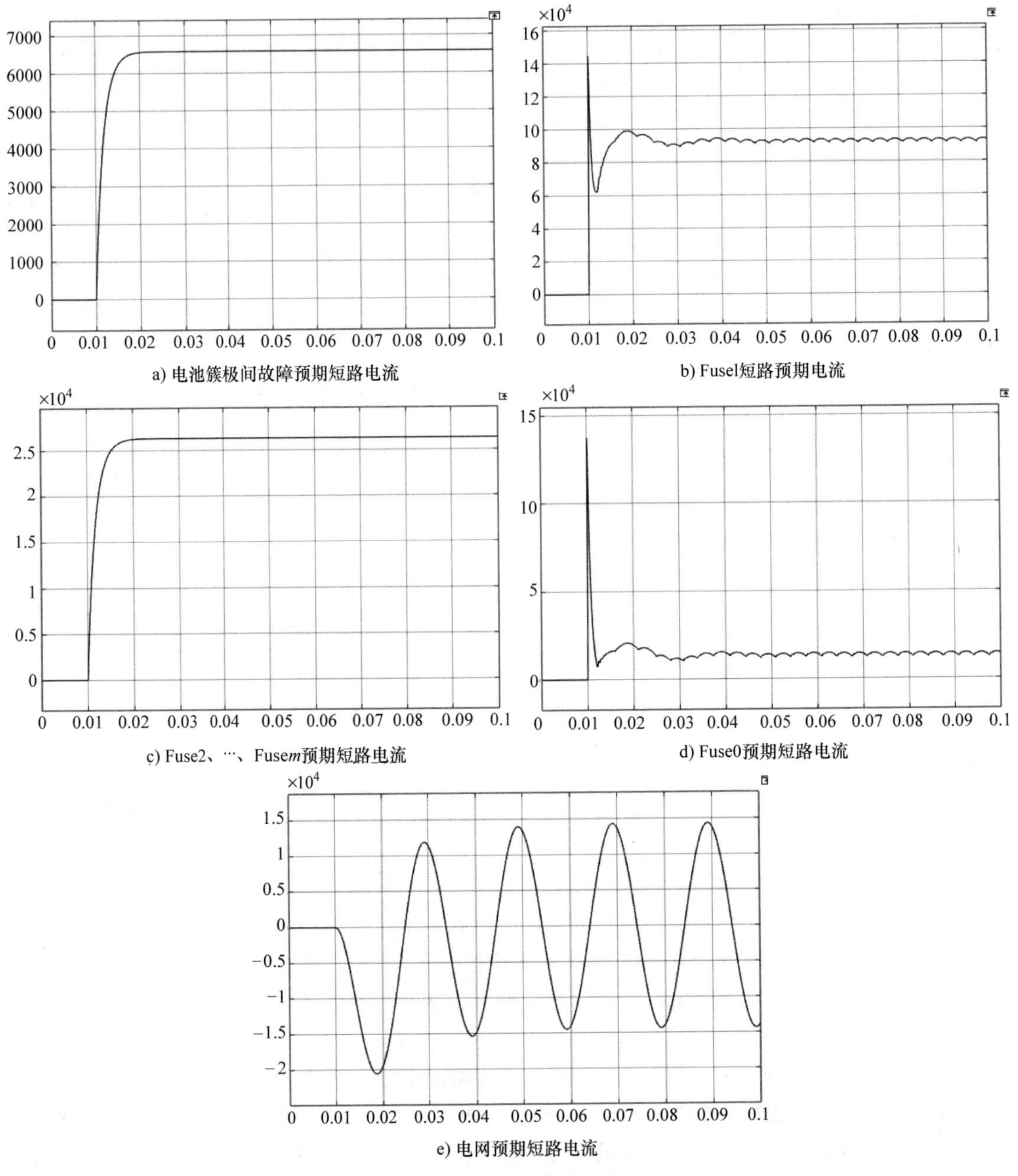

a) 电池簇极间故障预期短路电流

b) Fuse1短路预期电流

c) Fuse2、…、Fuse$m$预期短路电流

d) Fuse0预期短路电流

e) 电网预期短路电流

图 4-28　F1.2 仿真结果

$$\begin{cases} \dfrac{I^2 t_{熔断}^{\text{Fuse1}}}{(m-1)^2} < I^2 t_{弧前}^{\text{Fuse1}} \\ \dfrac{I^2 t_{熔断}^{\text{Fuse1}}}{(n\times(m-1))^2} < I^2 t_{弧前}^{\text{Fuse11}} \end{cases} \tag{4-48}$$

式中　$I^2t_{熔断}^{Fuse1}$——Fuse1 的熔断 I^2t，各汇流熔断器选型相同；

$I^2t_{弧前}^{Fuse11}$——Fuse11 的弧前 I^2t，各电池簇内置熔断器选型相同。

当满足上述条件情况时，F1.1 故障发生后，其所在电池簇群组的汇流熔断器 Fuse1 将首先动作，对其他电池簇群组起到保护作用；而 F1.1 所在群组内电池簇将分别通过 Fuse11 ~ Fuse1n 动作，完成各自电池簇极间短路保护。

3. F2 短路故障分析

当 F2 短路故障，即 BCP 至 PCS 接线端短路故障发生后，各电池簇距离故障点位置相同，各电池簇极间短路预期电流约为 6.5kA，各汇流熔断器预期电流为 26kA，而 PCS 侧短路情况与 F1.2 基本相同，稳态短路电流为 14kA。如果期望汇流熔断器能够对电池簇内置开关盒熔断器起到保护作用，则

$$\frac{I^2t_{熔断}^{Fuse1}}{n^2} < I^2t_{弧前}^{Fuse11} \tag{4-49}$$

4. F3 短路故障分析

当 F3 短路故障，即 PCS 内部短路故障发生后，由于 BCP 至 PCS 间连线截面积较大，限流作用有限，各电池簇输出短路电流可达 5.8kA，各汇流熔断器短路预期故障电流 23kA，而总的 Fuse0 预期电流可达 90kA 以上。如果期望 Fuse0 熔断器能够对电池簇内置开关盒熔断器及汇流熔断器起到保护作用，则

$$\begin{cases} \dfrac{I^2t_{熔断}^{Fuse0}}{m^2} < I^2t_{弧前}^{Fuse1} \\ \dfrac{I^2t_{熔断}^{Fuse0}}{(nm)^2} < I^2t_{弧前}^{Fuse11} \end{cases} \tag{4-50}$$

BCP 直流熔断器的分组配置，直接牵涉到电池簇及其引线在故障短路状态下的故障保护逻辑与安全。总的原则是希望能够通过熔断器的选型配置，利用简单的手段就可以实现靠近故障点的熔断器首先动作，而不会出现远端熔断器抢先动作的情况。这种分级配置熔断器的方案建议在大容量 BESS 中使用，而每只汇流熔断器下安装的电池簇组数建议在 4 ~ 12 组之间。过少的电池簇组数，增加了熔断器配置和选择的难度；而过多的电池簇组数又使得分级配置的意义大打折扣。为了实现上述分级配置选择，系统集成商需要和电池簇开关盒的研发厂家相协调，通过短路电流分析，为其他相邻级别的熔断器 I^2t 预留出配置空间。毕竟，BESS 直流回路的短路故障比较复杂，各电池簇既相当于负荷，又相当于发电设备，短路回路不存在类似于电网交流供电系统短路故障那样明显的上下分级，这些都为直流侧的分级保护带来了理论分析和器件选型上的困难。

有些 BESS 项目中，也可以考虑每组电池簇都在 BCP 中设置相应的熔断器，这样一来，就能够实现更全面的保护，虽然成本大幅提升。这种配置方案，比较适合一些大容量、低倍率 BESS，如 4h 的系统中，选择 0.5C 电池，这样 BCP 侧熔断器就可以相比开关盒熔断器额定电

流偏小，在 F2、F3 故障发生时，起到对开关盒的保护作用。毕竟相对于系统集成商而言，更换 BCP 中的熔断器要比更换电池簇开关盒中的熔断器面临的困难小得多。但是如果是 2h 系统，电池簇工作在额定状态，这种配置就使得 BCP 中的熔断器对 F2、F3 短路失去了选择性保护意义。

可以尝试在 BCP 和电池簇的开关盒中，使用直流断路器。由于直流断路器相比熔断器具有更灵活的保护动作曲线，能够为分级保护提供更多的实现方案。但是，需要注意的是，相比直流熔断器，直流断路器的成本更高，而分断能力却较为有限。

4.6 控制配电设计

BESS 控制系统配电设备、本地控制器及系统 BMS 等二次设备，集成安装于 BCP 中，这样做的目的既可以减少 BESS 内部的柜体数量、降低成本，也可以使得本地控制器和系统 BMS 能够较为便捷地监控电池母线、直流熔断器、各电池簇及与其他控制系统的工作状态。但由于与直流母线空间位置较近，为了电气安全和有效散热，BCP 应设置专门的低压区域避免电磁干扰和热流干扰，保障二次设备的可靠工作。

BESS 内部的主要用电设备包括以本地控制器为核心的 BESS 控制系统、电池 BMS、电气联锁系统、温度管理系统、火灾报警系统、照明系统、安全逃生系统、消防系统等众多自动控制和安全保障设备。整个 BESS 的控制设备供电取自电网，并经 Dyn11 变压器转换至 400V 三相四线供电方式，这样一方面减少了单相控制系统负荷对电网的影响，另一方面实现了与电网间的电气隔离，保障了供电品质。在可离网 BESS 中，为了实现在无交流电网情况下的全黑起动，也可以在控制取电接线端配置自动转换开关（ATS），采用手动或自动联锁方式进行供电电源的选择。如当需要进行 BESS 的全黑起动时，可以先由外部起动柴油发电机组，进行控制系统供电，完成本地控制器起动、电池系统输出及 PCS 独立逆变运行等。待交流电网电压建立，ATS 将自动切换连通至电网，柴油发电机组退出。ATS 中应安装检测节点，告知本地控制器当前控制供电电源的工作状况。

控制系统及其他辅助系统，供电功率需要依据 BESS 容量和工况计算确定。其中温度管理系统将是最大的用电负荷，有些会直接采取三相四线制供电方式；BESS 控制系统和电池 BMS 则应具有最高的供电保障等级，应配置专门的 UPS；消防告警系统等，则可能自己具有内置的 UPS；BCP 中，也可以设置对外输出的单相用电插座，以便现场操作人员进行调试设备供电等，当然应用于不同国家或区域的 BESS 的内部用电插座应满足当地标准和形制。这些都应进行详细的负荷供电功率和运行时间统计。

各电池簇 BMS、开关盒，有的 LFP 电池簇还自带有散热风扇，大多需要 24V 直流供电，这样在 UPS 的输出端，需设置一定数量的 AC/DC 开关电源，工程上往往会几组电池簇共用一只 AC/DC 开关电源。特别需要注意的是，开关盒中的直流接触器，尽管在导通保持工作状态下，所需功率有限，但在闭合瞬间依然要求较大的冲击功率。因此，可以通过本地控制器进行电池簇开关盒的逐次投入，减少对配电系统的冲击，另一方面在出现单组电池簇先故障退出再在线投入时，应确保其开关盒接触器闭合动作冲击电流不会对其 AC/DC 开关电源输出电压产生大的影响，避免造成相邻电池簇开关盒的欠电压跳闸和 BMS 的供电异常。

控制配电系统中的线路和负荷保护，主要选用可重复使用的微型断路器（MCB），简化现场操作和维护。MCB，可用于 125A 以下的单相、三相的短路、过负荷及过电压保护，包括单极 1P、两极 2P、三极 3P 及 4P 四种。MCB 的额定电压匹配交流 380V 系统，电流选型上一般为 1.1 ~ 1.2 倍线路或电气用电负荷额定电流即可。MCB 保护特性分为过负荷长延时及短路瞬时动作两种，瞬时动作时间 10 ~ 20ms 以内，且不可整定。对于具有较大起动电流的负荷，如温控系统的压缩电机、照明用的 LED 灯等，起动瞬间可能产生较大冲击电流，可选用脱扣电流 5 ~ 10 倍额定电流的 C 型脱扣曲线 MCB；而一般负荷，如测量线路、控制器等人员易接触的用电负荷或者供电线路较长且短路电流较小的负荷，可选用脱扣电流为 3 ~ 5 倍额定电流的 B 型脱扣曲线 MCB。

也可以安装专门用于计量的控制配电电表，这对后续 BESS 的运行统计、效率计算、迭代优化等都具有现实意义和价值。

4.7　电池储能系统并网对配电网的影响

当 BESS 作为分布式发电设备，接入配电网或用户侧时，由于其在故障下采取的保护方式与运行特性，将会使得配电网传统的三段式电流保护之间失去配合，易引起非计划性孤岛及导致重合闸失败。

目前，我国中低压配电网通常采用三段式电流保护，即Ⅰ段瞬时电流速断保护、Ⅱ段限时电流速断保护和Ⅲ段定时限过电流保护。三段式电流保护的原理，是通过检测线路电流是否超过限值来判断是否发生故障，并以故障电流的大小来实现保护范围的界定，以时限配合来实现上下级故障选择性切除。但是，BESS 的接入改变了配电网短路故障情况下的潮流流向，故障点的短路电流将不仅来自于电网，BESS 也将按照其容量规模和距离故障点的位置，提供短路电流，潮流流向变得复杂、耦合。

下面以 3 级单端电网系统为例，分析 BESS 接入后对配电网的影响，如图 4-29 所示。

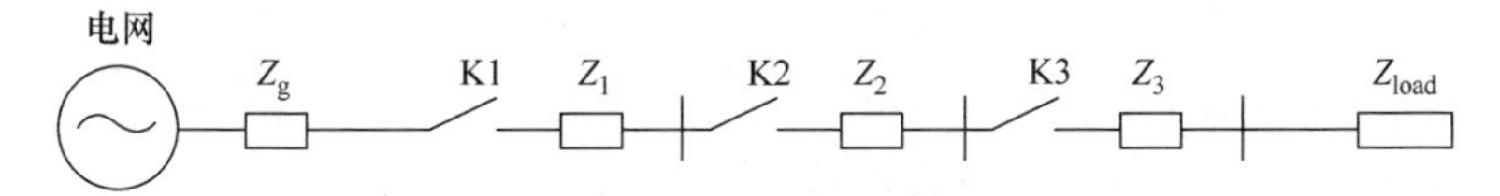

图 4-29　单端电网系统

在无 BESS 接入情况下，对于Ⅰ段瞬时电流速断保护，其动作时间取决于保护继电器自身固有的动作时间，一般小于 10ms；而为了避免保护范围外故障导致的过电流误动作及故障范围扩大化，其电流保护值整定按照躲开本保护线路最远端的最大短路电流来整定，因此保护范围并不能够包含整条线路，一般要求其保护最小范围应大于被保护线路全长的 15% ~ 20% 即可。电流保护整定值为

$$I_{\mathrm{Kn}}^{\mathrm{I}}=K_{\mathrm{rel}}^{\mathrm{I}}K_{\phi}\frac{U_{\mathrm{g}}}{Z_{\mathrm{g}}+\sum_{i=1}^{n}Z_{i}} \tag{4-51}$$

式中 $I_{\mathrm{Kn}}^{\mathrm{I}}$——$n$ 级保护线路Ⅰ段电流整定值；

$K_{\mathrm{rel}}^{\mathrm{I}}$——Ⅰ段保护可靠系数，一般取 1.2 ；

K_{ϕ}——短路类型，三相短路时取 1，两相短路时取 0.866 ；

U_{g}——电网相电压；

Z_{g}——电网阻抗；

Z_i——第 i 级线路阻抗。

对于Ⅱ段限时电流速断保护，用来切除本线路上Ⅰ段保护范围以外的故障，作为Ⅰ段保护的后备保护。其保护范围，已经越过本级保护线路长度，不仅实现了本级线路的全长度保护，也延伸至下一级保护线路，但不应超过下级线路Ⅰ段保护范围，且为了确保在下级线路短路故障时不至出现越级动作，其动作时限也应比下级Ⅰ段保护时长长 0.35 ~ 0.6s。因此，其电流保护整定值与下级Ⅰ段保护整定值相关：

$$I_{\mathrm{Kn}}^{\mathrm{II}}=K_{\mathrm{rel}}^{\mathrm{II}}K_{\mathrm{rel}}^{\mathrm{I}}\frac{U_{\mathrm{g}}}{Z_{\mathrm{g}}+\sum_{i=1}^{n+1}Z_{i}}=K_{\mathrm{rel}}^{\mathrm{II}}I_{\mathrm{K}(n+1)}^{\mathrm{I}} \tag{4-52}$$

式中 $I_{\mathrm{Kn}}^{\mathrm{II}}$——$n$ 级保护线路Ⅱ段电流整定值；

$K_{\mathrm{rel}}^{\mathrm{II}}$——Ⅱ段保护可靠系数，一般取 1.1。

Ⅰ段和Ⅱ段，相互配合，基本能够在 0.5s 内切除线路故障，满足保护速动性要求，构成线路的主保护。

对Ⅲ段定时限过电流保护，主要作为主保护失效后，本级线路近后备保护和下级线路的远后备保护，也可作为过负荷保护，提高整个线路保护的可靠性。因此，其电流保护整定值仅与线路最大负荷电流 $I_{\max}$ 相关：

$$I_{\mathrm{Kn}}^{\mathrm{III}}=\frac{K_{\mathrm{rel}}^{\mathrm{III}}K_{\mathrm{ss}}}{K_{\mathrm{re}}}I_{\max} \tag{4-53}$$

式中 $I_{\mathrm{Kn}}^{\mathrm{III}}$——$n$ 级保护线路Ⅲ段电流整定值；

$K_{\mathrm{rel}}^{\mathrm{III}}$——Ⅲ段保护可靠系数，一般取 1.2 ；

K_{ss}——自起动系数，一般大于 1 ；

K_{re}——返回系数，一般取 0.85。

在包含 BESS 的情况下，为研究对相邻线路的影响，以简单两馈线配电网为例，如图 4-30 所示。

BESS 中的 PCS，在电网出现短路故障情况下，对外输出电流可以看成是恒定的，因此在分析中可等效为恒流源 I，幅值为 BESS 额定电流的 1 ~ 4 倍。

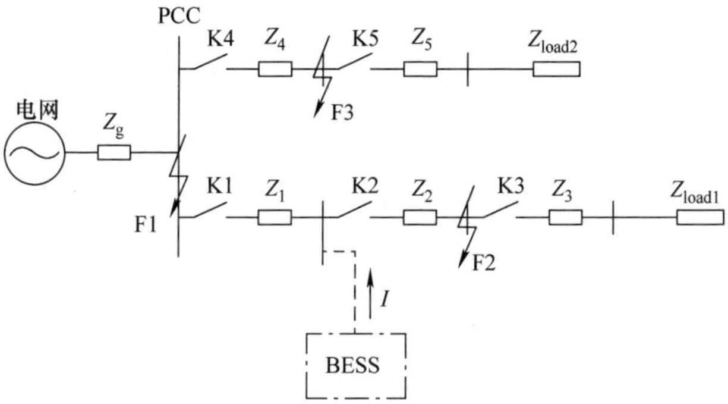

图 4-30　两馈线配电网

当发生 F1 短路故障时，在无 BESS 情况下，K1 电流为零，但在 BESS 并网后，K1 中出现短路电流，且方向与正常工作时相反，流向电网方向，电流幅值为

$$I_{\mathrm{K1}}=\frac{I\left(Z_2+Z_3+Z_{\mathrm{load1}}\right)}{Z_1+Z_2+Z_3+Z_{\mathrm{load1}}} \tag{4-54}$$

如果 BESS 容量足够大，且并网点靠近 F1 故障点，Z_1 很小时，则可能导致 K1 中短路电流大于 K1 的 I 段保护电流整定值，使得 K1 发生误动作。

当发生 F2 短路故障时，在无 BESS 情况下，K1 电流为 I_{K1}^{*}，有

$$I_{\mathrm{K1}}^{*}=\frac{U_{\mathrm{g}}\left(Z_4+Z_5+Z_{\mathrm{load2}}\right)}{Z_{\mathrm{g}}(Z_1+Z_2+Z_4+Z_5+Z_{\mathrm{load2}})} \tag{4-55}$$

在有 BESS 情况下，K1 电流为 I_{K1}，有

$$I_{\mathrm{K1}}=\frac{U_{\mathrm{g}}\left(Z_4+Z_5+Z_{\mathrm{load2}}\right)}{Z_{\mathrm{g}}(Z_1+Z_2+Z_4+Z_5+Z_{\mathrm{load2}})}-\frac{Z_2I}{Z_1+Z_2+Z_4+Z_5+Z_{\mathrm{load2}}}=I_{\mathrm{K1}}^{*}-\frac{Z_2I}{Z_1+Z_2+Z_4+Z_5+Z_{\mathrm{load2}}} \tag{4-56}$$

可以看出，F2 故障情况下，K1 中短路电流减小，当 BESS 容量足够大，且与短路点间线路阻抗较大时，I_{K1} 将不仅可能小于 K1 的 I 段保护电流整定值，甚至可能小于Ⅱ段、Ⅲ段保护电流整定值，使得 K1 保护完全失效。

对于 K2 而言，在无 BESS 情况下，K2 电流 I_{K2}^{*} 与 I_{K1}^{*} 相同，但是在有 BESS 情况下，K2 中电流等于

$$I_{\mathrm{K2}}=I_{\mathrm{K1}}^{*}+\frac{(Z_{\mathrm{g}}+Z_1)I}{Z_{\mathrm{g}}+Z_1+Z_2} \tag{4-57}$$

BESS 的并网，使得 K2 中的故障电流显著增大，扩大了 K2 的 I 段保护范围。但是，当 BESS 容量进一步扩大时，则有可能 K2 的 I 段保护范围跨越至下一级保护线路，与 K3 的 I 段保护发生冲突，导致失去选择性，在下级线路发生短路故障情况下导致越级动作，扩大了故障

范围。

当发生 F3 短路故障时，在没有 BESS 的情况下，电网输出电流 I_{g}^{*} 为

$$I_{\mathrm{g}}^{*}=\frac{U_{\mathrm{g}}\left(Z_{1}+Z_{2}+Z_{3}+Z_{\mathrm{load1}}+Z_{4}\right)}{Z_{\mathrm{g}}\left(Z_{1}+Z_{2}+Z_{3}+Z_{\mathrm{load1}}+Z_{4}\right)+Z_{4}(Z_{1}+Z_{2}+Z_{3}+Z_{\mathrm{load1}})} \tag{4-58}$$

K4 中电流 I_{K4}^{*} 为

$$I_{\mathrm{K4}}^{*}=\frac{U_{\mathrm{g}}}{Z_{4}}-\frac{Z_{\mathrm{g}}}{Z_{4}}I_{\mathrm{g}}^{*} \tag{4-59}$$

在有 BESS 情况下，电网输出电流 I_{g} 为

$$\begin{aligned}I_{\mathrm{g}}&=\frac{U_{\mathrm{g}}\left(Z_{1}+Z_{2}+Z_{3}+Z_{\mathrm{load1}}+Z_{4}\right)-I(Z_{2}+Z_{3}+Z_{\mathrm{load1}})Z_{4}}{Z_{\mathrm{g}}\left(Z_{1}+Z_{2}+Z_{3}+Z_{\mathrm{load1}}+Z_{4}\right)+Z_{4}(Z_{1}+Z_{2}+Z_{3}+Z_{\mathrm{load1}})}\\&=I_{\mathrm{g}}^{*}-\frac{I(Z_{2}+Z_{3}+Z_{\mathrm{load1}})Z_{4}}{Z_{\mathrm{g}}\left(Z_{1}+Z_{2}+Z_{3}+Z_{\mathrm{load1}}+Z_{4}\right)+Z_{4}(Z_{1}+Z_{2}+Z_{3}+Z_{\mathrm{load1}})}\end{aligned} \tag{4-60}$$

K4 中电流 I_{K4} 为

$$I_{\mathrm{K4}}=\frac{U_{\mathrm{g}}}{Z_{4}}-\frac{Z_{\mathrm{g}}}{Z_{4}}I_{g}=\frac{U_{\mathrm{g}}}{Z_{4}}-\frac{Z_{\mathrm{g}}}{Z_{4}}I_{\mathrm{g}}^{*}+\frac{I(Z_{2}+Z_{3}+Z_{\mathrm{load1}})Z_{\mathrm{g}}}{Z_{\mathrm{g}}\left(Z_{1}+Z_{2}+Z_{3}+Z_{\mathrm{load1}}+Z_{4}\right)+Z_{4}(Z_{1}+Z_{2}+Z_{3}+Z_{\mathrm{load1}})} \tag{4-61}$$

BESS 并网情况下，K4 故障短路电流将有所增大，一方面提高了 K4 的 Ⅰ 段保护的灵敏度，但是也存在其故障保护范围延伸至下一级保护线路的可能性。当下级线路出现短路故障且处于 K5 的保护范围内时，可能导致 K4 误动作，失去选择性。而 K1 中，则有可能出现反向电流，导致触发故障误动作，切除了该无故障线路。

上述 BESS 接入配电网后，由于电流助增或汲取作用，除了会影响各保护节点故障电流大小和方向外，还可能导致重合闸失败。如图 4-30 所示，当短路故障点发生在 K1 与 BESS 之间时，K1 会迅速跳闸动作，切断电网向故障点提供短路电流，但是 BESS 却可能继续提供短路电流，故障点电弧无法立即熄灭。如果此时进行重合闸动作，会导致 K1 重合闸失败。

BESS 的接入，还可能导致非计划性孤岛的出现，对孤岛区域内的电力检修人员和用电设备安全产生危害。

针对上述问题，可以采取的措施包括：

1）限制 BESS 在故障状态下的并网电流，或提高 BESS 对电网故障检测的灵敏度与反应速度，直接在故障情况下切除 BESS。

2）更改保护整定值。对于三段式电流保护，主要对 BESS 所在馈线、相邻馈线以及上级馈线的保护值，按照 BESS 接入后的故障短路电流进行调整整定。特别对于一些存在电流反向流动的上游节点，在成本允许的情况下考虑加装方向元件。

3）在 BESS 中加入反孤岛措施，避免上级保护装置动作后形成孤岛效应。但是，需要与 BESS 的无缝切换功能相协调，避免两种功能在运行中的相互冲突，特别是对于并网点的开关

设备管理和控制逻辑，应与 EMS 或本地控制器相协调。

4）采用基于本地信息的自适应保护策略，依据故障点电流流向、幅值信息及故障点电压，自适应修正三段式电流保护范围，使之不受系统运行方式和故障类型的影响。

4.8　小结

本章详细论述了 BESS 的电气系统设计原则与器件选型计算方法，并对交流侧、直流侧短路故障进行了应力和保护分析，最后还讨论了 BESS 并网后对配电网产生的不利影响。其中，直流侧短路故障直接危害电池安全，但电流流向复杂，不同的熔断器配置方案将产生迥异的保护逻辑时序。为达到保护直流线路，避免直流开关器件损坏和直流拉弧的风险，应结合电池内阻测试、电池封装工艺与开关盒内部设计，选择最佳的直流熔断器配置方案，并进行实测验证。

参考文献

[1] 刘子刚，李阳斌，姚斯里，等 . SPD 在低压配电系统中的雷电防护应用 [C]. 第八届中国国际防雷论坛 . 长沙：中国气象学会，2010.

[2] HOWE A F，NEWBERY P G，NURSE N P M. DC fusing in semiconductor circuits[J]. IEEE Transactions on Industry Applications，2008，22（3）：483-489.

[3] 王建，李兴源，邱晓燕 . 含有分布式发电装置的电力系统研究综述 [J]. 电力系统自动化，2005，29（24）：90-97.

[4] 宁光富，陈武，曹小鹏，等 . 适用于模块化级联光伏发电直流并网系统的均压策略 [J]. 电力系统自动化，2016，40（19）：66-72.

[5] 刘一琦，王建赜，傅裕，等 . 直流微电网中不同网络结构的负荷功率分配精度研究 [J]. 电力自动化设备，2016，36（3）：53-59.

[6] 刘路辉，叶志浩，付立军，等 . 快速直流断路器研究现状与展望 [J]，中国电机工程学报，2017，37（4）：966-977.

[7] FEREIDOUNI A R，VAHIDI B，MEHR T H. The impact of solid state fault current limiter on power network with wind-turbine power generation[J]. IEEE Transactions on Smart Grid，2013，4（2）：1188-1196.

[8] 刘剑，邰能灵，范春菊，等 . 多端 VSC-HVDC 直流线路故障限流及限流特性分析 [J]. 中国电机工程学报，2016，36（19）：5122-5133.

[9] 张翀，邱清泉，张志丰，等 . 直流混合型断路器与直流故障限流器的匹配研究 [J]. 电工电能新技术，2016，35（9）：21-28.

[10] 李斌，何佳伟 . 多端柔性直流电网故障隔离技术研究 [J]. 中国电机工程学报，2016，36（1）：87-95.

[11] NISHIHARA T，HOSHINO T，TOMITA M. FCL effect of DC superconducting cables in unsteady state[J]. IEEE Transactions on Applied Superconductivity，2017，27（4）：1-4.

[12] HONGESOMBUT K，MITANI Y，TSUJI K. Optimal location assignment and design of superconducting fault current limiters applied to loop power systems[J]. IEEE Transactions on Applied Superconductivity，2003，13（2）：1828-1831.

[13] 孙栩，曹士冬，卜广全，等. 架空线柔性直流电网构建方案 [J]. 电网技术，2016，40（3）：678-682.

[14] ZARE S，KHAZALI A H，HASHEMI S M，et al. Fault current limiter optimal placement by harmony search algorithm [C]. Proceedings of the 22nd International Conference and Exhibition on Electricity Distribution. Stockholm：IET，2013：1-4.

[15] TENG J H，LU C N. Optimum fault current limiter placement with search space reduction technique[J]. IET Generation，Transmission & Distribution，2010，4（4）：485-494.

[16] YU PENG，VENKATESH B，YAZDANI A，et al. Optimal location and sizing of fault current limiters in mesh networks using iterative mixed integer nonlinear programming[J]. IEEE Transactions on Power Systems，2016，31（6）：4776-4783.

[17] 周勤勇，杨冬，刘玉田，等. 多直流馈入电网限制短路电流方案多目标优化 [J]. 电力系统自动化，2015，39（3）：140-145.

[18] 高阳，贺之渊，王成昊，等. 一种新型混合式直流断路器 [J]. 电网技术，2016，40（5）：1320-1325.

[19] 陈昕. TT 系统中 SPD 的接线形式和安装位置 [J]. 四川建材，2009，35（4）：296-297.

[20] HAILESELASSIE T M，UHLEN K. Power flow analysis of multi-terminal HVDC networks[C]. Proceedings of the 2011 IEEE Trondheim PowerTech. Trondheim：IEEE，2011：1-6.

[21] 杨冬，周勤勇，刘玉田. 基于灵敏度分析的限流方案优化决策方法 [J]. 电力自动化设备，2015，35（5）：111-118.

[22] DEHGHANPOUR E，KAREGAR H K，KHEIROLLAHI R，et al.Optimal coordination of directional overcurrent relays in microgrids by using cuckoo-linear optimization algorithm and fault current limiter[J]. IEEE Transactions on Smart Grid，2018，9（2）：1365-1375.

[23] 张利明，任蓓蓓，郭庆. 储能系统在火电厂中的应用 [J]. 通信电源技术，2018，35（10）：124-125，130.

[24] 杨守胜. 低压配电设计中浪涌保护器的选择 [J]. 现代建筑电气，2012，1（3）：34-38.

[25] 李玲玲. 低压配电系统 SPD 参数的选择 [J]. 硅谷，2012（13）：182.

[26] FONT A，İLHAN S，ÖZDEMIR A. Line surge arrester application for a 380 kV power transmission line[C]. IEEE International Conference on High Voltage Engineering and Application. Chengdu：IEEE，2016.

[27] 叶小武，侯学源，黄欣怡. 探讨低压配电系统的防雷与接地 [C]. 广西气象学会 2013 年学术年会，柳州：广西气象学会，2012.

[28] 熊雪清，沈红军，唐建强. 高层建筑物内低压配电系统的雷电防护 [C]. 第六届中国国际防雷论坛. 广州：中国气象学会，2007.

[29] LIU G，XU F，XU Z，et al. Assembly HVDC breaker for HVDC grids with modular multilevel converters[J]. IEEE Transactions on Power Electronics，2017，32（2）：931-941.

[30] 劳小青. 低压电源电涌保护器设计与安装技术探讨 [J]. 气象研究与应用，2007，28（2）：186-188.

[31] 孙丹峰，季幼章．国外电源浪涌保护器的保护性能介绍 [J]. 电源世界，2016（12）：28-32.
[32] 祖锦帆．电涌保护器在低压电源系统中的应用 [J]. 电器与能效管理技术，2008（16）：47-51.
[33] 姜辉，刘全桢，刘宝全，等．低压配电系统电涌保护器能量配合研究 [J]. 电瓷避雷器，2013（3）：137-142.
[34] LIU J，TAI N，FAN C，et al. A hybrid current-limiting circuit for DC line fault in multi-terminal VSC-HVDC system [J]. IEEE Transactions on Industrial Electronics，2017，64（7）：5595-5607.
[35] 程红平．低压配电系统中多级电涌保护器的能量配合探讨 [J]. 中国电子商务，2011（1）：293-295.
[36] 段振中，柴健，朱传林．限压型低压电涌保护器级间能量配合方式的仿真研究 [J]. 电瓷避雷器，2013（1）：102-106.
[37] 陈智超．电源浪涌保护器的参数选择及线路保护 [J]. 广西气象，2005，26：75-77.
[38] LI RUI，XU LIE，HOLLIDAY D，et al. Continuous operation of radial multiterminal HVDC systems under DC fault[J]. IEEE Transactions on Power Delivery，2016，31（1）：351-361.
[39] 胡玉梅．断路器脱扣特性曲线解析及应用 [C]. 中国电工技术学会低压电器专业委员会第十三届学术年会论文集．天津：中国电工技术学会，2007.
[40] 方鸿发，顾丕骥，李建强．低压断路器脱扣特性的微机测试 [J]. 低压电器，2005（9）：46-48.
[41] 杨家．低压断路器脱扣电流的整定计算 [J]. 中国高新技术企业（中旬刊），2016（1）：110-113.
[42] 翁国璋．低压断路器脱扣器的选择 [J]. 现代建筑电气，2018，9（12）：55-60.
[43] LETERME W，BEERTEN J，VAN HERTEM D. Nonunit protection of HVDC grids with inductive DC cable termination [J]. IEEE Transactions on Power Delivery，2016，31（2）：820-828.
[44] 汤广福．基于电压源换流器的高压直流输电技术 [M]. 北京：中国电力出版社，2010.
[45] PRADHAN J K，GHOSH A，BHENDE C N. Small-signal modeling and multivariable PI control design of VSC-HVDC transmission link[J]. Electric Power Systems Research，2017，144（3）：115-126.
[46] 张广智．塑壳断路器脱扣机构的可靠性设计研究 [J]. 电器与能效管理技术，2015（4）：P.30-33.
[47] 李承昱，李帅，赵成勇，等．适用于直流电网的限流混合式直流断路器 [J]. 中国电机工程学报，2017，37（24）：7154-7162，7429.
[48] 孙景钌，李永丽，李盛伟．含分布式电源配电网保护方案 [J]. 电力系统自动化，2009，33（1）：81-84.
[49] 祁欢欢，荆平，戴朝波．分布式电源对配电网保护的影响及保护配置分析 [J]. 智能电网，2015（1）：8-16.
[50] 刘森．含分布式电源的配电网保护研究 [D]. 天津：天津大学，2007.
[51] 胡成志，卢继平，胡利华．分布式电源对配电网继电保护影响的分析 [J]. 重庆大学学报，2006（8）：36-39.
[52] WANG SHENG，LI CHUANYUE，ADEUYI O D，et al. Coordination of MMCs with hybrid DC circuit breakers for HVDC grid protection[J]. IEEE Transactions on Power Delivery，2019，34（1）：11-22.
[53] 陈玉伟，谢荣，于泳．分布式电源接入配电网容量及保护研究 [J]. 电工电气，2014（1）：20-23.
[54] 张聪聪．含多 DG 配电网继电保护研究 [D]. 兰州：兰州理工大学，2017.

[55] TANG LIANXIANG，OOI B T. Locating and isolating DC faults in multi-terminal DC systems[J]. IEEE Transactions on Power Delivery，2007，22（3）：1877-1884.

[56] FRANCK C M. HVDC circuit breakers：a review identifying future research needs[J]. IEEE Transactions on Power Delivery，2011，26（2）：998-1007.

[57] 陈奎，端祝超，杨乐 . 含分布式电源的配电网改进型三段式自适应电流保护 [J]. 煤炭技术，2018，37（3）：215-217.

[58] 黄河，彭再武，王全 . 基于模块化的箱式梯次电池储能方案电气设计 [J]. 客车技术，2018，160（5）：10-13.

[59] SNEATH J，RAJAPAKSE A D. Fault detection and interruption in an earthed HVDC grid using ROCOV and hybrid DC breakers[J]. IEEE Transactions on Power Delivery，2016，31（3）：973-981.

[60] 沈兵，袁建敏，胡冰 . 矩形母线短路动稳定校验的研究 [J]. 低压电器，2004（12）：10-13.

[61] 李帅，赵成勇，许建中，等 . 一种新型限流式高压直流断路器拓扑 [J]. 电工技术学报，2017，32（17）：102-110.

[62] 贺卫星，刘顺新 . 矩形母线接触电阻测试系统的设计及试验分析 [J]. 电气制造，2012（11）：71-73.

[63] 崔静，王沙，王阳，等 . 低压配电系统中矩形水平母线动热稳定计算 [J]. 低压电器，2013，21：64-68.

[64] ZHANG YING，TAI NENGLING，XU BIN. Fault analysis and traveling-wave protection scheme for bipolar HVDC lines[J]. IEEE Transactions on Power Delivery，2012，27（3）：1583-1591.

[65] 王季梅，何可平 . 地铁电力机车用直流熔断器的设计和开发 [J]. 电器与能效管理技术，2006（12）：11-14.

[66] SNEATH J，RAJAPAKSE A D. Fault detection and interruption in an earthed HVDC grid using ROCOV and hybrid DC breakers[J]. IEEE Transactions on Power Delivery，2016，31（3）：973-981.

[67] 陈搏，庄劲武，王晨 . 直流熔断器短路分断试验的等效方法研究 [J]. 电力系统保护与控制，2013（11）：93-98.

[68] 张萍，邓建明，于勤 . 电动汽车高压直流熔断器选型研究 [J]. 南方农机，2020，51（9）：39-41.

[69] ABB.5 STP 45N2800 datasheet[Z]. 2014.

[70] 王景松，孙李璠，路高磊 . 纯电动汽车高压直流熔断器计算及选型方法 [J]. 汽车电器，2019，369（5）：20-23.

[71] ZHANG Y，SU J，ZHENG L，et al. Analysis of high-voltage DC fuse's ageing characteristics under the overload pulse current carrying mode and the caused short-circuit failure in series-resonant converter power source[J]. International Journal of Electrical Power & Energy Systems，2020，117（5）：1-10.

[72] LEE K Y，MOON H W，KIM D W，et al. A Study on the Over-current Protection Characteristics of DC Fuse for Large Capacity Battery using M-effect[J]. 韩国电力协会学术大会 . 首尔：韩国电力协会，2017.

[73] 熊莉 . 220V 直流断路器及熔断器级差配合探讨 [C]. 中国电机工程学会年会 . 南京：中国电机工程学会，2016.

[74] VODYAKHO O，STEURER M，NEUMAYR D，et al. Solid-state fault isolation devices：Application to

future power electronics-based distribution systems[J]. IET Electric Power Applications，2011，5（6）：521-528.

[75] 李满元 . 直流电源系统保护中直流断路器及熔断器的级差配合探讨 [J]. 电力设备，2008，9（5）：61-63.

[76] 温家良，吴锐，彭畅，等 . 直流电网在中国的应用前景分析 [J]. 中国电机工程学报，2012，32（13）：7-12.

[77] 汤广福，罗湘，魏晓光 . 多端直流输电与直流电网技术 [J]. 中国电机工程学报，2013，33（10）:8-17.

[78] 郗晓光，曹梦，陈荣 . 变电站直流系统断路器及熔断器级差配合研究 [J]. 电气应用，2016，35（8）：16-19.

[79] 江立佳，廖毅伟，石智培 . 直流电源系统断路器的级差配合研究 [D]. 重庆：重庆大学，2006.

[80] HERNANDEZ NAVAS M A，LOZADA G. F，AZCUE PUMA J L，et al. Battery Energy Storage System Applied to Wind Power System Based On Z-Source Inverter Connected to Grid[J]. IEEE Latin America Transactions，2016，14（9）：4035-4042.

[81] KOYANAGI K，SAITO N，NIIMURA T，et al. Electricity Cluster-Oriented Network with Renewable Energy Generation and Battery Energy Storage System[J]. 電気学会研究会資料 . PE，電力技術研究会，2009.

[82] 范瑞逢 . 直流系统中空气断路器和熔断器级差配合试验研究 [J]. 电力设备，2005，6（9）：11-16.

[83] ABB.5SNA 3000K452300 datasheet[Z]. 2017.

[84] 范瑞逢，李健 . 熔断器的直流熔断特性及级差配合的试验研究 [J]. 浙江电力，1993（3）：26-31.

[85] HUBER J E，KOLAR J W. Volume/weight/cost comparison of a 1MVA 10kV/400V solid-state against a conventional low-frequency distribution transformer[C]. Proceedings of IEEE Energy Conversion Congress and Exposition. Pittsburgh：IEEE，2014：4545-4552.

[86] GUILLOD T，HUBER J E，ORTIZ G，et al. Characterization of the voltage and electric field stresses in multicell solid-state transformers[C]. Proceedings of IEEE Energy Conversion Congress and Exposition. Pittsburgh：IEEE，2014：4726-4734.

[87] 黄文焘，邰能灵，陈彬 . 兆瓦级电池储能电站直流系统故障分析与保护方案设计 [J]. 电力系统自动化，2013（1）：76-83.

[88] 万军，范春菊，邰能灵 . 大型电池储能电站直流系统接地方式分析 [J]. 水电能源科学，2013，31（9）：200-204.

[89] HUBER J E，KOLAR J W. Optimum number of cascaded cells for high-power medium-voltage multilevel converters[C]. Proceedings of IEEE Energy Conversion Congress and Exposition. Denver：IEEE，2017：359-366.

[90] 石维特 . 直流配电系统故障分析及保护配置研究 [D]. 北京：北京交通大学，2017.

[91] LIU JIAN，TAI NENGLING，FAN CHUNJU. Transient-voltage based protection scheme for DC line faults in the multiterminal VSC-HVDC system[J]. IEEE Transactions on Power Delivery，2017，32（3）：1483-1494.

[92] 杨波平 . 超级不间断电源系统故障保护设计方法 [D]. 杭州：浙江大学，2016.

[93] YEAP Y M，UKIL A. Fault detection in HVDC system using short time Fourier transform[C]. 2016 IEEE Power and Energy Society General Meeting（PESGM）. Boston：IEEE，2016：1-5.

[94] ZHANG JIE，ZOU GUIBIN，XIE ZHONGRUN，et al. A fast non-unit line protection strategy for the MMC-based MTDC grid[C]. 2017 IEEE Conference on Energy Internet and Energy System Integration（EI2）.Beijing：IEEE，2017：1-6.

[95] 廖宝文，曾奕，杨皓宇 . 有限元法计算三相管型母线的短路电动力 [J]. 电气技术，2013，2（2）：12-13，18.

[96] SANTOS R C，LE BLOND S，COURY D V，et al. A novel and comprehensive single terminal ANN based decision support for relaying of VSC based HVDC links[J]. Electric Power Systems Research，2016，141：333-343.

[97] YANG QINGQING，LE BLOND S，AGGARWAL R，et al. New ANN method for multi-terminal HVDC protection relaying [J]. Electric Power Systems Research，2017，148：192-201.

[98] BANOS O，DEAM D，SMITH R. Battery management system for control of lithium power cells：US20170133867[P]. 2017-05-11.

[99] 胡冰，张晓锋 . 用有限元法计算三相矩形母线的短路电动力 [J]. 电气应用，2005，24（2）：83-85.

[100] 胡传振，陈志英 . 12kV 开关柜三相母线短路电动力有限元分析 [J]. 厦门理工学院学报，2016，24（3）：34-39.

[101] REN H，WU Q，GAO W，et al. Optimal operation of a grid-connected hybrid PV/fuel cell/battery energy system for residential applications[J]. Energy，2016，113：702-712.

[102] 金能，梁宇，邢家维，等 . 提升配电网线路保护可靠性的远方保护及其与就地保护优化配合方案研究 [J]. 电工技术学报，2019，34（24）：5221-5233.

[103] 卢海权 . 规范配网分支线路保护以提高线路供电可靠性 [J]. 电世界，2012，53（3）：6-8.

[104] 陈名，朱童，黎小林，等 . 极间短路条件下柔性直流输电系统电磁暂态特性分析 [J]. 南方电网技术，2015，9（9）：44-51.

[105] 吴聪颖，闫培丽 . 智能变电站预制舱式二次组合设备设计优化 [J]. 电力勘测设计，2016（6）：60-64.

[106] GUILLOD T，KRISMER F，et al. Protection of MV converters in the grid：the case of MV/LV solid-state transformers [J]. IEEE Journal of Emerging & Selected Topics in Power Electronics，2017，5（1）：393-408.

[107] 姚良忠，吴婧，王志冰，等 . 未来高压直流电网发展形态分析 [J]. 中国电机工程学报，2014，34（34）：6007-6020.

[108] 侯义明，于辉，王喜伟 . 交流配电系统的接地方式及过电压保护 [M]. 北京：中国电力出版社，2015.

[109] 汤继东，朱冬宏 . 中低压配电设计与实践 [M]. 北京：中国电力出版社，2015.

[110] TZELEPIS D，DYŚKO A，FUSIEK G，et al. Advanced fault location in MTDC networks utilising optically multiplexed current measurements and machine learning approach[J]. International Journal of Electrical Power & Energy Systems，2018，97：319-333.

[111] BERTHO JUNIOR R，LACERDA V A，MONARO R M，et al. Selective non-unit Protection Technique for Multiterminal VSC-HVDC Grids[J]. IEEE Transactions on Power Delivery，2018，33（5）：2106-2114.

[112] CHUENWATTANAPRANITI C. Power flow control and MPPT parameter selection for residential grid-connected PV systems with battery storage[C]. International Power Electronics Conference. Hiroshima：IEEE，2014.

[113] 葛剑青 . 低压配电与低压电器简明手册 [M]. 北京：电子工业出版社，2008.

[114] 蒋治国，马爱芳 . 供配电技术 [M]. 武汉：华中科技大学出版社，2012.

[115] ZHANG JIE，ZOU GUIBIN，XIE ZHONGRUN，et al. A fast non-unit line protection strategy for the MMC-based MTDC grid[C]. 2017 IEEE Conference on Energy Internet and Energy System Integration（EI2）. Beijing：IEEE，2017：1-6.

[116] 刘峰，田宝森 . 低压供配电实用技术 [M]. 北京：中国电力出版社，2011.

[117] 胡浩，陶曾杰，杨斌文 . 供配电实用技术 [M]. 北京：电子工业出版社，2012.

[118] 高亮 . 配电设备及系统 [M]. 北京：中国电力出版社，2009.

[119] ZHENG Y，ZHAO J，SONG Y，et al. Optimal operation of battery energy storage system considering distribution system uncertainty[J]. IEEE Transactions on Sustainable Energy，2018，9（3）：1051-1060.

[120] CHAIAMARIT K，NUCHPRAYOON S. Modeling of renewable energy resources for generation reliability evaluation[J]. Renewable & Sustainable Energy Reviews，2013，26（10）：34-41.

[121] 叶道仁 .20kV 及以下配电工程技术问答 [M]. 北京：中国电力出版社，2016.

[122] 董张卓，王清亮，黄国兵 . 配电网和配电自动化系统 [M]. 北京：机械工业出版社，2014.

[123] SNEATH J，RAJAPAKSE A D. DC fault protection of a nine terminal MMC HVDC grid[C]. 11th IET International Conference on AC and DC Power Transmission. Birmingham：IEEE，2015：1-8.

[124] 韩民晓，文俊，徐永海 . 高压直流输电原理与运行 [M]. 北京：机械工业出版社，2009.

[125] MUSASA K，NWULU N I. Interfacing a Battery Energy Storage System（BESS）with a Wind Farm with DC Collector System via a Flyback DC-DC Converter：Modelling，Control Strategy and Performance Analysis[C]. International Conference on Computational Techniques，Electronics and Mechanical Systems. Johannesburg：University of Johannesburg，2018.

[126] 霍尔尼克 . 新能源接入智能电网的逆变控制关键技术 [M]. 钟庆昌，译 . 北京：机械工业出版社，2016.

[127] 蔡旭，李睿，李征 . 储能功率变换与并网技术 [M]. 科学出版社，2019.

[128] SOSHINSKAYA M，CRIJNS-GRAUS W H J，GUERRERO J M，et al. Microgrids：experiences，barriers and success factors[J]. Renewable & Sustainable Energy Reviews，2014，40：659-672.

[129] 徐丙垠，张海台，咸日常 . 分布式电源对配电网继电保护的影响及评估方法 [J]. 电力建设，2015，36（1）：142-147.

[130] 陈玉伟 . 逆变型分布式电源接入配电网容量及保护研究 [D]. 南京：东南大学，2014.

第 5 章 电池储能系统结构与安全设计

电池储能系统（BESS）安装场景因应用领域的不同而存在很大差异。火储联合调频与电网侧应用中，BESS 安装位置与火电机组相邻或位于变电站内部，电气环境比较复杂，安全隔离要求较高；而辅助新能源并网项目现场则有可能存在较大的风沙与昼夜温差；用户侧则可能会安装在学校、商城或医院附近，也可能安装于厂矿企业，场地受限且不应对周边环境或人员产生明显影响；而微电网环境就更为复杂，其高海拔、紫外线、临海或位于海岛之上，等等这些都对 BESS 结构与安全设计提出了严峻的挑战。

5.1 整体结构

BESS 的安装平台为 BESS 的各种室内型设备提供符合现场环境等级要求的物理防护与固定空间，并拥有自己独立的供电系统、温度控制系统、隔热系统、阻燃系统、火灾报警系统、电气联锁系统、机械联锁系统、安全逃生系统、应急系统、消防系统等自动控制和安全保障系统。按照其建设与安装方式，一般分为固定式建筑物（含装配式建筑）、预制舱等形式，其中后者主要指集装箱式与户外柜式，如图 5-1 所示。

近年来，随着储能应用需求的不断增多，电气、控制等智能化功能不断扩展，对安装平台的全寿命周期使用成本与便利性提出了越来越高的要求。固定式建筑物的占地面积大、建设周期长、无法移动、后期扩容不便等缺点逐渐凸显，而以集装箱式为代表的预制舱安装平台则被越来越广泛应用。

集装箱式预制舱，改变了 BESS 的电气系统布局、土建设计和施工模式，通过工厂生产预制、现场安装两大阶段来完成大型或中小型 BESS 的快速建设。其标准化设计、模块化组合、工业化生产、集约化施工，在缩短项目的建设周期、减少环境污染的同时，也使得调试过程与后期的维护、扩容获得了极大的便利性。

除集装箱式外，另一种主要的预制舱形式就是户外柜。严格来说，户外柜理论上更加灵活和专业化，可以完全按照 BESS 的容量、电气接入方式、应用现场与功能等，进行结构强度、防火、耐腐蚀与外观的定制化设计。但集装箱在进行了强度、防腐与尺寸等适应性改造后，已经可以从原先单纯的货物容器转变为符合相关规范和标准的电气设备集成平台，并且由于其易获得性与全球物流通用性，在储能项目中，特别是大型储能项目中，依然占据着相当大的比重。从结构防腐、温控管理、消防安全等关键设计内容来看，集装箱式预制舱与户外柜式预制舱，两者具有高度的相通性，可相互借鉴，内部设备安装流程等也基本一致。

a) 固定式安装平台

b) 集装箱式安装平台

c) 户外柜式安装平台

图 5-1　BESS 安装平台

预制舱式安装平台，也有一定的不足之处，如：

1）长期耐久性较差，如果在设计过程中，针对气候条件、环境因素，特别是风沙、盐雾、极寒、高污秽等各种因素考虑不周，预制舱的材料虽可能已满足企业或集成商质检要求，但在极端情况下难免会出现腐蚀、耐久性不足等现象；

2）一定的安全隐患，由于预制舱内设备安装紧凑，一般均按照标准规范中较短的电气安全距离进行布置，如果处理不当，将可能存在电气设备的漏电、短路等安全隐患。

因此更需要不断加强对预制舱新材料、制作方法与流程、消防与监控等新技术和新工艺的研究与应用。而对于集装箱式预制舱来说，在借鉴标准集装箱制造、运输和使用方面的丰富经验的同时，应不断实现集装箱式预制舱的灵活、快捷、有效、安全和智能化。

BESS 中应用的集装箱式预制舱（可称为 BESS 集装箱或集装箱式储能箱），可根据 BESS 容量的不同，选用不同的标准规格，如表 5-1 所示。但往往为了追求系统的紧凑和预装，在确保运输便利和综合成本最低的前提下，也不排斥其他设计尺寸。

表 5-1　集装箱标准尺寸

规格	长 /m	宽 /m	高 /m	容积 /m³	（净载重 / 自重）/kg
20’GP	5.890	2.350	2.390	33.1	21780/2220
40’GP	12.029	2.350	2.390	67.6	28700/3800
40’HC	12.029	2.350	2.698	76.3	
45’HC	13.546	2.350	2.693	85.7	

集装箱的制作材料大致分三种材质：铝合金、钢制、玻璃钢。其中钢制集装箱强度较大、结构牢固，具有良好的焊接性和水密性，价格也比较低廉；但要求采用高耐候性钢材，表面防腐处理以提高其长期的环境适应性，且重量较大。玻璃钢制集装箱也是常见的一种，它的优点包括强度高、质量轻、易成型、隔热、阻燃、防腐、耐化学等，且使用寿命长，综合成本低，是一种较为理想的箱体材料，但在一些螺栓拧紧或结构件结合部，强度会有所降低。

通用的钢制集装箱就是一个六面长方体，它是由屋顶板、山墙、侧墙、箱门、地板、框架和角件等其他附件构成，如图 5-2 所示。

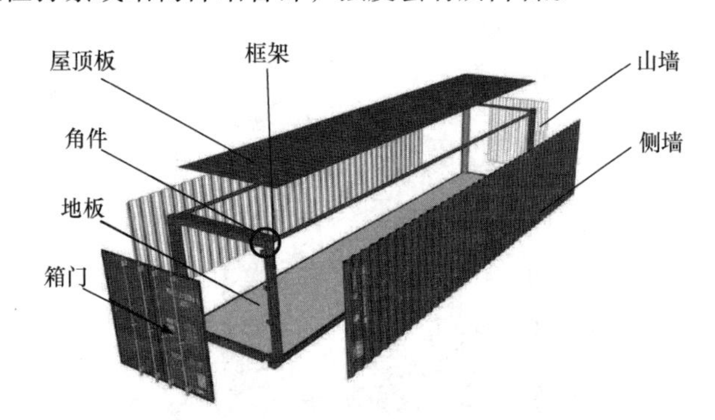

图 5-2　标准集装箱结构示意图

BESS 集装箱可首选钢制材料，底部大梁采用槽钢，箱体及顶板选择高品质波纹板，有效厚度不低于 2.0mm。

BESS 集装箱按照 25 年寿命设计，采用“高耐候防腐技术”处理。该工艺流程遵循如下相关标准：CECS 343—2013《钢结构防腐蚀涂装技术规程》及 GB/T 30790.2—2014《色漆和清漆　防护涂料体系对钢结构的防腐蚀保护　第 2 部分：环境分类》。集装箱箱体表面及相关金属件首先应做除锈除油处理、局部打磨、整体喷砂打磨，提升喷塑涂层的吸附力。喷涂采用三层防腐漆，第一层喷涂环氧富锌底漆，干膜厚度不小于 40μm，该漆防腐性能优越，附着力强，漆膜中锌粉含量高，具有阴极保护作用，耐水性能优异；第二层喷涂环氧云铁中间漆，干膜厚度不小于 50μm，富含锌粉，锌粉的电化学保护作用使得涂膜具有非常突出的防锈性能，漆膜硬度高，具有高附着力和良好的机械性能；第三层喷涂脂肪族聚氨酯防腐面漆，干膜厚度不小于 50μm，具有优异的耐候性、耐久性。漆膜饱满美观、色泽光亮，具有较好的装饰性；涂层坚韧，附着力强，具有良好的耐冲击性和耐磨性，以及良好的耐化学品性、耐水性和耐油性。

BESS 储能集装箱底部经过喷砂、喷锌处理后，采用沥青漆重度防腐处理。应达到 GB 1720—1979《漆膜附着力测定法》中规定的 I 级水平，或 GB 1726—1979《涂料遮盖力测定法》中的甲法测试标准。

箱体四周不漏水，顶部不积水，底部不渗水；集装箱内外进出风口应安装可方便更换的标准通风过滤网，在遭遇大风扬沙天气时阻止灰尘进入集装箱内部；集装箱应具备足够机械强度，保证在运输和地震条件下集装箱及其内部设备不出现变形、功能故障异常等；防紫外线功能，必须保证集装箱内外材料的性质不会因为紫外线的照射发生劣化和温升过高；集装箱的防护等级不低于 IP54。

BESS 集装箱内外，应按照 GB 2894—2008《安全标志及其使用导则》设置相关警示标志和逃生方向，如图 5-3 所示。

图 5-3　安全警示标志

BESS 集装箱，除设置为进出电气设备而预留的足够尺寸安装门外，还应在长边端部设置两扇单开客门，实现人货分流。客门兼作紧急逃生门，宽度尺寸不小于 900mm，采用推杆式安全逃生锁，安装闭门器及限位拉杆，可使箱门在任何情况下都可从内紧急打开，并保证在施工中可处于常开状态。门框及门体四周安装密封橡胶条，保证箱体的密闭性；门板上方安装导水槽，防止雨水进入。门体中间可填充岩棉保温材料，具有防火保温性能。

BESS 集装箱内置照明系统由正常照明系统和应急照明系统组成，应满足 DL/T 5390—2014《发电厂和变电站照明设计技术规定》、GB 50034—2013《建筑照明设计标准》、GB 50054—2011《低压配电设计规范》和 GB 17945—2010《消防应急照明和疏散指示系统》等相关规程规范的要求，舱内 0.75m 水平面的照度不小于 300lx。灯具宜采用嵌入式 LED 灯带，均匀布置在走廊及设备顶部，各照明开关应设置于门口处，方便控制。正常照明采用 380/220V 三相五线制。部分正常照明灯具可自带蓄电池，兼作应急照明，并在全站停电的情况下能够自动起动，保证箱体内的事故照明，应急时间不小于 60min。出口处设自带蓄电池的疏散指示标志。

对于在过充状态下，存在析氢现象的密封式阀控铅酸电池（VRLB）而言，需要配置由氢气传感器、排氢扇、控制器和专门的排氢通道组成的排氢系统。系统自动运行，当氢气浓度达到一定水平并被氢气传感器监测传送至控制器时，控制器将打开排氢通道，起动排氢扇。由于氢气比较轻，对外排氢通道可设置在 BESS 箱体的顶部，并做好防护，如使用电动百叶窗，以避免破坏箱体的密闭性，影响温度控制系统的工作效果。

5.2 围护结构与布局

为了满足 BESS 环境温度控制的要求，应在集装箱内部安装具有保温功能的围护结构。在进行围护设计过程中，应考虑 BESS 安装现场的气候条件、内部电气设备和电池运行工况及热损耗，通过最小总热阻的计算，确定保温结构和厚度。对四季分明、年度温差较大的区域，既应考虑冬天的保温（提高热阻和采用多孔轻质或纤维类材料），也应考虑夏天的隔热（采用较大热阻及热稳定性材料）。

在具体的设计过程中，主要满足保温、防火及健康环保等规范和标准。

保温隔热材料的性能取决于材料的导热系数，该值越小，其保温隔热性能越好，可以减少保温层厚度，提高集装箱内部有效使用空间。目前，常用的隔热保温材料有模塑聚苯乙烯泡沫塑料、挤塑聚苯乙烯泡沫塑料、硬质聚氨酯泡沫塑料、岩棉板、玻璃棉等。此外，也可视项目当地的太阳辐射情况，在围护结构与集装箱墙板之间铺设隔热反射膜，降低波长范围为 0.4 ~ 1.8μm 的太阳辐射可见光和近红外光线能量的渗透。

防火性能可参考 GB 8624—2012《建筑材料及制品燃烧性能分级》中对防火等级的划分，推荐采用 A 级不燃材料，如矿棉板、玻璃棉板、岩棉板等，而不推荐使用泡沫塑料类材料，尽管其燃烧性能可达 B1 级。

参考 GB 50325—2020《民用建筑工程室内环境污染控制标准》及 GB/T 18883—2002《室内空气质量标准》等标准规范中的要求，隔热保温材料不应对室内环境产生污染，即不含有放射性、致癌以及其他污染室内环境的物质，不应对安装或调试技术人员的健康产生损害。推荐选择双层镀锌岩棉板，外加 PVC 覆膜，厚度 50 ~ 100mm，如图 5-4 所示。

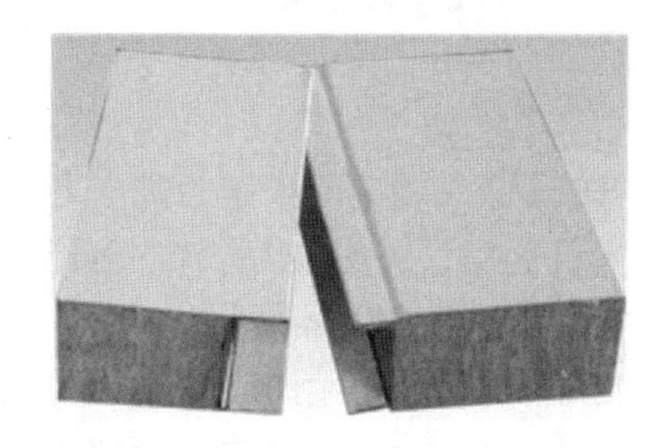

图 5-4 岩棉板

需要注意的是，目前储能集装箱在现场大多安装在架空水泥墩上，这就导致了集装箱体的前后左右及顶部底部都与室外的空气直接接触，因此对于底部的保温隔热也不能忽视。可选择一定厚度的岩棉板并设置密封空气层，与地板一起提高底部密封保温效果。

集装箱地面应预留足够的设备操作空间和人员逃生通道，具体宽度尺寸应符合 GB 50053—2013《20kV 及以下变电所设计规范》，不小于 800mm。集装箱推荐采用底部进出线方式，通过施工用井，施工和运维人员能够进入集装箱底部进行作业。集装箱底部为电缆夹层，作为铺设电力和控制电缆的主要通道。

集装箱内部空间应进行分区布置，如图 5-5 所示，根据设备功能和运行特性分为电池室和电气室两部分，便于运维人员操作和检修。储能电池（经电池支架）、直流汇流柜、储能变流器（PCS）、变压器及开关柜，落地固定安装在槽钢底座上。空调、消防及动力配电箱等设备则可采取落地、壁挂或置顶方式安装。

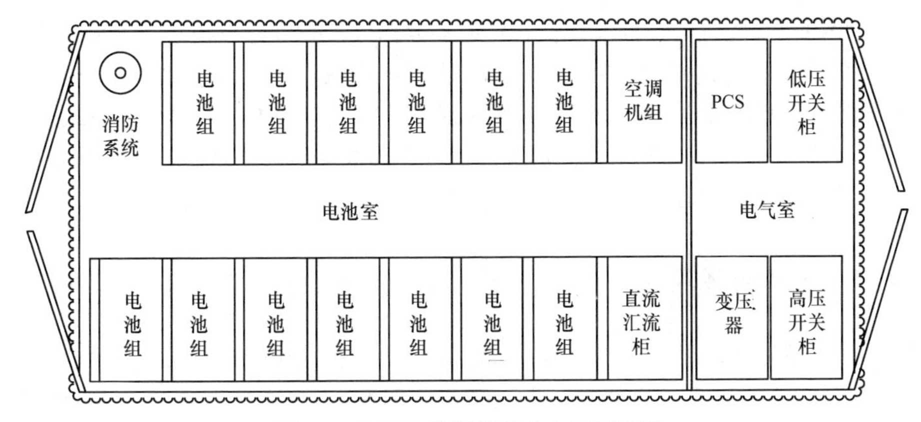

图 5-5　BESS 集装箱基本布局示意图

1）电池室：储能电池、BMS、空调机组、消防系统、直流汇流柜及监控柜（选装）安装在电池室中。电池架（柜）深度不超过 600mm 时，可采用双列面对面布置，中间预留人员通道。但随着对 BESS 高能量密度的需求，电池架深度已达 700mm 以上，这就使得电池簇往往只能采取双列背靠背布置，集装箱体侧墙板采取对外开门方式，便于人员在箱体外部进行维护作业。直流汇流柜与电池并排安装，布置在靠近电气室一侧，以便于直流汇流柜与 PCS 间连线。所有线缆，包括电池 - 直流汇流柜 -PCS- 交流侧的动力线缆、接入直流汇流柜或监控柜的控制线缆均应引入箱体地面夹层中铺设。当电池簇的开关盒位于上端，电池直流引线采用上出线方式时，则应在电池顶部上方设置专门的桥架，确保线缆分层平铺和良好散热，避免直接放置在电池架顶部。为确保蓄电池工作在适宜的温湿度下，环境温度控制系统和消防系统也主要安装在电池室中，包括空调及其控制器、散热风道、自动消防系统及其控制器、消防气体管道以及相关的温湿度传感器、感烟和视频监控探头（如果存在的话）等。温湿度传感器、感烟和视频监控探头安装在集装箱相应的顶部位置，其电源线缆和通信电缆穿 PVC 或金属管后沿集装箱壁铺设，连接至相应的控制器。电池室将拥有最高的防护等级，与室外不存在直接的空气对流和交换。

2）电气室：PCS、低压开关柜、变压器及高压开关柜都安装于电气室内。由于电气设备工作环境要求一般较低，如 PCS 可工作在 −25 ~ 50℃，电气室仅确保通风散热、防水及防沙防尘等基本防护需求即可。在有些 BESS 系统设计中，甚至可直接选用户外型电气设备，而电气室完全采用敞开式设计，如图 5-6 所示，只需做好电气物理安全防护即可。

BESS 集装箱进出线口应尽量缩小，并在安装操作完成后采用高品质防火泥进行封堵。

当前，随着 BESS 集成化、一体化程度的提高及网络技术的发展，也为了降低硬件成本，在具体的项目实施过程中集成商可依据现场情况进行系统功能或设备的简化。

图 5-6　电气室敞开式设计

如 BESS 集装箱内不再配置完善的监控设备，相关数据可直接传输至场站或云端，仅在本地保留必要的短时运行数据。这样就可以直接在箱体上外挂由触摸屏、起停旋钮和急停开关等组成的控制箱。BESS 及其内部设备数据线缆和硬接线等均可直接从内部通过穿墙方式与控制箱相连，使得操作人员能够在不进入箱体的情况下，直接获取内部设备信息、监控系统运行状态，提高了运维的简便性，降低了成本。

5.3　接地与静电防护

集装箱内部空间狭小，操作人员回旋余地有限，而又存在比较复杂的交直流电路系统，因此设备可靠接地对人员安全至关重要。除此以外，BESS 内部安装有大量的电子设备，包括 BMS、PCS 控制板、本地控制器及对外通信设备。而在静电放电过程中，尽管时间短、电流小，但是瞬间可达上万伏，易对电子设备的集成电路和精密电子元器件产生致命击穿或影响其性能。BESS 集装箱的接地与静电防护可参考 GB 50065—2011《交流电气装置的接地设计规范》，采取以下措施：

1）铺设防静电地板：参考 SJ/T 11236—2020《防静电贴面板通用技术规范》及 GB 50174—2017《数据中心设计规范》，BESS 集装箱地面可采用全钢承重式防静电地板或厚木基陶瓷防静电地板，如图 5-7 所示。防静电地板的系统电阻值为 $1\times10^{6}\sim1\times10^{9}\Omega$，表面电阻值为 $2.5\times10^{4}\sim1.0\times10^{9}\Omega$。在温度为（$21\pm1.5$）℃、相对湿度为 30% 时，静电电压不高于 2500V，可有效泄放静电荷，阻止静电的产生。

图 5-7　防静电地板

2）铺设集装箱内部接地网：在 BESS 集装箱防静电地板下层，采取绝缘端子固定方式，按电气设备布置方向敷设 250mm² 的专用接地铜排。将该专用铜排首尾连接，铜排间连接采用搭接方式，搭接长度不应小于其宽度的 2 倍，使用直径 6mm 的螺栓进行连接，形成箱体内等电位接地网，并引出至箱体外部接地点。电气设备内部器件各接地端、电缆屏蔽层采用 4mm² 黄绿双色接地线接至设备自身的 100mm² 接地铜排上，该 100mm² 接地铜排再使用直径 6mm 螺栓，通过 100mm² 的铜缆与箱内等电位接地网连接。各设备应单独接地，严禁串联。集装箱应以铜排的形式至少向外提供 2 个符合最严格电力标准要求的接地点，并应位于集装箱的对角线位置。最终采用 250mm² 的接地铜排，或 4 根以上、截面积不小于 50mm² 的铜带缆，并配有直径不小于 10mm 的铜质螺栓，与箱外主接地网一点连接，使得箱体及箱内设备与大地处于同等电势位，接地电阻不大于 4Ω。不得采用多点连接方式，以有效避免主接地网中的电位差引入箱体内部。

箱体接地方式与接地铜排如图 5-8 所示。

除此以外保证箱体金属结构的连续性及整体的等电位，对提高 BESS 集装箱在复杂电磁环境下的屏蔽性和内部设备的抗干扰能力也有重要的作用。

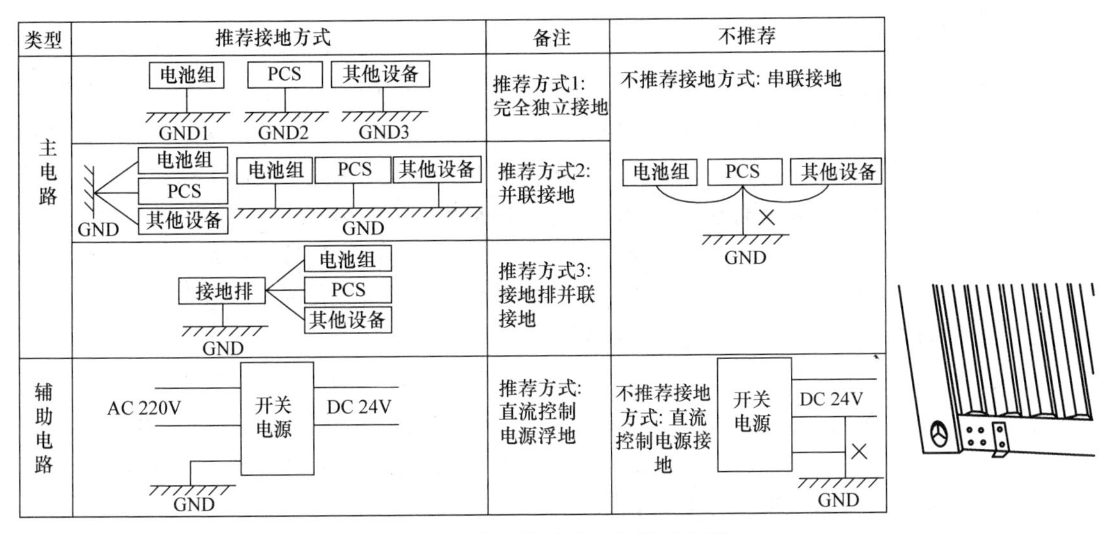

图 5-8　箱体接地方式与接地铜排

5.4　热管理系统设计

温度条件对不同类型的电池影响效果不尽相同。以锂电池为例，推荐的最佳工作环境温度一般为 25℃，且其性能在 1 ~ 35℃范围以外影响显著。温度的升高会造成不必要的化学反应过程，并使其速率呈指数增长。这些化学反应增大了内阻，降低了电池性能，从而缩短了电池寿命，在某些情况下导致电池的分解及热失控的产生。此外，也严格禁止锂电池在低温下的充电，因为这极易导致负极析锂，不但会造成电池容量极速衰减，还会穿刺隔膜造成严重的安全隐患。

GB 51048—2014《电化学储能电站设计规范》中，各种蓄电池推荐的运行环境温度如表 5-2 所示。

表 5-2　蓄电池运行环境温度范围

蓄电池类型	运行环境温度 /℃
铅酸电池	15 ~ 30
锂电池	0 ~ 45
液流电池	0 ~ 40
钠硫电池	−15 ~ 55

BESS 的热管理设计就是依据 BESS 内部设备全周期运行工况、箱体保温隔热效果以及外部环境条件，采取高效、安全、低廉的热量交换措施，以确保内部设备，特别是电池设备始终工作在最佳温度范围内。因此，其主要功能包括电池热损耗的有效散热以避免热失控、电池低温时的加热、BESS 内部的整体温度均衡以避免个体电池因局部高温导致性能或容量过快衰减。

5.4.1 散热冷却方式

温度对BESS的性能与安全都有很大的影响。BESS在有限空间内进行了大量电气设备、电池的集成与安装，特别是随着大容量BESS的应用，散热与冷却需求愈发突出。大量的高能量密度、高功率等级的电池组，被紧密排布在电池室内，运行工况随功能需求在高倍率、低倍率、充电模式、放电模式间瞬时转换，这就极易导致时间上的产热不均和空间上的温度分布不均，如果处理不好，即使是在一个电池组内部的电芯之间都可能产生较大温差。这些影响日积月累，最终导致系统短板效应显现，降低整个BESS的容量、性能和寿命。更有甚者，会导致电池内部结构的不可逆变化，引起热失控等安全事故。

相较于电池室温度控制的严苛需求，对安装PCS等电气设备的电气室处理则相对简易。一般环境温度范围控制在 −20 ~ 60℃，且可利用岩棉隔板来避免正午太阳光直射。而风道设计，如PCS，利用其自身排风设备，仅需加装风道将PCS出风引至集装箱体外部，并处理好进风口和管路整体风阻、避免回风及沙尘进入即可。

目前常用的电池热管理方式有三种：以流动液体为介质的液冷、基于相变材料的相变冷却和目前BESS应用最为广泛的以流动空气为介质的风冷。

上述三种电池热管理方式技术对比，如表5-3所示。

表5-3 电池热管理方式技术对比

项目	液冷	相变冷却	风冷（强迫风冷）
易用性	中等	高	高
散热效率	高	高	中等
温差	低	低	较低
寿命	10年	>20年	>20年
初始成本/维护成本	高/中等	中等/低	低/低
安全性	中等	中等	高

液冷技术具有更高的散热效率和散热速度，且经过了近年来在动力电池散热上的技术沉淀，如图5-9所示，已经日趋成熟。但是，基于安全方面的考虑，目前BESS应用液冷散热方式的设计较少，如图5-10所示。液冷BESS中，大量电池组被高密度集中安装，一旦冷却液，如乙二醇水溶液发生泄漏将导致电气短路，并易引发连锁反应，造成重大事故与财产损失。相信随着未来对BESS高能量密度和高充放电倍率的不断追求，液冷技术也将迎来广阔的应用空间。

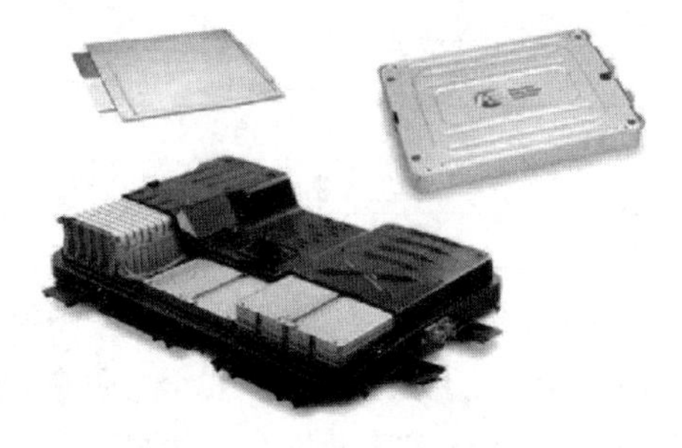

图5-9 液冷动力电池组

相变技术在BESS中的应用，由于技术成熟度和材料的原因，还需要经历一段时间的研发与实验。

图 5-10　特斯拉液冷 BESS

风冷具有结构简单、成本低廉、可靠且易维护的特点，目前被 BESS 广泛应用，下面将重点讨论。

电池储能风冷温度管理系统，安装在电池室内，主要由空调、导风管及风墙组成。BESS 的强迫风冷散热风源来自内部安装的制冷空调出风，冷风的流动方向为空调出风口 - 导风管 - 箱体侧壁风墙 - 电池组 - 空调回风口，如图 5-11 所示。冷空气在电池模组内部从电芯间缝隙穿过，带走电芯表面热量，实现冷却散热，达到温度控制目标。

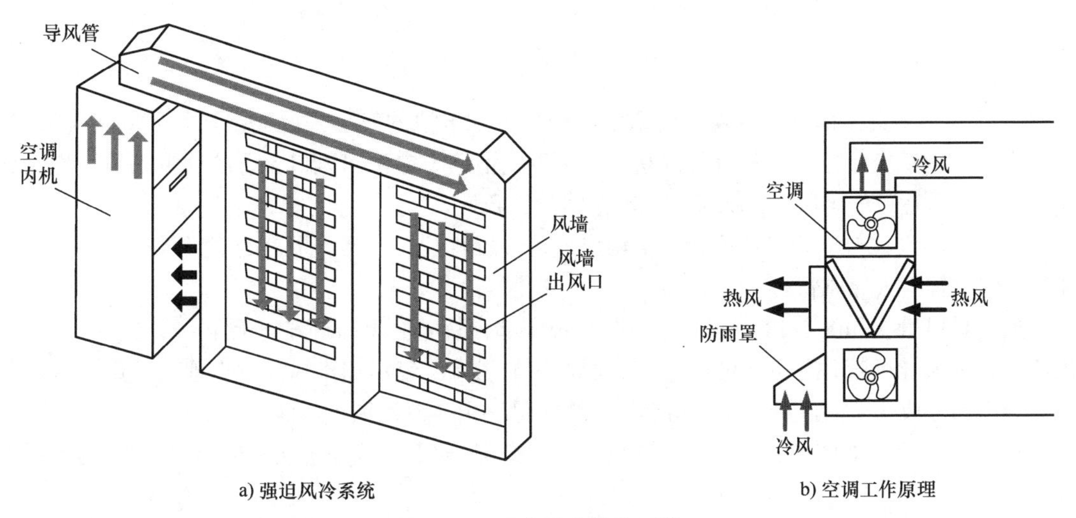

a) 强迫风冷系统　　b) 空调工作原理

图 5-11　强迫风冷散热系统

可选择 BESS 专用一体式或分体式空调，兼具温度和湿度控制功能，视具体空调型号进行壁挂或落地安装，但有时落地安装所占用的空间也显得异常宝贵。空调系统及安装方式，如图 5-12 所示。

a) 壁挂式一体空调

b) 顶置式空调

c) 立式一体空调

d) 分体式空调

图 5-12　空调系统及安装方式

空调所在的具体位置，将视电池室空间的尺寸和电池的发热工况而定。可采取一端安装、中间安装或两端安装方式，其目的都是希望不论电池簇与空调出风口位置的远近如何，均能够将冷风均匀送达风墙出风口，保证各电池散热的一致性。

导风管的设计与空调安装位置、空调出风口位置相配合，具体可分为底部导风管、顶部导风管及置顶辐射式导风管。

底部导风管，如图 5-13 所示，位于集装箱底部，沿电池簇排布方向延伸。冷风自空调底部出风口，引入导风管并分流至各电池簇背面对应的风墙，经风墙出风口由电池组后部进入，在电池组内部完成热交换后自正面排出热风，热风最终由空调回风口回流。

顶部导风管，如图 5-14 所示，其原理与底部导风管相同，只是其安装位置位于集装箱顶部。

在上述两种导风管布置方案中，导风管路径较长，如当 BESS 电池簇数量较多，或 BESS 选用 40ft 集装箱时，导风管长度可达 10m 左右，远端电池簇存在较大的散热不良风险。因此，亦可在电池簇中间安装空调机柜，导风管向两边对称布置。但这往往会产生直流电气布线上的交叉或干涉，应与电气工程师充分协商。此外，为了平衡导风管内部动静压分布，一方面在导风管设计时，由近至远，截面积逐渐减小，以加大风压；另一方面可以在相应的位置设置导流板，以改善气流在风墙出风口的均匀性，降低整个 BESS 集装箱的流场与温度场差异。

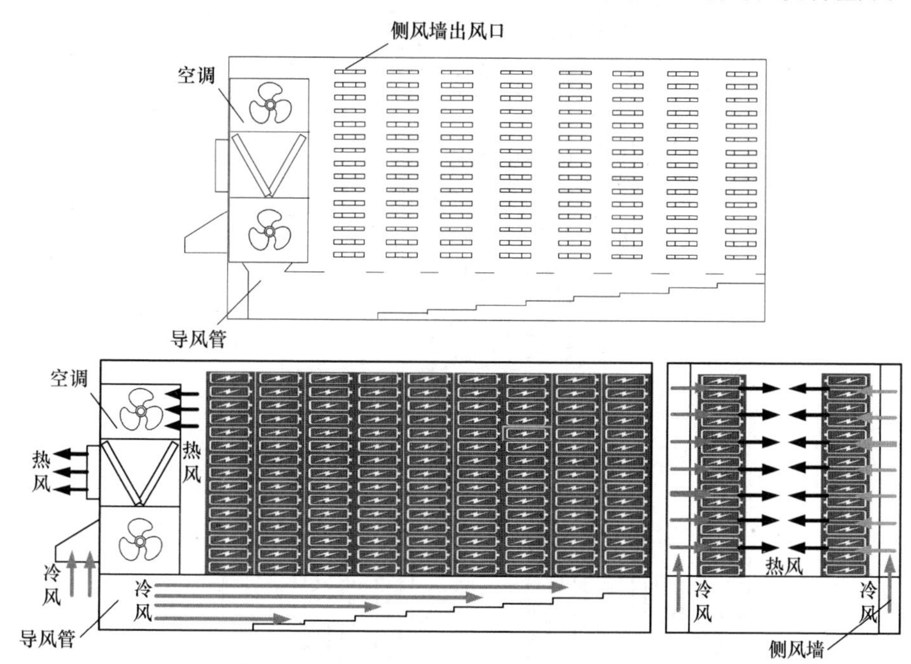

图 5-13 底部导风管设计方案

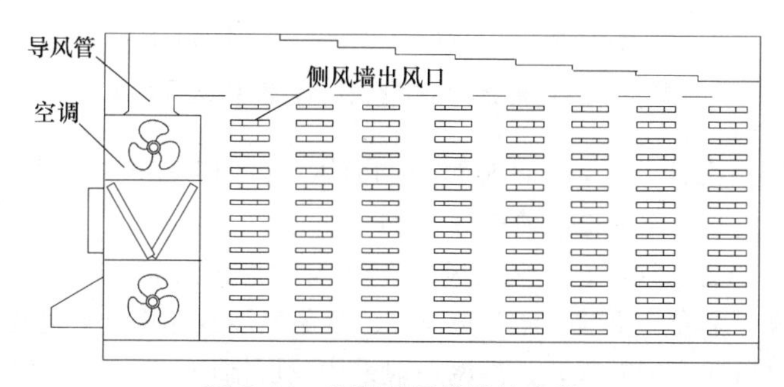

图 5-14 顶部导风管设计方案

在采用置顶空调的情况下，导风管可设计成辐射状，如图 5-15 所示。该方案中，导风管长度较短，各电池簇导风管和背部风墙直接连通且与其他电池簇间彼此独立，能够获得更均匀的散热效果。自电池簇正面排出的热风也直接进入顶部空调回风口，路径相对较短。

电池组在内部设计时，也应尽量采用并行风道，使得冷风能够在电芯间更均匀流动。这一点可以借鉴动力电池组的设计方案，如采用楔形进排气通道。其特殊的方式确保不同电芯间缝隙上下的压力差基本一致，确保了吹过不同电芯表面的冷风气流量的一致性，从而保证了电池组内部温度场的均匀。应尽量避免串行风道布局，冷风在流动过程中被途经的电芯逐次加热，使得出风口位置的电芯冷却效果最差，如图 5-16 所示。

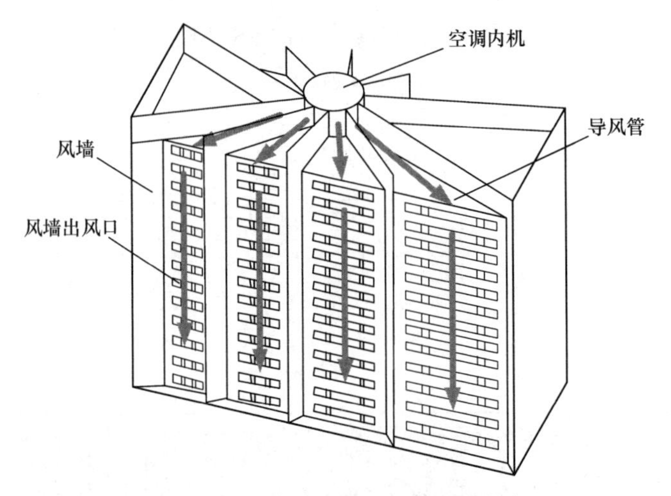

图 5-15　置顶辐射式导风管设计方案

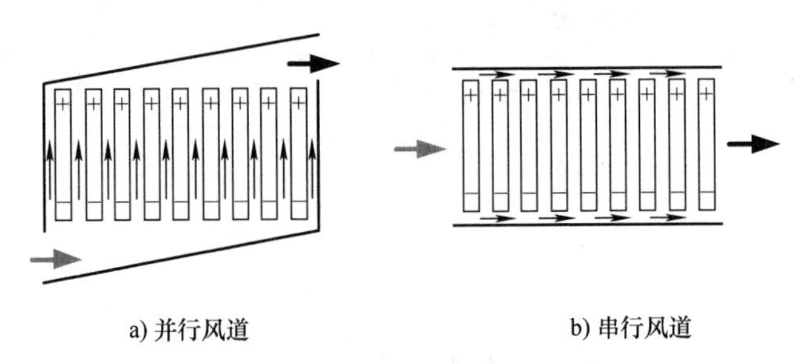

图 5-16　电池组内部并行及串行散热通风方式

电池室采用全密封设计，进风只能通过空调通风口，而 BESS 一般为 24h 工作，空调也需采用相应的工作管理模式，详细论述请参见 5.4.4 节。

在安装环境较为恶劣的地区，空调通风口应距离地面一定高度，避免积雪或砂石堆积的遮挡。此外，通风口也应采取必要的过滤防护设计，避免风沙或异物进入空调内部或堵塞通风口，导致风阻增大影响进风或出风效果。过滤网一般采用三层结构，如图 5-17 所示，由内至外分别是滤网架和不锈钢金属网，焊接在箱体墙壁上；中间层为 0.3 ~ 10μm 粉尘过滤网及其边框，可选择 IP65 等级，过滤效率 99%；最外层为通风网罩，被固定在箱体外部，阻拦较大颗粒物。滤网组件尽量选择标准件，且易于更换和维护。在无人值守或人员不便到达的区域，也可以考虑在滤网上粘贴压电陶瓷片，必要时可接通电源，通过陶瓷片的高频振动实现滤网除尘。

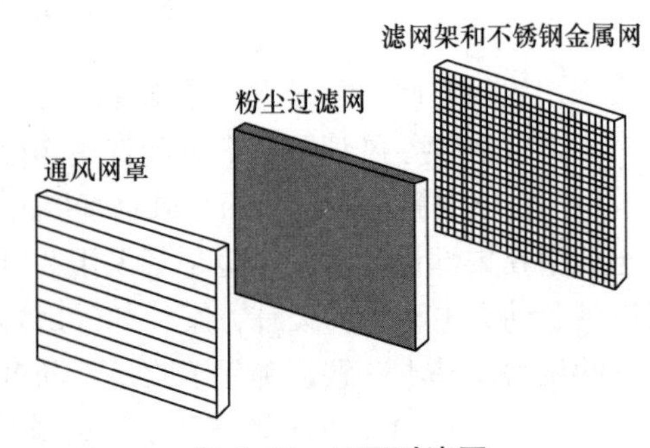

图 5-17　三层过滤网

对于更大型 BESS 项目，集装箱数量较多，或者采用固定式建筑物集中安装时，其热管理方案也可以充分借鉴数据中心更为先进高效的冷却方式。如采用分布式表冷器配合集中式冷冻站（含冷水机组、板式换热器），实现水循环冷却，如图 5-18 所示。15℃低温冷水由管道引入表冷器，电池组排出的热风经表冷器被冷却至 18℃左右，重新通过风道进入电池组，实现空气冷却循环。表冷器中冷水被加热至 21℃左右后，回流至冷冻站，成为 15℃低温冷水，被再次利用，实现水循环。这种方式不仅可以实现对超大型储能电站的集约化冷却，也可以被用于在低温情况下的加热保温，且提高了对风沙粉尘的防护等级，值得进一步研究。

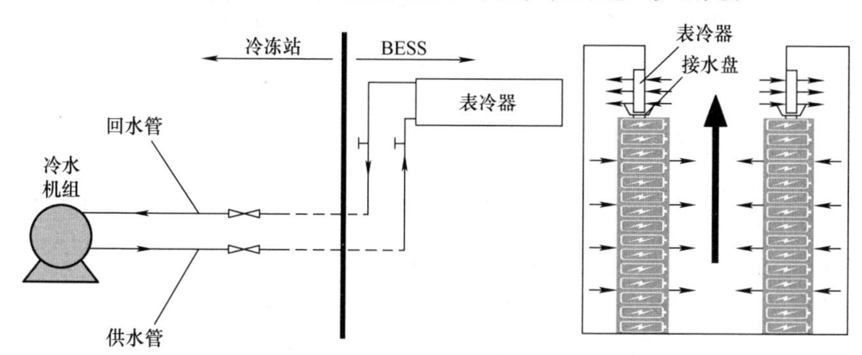

图 5-18　水循环冷却系统

5.4.2　电池功耗发热量计算

相较于电池产热，接线端子、直流回路及控制系统的产热易于估算，且相对占比较小，而 PCS 等电气设备甚至无须考虑空调配置。因此，较为准确地估算电池充放电过程中的功耗发热量 Q_R，是进行 BESS 空调冷却方案设计与选型的关键。

以锂离子电池为例，其充放电过程是一个总体上放出热量的可逆的电化学反应过程，但在期间也伴随着锂离子在各种结构材料内嵌入、脱嵌以及转移等物理过程。研究表明，锂离子电池的热源主要来自四个方面：可逆电化学反应热 Q_r、电极处化学反应极化热 Q_p、锂离子流动过程由于路径电阻产生的焦耳热 Q_j 以及各种副反应、自放电产生的副反应热 Q_S。在充放电过程中，电化学反应热 Q_r 的表现却并不一致，电池放电过程中，表现为正值，放出热量，不利于系统散热；电池充电过程中，表现为负值，吸收热量，有利于系统散热。至于其他副反应热，在电芯温度低于 70℃以下时，占比很小，仅 1% 左右，且合理的热管理系统将使得电芯温度远低于 70℃，因此可以不做计算。而焦耳热与极化热，在充放电反应过程中均为正值，是电池产热的最主要来源。

综合而言，BESS 电池的功耗发热量 Q_R 将主要考虑焦耳热 Q_j 和极化热 Q_p。

$$Q_R = Q_j + Q_p \tag{5-1}$$

对应的功耗发热功率为

$$P_{R}=I^{2}R=I^{2}\left(R_{\Omega}+R_{p}\right) \tag{5-2}$$

式中　R——电池总内阻；

R_{Ω}——欧姆内阻；

R_{p}——极化内阻。

可参考 FreedomCAR 的《功率辅助型混合电动汽车电池测试手册》中推荐的混合脉冲功率性能测试（The Hybrid Pulse Power Characterization，HPPC）方法，进行锂离子电池内阻测试。测试电流可选择 BESS 额定工作电流 I_{n} 或项目设计运行最大电流；测试环境温度 25℃；湿度 30%；数据采样周期 0.1s。测试过程如图 5-19 所示。

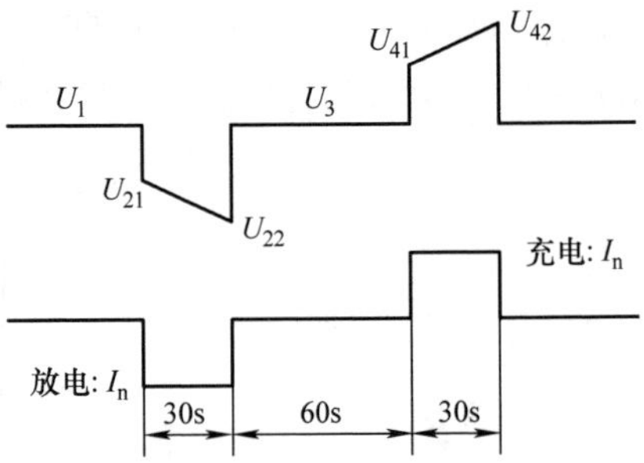

图 5-19　HPPC 测试过程

测试过程如下：

1）电池静置 1h 以上，使用 1C 电流以恒流恒压 CCCV 方式充电，直至电池 SOC 达 100%；

2）电池静置 1h 以上，电池达到或接近平衡状态；

3）以 1C 恒流放电，并测量放电容量达 10%SOC 时停止，此时记录电池 SOC 为 90%，静置 1h 后电压记为 U_{1}；

4）采用 I_{n} 脉冲电流进行恒流放电，持续 30s，放电期间电压记为 U_{2}（U_{21}、U_{22}），静置 60s 后电压记为 U_{3}；

5）采用 I_{n} 脉冲电流进行恒流充电，持续时间 30s，充电期间电压记为 U_{4}（U_{41}、U_{42}）；

6）重复 3）~ 5），直至 SOC 达 10%。

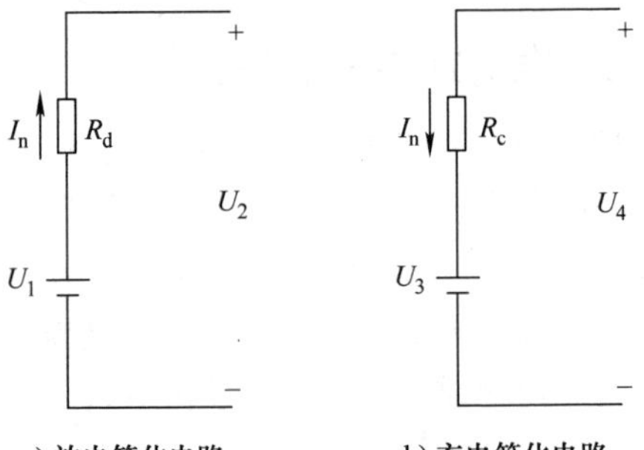

充放电过程分别采用不同的简化电路，如图 5-20 所示。

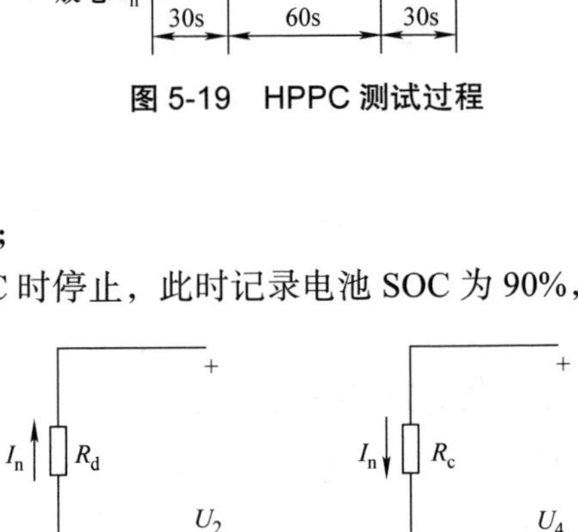

图 5-20　电池充放电等效电路

可得

$$\begin{cases} R_{d}=\dfrac{U_{1}-U_{22}}{I_{n}} \\ R_{c}=\dfrac{U_{42}-U_{3}}{I_{n}} \end{cases} \tag{5-3}$$

式中　R_{d}——放电电阻；

R_{c}——充电电阻。

以放电过程为例，在放电瞬间，电池电压有较大瞬间跌落，而后有个相对缓慢的下降逐渐稳定的过程。其中，瞬间电压的跌落，是由欧姆内阻引起，而随后的电压缓慢下降是由于极化内阻逐渐增大导致。根据这一现象，可以分别进行放电时电池欧姆内阻 $R_{d\Omega}$ 与极化内阻 R_{dp} 的计算如下：

$$\begin{cases} R_{d\Omega} = \dfrac{U_1 - U_{21}}{I_n} \\ R_{dp} = \dfrac{U_{21} - U_{22}}{I_n} \end{cases} \tag{5-4}$$

相关的研究表明，极化内阻随充放电脉冲时长而逐渐变化，并最终趋于稳定，反映电池内部的极化过程。此外，极化内阻受电池工作电流大小、SOC 及充放电状态影响较大。而欧姆内阻则相对稳定，特别是当 SOC 位于 20% ~ 90% 之间时变化较小。

电池总内阻，随 SOC 和脉冲时长变化的情况如图 5-21 所示。

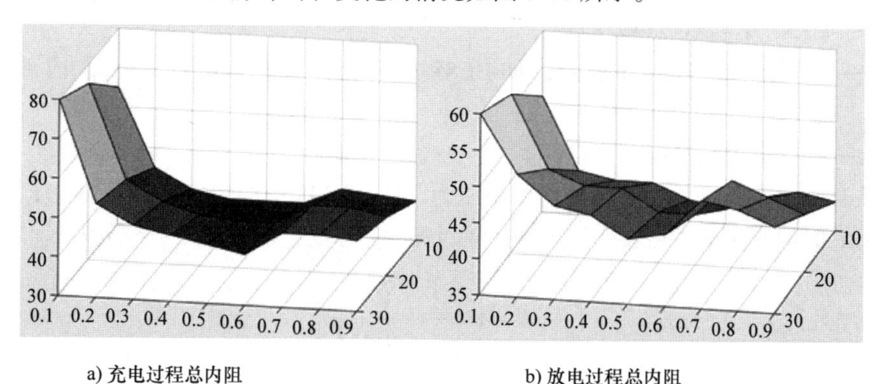

a) 充电过程总内阻　　b) 放电过程总内阻

图 5-21　电池总内阻

鉴于 BESS 的工作模式，大多为高倍率部分荷电状态（High Rate Partial State Of Charge，HRPSOC），环境温度相对稳定（25℃左右），在进行热管理系统散热计算时，电池总内阻可考虑为常量，并采用放电过程参数。

电池的功耗发热功率 P_R，与电池工作电流的二次方成正比例关系，因此详细了解电池的工况对后续的热管理系统设计至关重要。但系统集成商在进行 BESS 设计时，往往无法准确获得电池的工作电流曲线，甚至 BESS 的系统集成商都不会对电池进行详细的参数测试。在这种情况下，如 BESS 的电池总容量为 E，额定工作电流倍率 nC，厂家给出的电池整体充放电循环效率为 μ（nC 充电 /nC 放电），则 P_R 的最大值可按下式进行估算：

$$P_R = 0.5En(1-\mu) \tag{5-5}$$

需要说明的是，在 BESS 的设计中，电池的最大实际工作电流不得超过电池自身的额定电流。

5.4.3　外部静渗入热量计算

夏季情况下，BESS 集装箱静止安装于户外，环境温度较高，如 55℃，其内外热量交换主要来自于围护结构两边存在温度差而引起的交换热量 Q_{e-i}、箱体自太阳辐射渗入热量 Q_{sol} 及箱体向天空辐射的损失热量 Q_{sky} 三个部分，具体如下：

$$Q_{net}=Q_{e-i}+Q_{sol}-Q_{sky} \tag{5-6}$$

式中 Q_{net}——静渗入热量。

Q_{e-i}、Q_{sol}、Q_{sky} 及 Q_{net} 分别对应温度差而引起的交换热功率 P_{e-i}、太阳辐射渗入热功率 P_{sol}、天空辐射损失热功率 P_{sky} 及外部静渗入热功率 P_{net}，下面将分别进行讨论。

1. 交换热功率 P_{e-i}

由于围护结构两边存在温度差而引起的交换热功率 P_{e-i} 为

$$P_{e-i}=KS\Delta t \tag{5-7}$$

式中 S——BESS 集装箱散热表面积；

Δt——BESS 集装箱内外温差，如 BESS 集装箱外部温度 t_e 为 55℃，内部温度 t_i 为 25℃，则 $\Delta t=30$℃；

K——传热系数 [W/（m^2·℃）]。

传热系数 K 在数值上等于冷热流体间温压为 1℃，BESS 中即为集装箱内外温压为 1℃，传热面积为 1m^2 时的热流量，是表征传热过程强烈程度的标尺，根据传热学定义为

$$K=1/\left(\frac{1}{a_i}+\frac{1}{a_e}+\frac{h}{\lambda}\right) \tag{5-8}$$

式中 a_i——内侧对流换热系数，BESS 集装箱采用空调冷却，内部气流速度较低，a_i 可取 8.7W/（m^2·℃）;

a_e——外侧对流换热系数 [W/（m^2·℃）]，取决于项目地点气候条件；

h——厚度（m）;

λ——综合导热系数 [W/（m·℃）]。

由于集装箱外围钢板厚度较薄，大多为 2mm，因此保温措施主要依赖内部的围护结构，如岩棉板、密闭空气夹层等。BESS 集装箱侧墙及顶部岩棉板厚度可选择为 80mm，而底部岩棉板位于地板下方，并与最下层的集装箱地板形成一个 150 ~ 200mm 的密闭空间，既可作为线缆的布线夹层，也可起到保温效果。集装箱围护结构主要材料导热系数如表 5-4 所示。

表 5-4 集装箱围护结构主要材料导热系数

材料	导热系数 λ /[W/（m·℃）]
岩棉	0.04
Q235 钢	52.34
防静电地板	0.3
空气	0.024

虽然，BESS 集装箱侧墙及顶部也均为复合式围护结构，但较为简单，在不考虑内敷反射膜等材料的情况下，其综合导热系数就可以直接采用岩棉自身导热系数，即 $\lambda_{顶部}$、$\lambda_{侧墙}$可取 0.04W/（m・℃），而底部则需要按照复合式结构考虑综合导热系数

$$\lambda = 1/\sum_{i=1}^{n}\frac{h_i}{\lambda_i h} \tag{5-9}$$

式中　n——复合结构材质层数；

h_i——第 i 种材质厚度；

λ_i——第 i 种材质导热系数；

h——总厚度。

如底部为防静电地板 - 岩棉 - 空气夹层 - 底部钢板的 4 层复合式结构，取防静电地板厚度 38mm、底部岩棉板厚度 50mm、空气夹层 150mm、底部 Q235 钢板 2mm，总厚度 240mm 的复合结构围护的综合导热系数 $\lambda_{底部}$为

$$\lambda_{底部} = \frac{1}{\dfrac{h_1}{\lambda_1 h}+\dfrac{h_2}{\lambda_2 h}+\dfrac{h_3}{\lambda_3 h}+\dfrac{h_4}{\lambda_4 h}} = 0.031\text{W}/(\text{m}\cdot{}^\circ\text{C}) \tag{5-10}$$

2. 太阳辐射渗入热功率 P_{sol}、天空辐射损失热功率 P_{sky}

由于 P_{sol} 和 P_{sky} 不易获得，可利用太阳辐射和天空辐射修正系数 ε_R 对传热系数 K 进行修正，以获得有效传热系数 K_{eff}，最终实现对 P_{net} 的直接计算：

$$P_{net} = K_{eff} S \Delta t \tag{5-11}$$

式中　$K_{eff} = \varepsilon_R K$。

由传热学定义可得

$$\varepsilon_R = 1 + \frac{t_{sky.eq} - t_{sol.eq}}{t_i - t_e} \tag{5-12}$$

式中　$t_{sky.eq}$——天空辐射当量温度（℃），见式（5-13）；

$t_{sol.eq}$——太阳辐射当量温度（℃），见式（5-15）。

$$t_{sky.eq} = \frac{a_{er}}{a_e}(t_e - t_s)(1 - C_H H - C_M M) \tag{5-13}$$

式中　a_{er}——辐射换热系数 [W/（m^2・℃）]，且

$$a_{er} = 5.67\varepsilon\left[\left(\frac{t_e+273}{100}\right)^4 - \left(\frac{t_s+273}{100}\right)^4\right]/(t_e - t_s) \tag{5-14}$$

ε——半球发射率，取 0.81；

t_s——天空当量温度，$t_s = 0.0552(t_e + 273)^{1.5} - 273$；
C_H——低云量修正系数；
H——低云量昼夜平均值；
C_M——中云量修正系数；
M——中云量昼夜平均值。

$$t_{sol.eq} = \rho I_H / a_e \tag{5-15}$$

式中 ρ——外表面的太阳辐射吸收系数，若 BESS 箱体外表面漆为聚氨酯，白色时取值 0.25；
I_H——水平面太阳辐射强度（W/m²）。

就夏季而言，由于 BESS 集装箱侧墙及顶部直接接受太阳辐射，因此需要按照上述过程进行有效传热系数 K_{eff} 的计算，而集装箱底部下方直接为地面或混凝土电缆沟，空气流动速度慢，且无太阳辐射，故底部的有效传热系数即为传热系数 K。而冬季，太阳辐射较弱，外部环境温度 t_e 较低，所有计算均采用 K 即可。

上述计算过程中，相关数据可依据项目地气候条件查询，如上海地区夏季计算条件为 I_H=967W/m²、a_e=19W/（m²·℃）、C_H=0.68、H=0.13、C_M=0.47、M=0.27。

顶部及侧墙围护岩棉板厚度均取 80mm，依据上海地区夏季条件计算可得箱体顶部、侧墙和底部有效传热系数，分别为 $K_{顶部\,eff}$、$K_{侧墙\,eff}$ 和 $K_{底部\,eff}$，有

$$\begin{cases} K_{顶部_{eff}} = K_{侧墙_{eff}} = 0.6564 \\ K_{底部_{eff}} = 0.1264 \end{cases}$$

以 40ft 标准集装箱为例，计算箱体表面散热面积 $S_{顶部}$、$S_{底部}$和 $S_{侧墙}$为

$$\begin{cases} S_{顶部} = S_{底部} = 27.6\text{m}^2 \\ S_{侧墙} = 68.64\text{m}^2 \end{cases}$$

夏季条件下，BESS 集装箱外部温度 t_e 为 55℃，内部温度 t_i 为 25℃，Δt = 30℃，则总的外部静渗入热量 P_{net} 为

$$P_{net} = \left(K_{顶部_{eff}} S_{顶部} + K_{侧墙_{eff}} S_{侧墙} + K_{底部_{eff}} S_{底部}\right)\Delta t = 1999.8\text{W}$$

5.4.4 温控系统功率计算及控制逻辑

由于空调的高效率制冷特征和加热器的高效率制热特征，在具体的 BESS 热管理系统设计中，需要依据项目安装地点气候情况及系统运行工况，确定是否需要采取空调 + 加热器的组合温控方案。而加热器为减少体积，可选择安装于箱体侧壁的对流式电暖器或远红外辐射电暖器。

1. 制冷功率 P_{ac}

主要用于 BESS 电池功耗发热量 Q_R 及夏季外部静渗入热量 Q_{net} 的冷却。因此，可按照上述计算方法、BESS 工况、电池参数、集装箱体围护隔热保温结构及项目地气候条件等进行针对

性计算，见下式：

$$P_{\text{ac}} = K_{\text{ac}} P_{\text{net}} + P_{\text{R}} \tag{5-16}$$

式中　K_{ac}——修正系数，视 BESS 集装箱密封情况而定，取值范围为 1.2～1.5。

2. 总送风量 V_{ac}

$$V_{\text{ac}} = \frac{K_{\text{ac}} P_{\text{net}} + P_{\text{R}}}{C_{\text{P}} \rho \Delta T} \tag{5-17}$$

式中　C_{P}——空气比热容，为 1005J/（kg · ℃）；

ρ——空气密度，为 1.293kg/m^3；

ΔT——进、出风口空气温度差，可取 12℃。

3. 制热量 Q_{ah}

主要用于 BESS（含电池簇、线缆、开关配电设备、箱体内部空气及箱体本身等）在冬季全冷状态温度 t_1，按规定时间 T_{o} 加热至起动温度 t_{o}，以及弥补在加热期间内箱体静渗出热量 Q_{net}，见式（5-18）。至于工作过程中，由于 BESS 电池自身功耗发热量较大，即使在冬天外部环境温度较低，考虑箱体内外热交换的情况下，需要开启温控系统加热器来维持适宜温度的可能性也不是很大。

$$Q_{\text{ah}} = (t_{\text{o}} - t_1)\sum_{i=1}^{n} C_i M_i + Q_{\text{net}} = (t_{\text{o}} - t_1)\sum_{i=1}^{n} C_i M_i + K_{\text{ac}} P_{\text{net}} T_{\text{o}} \tag{5-18}$$

式中　C_i——各部件比热容 [J/（kg · ℃）]；

M_i——各部件质量（kg）；

T_{o}——加热时间（h）。

4. 制热功率 P_{ah}

$$P_{\text{ah}} = Q_{\text{ah}} / 3600 T_{\text{o}} \tag{5-19}$$

BESS 主要材质比热容参数如表 5-5 所示。

表 5-5　BESS 主要材质比热容参数

材料	比热容 /[J/（kg · ℃）]
电池	800～1500（依据电池组成成分比例及参数，按照质量加权法计算获得）
Q235 钢	502
岩棉板	750
铝材	880
其他绝缘材料（PS、ABS）等	1340、1591…

以 BESS 为例，空调 + 加热器的组合温控方案控制逻辑如图 5-22 所示。

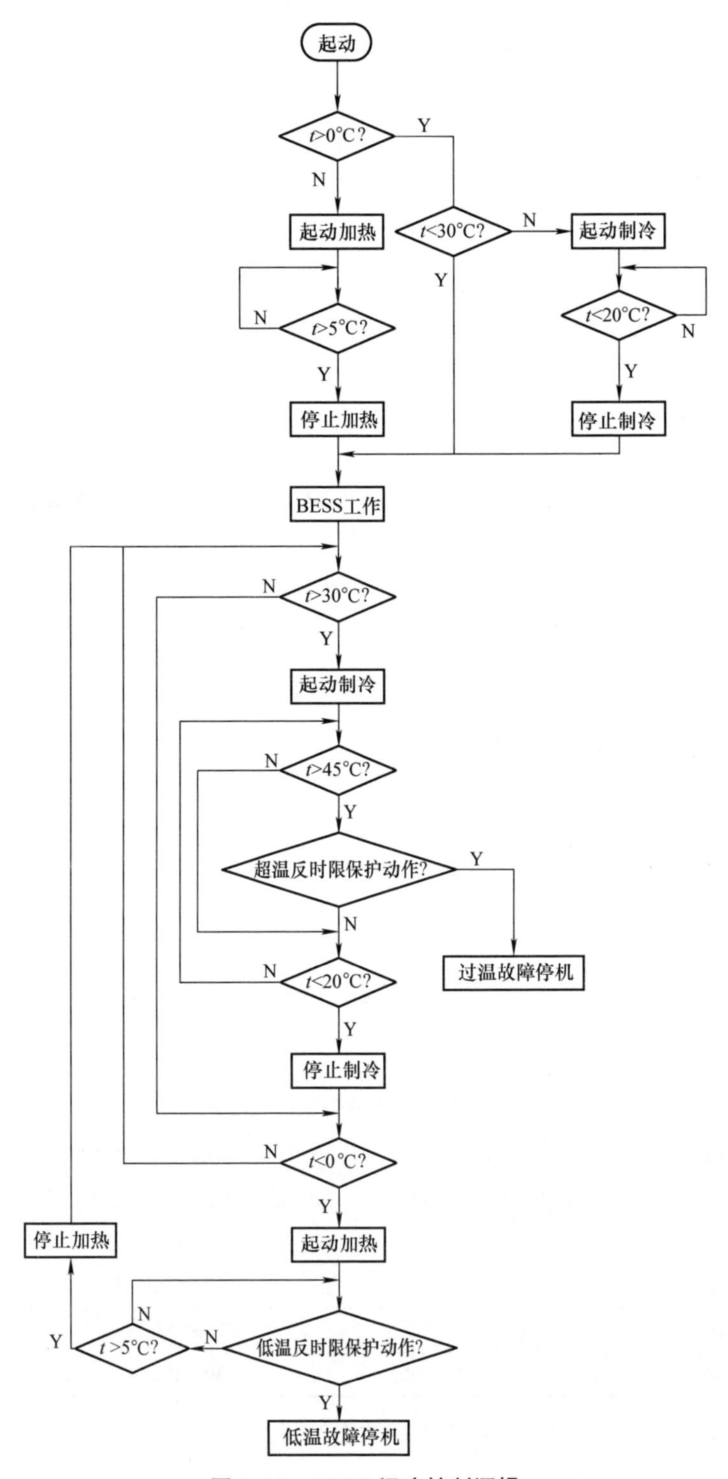

图 5-22　BESS 温度控制逻辑

5.5　结构与散热仿真

通过对标准集装箱改造而安装集成的 BESS，在确保其基本钢结构不发生变化的情况下，相关结构参数可直接参照集装箱现有标准。而采用非集装箱方式安装集成的 BESS，如户外柜，在进行结构设计时，则需要依据运输、安装、后期运维等相关的操作规范或现场安装条件进行针对性计算。除此以外，与散热温控相关的结构设计、效果预测、优化完善等，也应进行先期的计算研究。

随着计算结构力学（Computational Structural Mechanics，CSM）与计算流体力学（Computational Fluid Dynamics，CFD）的发展，以及对各种数值分析方法的研究，计算机辅助工程（Computer Aided Engineering，CAE）技术被越来越多地应用于包括 BESS 在内的现代工程 / 产品的设计过程中，避免了过往工程设计中按比例试验 - 样机 - 重新设计 - 重新试验的复杂、耗时且高投入的过程。通过 CAE，提前对设计方案的功能、性能与安全可靠性进行计算、评估、优化，对未来的工作状态和运行状况进行数字模拟仿真，及早发现设计缺陷，改进和优化设计方案，实现了工程 / 产品设计的高效、高速、高精度与低成本。

CAE 是基于数学、结构力学、流体力学等成熟理论，以计算机为运算工具，用数值分析方法求解结构在外界作用下的响应（应力、应变、位移等）、流体流动和热传导等相关物理现象，并进行工程优化设计的学科。由于计算机性能的不断提升，CAE 技术即使面对复杂的工程和产品问题，在进行分析中也无须做过多简化，并且解决的问题呈现多样化。由最初的板壳静力学问题发展到动力学稳定性问题，由结构力学发展到流体学、电磁学及热传导等，由线性问题发展到非线性问题，由弹性材料学发展到各种复合材料学，由单一物流场扩展到多物理场耦合，由航空航天发展到生物医学、土木建筑、水利工程、汽车制造等各行各业。

CAE 应用于工程计算，一般包括以下步骤：对研究对象提出计算模型；提出离散化模型、计算策略与数值算法；计算机求解；计算结果后处理与分析；利用计算结果进行工程产品设计改进优化。

有限元法（Finite Element Method，FEM）目前广泛应用于计算结构力学中，其基本思想是将一个连续系统或物体分隔成许多个通过节点相连接的单元，即有限元，这些单元的几何、物理属性简单明确。对每一个单元按照一定的力学理论给出一个近似解，再将所有的单元按照一定的方式如力平衡和节点变形来模拟或者逼近原来的整个系统或物体，从而将一个连续的无限自由度问题简化为一个离散的有限自由度问题加以分析求解。可以看出，有限元法的计算步骤主要包括连续体离散化、单元分析、单元组集及整体求解。

有限体积法（Finite Volume Method，FVM）又称控制体积法，是基于物理量守恒这一基本原理而提出的，被广泛应用于计算流体力学中。其基本思想是将计算区域分为若干网格点，并使每一个网格点周围都有一个互不重复的控制体积，再将待解微分方程（控制方程）对每一个控制体积进行积分，从而得到一组离散方程。

基于上述两种数值分析方法，出现了众多 CAE 设计软件，其中用于结构力学分析的有 ABAQUS、NASTRAN、ANSYS 及 ADINA 等，用于流体力学分析的有 FLOEFD、FLUENT、

ICEPAK、SOLIDWORKS 等。

1. 基于有限元法的结构仿真

ANSYS 公司是世界著名的 CAE 供应商，经过 40 多年的发展，已经成为全球数值仿真技术及软件开发的领导者和创新者，其产品包含电磁、流体、结构力学 3 大产品体系，可以涵盖电磁领域、流体领域、结构动力学领域的数值模拟计算，其各类软件不是单一的 CAE 仿真产品，而是集成于 ANSYS Workbench 平台下，各模块之间可以相互耦合模拟、传递数据。因此，使用 ANSYS 数值模拟软件，用户可以将电磁产品所处的多物理场进行耦合模拟，真实反映产品的 EMC 分布、热流特征、结构动力学特征等。

有限元法的结构仿真求解流程如图 5-23 所示。

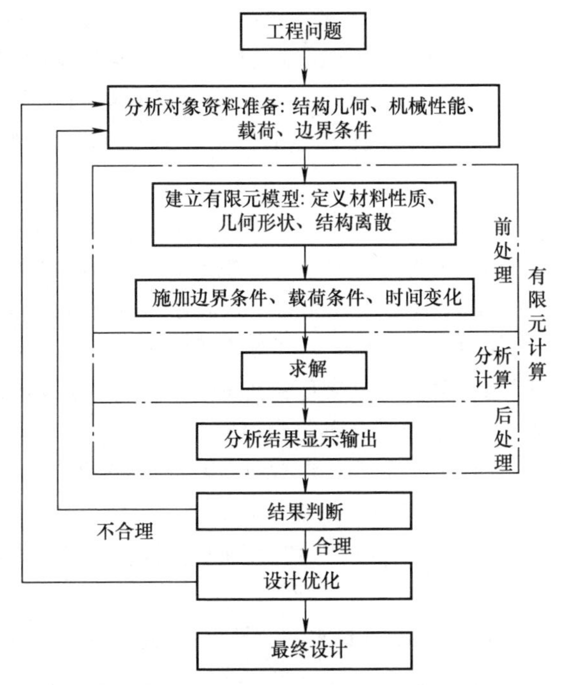

图 5-23　有限元法的结构仿真求解流程

由于 BESS 大多采用混凝土底部安装固定方式，无动态载荷冲击，因此在进行结构受力分析时，主要受力载荷计算包括顶部受力计算、风压力计算及最大地震力计算等，下面分别讨论。

（1）顶部受力计算

BESS 预制舱顶部设计载荷，可根据 GB/T 11022—2011《高压开关设备和控制设备标准的共用技术要求》选取 $2500\mathrm{N/m^2}$。预制舱工作时应满足冬天冰雪天气，覆冰厚度不超过 20mm，覆雪厚度不超过 400mm。

顶部冰雪压力 F（N）为

$$F = \rho Shg \tag{5-20}$$

式中　ρ——冰雪密度，雪的密度为 100kg/m³，冰的密度为 900kg/m³；

S——BESS 箱体顶部面积（m²）；

h——BESS 箱体顶部覆雪厚度（m）；

g——重力加速度，9.8N/kg。

在获得顶部支撑梁受载面积的情况下，就可进一步计算顶部支撑梁压力载荷。一般而言，冰雪载荷实际值要远小于规定要求中的 2500N/m²，而按照 2500N/m² 的设计标准，主要为满足人员登顶维护作业等需求。

（2）风压力计算

由于 BESS 箱体的密闭性，在进行风压力计算时，将主要考虑外部风压力，而可以不考虑箱体局部进风后产生的内压变化影响。依据 GB 50009—2012《建筑结构荷载规范》，垂直于 BESS 箱体表面的风压 F（N）为

$$F=\beta_z\mu_s\mu_z w_0 S \tag{5-21}$$

式中　β_z——风振系数，BESS 箱体高度或距离地面安装高度小于 30m 时，取 1；

μ_s——风载荷体型系数，BESS 箱体可看成多边形封闭房屋，迎风面取 0.8；

μ_z——风压高度变化系数，依据地面粗糙度，取 1 ~ 1.09，但海面或海岛项目时，应再增加 10% ~ 20%；

w_0——基本风压（N/m²）；

S——受风面积（m²）。

其中，基本风压w_0为

$$w_0=\frac{1}{2}\rho v^2 \tag{5-22}$$

式中　ρ——空气密度，1.3kg/m³；

v——风速，12 级风速取 36.9m/s。

根据国际集装箱安全公约（CSC）及 ISO 1496-1-2013，20ft 和 40ft 标准集装箱允许堆码重量（1.8G）均为 192000kg。按照 20ft 和 40ft 集装箱最大总重量分别为 24000kg 和 32500kg 计算，在垂直方向上堆叠数量极限至少为 8 层和 5 层，这使得在实际储能项目中 BESS 集装箱的堆叠数量几乎不受限制。但是，在强风情况下，如 12 级风，风力依然会在集装箱表面产生较大风压。以 40ft 集装箱为例，其最大受风面积可按照单侧面 + 单端面进行计算，约 32m²，并考虑海边安装等其他极限情况下，垂直于 BESS 箱体表面的风压 F 为

$$F=\beta_z\mu_s\mu_z w_0 S=\left(1\times0.8\times1.1\times1.2\times\frac{1.3\times36.9\times36.9}{2}\times32\right)\text{N}\approx30000\text{N}$$

在集装箱堆叠情况下，底层集装箱与上层集装箱间静摩擦系数取 0.2，则摩擦力 F_f 为

$$F_f=(32500\times9.8\times0.2)\text{N}\approx64000\text{N}$$

由于 $F_f>F$，即使在 12 级风情况下，上层重载 BESS 集装箱依然没有移动风险。

但是，当空箱时，如 40ft 集装箱空箱重量为 3800kg，此时的摩擦力为

$$F_f=(3800\times9.8\times0.2)\text{N}\approx7500\text{N}$$

当风速达到 18.5m/s，即 8 级风时，集装箱就存在了移动风险。因此，如果在厂内生产完毕，或者待生产过程中，BESS 箱体内部未安装电池等部件，几乎为空箱状态时，为节省存放占地空间就应采取合适的堆码方式，避免极端大风情况下的摔箱现象。根据相关经验，空集装箱体单排时，尽量不应超过 2 层，数量较多时可紧密排布，提高整体抗风能力；重集装箱体单排时，也应尽量不超过 3 层。

（3）最大地震力计算

依据 GB 50260—2013《电力设施抗震设计规范》的规定，BESS 应按照 9 度抗震设防烈度等级进行强度设计。在 GB 50011—2010《建筑抗震设计规范》中，推荐采用加速度反应谱来计算地震作用。地震作用力 F（N）为

$$F=mSa(T) \tag{5-23}$$

式中　m——系统质量；

$Sa(T)$——地震加速度反应谱。

在抗震设计中，由于无法预知未来可能发生地震的时间过程，无法确切获得相应的地震反应谱，因此，可改用设计反应谱来进行地震作用力计算：

$$F=mga=Ga \tag{5-24}$$

式中　G——系统重力载荷（N）；

a——地震影响系数，依据设计的抗震烈度、场地类型及结构阻尼比，详细内容可参照 GB 50011—2010 计算获得。

2. 基于有限体积法的散热仿真

ICEPAK 可应用于 BESS 的散热仿真。该软件于 2006 年被 ANSYS 收购，并入旗下，随之 ANSYS 公司开发了与 ICEPAK 相关的各类 CAD、EDA 接口，进一步提高了 ICEPAK 的性能，也在全球拥有较高的市场占有率。电子行业涉及的散热、流体等相关工程问题，均可使用 ICEPAK 进行模拟计算，如强迫风冷、自然冷却、PCB 各向异性热导系数计算、热管数值模拟、TEC 制冷、夜冷模拟、太阳热辐射、电子产品恒温控制计算等。

基于有限体积法的散热仿真求解流程如图 5-24 所示。

当前，ICEPAK 与主流的三维 CAD 软件、EDA 软件均有良好的接口，可在保留产品复杂几何模型的前提下自动简化，以便于在实现网格最佳化控制及增进求解速度的同时，确保仿真计算的准确性。在我国，ICEPAK 被广泛应用于航空航天、机车牵引、电子产品、医疗器械、电力电子、电气工程、半导体等行业。

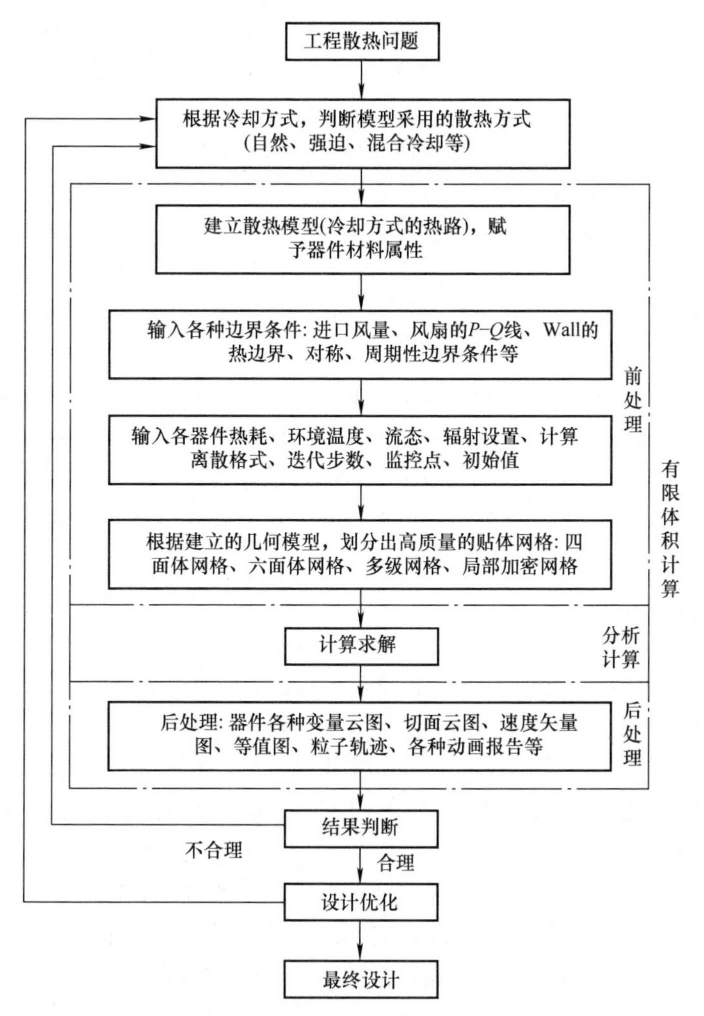

图 5-24　基于有限体积法的散热仿真求解流程

5.6　系统火灾与自动灭火系统设计

5.6.1　火灾与电池热失控

BESS 的火灾主要分为电气火灾和电池火灾两类。

电气火灾，主要源自 BESS 中存在的大量电气设备，包括电气室的 PCS、变压器及电气接入开关柜等，也包括在电池室内的附属电气设备，如开关盒、直流回路、直流汇流柜、配电系统等。这些都可能成为电气火灾的隐患。其中，开关盒与直流回路，与电池空间上紧密安装、电气上直接相连，如果存在设计安装不规范或者直流开关器件品质不良等问题，都可能会在高电压、大直流电流的通断操作中，产生绝缘损坏、拉弧放电或器件炸裂等故障，从而成为火灾初期热源，对电池进行加热，引发电池热失控。除此以外，如线缆绝缘的机械损失，使得线芯外露引起导体短路，或者大功率线缆端子制作或安装时接触不良，也都可能导致电气火灾。

电池火灾，主要源自其内部材料的组成及构造，而由于在电池制造、运输、安装和使用过程中的品质失控或不规范操作使得发生热失控的风险大为增加。电池热失控，指的是电池内部自放热连锁反应引起的电池温度急剧上升的不可控现象，当热失控产生的热量高于电池外界可以消散的热量时，就会发生过热、气体析出，甚至导致起火、爆炸。热失控扩散，指的是电池组内的电芯发生热失控后，触发相邻或其他部位的电芯发生热失控的现象，最终将可能导致BESS 火灾。

电池的热失控是任一种二次电池（包括铅酸、锂离子电池等）都存在的风险。但是，铅酸电池的热失控表现为冒酸、高温、外壳鼓胀变形、气阀排气，最终表现为失水。锂离子电池的热失控过程却较为剧烈，特别在大型 BESS 中，锂离子电池通过串并联以获得更大容量且通过高密度集中排布降低占地面积，一旦出现电芯的热失控，就将可能导致整个系统的火灾，这成为影响 BESS 安全的主要因素，下面将重点讨论。

BESS 火灾的发生将对项目安装场站、附近建筑物和人员产生极大的危害。锂离子电池在火灾过程中释放出的氢气、一氧化碳、二氧化碳、甲烷、苯和甲苯等有机气体以及氯化氢、氟化氢等有毒气体，将可能随火势蔓延至周边设备，防护不当将造成重大的人员和财产损失。

锂离子电池的热失控过程可以被划分为以下 5 个阶段：

1）初期温升：在这一阶段，锂离子电池被外部热源，如相邻热失控的电池、外部电气火源被动加热，又或者是由于自身内部固体电解质界面（SEI）膜分解产生的反应热快速累积；基本上可以认为 SEI 膜的热分解是热失控的起点。

2）初爆 / 排气：当内部热量积累到一定水平后，如超过 120℃，电解液被加热气化，在130℃左右时，电池隔膜开始融化，引发内部短路，内部压力达到限值，冲开安全阀，含有气态和液态的电解液喷出并伴有响声；电池隔膜的融化，是一个关键点，自此电池热失控进入了“不归还”阶段。

3）剧烈反应：初爆后，电池内部压力不均，正负极层状材料破裂，结构局部坍塌，空气逐渐渗入，加剧了电解液的分解、燃烧，温度开始快速上升，加剧了隔膜融化，形成电池内部的剧烈短路，电池输出电压陡降，发生显著变化。

4）燃爆阶段：电解液及其他物质被高温完全点燃，内部气压瞬间增大，高温燃烧物质和气体从电池中大量喷出，形成大的明火，甚至导致电池外壳炸裂。

5）冷却阶段：电池能量被完全释放，电池停止化学反应，随环境温度一起逐渐冷却。

热失控的过程在具体单个电芯的输出电压和温度上，都有比较明显的外在表征，并呈一定的相关性，以电池过充导致热失控为例，如图 5-25 所示。

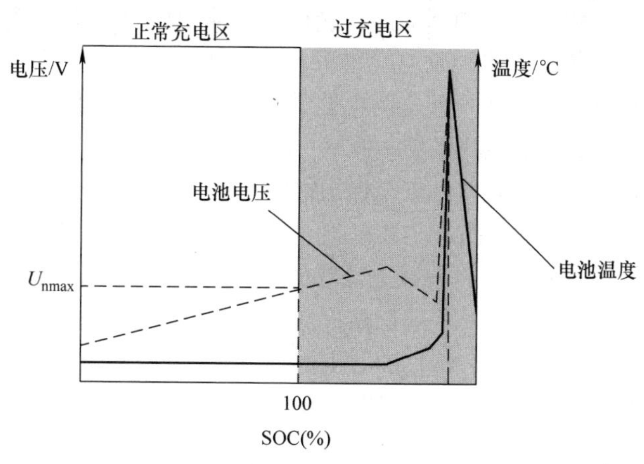

图 5-25　锂离子电池失控过程

可以看出，在过充初期，电池电压依然会继续上升并达到峰值，而后电池电压下降，同时热量开始累积，内部反应和短路加剧，最终导致温度急剧升高，输出电压瞬间下降，完全进入热失控状态。

因此，总的来说，电池的热失控主要是从 SEI 膜分解开始，产生大量反应热和极化热的累积，导致电解液气化、可燃气体产生；正负极材料分解，隔膜融化，内部短路产生并加剧；电池内部压力、内外温度不断升高，并最终爆裂壳体，大量外部氧气渗入，可燃气体遇高温燃烧形成明火失控。上述过程也往往不完全按照顺序发生，有些过程可能同时发生且相互促进，或时间间隔极短。但电池的热量累积，是导致电池内部有机材料和不稳定材料分解的根源，如果消防系统能够第一时间带走热量，降低温度，那么就有可能阻止或延缓热失控进程的发展。

电池热失控产生的原因较多，大致可以分为制造和使用两方面的原因，如图 5-26 所示。

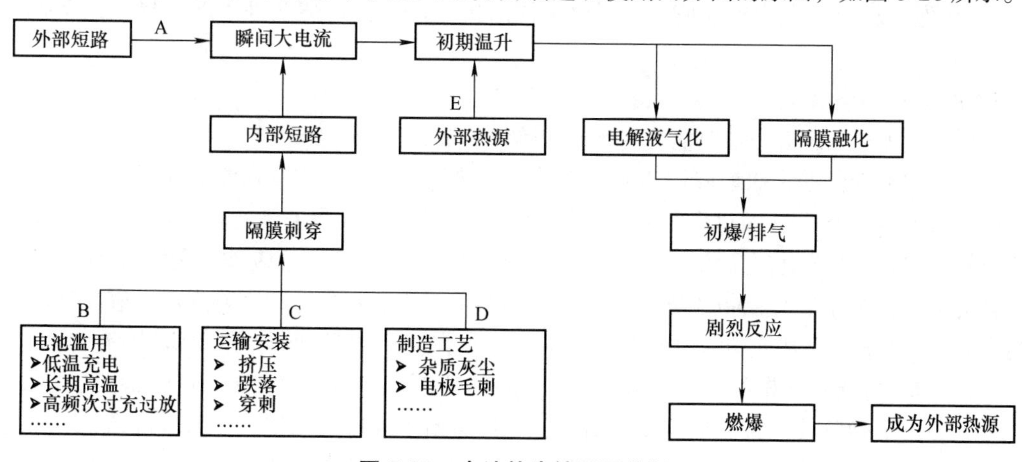

图 5-26　电池热失控原因分析

由于不规范的制造过程和不良的原材料，会导致电极材料中留存杂质，又或者电极中存在毛刺，这些都可能刺穿隔膜，导致内部短路；又由于电池的滥用，如长期高温、低温充电或者经常性地过充过放过负荷等，都将导致温度累积、有机物分解，又或者产生金属物枝晶，使得电池内部结构性损伤、材料老化，这些也为电池的热失控埋下了隐患。内外两方面的原因往往相互交织耦合，促成并提高了电池热失控的概率。

针对不同的诱因点，应采取相应的安全保护措施。

1）诱因点 A：电池的外部短路，主要是指直流侧 PCS 故障短路、直流线缆极间短路和配电柜等绝缘失效导致的电气短路。目前在电池簇的开关盒及内部串联回路中，大多设置有快速熔断器，在短路大电流情况下，能够快速切断直流回路，对电池起到保护作用。

2）诱因点 B：提高 BMS 的可靠性与检测精度，同时完善 EMS 或本地控制器控制算法及人员操作规范，确保电池工作在合理的电气与环境条件下。

3）诱因点 C：加强电池运输与安装过程中的规范化操作，避免挤压、跌落等机械性损伤，至于穿刺，其在 BESS 中出现的概率较低。

4）诱因点 D：加强制造过程质量管控、来料检验。

5）诱因点 E：完善消防检测与灭火系统，采取有力的灭火措施和策略。

电池组中，各电芯紧密排列，一旦其中一节电芯出现热失控后，对相邻电芯而言将成为新的外部热源，出现更迅速的热量累积与传递，在 60 ~ 80s 内就可能导致相邻电芯逐次进入热失控，并最终出现不可控的共发性热失控和燃爆。

就 BESS 而言，各电池组紧密排布，也必然会出现热失控由局部电芯到单个电池组，由单个电池组到相邻电池组的链式传播，并最终形成全面火灾的情况。大致过程可分为：

1）初起：出现单个电芯热失控，或内部出现电气明火。

2）发展：电池进入链式热失控阶段，相邻电芯逐次进入爆燃状态，并逐渐由电池组内的链式传播扩散为电池组间的链式转播，箱体内部温度不断升高。

3）猛烈：箱内温度达到限值，大量电池同时进入热失控，甚至进入爆燃状态，火势猛烈燃烧。

4）冷却：火势熄灭。

因此针对 BESS 而言，采取消防措施的主要目的是：

针对火灾初起阶段，采取降温措施，消散反应热量，避免累积，切断电池组内部电芯间的热失控链式传播，减少进入热失控和最终爆燃的电芯数量。因为通常在这一阶段，火势较小，且外泄的气体和电解质体量不大，对周边电芯的影响也很小，所以这应该是最佳的灭火时机。

针对火灾发展阶段，控制火势蔓延，特别是对相邻的电池组进行充分降温，避免其进入热失控或进入最终燃爆，从而切断电池组间的热失控传播链路，避免火灾的多米诺效应。这几乎是 BESS 火灾施救的最后一道关卡，否则一旦进入猛烈燃烧阶段，扑灭火势的可能性将大打折扣。

针对火灾猛烈阶段，只能在安全距离外，对集装箱体进行外部整体冷却，特别是重点对该箱体周边的储能集装箱进行外部冷却，保障周边 BESS 安全，以隔断热量辐射与火灾跨系统扩散，避免更大的损失。

5.6.2　自动灭火系统设计

对于 BESS 自动灭火系统而言，及时准确判断电池工作状态和箱体内部信息，把握灭火时机，特别是尽量提前采取灭火措施，是确保 BESS 安全、避免火势由局部到全局的关键。该自动灭火系统的设计，需要参阅 GB 50229—2019《火力发电厂与变电站设计防火标准》、GB 50370—2005《气体灭火系统设计规范》、GB 50116—2013《火灾自动报警系统设计规范》及 GB 50263—2007《气体灭火系统施工及验收规范》等相关专业标准和规范，整体架构如图 5-27 所示。

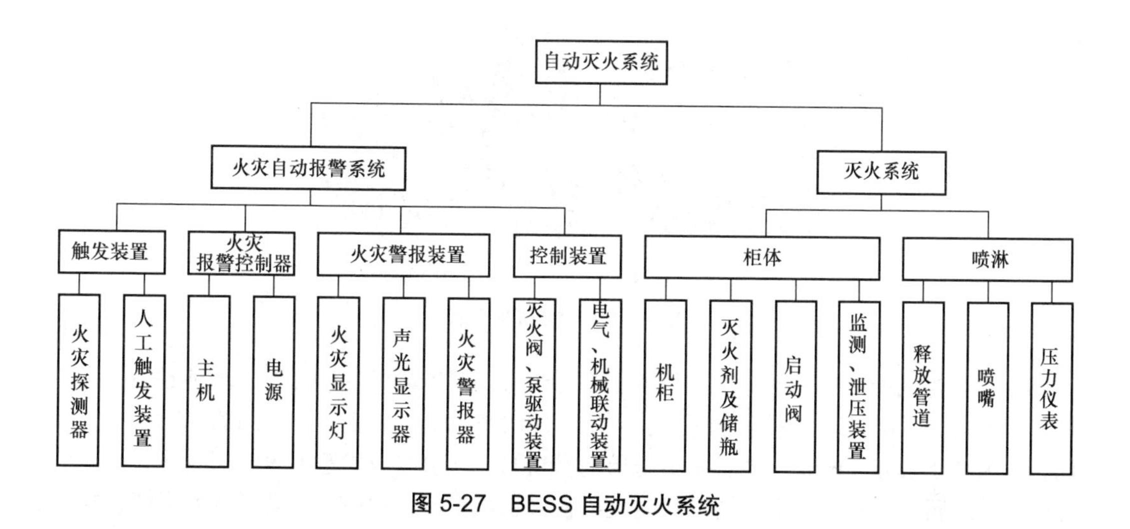

图 5-27　BESS 自动灭火系统

BESS 自动灭火系统内部主要包含火灾自动报警系统及灭火系统两部分，两者协同工作，集探测、报警、实施灭火功能于一体。

5.6.2.1　火灾自动报警系统

火灾自动报警系统包括触发装置、火灾报警控制器、火灾警报装置、控制装置等。

1. 触发装置

手动或自动产生火灾报警的装置即为触发装置，包括各种火灾探测器、手动火灾报警按钮及紧急启停按钮，如图 5-28 所示。其中，手动火灾报警按钮及紧急启停按钮安装于集装箱外入口处。

火灾探测器是火灾自动报警系统中进行火情收集、判断并采取后续处理措施的关键基础性器件。其内部主要由火灾参数传感器、探测信号处理电路和火灾判断电路组成。火情信号借助物理或化学作用，由火灾参数传感器转化为某种测量值，再经过信号测量处理电路和火灾判断电路产生开关量报警信号。也有直接输出模拟量信号的火灾探测器，最终的火情判断则由火灾报警控制器完成。根据不同的火灾待测参数，火灾探测器主要分为感烟火灾探测器、感温火灾探测器、感光火灾探测器和气体火灾探测器，以及其他如烟温、烟光等复合式火灾探测器。

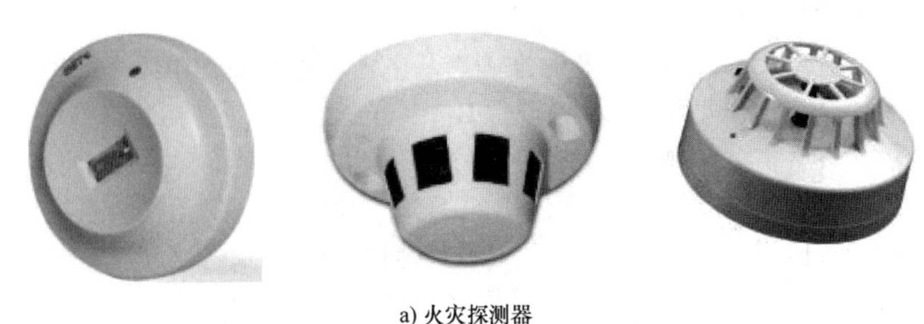

a) 火灾探测器

b) 手动火灾报警按钮　　c) 紧急启停按钮

图 5-28　火情触发装置

感烟火灾探测器在火灾的前期和早期，都有十分及时准确的探测效果，即使在 BESS 中电池组密集堆放，或电气设备密集排布可能出现阴燃的情况下。感烟火灾探测器，因工作原理的不同，分为离子式和光电式，两者应用场景基本相同。其中离子式感烟火灾探测器，可凭借其内置的微处理器和软硬件配合，构成智能化离子火灾探测器，进一步提高了真实火情的探测能力。智能化离子火灾探测器，具备灵敏度自动调整、自动诊断和自动报警功能，而且能够使得实际的报警阈值依据浓烟浓度变化率大小采取不同的下降速率，提高实际火情探测能力，有效识别并发出警报。但光电式感烟火灾探测器，相对更为敏感，对人眼看不见的微小颗粒，如油漆味、烤焦味甚至一些分子量大的气体分子，都有可能触发警报。在风速较大的地方，如空调风口或风扇附近，也会造成其工作不稳定。此外，感烟火灾探测器也不适用于常有粉尘及水蒸气的场所，因此，必须时刻保持 BESS 电池室的密封性和洁净度。

感温火灾探测器工作稳定，不易受非火灾烟尘的干扰，即使在有水蒸气及相对湿度大于 95% 的场合也依然适用。感温火灾探测器分为定温式火灾探测器、差温式火灾探测器和差定温式火灾探测器。其中定温式火灾探测器是在规定时间内，火灾引起的温度上升超过某个阈值时，启动报警；差温式火灾探测器是在规定时间内，火灾引起的温度上升速率超过某个阈值时，启动报警；差定温式火灾探测器兼具了前两者的结构和优点，能够兼具过温和温升变化率过快两种保护功能，因此在消防系统中最为常见，而且两种功能相对独立，某一功能的失效不会影响另一功能的正常工作。感温火灾探测器性能主要表现为灵敏度。通常将感温火灾探测器的灵敏度标定为三个等级，即一级、二级和三级，并分别用绿色、黄色和红色三种色点标记表示。对于定温式火灾探测器，其标定的动作温度通常有60、65、70、75、80、90、100、110、120、130、140、150℃等，误差限度在 ±5% 以内；对于差温式火灾探测器，标定动作温升速率通常有1、3、5、10、20、30℃ /min 等；对于差定温式火灾探测器，则分别按照以上两种方式标定。而对于相同标定值而言，火灾探测器灵敏度越高，则动作时间就越短。以一级灵敏度感温火灾探测器为例，定温式动作时间上限40s，动作时间下限30s；差温式动作时间上限4min2s，动作时间下限30s（10℃ /min）。

感温火灾探测器对于火灾探测的初期，特别存在阴燃的情况下，效果较差。因此，在BESS中，常与感烟火灾探测器配合使用，并选用差定温式感温火灾探测器。一般而言，BESS火灾发生初期就有大量烟雾产生，此时由感烟火灾探测器首先动作，起到早期火灾探测的效果，而后感温火灾探测器检测到空间温度的变化则已表明火灾已经发展到应该采取灭火措施的程度了。

感光火灾探测器，又称火焰探测器，主要对火焰中波长较短的紫外线和波长较长的红外线进行强度与闪烁频率的探测。同样对于BESS火灾初期，存在阴燃或者柜内燃烧的情况下，无法及时报警，且相对于前两者价格昂贵。

气体火灾探测器，目前主要用于宾馆厨房或存在可燃气体、有毒气体的场所；用于BESS的火灾探测，还处于尝试阶段。

火灾探测器的工作电压及工作电流按照国家标准规定为DC 24（1±10%）V，最大报警电流通常不超过DC 100mA。

上述火灾探测器，可视BESS空间大小和结构方式组合使用，以形成告警、告警+消防动作的灭火逻辑，提高消防系统的可靠性和及时性。火灾探测器的安装位置，应该考虑BESS内部具体的安装空间及设备布局，并参考GB 50116—2013《火灾自动报警系统设计规范》。在安装顶部平整的情况下，常用的感烟火灾探测器保护面积80m^2、保护半径6.7m，而感温火灾探测器的保护面积30m^2、保护半径4.4m。对于BESS集装箱，由于其宽度小于3m，则感温火灾探测器的安装间距不应大于10m，而感烟火灾探测器的间距不应大于15m，火灾探测器到端墙的距离不应大于火灾探测器间距的一半。此外，要求在火灾探测器周围0.5m以内，不应有遮挡物；如果安装于顶部横梁上，则安装位置距离顶部最高点，对于感烟火灾探测器应小于0.6m，对于感温火灾探测器应小于0.3m；当柜体或电池架顶部距离箱体顶部距离小于净空的5%时，则每个被隔开的部分应至少安装一只火灾探测器；火灾探测器与照明灯具保持1m以上距离，与空调送风口保持1.5m距离并宜靠近空调回风口安装，与各种灭火喷淋头则要保持至少0.3m距离。

2. 火灾报警控制器

火灾报警控制器（或消防控制器）如图5-29所示，用于接收、显示和传递火灾警报信号，并可对灭火系统、电气或机械联动装置、声光等警报装置发出控制信号，是整个自动化消防系统的核心；控制器具有电源管理功能，能够实现对主电源、备用电源的切换与维护；此外，控制器还可通过总线通信方式，连接远程工作站或人机界面，实现远程监控或信息交互。

火灾报警控制器，按照控制范围主要分为区域火灾报警控制器和集中火灾报警控制器。其中，区域火灾报警控制器可直接接收保护空间内的火灾探测器或其他触发装置发出的报警信号，而集中火灾报警控制器则主要与区域火灾报警控制器相连，处理区域火灾报警控制器发送的警报信息。因此，区域火灾报警控制器可单独应用于 BESS，独立完成相关的火灾报警工作，而集中火灾报警控制器则需要以区域火灾报警控制器为基础开展工作，可应用于包含了多个 BESS 的大型储能电站。

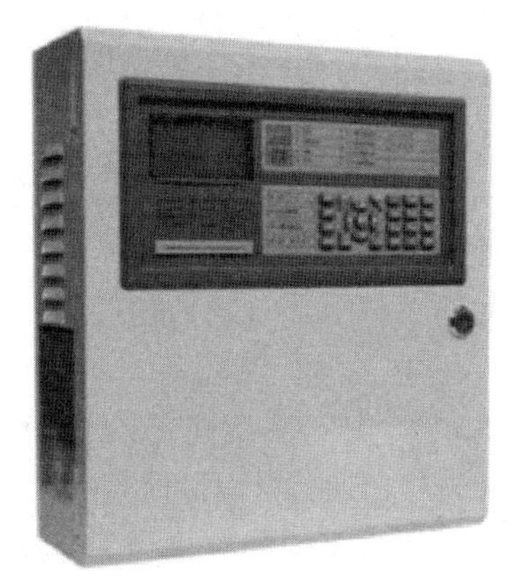

图 5-29 火灾报警控制器

区域火灾报警控制器主要分为主机和电源两个部分，系统如图 5-30 所示。

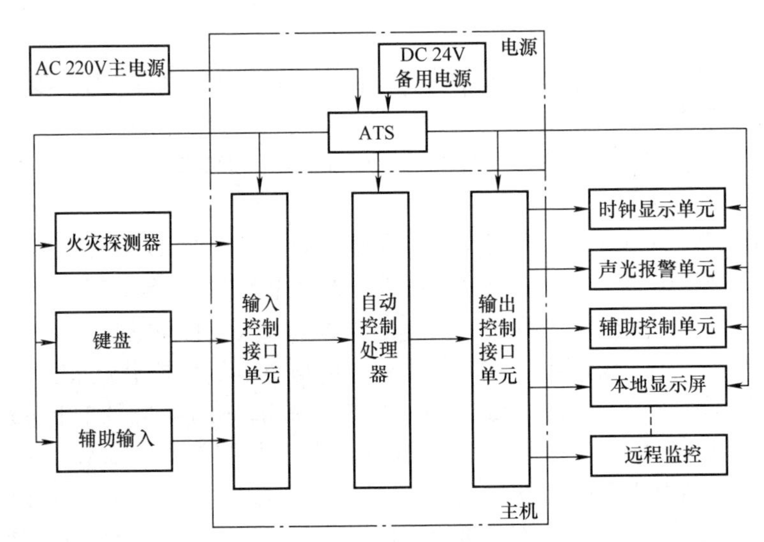

图 5-30 区域火灾报警控制系统

主机接收火灾探测器或其他触发装置传送来的火情信号，并进行处理、报警及采取相应的后续控制动作。因此，其总的内部工作流程是：触发信号—输入控制接口单元—自动控制处理器—输出控制接口单元。同时为了方便参数设置与远程管理，还提供了诸如键盘、显示器之类的人机接口和远程通信总线。电源部分承担主机及火灾探测器的供电。火灾自动报警系统属于消防用电设备，在场站中应该由专门的消防电源供电，并作为主电源。系统也需在内部配置 DC 24V 密封铅酸蓄电池，作为备用电源，备电时间不小于 8h。控制器将完成备用电源的充电、主电源和备用电源的自动切换及电源故障检测保护等，确保系统相关设备的供电稳定性。

对于大型储能电站，可依据 BESS 间的布局或电气连接方式，设置若干区域火灾报警控制器，而后在上一级搭建集中火灾报警控制器，形成本地 - 远程两级管理体系。在功能划分上，当各 BESS 灭火系统采取单元独立式时，区域火灾报警控制器将完成区域内火情探测、判断、灭火、联动等功能，并及时上报火灾信息及灭火动作情况至集中控制器，而集中火灾报警控制器则主要进行场站级火灾报警、事故广播、事故照明及火警电话等功能；而当灭火系统为组合分配式时，则区域火灾报警控制器将完成区域内火情探测、判断、信息上报等功能，由集中火灾报警控制器进行分区域联动及实施区域灭火措施。系统如图 5-31 所示。

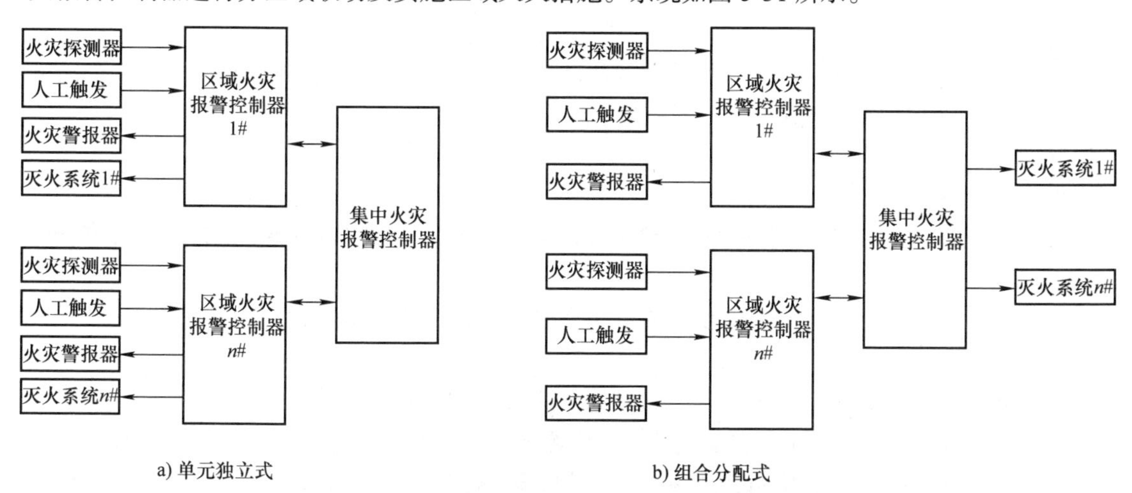

a) 单元独立式　　b) 组合分配式

图 5-31　区域 - 集中两级火灾报警控制系统

区域火灾报警控制器的容量一般为可接入的火灾探测器的数量，而集中火灾报警控制器的容量则为接入的区域火灾报警控制器所连接的全部火灾探测器的数量。区域火灾报警控制器一般为壁挂式，可直接挂在 BESS 集装箱靠近门口的侧墙上，距离地面 1.3 ~ 1.5m，侧面或正面操作，以方便为准；而集中式火灾报警控制器，大多为落地柜式安装。

3. 火灾警报装置

火灾警报装置，如图 5-32 所示，由火灾报警控制器驱动，能够发出区别于环境的声、光的火灾警报，提醒人员采取安全疏散、灭火救灾等措施。其中，在集装箱门内上部设置报警、喷射各阶段的相应声光报警盒，而在集装箱门外上方设置放气指示灯及蜂鸣器。

a) 声光报警盒　　b) 放气指示灯

图 5-32　火灾警报装置

声光报警盒，也称声光讯响器，当BESS发生火灾并被确认后，发出强烈的声光信号，以提醒相关人员撤离，其安装于BESS集装箱内部。

放气指示灯，当灭火气体释放时点亮，防止人员进入，其安装于BESS集装箱入口门顶部。

除上述两种基本警报装置外，火灾警报装置可选择种类很多，还包括警铃、火灾探测器报警灯等，具体应用可由设计人员按照项目现场需求和对火情处置阶段的关注而灵活设计。

4. 控制装置

接收到火灾警报后，能够自动或手动开启相关消防设备，按照原定预设，采取电气或机械联动并显示其工作状态。

在BESS中，当火灾发生时主要采取的联动包括系统紧急停机、切断主回路电源、关闭空调温控系统、关闭内部换热风扇、上报故障信息等。

5.6.2.2 灭火系统

燃烧是一种化学反应，其发生的三要素分别是可燃物、助燃物和高温。通常灭火的方法有以下三种：

1）冷却法，主要将水或者细水雾喷洒于燃烧物表面，通过吸热使温度下降至燃点以下，熄灭火焰；

2）窒息法，主要采用泡沫，将燃烧物与空气隔绝，将火窒息；

3）化学抑制法，主要采用二氧化碳、卤代烷等化学灭火剂，使化学灭火剂参与燃烧过程，销毁燃烧中产生的游离基，中断燃烧的化学连锁反应，达到灭火目的。

BESS电池火灾是一个相对复杂的燃烧过程，包含有机物燃烧、固液体燃烧和气体燃烧等多方面特质。此外，电池内部大量的有机电解质、正负极材料等，在热失控分解过程中，不仅能够产生热量，还能够产生大量可燃物质、可燃气体和氧气，完全满足了燃烧三要素，所以以冷却和窒息为主导的水和泡沫并不能起到很好的灭火效果，且会导致BESS内部设备污染或损坏，仅可作为最终的灭火或防止火势蔓延扩散的手段。目前，大量的研究实验表明，哈龙、七氟丙烷以及Novec1230等以化学抑制作用为主导的灭火剂可以有效地扑灭电池火灾，特别是锂离子电池火灾。

由于哈龙灭火剂对地球臭氧层具有巨大的破坏作用，联合国环境规划署通过《蒙特利尔议定书》及其修正案，要求各国在1994～2005年逐渐停止生产和使用哈龙产品，而我国在1991年加入了相关的公约并由国家环保局和公安部在1996年制定了《中国消防行业哈龙整体淘汰计划》，其中明确要求我国在2010年实现哈龙灭火剂的完全淘汰。至于Novec1230灭火剂，是一种新型洁净灭火剂，在我国消防领域尚未大规模应用，也缺乏相关的国内规范和标准，实践中可参考美国消防协会的NFPA 2001《Standard on Clean Agent Fire Extinguishing System》和ISO 14520-5《Gaseous fire-extinguishing systems-physical properties and system design-part5》等规范文件。因此，目前在BESS中应用最广泛的是七氟丙烷气体灭火系统。

图5-33为单元独立管道式七氟丙烷气体自动灭火系统。

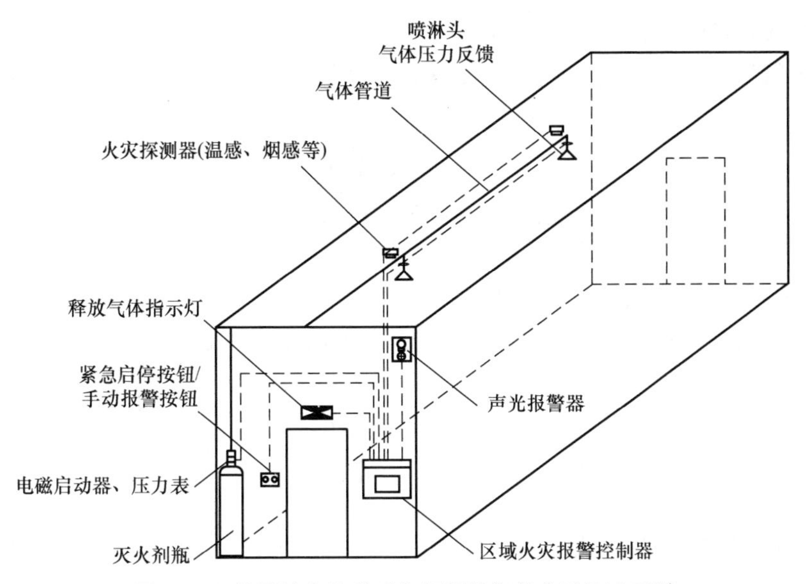

图 5-33 单元独立管道式七氟丙烷气体自动灭火系统

七氟丙烷气体自动灭火系统主要内部设备包括灭火剂存储罐（瓶）、电磁启动器、气体管道、压力表、喷淋头及气体压力反馈等。按照安装方式可分为 BESS 单元独立式及组合分配式；而按照灭火剂释放方式又可分为管道式和柜式，其中柜式七氟丙烷灭火系统省去了气体管道，直接在靠近罐体的顶部安装气体喷头，压力信号传感器也相应集成，因此，较为适用空间小、封闭性好的 BESS 箱体。

自动灭火系统采用全淹没方式，当火灾发生后，在规定时间内向 BESS 箱体内部喷射一定浓度的灭火剂，并使其均匀地充满整个防护空间。

七氟丙烷具有一定的生理毒性，因此在进行灭火释放前，应预留约 30s 的人员疏散时间，且防火区灭火剂最大浓度不宜超过有毒性反应浓度（LOAEL 浓度），即 10.5%。BESS 箱体出口应配置醒目标志、标识以指引人员快速撤离，且所有门均可从内向外快速开启。由于七氟丙烷气体较重，沉积于箱体下部，因此应在箱体下部对外设置通风换气设施，待火灾扑灭后实现内外自然通风或机械排风。BESS 箱体入口处上方设置的气体灭火剂喷射指示灯，在气体喷射后保持长亮，直到通风换气后，以手动方式解除。

七氟丙烷存储罐（瓶）主要分 70L、100L 和 120L 三种，除瓶口安装瓶头阀外，还包括压力指示装置和泄压安全装置。BESS 集装箱中采用的预制灭火系统充压压力不应大于 2.5MPa，安全泄压装置的动作压力（5.0 ± 0.25）MPa，可采用焊接容器。存储瓶应固定牢固，可采用单排或双排固定架。安装环境温度 0 ~ 50℃，避免太阳直射。

依据 GB 50370—2005《气体灭火系统设计规范》的相关规定，BESS 中七氟丙烷气体浓度 C 取 10%，喷射时间 $T \leqslant 10$s，下面进行灭火剂设计用量、喷头孔口面积及泄压口面积计算。

1. 灭火剂设计用量计算

防护区七氟丙烷灭火剂设计用量 W（kg）的计算如下：

$$W = K \cdot \frac{V}{S} \cdot \frac{C}{100-C} \tag{5-25}$$

式中 K——海拔修正系数，随海拔升高而降低，可取 1；

V——防护区静容积（m^3）；

C——七氟丙烷灭火设计浓度（%）；

S——七氟丙烷过热蒸气在 101kPa 和防护区最低环境温度下的比容（m^3/kg）。

七氟丙烷在不同温度下的过热蒸气比容，按下式计算：

$$S = K_1 + K_2 t \tag{5-26}$$

式中 K_1——取 0.1269；

K_2——取 0.000513；

t——温度（℃）。

系统总的七氟丙烷用量，应为防护区灭火设计用量与系统喷放不尽的剩余量之和。而喷放不尽的剩余量，包含存储容器内剩余量和管道内的剩余量，其中前者可按照存储容器内引升管管口以下的容器容积计算，不同容积钢瓶剩余量不同，而后者则按照所有管路总的内容积量计算：

$$W_0 = W + W_1 + W_2 \tag{5-27}$$

式中 W_0——灭火剂总存储量（kg）；

W_1——存储容器内灭火剂剩余量（kg）；

W_2——管道内灭火剂剩余量（kg）。

2. 喷头孔口面积计算

喷头的安装位置主要考虑保护半径，一般为 7.5m。具体喷头孔口面积需要依据喷头设计流量、喷头工作压力和喷头流量系数决定。

以 40ft BESS 集装箱为例，总长度不超过 13m，因此只需在正中位置安装一只喷头即可，则管道内流量 Q_p（kg/s）为

$$Q_p = \frac{W}{T} \tag{5-28}$$

式中 T——喷射时间（s）。

灭火剂输送管道应采用符合 GB/T 8163—2018《输送流体用无缝钢管》的无缝钢管。初选管道管径 D（mm）为

$$\begin{cases} D = 12 \sim 20\sqrt{Q_p} & Q_p \leqslant 6.0\text{kg/s} \\ D = 8 \sim 16\sqrt{Q_p} & 6.0\text{kg/s} < Q_p \leqslant 160.0\text{kg/s} \end{cases} \tag{5-29}$$

管道选用镀锌钢管，管道阻力损失 Δp（MPa）为

$$\Delta p = \frac{5.75 \times 10^5 Q_p^2}{\left(1.74 + 2\log\frac{D}{0.12}\right)^2 D^5} L \tag{5-30}$$

式中　L——管道长度（m）。

“过程中点”容器压力 p_m（MPa）为

$$p_m = \frac{p_0 V_0}{V_0 + \frac{W}{2\gamma} + V_p} \tag{5-31}$$

式中　p_0——存储容器额定增压压力，BESS 中一般取 2.5MPa；

V_p——管道内容积（m^3）；

γ——七氟丙烷液体密度，20℃时，取 1407kg/m^3；

V_0——喷射前，存储容器内的气相总容积（m^3），见式（5-32）。

$$V_0 = V_b\left(1 - \frac{\eta}{\gamma}\right) \tag{5-32}$$

式中　V_b——存储容器容量，如果有多个容器，则为总和（m^3）；

η——七氟丙烷充装率，依据 ISO 14520-5 中的要求，不应大于 1150kg/m^3，一般建议为 844kg/m^3。

高程压头 p_h（MPa）为

$$p_h = 10^{-6} \gamma H g \tag{5-33}$$

式中　H——喷头高度相对“过程中点”时存储容器内灭火剂液面位差（m）；

g——重力加速度，取 9.8N/kg。

喷头工作压力 p_c（MPa）为

$$p_c = p_m - \Delta p - p_h \tag{5-34}$$

要求 $p_c > 0.8$MPa，且 $p_c > 0.5p_m$，如果不满足，可重新选定管道管径 D 加以修正。

喷头孔口面积 F_c（cm^2）为

$$F_c = \frac{10 Q_p}{\mu_c \sqrt{2\gamma p_c}} \tag{5-35}$$

式中　μ_c——喷头流量系数，取 0.98。

喷头孔口面积 F_c 的计算也可直接依据 Q_p，在 GB 50370—2005《气体灭火系统设计规范》中查表获得喷射率 q_c[（kg/（s · m^2）]，按下式计算：

$$F_c = \frac{Q_p}{q_c} \tag{5-36}$$

3. 泄压口面积计算

七氟丙烷气体灭火剂喷入 BESS 集装箱防护区内，会显著增加防护区的内压，如果没有适当的泄压口，防护区的围护结构将可能承受不起增长的压力而遭到破坏，因此必须在集装箱侧壁上设置泄压口。泄压口平时处于常闭状态。由于七氟丙烷较空气重，喷射后会沉积在集装箱的下部，因此泄压口的高度应位于防护区净高的 2/3 以上，这样可减少灭火剂从泄压口流失。当火灾发生，气体自动灭火系统启动后，大量灭火气体被瞬间释放，可能导致箱体内压力迅速超过围护结构设计的允许限值。这时，泄压口将自动打开，释放浮在集装箱上部的空气，降低内部压力，以保护箱体整体结构的安全。当箱内压力降到安全范围内时，泄压口将自动关闭，维持箱体内部灭火剂的灭火浓度，使其达到一定的气体浸渍时间，将火灾扑灭。常见的泄压装置有自动泄压阀和机械式泄压阀，如图 5-34 所示。

图 5-34　泄压阀

泄压口面积 F_X（m^2）为

$$F_X = \frac{KQ_p}{\sqrt{p_f}} \tag{5-37}$$

式中　K——泄压口面积系数，七氟丙烷取 0.15；

p_f——围护结构承受内压的允许压强，轻型（含 BESS 集装箱）和高层建筑取 1200Pa，标准建筑取 2400Pa，重型和地下建筑取 4800Pa。

5.6.2.3　气体自动灭火系统控制逻辑与安装

当 BESS 箱体内部发生火灾，产生烟雾、高温或异常快速温升和光辐射时，感烟、感温和光感等探测器检测到火灾信号，并将该信号经处理电路产生开关量（或模拟量）后传送至消防控制器，也可通过手动报警旋钮向消防控制器通报火警。消防控制器对输入的报警信号进行处理、分析后，确认火警并发出声光告警，提醒相关人员迅速撤离；启动电气或机械联动装置，关闭空调、排风扇等设备。再经过一段时间的设定延迟，发出灭火系统驱动信号，释放灭火气体。同时，通过管道内安装的压力信号反馈，控制器驱动箱体外部安装的气体释放警示灯和警铃，提示正在进行灭火操作，避免人员误入。

当消防控制系统处于自动模式，如果控制器收到两种火灾探测器告警时，即可进入联动 - 灭火程序，但当仅收到一种火灾探测器的告警时，可不采取灭火相关动作，而是进行声光告警，提示运维人员进行目视确认。经人工确认火灾后，可通过手动报警旋钮触发消防控制器进入联动 - 灭火程序，也可通过紧急启停按钮，不经延迟直接启动灭火。

当消防控制系统处于手动模式，控制器仅对探测器的火警发出声光告警，必须经人工确认，才可启动联动 - 灭火程序。

但无论何种模式下，紧急启停按钮都拥有最高权限，可在火灾探测器或控制器未探明火情的前提下，直接启动联动 - 灭火程序，亦或者在气体释放前的延迟阶段，人工排除火警，使系统停止灭火操作。

控制逻辑如图 5-35 所示。

火灾自动灭火系统的施工安装、布线，可参考 GB 50303—2015《建筑电气工程施工质量验收规范》和 GB 50116—2013《火灾自动报警系统设计规范》。火灾自动灭火系统施工前应具备系统图、设备平面布置图、接线图、安装图及消防设备联动逻辑说明等必要文件，做好施工过程中的监管及后续的测试验收。火灾自动灭火系统尽量遵循简单、直接的设计安装原则，避免不必要的附加设备或功能。

火灾消防报警系统的信号检测、传输线路均应采用铜芯绝缘导线或铜芯阻燃线缆，耐压不低于交流 500V，且不同用途的导线颜色应不同，而相同用途的导线颜色应保持一致。明敷线路应穿镀锌钢管或镀锌金属线槽，走线尽量取短，并在金属管上采取防火保护措施，例如在金属管上涂刷防火材料。暗敷时可采用阻燃 PVC 管的保护方式布线，但应敷设在非燃烧体的结构内，其保护厚度不应小于 3cm。敷线完成后，应对每回路的导线用 500V 绝缘电阻表测量对地绝缘电阻，绝缘电阻不小于 2MΩ。

火灾自动灭火系统可采用 BESS 内共用接地装置，接地电阻不大于 1Ω，而各消防电子设备接地线缆线芯截面积不低于 $4mm^2$。

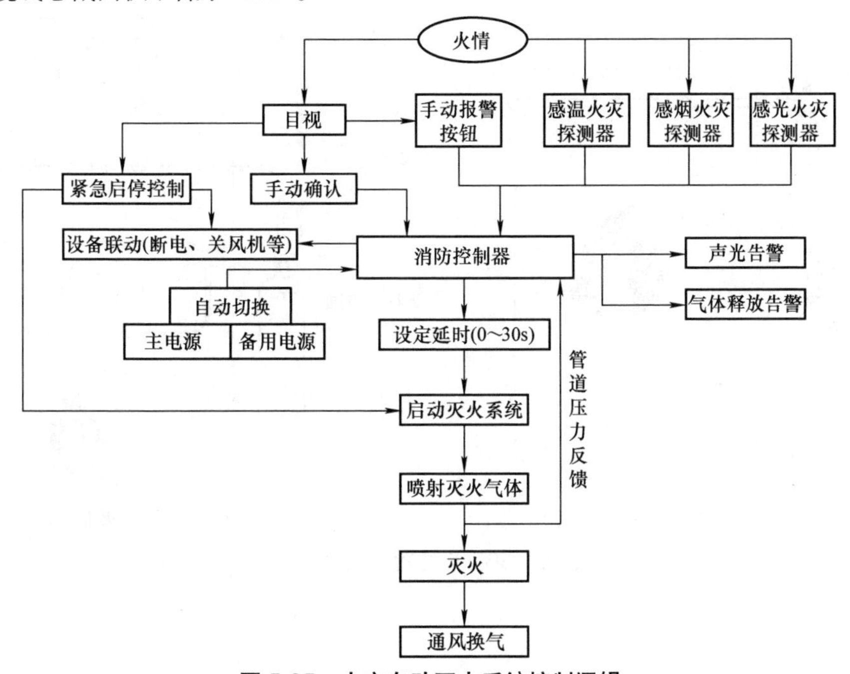

图 5-35 火灾自动灭火系统控制逻辑

5.6.3 火探管灭火系统

以上气体自动灭火系统为一种全淹没式灭火方式，需要一套较为复杂的控制系统和动作逻辑，以确保火灾监测的可靠性和区域内人员的安全性，比较适用于大型 BESS。而对于体量较小的 BESS，则可以选择更为简单的火探管灭火系统。

火探管式自动探火灭火系统，简称火探管灭火系统，是欧洲 ROTARX Group 在消防行业的一个创新发明。作为一套简单、低成本且高度可靠的独立自动灭火系统，无需任何电源、火灾探测器及其他复杂的控制设备和管线，仅利用自身储压实现灭火，主要部件也仅包括装有灭火剂的压力容器、容器阀和火探管。按照气体喷射出口的方式，分为直接式或间接式。直接式火探管灭火系统，将一根与气体存储罐相连的经充压的火探管沿被保护空间或设备内部布置，保护距离约为火探管两侧 1m 范围。当火灾发生时，靠近火源的火探管薄弱处在高温下爆破，从而引发火探系统启动并经爆破口释放灭火气体到达保护区域，起到自动灭火的功能，同时启动警铃报警。可以看出，在直接式火探管灭火系统中，火探管既作为火灾探测装置，又作为灭火气体释放管道。间接式火探管灭火系统的原理与其基本相同，不同的是火探管仅作为火灾探测装置，而另外敷设了专门的灭火气体释放管道与喷头。当火灾发生时，火探管爆破内部压力下降，从而打开气体容器阀门，气体经专门的通道和喷头到达保护区域，同时启动警铃报警。基本原理如图 5-36 所示，而基本系统参数如表 5-6 所示。

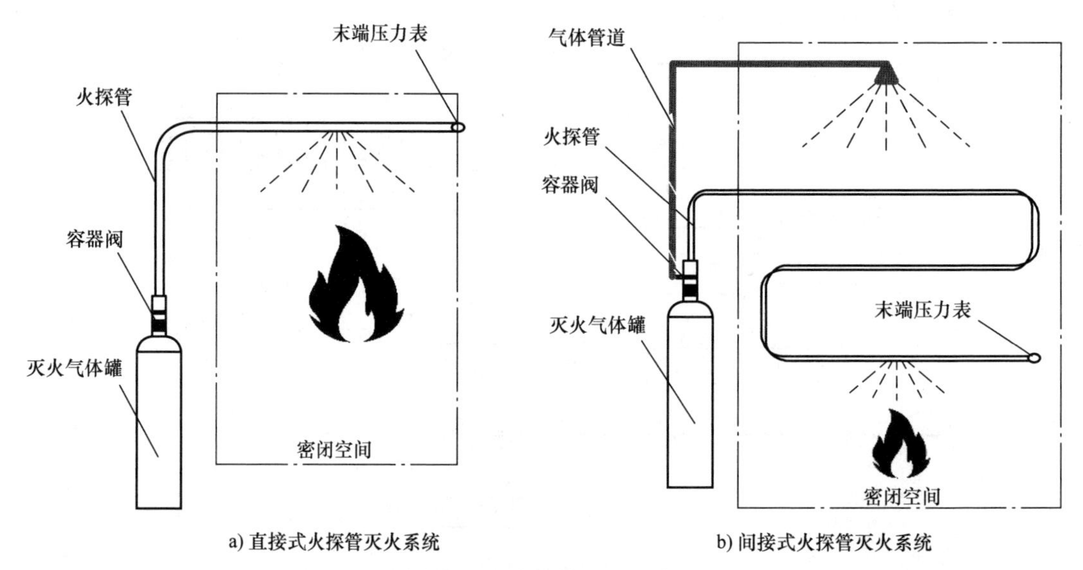

图 5-36 火探管灭火系统

表 5-6　火探管灭火系统基本参数

七氟丙烷装置类型	最大工作压力 /MPa	灭火剂最小量 /（kg/m^3）	火探管最大长度 /m	8mm 管道最大长度 /m	工作温度范围 /℃	单保护区最大容积 /m^3
直接式	1.8	0.7	20	/	0 ~ 50	10
间接式			25	12		100

火探管由一种非金属合成材料制成，具有抗漏、柔韧及有效感温等特点，外径 6mm，内径 4mm，在 160℃左右，20s 内爆破，最大保护长度 50m。

目前，火探管技术涉及的标准主要有 GB 50016—2014《建筑设计防火规范》、GB 50229—2019《火力发电厂与变电站设计防火标准》以及吉林、山西、江苏、福建及陕西的地方标准。在这些标准中，都将火探管灭火系统，作为一种新颖、有效、低成本的小型自动灭火装置，推荐应用于较小密闭空间或设备内部的火灾消防，如电子设备间、配电间、电缆竖井及大型机房机柜内等场所。

相较于全浸没式气体灭火系统，火探管灭火系统具有以下特点：

直接有效，探火管可直接安装在设备内部，一旦出现火灾，可在数秒内动作，直接释放灭火气体到达火源部位，相较于基于火灾感烟或感温探测器的灭火系统，更加快速、有效，且无须浸没整个空间，灭火剂使用量较少；

系统简单、成本低，安装方便，也无需电源设备；

安全环保，机柜内安装的火探管灭火系统，在探测火源后直接进行灭火气体的释放，且短时间内不会扩散至整个空间，所以对操作人员和环境的影响较小。

目前，BESS 集装箱，以 40ft 为例，其空间尺寸不超过 80m^3，完全可以适用间接式火探管灭火系统；而更小型化的 BESS，如 500kWh 左右，其电池室空间尺寸也有可能控制在 10m^3 左右，可以采用更简单有效的直接式火探管灭火系统。

火探管灭火系统为 BESS 的集成和消防设计提供了新的思考方向。可以考虑在大型的集装箱内部，按照一定容量划分多个电池单元，并采用密闭机柜方式进行分隔，这样就可将火探管直接安装在电池机柜内部，当某个电池单元出现热失控后，立刻有针对性地采取灭火措施，在故障早期就切断热失控链式传播途径，也减少了对灭火剂量的使用。

5.7　小结

BESS 集装箱的发展，从初期的为满足安装需求所进行的简单设计，到小规模示范项目应用、大规模工商业项目应用，特别是 2018 年、2019 年的电网侧项目应用，使得 BESS 集装箱的集成化程度不断提高，在结构、电气、热管理和消防配套设计方面都进行了大量的有益尝试与实践，积累了较为丰富的理论与经验，正逐步形成符合 BESS 各应用场景的规范与标准。以集装箱为代表的预制舱，将在安全性、系统集成化、模块化的方向上继续发展，为 BESS，特别是为储能电池提供全天候的防护，也为 BESS 的高密度集成提供更智能化的安装平台。

由于电池自身的电化学属性和材料特点，再考虑较为复杂的生产工艺过程和多样化的应用现场，电池的热失控存在很明显的突发性和不可预测性。尽早探测、定位热失控电池，并及时将灭火剂送达，是确保BESS灭火系统有效性，提升消防性能的关键。可是由于BESS对高密度能量和低成本的追求，使得这一过程困难重重。尽管在电池热失控初期，特别是爆燃前的初爆/泄漏阶段，是进行灭火的最佳时机，但是，BESS大多处于无人值守状态，电池组BMS也未对每一个电芯进行温度检测，初爆产生的气体体量较小且受电池组结构和空间限制，火灾探测器可能无法快速感知，又或者灭火气体无法及时准确送达。这些都对BESS的火灾消防效果产生了直接的不利影响。

借鉴动力电池组消防的经验，加强对每一块电芯的气体泄漏、电压、温度及其变化率的监测，采用微型化灭火系统，并集成至电池组内部，将可能是下一步的发展方向。又或者，采取容量相对较小的单元配置，或在一个大系统中按照消防要求进行分区隔离，也是较为经济有效的方案。

参考文献

[1] 魏婧雯．储能锂电池系统状态估计与热故障诊断研究[D]. 合肥：中国科学技术大学，2019.

[2] 钟国彬，王羽平，王超．大容量锂离子电池储能系统的热管理技术现状分析[J]. 储能科学与技术，2018，7（2）: 203-210.

[3] 晏阳，王梦蔚，姜华．电动公交充电站预制舱式储能系统设计方案研究[J]. 电工技术，2018（7）: 105-107.

[4] 王青松，班新焱，黄沛丰．锂离子电池火灾危险性分级初探[C].2015中国消防协会科学技术年会论文集．北京：中国消防协会，2015.

[5] 李毅，于东兴，张少禹，等．锂离子电池火灾危险性研究[J]. 中国安全科学学报，2012，22（11）: 36.

[6] 司戈，王青松．锂离子电池火灾危险性及相关研究进展[J]. 消防科学与技术，2012，31（9）: 994-996.

[7] 郭志刚．浅议锂离子电池火灾事故危险性及火灾预防对策[J]. 广东公安科技，2017（3）: 52-53.

[8] 黄沛丰．锂离子电池火灾危险性及热失控临界条件研究[D]. 合肥：中国科学技术大学，2018.

[9] 周天，赵晖．锂离子电池生产火灾危险性及防范对策[J]. 消防科学与技术，2017（5）: 716-720.

[10] 平平．锂离子电池热失控与火灾危险性分析及高安全性电池体系研究[D]. 合肥：中国科学技术大学，2014.

[11] 邢志祥，刘敏，吴洁，等．锂离子电池火灾危险性的研究现状分析[J]. 消防科学与技术，2019，38（6）: 880-884.

[12] FRED DURSO J. Elemental questions[J]. NFPA Journal，2012（3/4）: 45-50.

[13] WANG QINGSONG，PING PING，ZHAO XUEJUAN，et al. Thermal runaway caused fire explosion of lithium ion battery[J].Journal of Power Sources，2012，208：210-24.

[14] 金立华 . 锂离子电池火灾危险性分析 [J]. 武警学院学报，2017，33（4）：47-51.
[15] 郭树林，关大巍，梁慧君，等 . 电气消防实用技术手册 [M]. 北京：中国电力出版社，2018.
[16] 刘牛，徐波，陈亚新 . 基于预制舱的电网侧储能电站模块化设计 [J]. 通信电源技术，2019，36（3）：237-239.
[17] 郭鹏宇，王智睿，钱磊 . 储能电站磷酸铁锂电池预制舱火灾事故分析 [J]. 电力安全技术，2019（12）：26-30.
[18] 田慧峰，曹伟武 . 反射隔热涂料热工计算方法研究 [J]. 建筑节能，2010，38（10）：55-57.
[19] 林美 .JGJ/T 359—2015《建筑反射隔热涂料应用技术规程》行业标准解读 [J]. 中国建筑防水，2016（3）：33-37.
[20] 韦延年，黎力 . 建筑用反射隔热涂料应用中的几个热工技术问题 [J]. 中国涂料，2017，32（1）：47-53.
[21] 冯梦萍 . 建筑用反射隔热涂料节能效果研究 [D]. 杭州：浙江大学，2015.
[22] 陈志华，陈滨滨，刘红波 . 钢结构常用涂料太阳辐射吸收系数试验研究 [J]. 建筑结构学报，2014，35（5）：81-87.
[23] ABADA S，MARLAIR G，LECOCQ A，et al. Safety focused modeling of lithium-ion batteries：a review[J]. Journal of Power Sources，2016，306：178-192.
[24] P PING，Q WANG，Y CHUNG，et al. Modeling electro-thermal response of lithium-ion batteries from normal to abuse conditions[J].Applied Energy，2017（205）：1327-1344.
[25] 董海荣，祁少明，麻建锁 . 涂料外饰面的太阳辐射性能及对建筑节能影响的试验研究 [J]. 建筑技术，2011（1）：71-73.
[26] 杨艺云，张阁，葛攀 . 高适用性集装箱储能系统技术研究 [J]. 广西电力，2015，38（6）：10-14.
[27] 罗军，田刚领，张柳丽 . 集装箱式储能系统温度特性研究 [J]. 电器与能效管理技术，2019（9）：48-52.
[28] 朱江，张宏亮 . 锂电池储能系统火灾危险性及防范措施 [J]. 武警学院学报，2018，34（12）：45-47.
[29] 曹文炅，雷博，史尤杰 . 韩国锂离子电池储能电站安全事故的分析及思考 [J]. 储能科学与技术，2020（5）：1539-1546.
[30] LOPEZ C F，JEEVARAJAN J A，et al. Characterization of lithium-ion battery thermal abuse behavior using experimental and computational analysis[J].Journal of The Electrochemical Society，2015（162）：2163-2173.
[31] 丁庆成 . 锂离子电池储能系统设计及应用研究 [D]. 天津：天津大学，2016.
[32] 崔志仙 . 锂离子电池内短路诱发热失控机制研究 [D]. 合肥：中国科学技术大学，2018.
[33] 沈毅 . 集装箱式储能系统的热分析及优化 [J]. 电子世界，2017（11）.29-30.
[34] 王晓松，游峰，张敏吉 . 集装箱式储能系统数值仿真模拟与优化 [J]. 储能科学与技术，2016，5（4）：577-582.
[35] 张子峰，王林，陈东红 . 集装箱储能系统散热及抗震性研究 [J]. 储能科学与技术，2013，2（6）：642-648.
[36] 罗军，田刚领，张柳丽，等 . 集装箱式储能系统温度特性研究 [J]. 电器与能效管理技术，2019（9）：

48-52.
[37] 王琦，韩天兴，贾伟，基于模糊自适应 PID 的储能电池集装箱温度控制 [J]. 自动化技术与应用，2020，39（5）：1-5.
[38] 张洋，吕中宾，姚浩伟 . 集装箱式锂离子电池储能系统消防系统设计 [J]. 消防科学与技术，2020，39（2）：143-146.
[39] 周欣，谢鹏，杨旭 . 应用于风力发电的分散式集装箱储能系统设计 [J]. 现代制造技术与装备，2020（2）：23-25.
[40] 朱业清 . 箱式商用储能系统结构分析 [J]. 科技与创新，2019（3）：33-34.
[41] HANDLER A M C，LAM N T K. Performance-based design in earthquake engineering：A muti-disciplinary review[J]. Enginering structures，2001，23（12）：1525-1543.
[42] 曾亮，郭建炎，袁传镇 . 基于有限元分析的三相共箱 GIS 母线温度场分布 [J]. 水电能源科学，2015，33（9）：196-199.
[43] 朱业清 . 储能系统级散热分析 [J]. 储能科学与技术，2018（7）：92-94.
[44] SALAZAR A R，ALDAR A H. Energy dissipation at PR Farm under seismic loading[J]. Journal of Structural Engineering，2001.127（5）：588-592.
[45] 曹锡仪，小型储能系统模块散热优化 [D]. 苏州：苏州大学，2014.
[46] 游峰，钱艳婷，梁嘉，等 . MW 级集装箱式电池储能系统研究 [J]. 电源技术，2017（11）：1657-1659.
[47] 祝德春，范志刚，吴明 . 新一代智能变电站预制舱热设计与舱内热环境数值模拟及评价 [J]. 机械制造与自动化，2017（1）：126-152.
[48] 贾伟，窦辉，严华 . 新一代智能变电站预制舱极端高温环境下散热技术研究 [J]. 工业 B，2016（7）：241.
[49] 王雷涛，齐小赞，周挥毫 . 新一代智能变电站预制舱照明设计 [J]. 电气应用 .2014，33（20）：126-129.
[50] 姜成元，沈轶群 . 新一代智能变电站预制舱低温环境下保温加热研究 [J]. 水利水电，2016（12）：242.
[51] 黄威，陈鹏飞，吉承伟 . 防雷接地与电气安全技术问答 [M]. 北京：化学工业出版社，2014.
[52] 罗晓梅，孟宪章 . 消防电气技术 [M]. 北京：中国电力出版社，2006.
[53] 科迪班 . 寻找热量的足迹：电子产品热设计中的温升与热沉 [M]. 李波，陈永国，王妍，译 . 北京：机械工业出版社，2018.
[54] 徐晓明，胡东海 . 动力电池热管理技术——散热系统热流场分析 [M]. 北京：机械工业出版社，2018.
[55] 王永康 .ANSYS Icepak 电子散热基础教程 [M]. 北京：国防工业出版社，2015.
[56] 王青松，平平，孙金华 . 锂离子电池热危险性及安全对策 [M]. 北京：科学出版社，2017.
[57] 吴静云，黄峥，郭鹏宇 . 储能用磷酸铁锂（LFP）电池消防技术研究进展 [J]. 储能科学与技术 .2019（3）：495 -499 .
[58] 杜炜凝，周杨，于晓蒙，等 . 基于锂离子电池储能系统的消防安全技术研究 [J]. 供用电，2020，37（2）：34-40.
[59] 李春阳，李立强，罗易，等 . 锂电池储能系统消防设计 [J]. 中国新技术新产品，2019（11）：147-148.

[60] 张洋，吕中宾，姚浩伟，等 . 集装箱式锂离子电池储能系统消防系统设计 [J]. 消防科学与技术，2020，39（2）：143-146.

[61] 李国辉 . 锂离子电池储能系统消防安全 [J]. 消防科学与技术，2019，287（5）：48.

[62] 中国电力企业联合会 . 电化学储能电站设计规范：GB 51048—2014[s]. 北京：中国计划出版社，2014.

[63] 中华人民共和国公安部 . 建筑设计防火规范：GB 50016—2014[s]. 北京：中国计划出版社，2015.

第6章 电池储能系统本地控制与远程通信

与电池储能系统（BESS）相关的在线实时控制设备，大致分为两个层级。底层为BESS本地控制设备，如本地控制器或储能系统控制器等，主要完成BESS内部储能变流器（PCS）、能量存储单元、环境与安全保障设备等底层部件的协同与控制，以使得BESS对外呈现为一个统一的可调度、可观测、运行状态自适应、故障状态自恢复的智能化电力单元；顶层为EMS，主要依据储能应用场景的经济模型、历史及预测数据、底层设备实时数据、电力电价政策等外部信息，对BESS的运行模式、功率-时间曲线进行优化调度。但EMS本身并不是BESS的一部分，而是一个完全独立于BESS之外的控制系统。其控制算法，依据能量系统的复杂性和客户最终对能量供给需求的经济性而不同；其管理对象或管理范围，广义上包括BESS、新能源发电单元、常规发电机组、输配电设备及用电负荷在内的所有与能量产生、传输、使用、保护等相关的设备或一个相对独立的区域，如微电网、光储电站等。因此，EMS在网络结构上属于应用层，而其硬件安装位置可以位于BESS项目当地，也可以位于云端。

BESS数据与信息通过网络设备接入SCADA系统，实现了储能系统或整个储能电站的数据集中处理、人机交互、监控和数据交换及远端网络接入。SCADA系统，为BESS及其应用系统，如光储系统、微电网系统、火储联合调频系统等提供了内部信息传输、存储、显示及分析的基础平台，为EMS的决策提供了本地和远程的数据来源，也为BESS及应用系统接收远程控制与人工干预提供了接口。

6.1 电池储能系统本地控制与管理

BESS本地控制与管理架构如图6-1所示。

BESS内部通信架构集成了高低压开关柜、变压器、PCS、电池汇流柜、BMS及其他辅助系统或传感器等，它们均承担着不同的功能，对外有着不同的通信接口与调度方式。如果将BESS内部设备都直接置于储能电站管理系统或EMS的直接控制下，将极大地增加上级管理系统的复杂性，也使得整个储能系统内部各单元和部件之间失去了实时的联络与协调，不利于储能系统整体功能的发挥与快速、一致的故障保护。也或者，如果将PCS或BMS通过功能扩展，使之兼顾对其他设备的管理，虽然从理论上可行，但是也可能导致PCS或BMS功能的非标化，甚至在工程操作中不利于集成商更加灵活地满足客户需求，实现成本的最优。

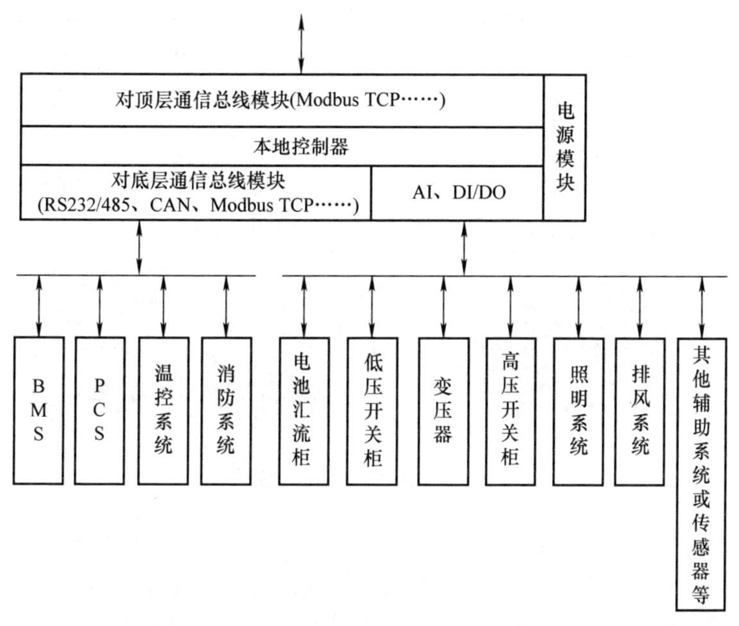

图 6-1　BESS 本地控制与管理架构

因此，基于本地控制器构建 BESS 内部各设备间通信链路，实现信息的实时共享与协同调度，是目前 BESS 实现内部多设备管理的最主要方式。

6.1.1　本地控制器硬件平台

BESS 本地控制器目前没有统一的名称，按照其管理范围可称之为储能系统控制器；按照其控制周期或时间可称之为实时控制器（Real Time Controller，RTC）；而在有的项目中，也可按照其安装的位置，更具体地称之为集装箱控制器（Container Controller，CC）。

本地控制器的主要功能包括：实现 BESS 内部环境、底层设备的信息采集及记录；向 SCADA 系统、EMS 控制系统上传 BESS 内部数据、接受调度指令；依据系统实时状态和外部指令，统一协调 BESS 内部设备工作，达成控制目标；采取自主措施实现紧急状态下的故障保护、故障记录及诊断等功能。

在具体的应用项目中，本地控制器的功能也可以随应用需求而变化。例如，在有的 BESS 中，可能内部包含若干个独立的 PCS+ 电池单元，本地控制器就应根据 SOC 的具体参数协调 PCS 间的功率分配，以实现长期运行状态下的电量均衡；又例如，在一些简单的小型化储能应用系统中，包括中小功率的海岛型微电网，仅包含单一的 BESS、若干光伏逆变器、配电开关或者柴油发电机组时，可以考虑将本地控制器的功能扩展为简单的微电网 EMS，实现光储柴联合供电，或微电网运行模式切换。

此外，本地控制器也并不一定独自承担整个 BESS 对外通信功能。对于 PCS 和 BMS 等设备，往往都具有多通信接口，它们可以依据项目需要直接与 EMS 或 SCADA 系统建立通信。例如，在有些项目中，要求 PCS 具有更快的 EMS 调度响应能力，那么可以由 EMS 直接调度 PCS 工作；又或者，BMS 的大量电池数据信息，包括各电芯电压、电流、温度等，由于体量庞大，也可以不经本地控制器而直接上传至 SCADA 系统中；而事实上，本地控制器的功能实现也无需此类过于详细的数据信息。

本地控制器的硬件平台，依据各系统集成厂商的习惯确定，可以选用嵌入式系统，如基于 ARM 公司 Cortex-A8 架构的应用处理器或选择 PLC，如图 6-2 所示。

图 6-2　本地控制器基本硬件平台

Cortex-A8 处理器是第一款基于 ARMv7 架构的高性能、低功耗处理器内核，其处理器的速率可以在 600MHz 到超过 1GHz 的范围内调节，能够满足功耗在 300mW 以下的移动设备，以及性能优化达 2000 Dhrystone MIPS 的消费类设备应用需求。它具有以下特征：

1）完整的应用兼容性，除了支持传统的 ARM、Thumb 指令集外，还支持高性能紧凑型 Thumb-2 指令集；

2）双发射、超标量微处理器内核，13 级主整数流水线；

3）专用的 L2 缓存，带有可编程的等待状态，以便在高性能系统中获得最佳性能；

4）具有全局历史的分支预测，具有 95% 以上准确性；

5）Jazelle RCT Java 加速技术，优化即时编译和动态自适应编译；

6）支持 ETM 非侵入式调试；

7）具有静态 / 动态电源管理功能。

基于 Cortex-A8 架构的应用处理器主要有 TI 公司的 AM335× 系列、三星公司的 S5PV210、飞思卡尔公司的 i.MX53 系列。其中，AM335× 系列芯片主要面向工业领域，其内核运行频率在 720MHz，芯片具有 CAN 总线、McASP 总线、多路串口、高速以太网等功能，较为适宜 BESS 本地控制器的功能开发需求。

6.1.2　电池储能系统内部通信方式

在具体的 BESS 应用中本地控制器主要对外接口如图 6-3 所示，以实现系统内部设备运行信息采集和运行策略控制，其中通信接口主要包括低速串行接口、CAN 总线接口以及以太网通信接口。

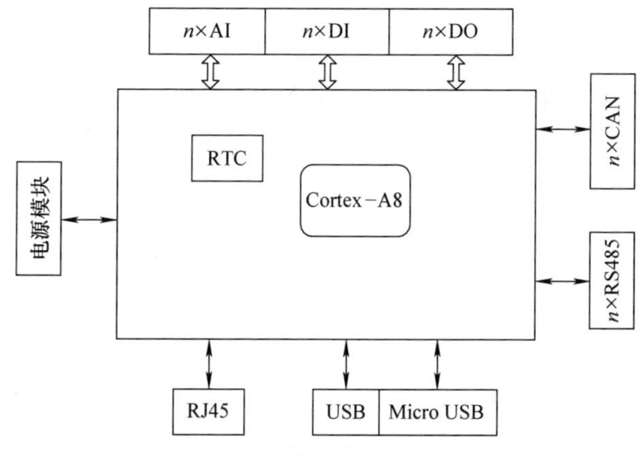

图 6-3　本地控制器对外接口

1. 低速串行接口

低速串行接口，如 RS232、RS422 和 RS485，最初都是由电子工业协会（EIA）制定并发布作为工业通信标准，以保证不同厂家产品之间的兼容性。从 RS232 到 RS485，传输速率不断提高、距离不断延伸、安全性和抗干扰能力也不断增加，具备了多点通信能力，如表 6-1 所示。

表 6-1　低速串行接口

串行接口标准	RS232	RS422	RS485
工作方式	单端 / 不平衡传输	差分 / 平衡传输	差分 / 平衡传输
节点数	1 收 1 发	1 发 10 收	1 发 32 收
最大传输电缆长度	约 15m（< 20kbit/s）	约 1200m（< 100kbit/s）	约 1200m（< 100kbit/s）
最大传输速率	20kbit/s	10Mbit/s	10Mbit/s
最大驱动输出电压	+/−25V	−0.25 ~ +6V	−7 ~ +12V
驱动器负载阻抗	3kΩ ~ 7kΩ	100Ω	54Ω
接收器输入电压	−15 ~ +15V	−10 ~ +10V	−7 ~ +12V
接收器输入门限电压	+/−3V	+/−200mV	+/−200mV
接收器输入电阻	3kΩ ~ 7kΩ	4kΩ（最小）	12kΩ（最小）
驱动器共模电压		−3 ~ +3V	−1 ~ +3V
接收器共模电压		−7 ~ +7V	−7 ~ +12V

以 RS485 为例，其工作模式为主从工作方式，即在一个时刻，只能有一个设备发送信号，其他设备接收信号。因此，在 BESS 项目中，RS485 通信必须采用主从方式，由主设备轮询各设备进行通信，总线工作在半双工方式，接口原理如图 6-4 所示。

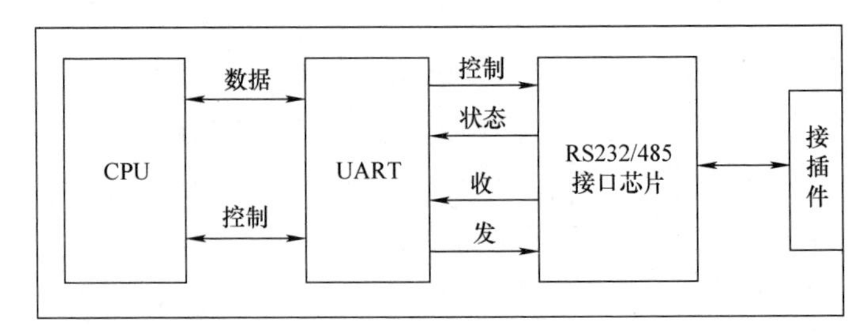

图 6-4　串行接口原理图

由于 BESS 中电气环境比较复杂，在构建 RS485 通信总线时应注意 RS485+ 与 RS485- 数据线一定要互为双绞线，并尽量选用屏蔽多股双绞线。多股是为了备用，屏蔽和双绞是为了提高差模信号传输的抗干扰能力，并应避免和强电电路交叉或并行。RS485 总线多设计为直线形拓扑，如菊花链式总线结构，避免树形结构与星形结构，除非选用 RS485 集线器和中继器，如图 6-5 所示。这是因为分支结构存在一定分支线路长度且经多次累积后易导致总线阻抗不连续，继而产生信号反射。为了防止信号反射，或当总线长度超过 300m 时，可在信号线缆始端、末端分别跨接一个与线缆特征阻抗同样大小的 120Ω 终端电阻，提高信号质量。但是，这样也带来诸如损耗增加、驱动信号幅值降低、线路电压降增大等问题。此外，为了避免 RS485 接口的损坏，应采取良好的接地措施，建议采取总线屏蔽层单点接地方式。

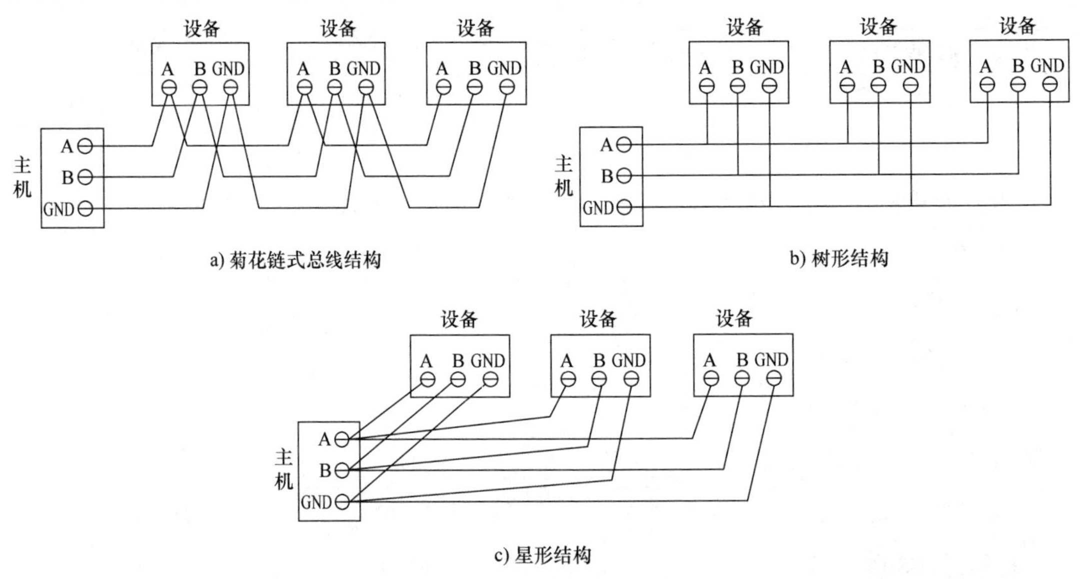

图 6-5　RS485 总线结构

以图 6-3 为例，RS485 接口可配置用于 BMS、储能 PCS、空调系统、消防系统等设备的通信采集与控制，也可作为后台通信采集接口，或作为扩展接口，用于如电表或柴油机的设备通信控制等。

2. CAN 总线接口

CAN（Controller Area Network，控制器局域网络）属于现场总线范畴，是由德国 BOSCH 公司开发，并应用于汽车控制系统和嵌入式工业控制局域网，最终成为国际标准 ISO 11898 及 ISO 11519。其中 ISO 11898 是闭环总线高速 CAN 通信标准，通信速率 125kbit/s ~ 1Mbit/s，总线最大长度 40m；ISO 11519 是开环总线低速 CAN 通信标准，通信速率 5 ~ 125kbit/s，总线最大长度 10km；总线上支持 220 个节点，其接口原理如图 6-6 所示。

相较于 RS485，虽然 CAN 总线也是串行通信，且也采用双绞线，但是其可以工作于多点对多点全双工通信及多主方式，网络中各节点都可根据总线访问优先权采取无损结构的逐位仲裁方式竞争向总线发送数据，数据通信实时性强，可靠灵活，而 RS485 通信只能采用主从模式，也只能采取主站轮询的方式进行，实时性和可靠性均较差；CAN 总线，有完善的通信协议，并可由专门的 CAN 控制器芯片及其接口芯片来实现，大大降低了系统的开发难度，而 RS485 只有电气协议，只能代表通信的物理介质层和链路层，如果要实现数据的双向访问，必须由研发人员自己编写通信应用程序，不具备通用性。

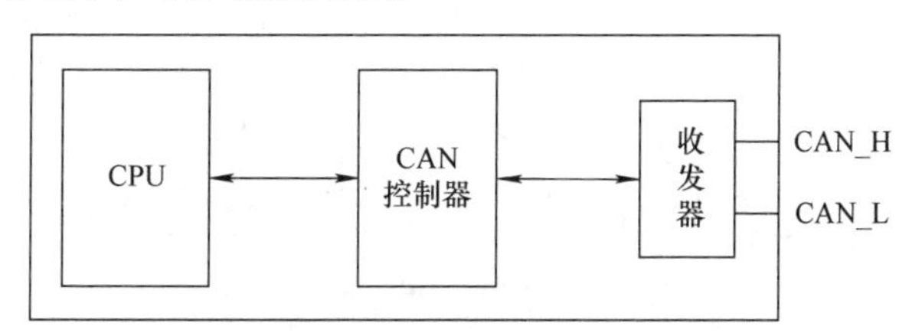

图 6-6　CAN 接口原理

CAN 总线布线时也需采用特征阻抗约为 120Ω 的屏蔽双绞线，以提高通信可靠性。为了避免由于导线直流电阻太大导致的末端信号衰减，总线长度与传输线截面积、波特率的关系如表 6-2 所示。

表 6-2　总线长度与传输线截面积、波特率的关系

总线长度	电缆		终端电阻	最大波特率
	直流电阻	导线截面积		
0 ~ 40m	70mΩ/m	0.25 ~ 0.34mm^2	124Ω	1Mbit/s（40m）
40 ~ 300m	< 60mΩ/m	0.34 ~ 0.6mm^2	127Ω	> 500kbit/s（100m）
300 ~ 600m	< 40mΩ/m	0.5 ~ 0.6mm^2	127Ω	> 100kbit/s（500m）
600 ~ 1000m	< 20mΩ/m	0.75 ~ 0.8mm^2	127Ω	> 50kbit/s（1000m）

CAN 布线拓扑也分为菊花链式总线结构、树形结构与星形结构，如图 6-7 所示。菊花链式总线结构起始设备和末端设备都应该安装 120Ω 左右终端电阻，以消除信号反射现象；树形结构，也是在项目现场使用较多的拓扑结构，安装和维护都较为简便，但由于分支的存在，给信号的可靠传输带来了隐患，需尽量减短分支线路长度，1Mbit/s 波特率下分支线路长度不应超过 0.3m，在总线两端也必须分别加装 120Ω 终端电阻；星形结构，如果能够确保各分支线路长度

相等，则可在每个终端设备处安装终端电阻 R 实现组网，如果无法保证线路长度一致，则需要使用 CAN 集线器。其中，R（Ω）电阻值为

$$R = N \times 60 \tag{6-1}$$

式中　N——分支数量。

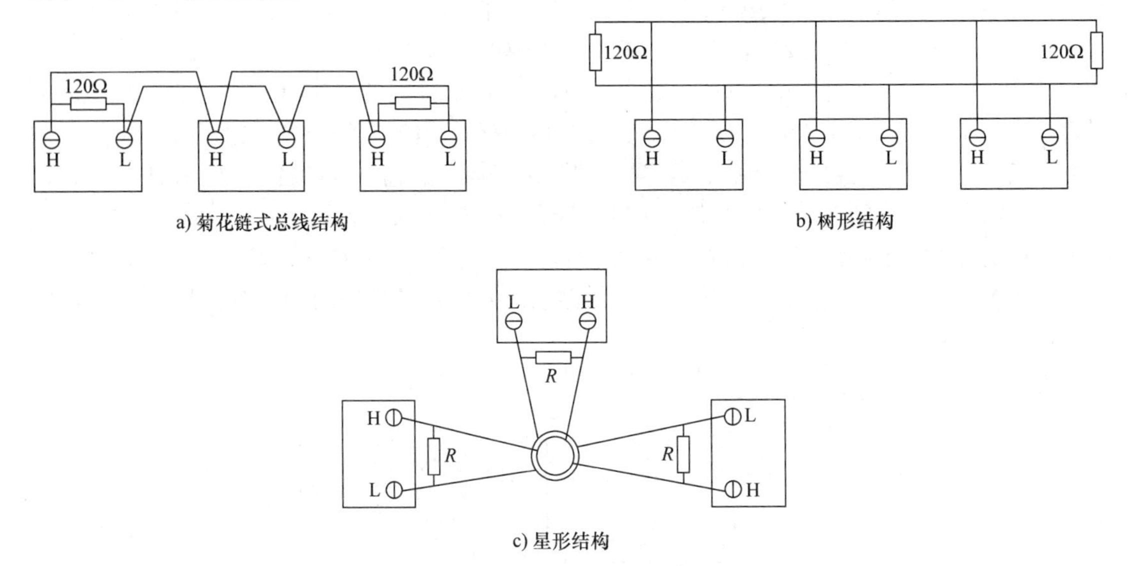

图 6-7　CAN 总线结构

以图 6-3 为例，CAN 总线可用于和 PCS、BMS 等设备通信，以提高对底层设备的控制速度和快速响应能力。

3. 以太网通信接口

以太网通信接口是由 IEC（60）603-7 标准化的模块化插头或插座，并满足 ISO/IEC 11801《信息技术互联国际标准》中的 8 引脚定义。从硬件设计来看，接口电路主要分为媒体接入控制器（MAC）和物理接口收发器（PHY）两大部分，其中 MAC 一般集成在 CPU 中，而 PHY 采用独立芯片，其接口原理如图 6-8 所示。

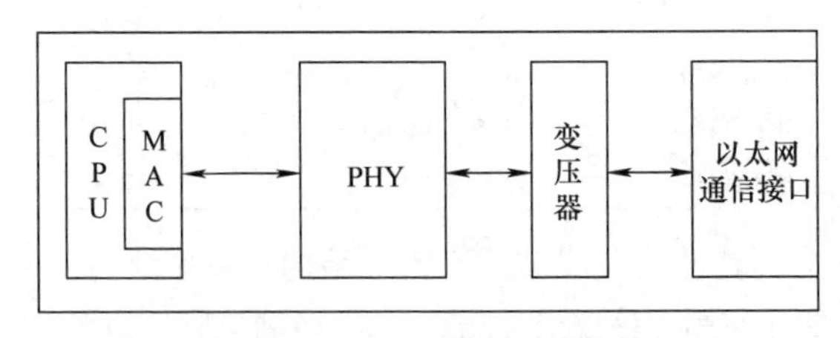

图 6-8　以太网通信接口原理

为了不影响数据传输的有效性，减少耦合电磁干扰，以太网线缆与附近可能产生电磁干扰的电动机、电力变压器等电气设备之间应满足 GB 50311—2016《综合布线系统工程设计规范》

中的要求，保持必要的间距，如表 6-3 所示。

表 6-3　RJ45 最小铺设间距

电缆类型	敷设方式	最小间距 /mm
380V 电力电缆 < 2kVA	双方平行敷设	130
	有一方在接地的金属线槽或钢管中	70
	双方分别都在接地的金属线槽或钢管中	10
380V 电力电缆 2 ~ 5kVA	双方平行敷设	300
	有一方在接地的金属线槽或钢管中	150
	双方分别都在接地的金属线槽或钢管中	80
380V 电力电缆 > 5kVA	双方平行敷设	600
	有一方在接地的金属线槽或钢管中	300
	双方分别都在接地的金属线槽或钢管中	150
SPD 引线		1000/ 最小平行间距 300/ 最小交叉间距
保护地线		50/ 最小平行间距 20/ 最小交叉间距

以图 6-3 为例，以太网通信接口能够提供 Modbus 及 IEC 104 服务接口，可用于 PCS 及其他内部设备的通信，也可用于与外部设备（包括 SCADA 系统、电网调度系统等）的通信。

图 6-3 中其他接口，如 DI 接口用于系统内消防、烟感、变压器温度、急停等监测节点的监控，DO 接口用于外部接触器的控制或分级负荷的投切控制或柴油机的启停控制；AI 接口用于调频模式下外部功率指令的快速接收。

6.1.3　本地控制器软件架构

本地控制器的基本软件设计包括驱动层、服务层、应用层，如图 6-9 所示。

1. 驱动层

驱动层统一了各种设备数据的存储、读取规范，封装了 IO、串口、CAN、ADC 及网络调用等接口，同时也封装了多种常用库函数，提高了数据接口进一步扩展的便利性。

2. 服务层

服务层主要包括线程管理模块、基础通信模块、采集模块、定时模块、参数配置模块、日志模块、Web server 功能模块等，是实现控制器控制管理的主要组成部分，完成相关数据采集和计算，进而控制相关设备状态。

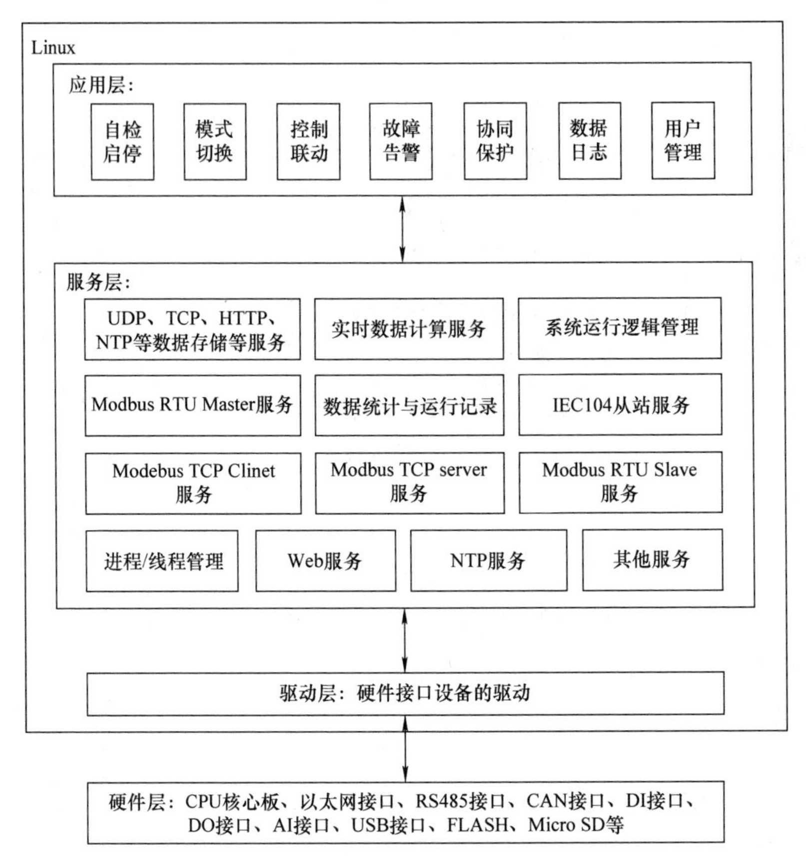

图 6-9　本地控制器基本软件架构

线程管理模块：实现对底层网络通信的线程管理。

基础通信模块：实现下位设备的串口、网口数据交换接口，提供对上位设备的 Modbus、IEC 104 以及 Web server 服务接口。

采集模块：下层设备的 DI、AI 及串口、网口设备数据采集处理。

定时模块：实现储能系统与各类自动化及继电保护装置的时间同步，为控制时序和故障分析提供时间基准。在对时间精度要求不高的场合，可以采用通信报文方式的软对时，也可预留能够接收分脉冲或秒脉冲的硬对时。

参数配置模块：系统组网、运行参数、保护参数、通信参数、控制参数等配置。

日志模块：系统运行记录、故障记录、告警记录、事件记录、实时曲线、历史曲线等功能实现。

Web server 功能模块：由 Web 服务器线程和 Web 管理线程组成，服务器线程提供 Web 访问通道及与其他线程访问的接口，客户端可以直接通过页面对系统监视及控制，包括设备运行状态显示、设备参数设置、运行历史记录、系统信息管理等；管理线程提供与 Web 用户相关的操作以及与 Web 运行相关的定时事务。

3. 应用层

应用层主要实现具体的应用需求，包含自检启停、模式切换、控制联动、故障告警、协同保护、数据日志和用户管理等。应用层将随具体 BESS 的系统配置与应用功能而灵活设计，在有些小型化的储能应用项目中，甚至可以扩大本地控制器的控制范围，将部分 EMS 的功能融入其中，如分时电价、削峰填谷、交流侧限发、新能源平滑、调频等，通过这些独立功能模块，满足不同客户不同应用场景的应用要求。

6.1.4 电池储能系统运行状态与控制逻辑

以并网运行 BESS 为例，本地控制将主要完成系统自检、设备启动、PCS 功率调度、告警运行及故障保护等功能。整个 BESS 的工作过程分为 7 个主要状态，分别是全黑、上电、待机、启动、运行、故障与告警及停机，如图 6-10 所示。

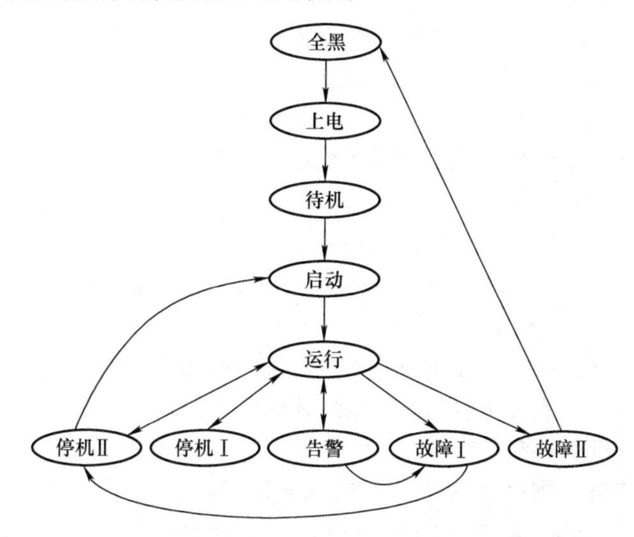

图 6-10 BESS 状态切换

全黑阶段：BESS 内部设备均处于停机状态，且控制电源、主电源未接通。

上电阶段：BESS 借助外部电源或内部 UPS 实现全黑启动，本地控制器将协同内部各主要设备控制器完成系统自检，并等待主电源动力线路上电。特别是空调与加热系统，应在主电源上电情况下，启动制冷或加热程序，为电池营造适宜的工作环境温度。待环境温度满足条件后，本地控制器将系统转入待机状态，等待 EMS 或上位机启动指令。需要注意的是，当采用 UPS 供电方式时，操作人员应及时接通主电源动力线路，避免 UPS 长期放电而亏电，或者及时采用控制电源外接端口为 UPS 补充电力。

待机阶段：BESS 内部环境温度适宜，BESS 等待外部启动指令，并实时检测电网电压、内部环境及各设备工作状况。

启动阶段：本地控制器接收到外部启动指令，依次完成电池电压输出、直流回路电压建立及检测、PCS 运行模式设置、PCS 启动运行等过程；如果并网变压器具备软启动电路，还需完成变压器软启动投入控制等过程；上报 EMS 启动过程中的状态与信息。

运行阶段：本地控制器依据 BESS 工作模式，实现指令下发、运行环境和状态监测、本地数据采集和记录、数据上传、人机交互等功能。在这一阶段，本地控制器将实时依据电池工作状况、环境温度，及时干预 PCS 输出功率，当 BESS 内部包含多组 PCS 并联时，则还需要进行合理的功率指令或电流指令修正。

故障与告警阶段：本地控制器，将 BESS 内部故障状态按照严重程度划分成告警、故障Ⅰ与故障Ⅱ三个等级。对诸如单个电池簇故障停机、PCS 温度过高、直流侧 SPD 偶发告警或者某只消防传感器告警等信息，本地控制器将在系统不停机情况下，采取告警模式，及时通知现场运维人员进行故障排除，或自动降低运行功率，以等待故障在一定时间内自行消失；告警状态可设置时长期限，在时长超限情况下，可转入故障Ⅰ；对于电池簇大范围故障停机、PCS 温度严重超限、电池直流侧长期绝缘故障及温控系统故障等信息，本地控制器将采取相应的保护动作，实现 PCS 功率逐渐降额至停机状态、PCS 交 / 直流侧断开、各电池组在零电流下断开输出开关盒、温控系统及辅助系统继续维持运行，待故障排除后，进入停机Ⅱ；对于火灾等严重故障，即故障Ⅱ，本地控制器将实现内部设备快速停机、快速切断主电源动力线路，但在可能的条件下，应维持一段时间的对外通信，及时传递内部温度、压力等信息，最终系统进入全黑状态。

停机阶段：BESS 接收停机指令，调度系统进入停机状态。停机状态也可分为停机Ⅰ与停机Ⅱ两种模式。停机Ⅰ，仅 PCS 停止交流侧并网输出，但蓄电池组与 PCS 直流侧保持连通，待 EMS 再次下发启动指令时，系统可在很短时间内完成运行输出；停机Ⅱ，PCS 和电池组均停机工作，交直流侧全部断开。在停机状态下，温控消防及其他辅助系统继续维持运行。

BESS 基本控制逻辑如图 6-11 所示。

对于较大型的 BESS，则可能由一个本地控制器管理 n 组储能子系统，即一个 BESS 由 n 个在直流侧电气环节完全独立的 PCS+ 电池组成。在这种情况下，本地控制器一方面应确保总的输出功率满足 EMS 需求，另一方面在 PCS 间应依据电池组 SOC 的具体状态进行功率分配。

BESS 并网 PQ 运行时，本地控制器接收 EMS 功率调度指令 P_{ref} 并综合各子单元 SOC_i 信息，给出第 i 组子系统功率分配指令 $P_{\mathrm{ref}i}$ 为

$$P_{\mathrm{ref}i}=\frac{P_{\mathrm{ref}}}{n}+k\times\left(\frac{\sum_{j=1}^{n}\mathrm{SOC}_j}{n}-\mathrm{SOC}_i\right) \tag{6-2}$$

式中 P_{ref}——BESS 总输出功率，充电为正，放电为负；

SOC_i——第 i 组电池组 SOC；

k——SOC 偏差调节系数。

分配算法如图 6-12 所示。

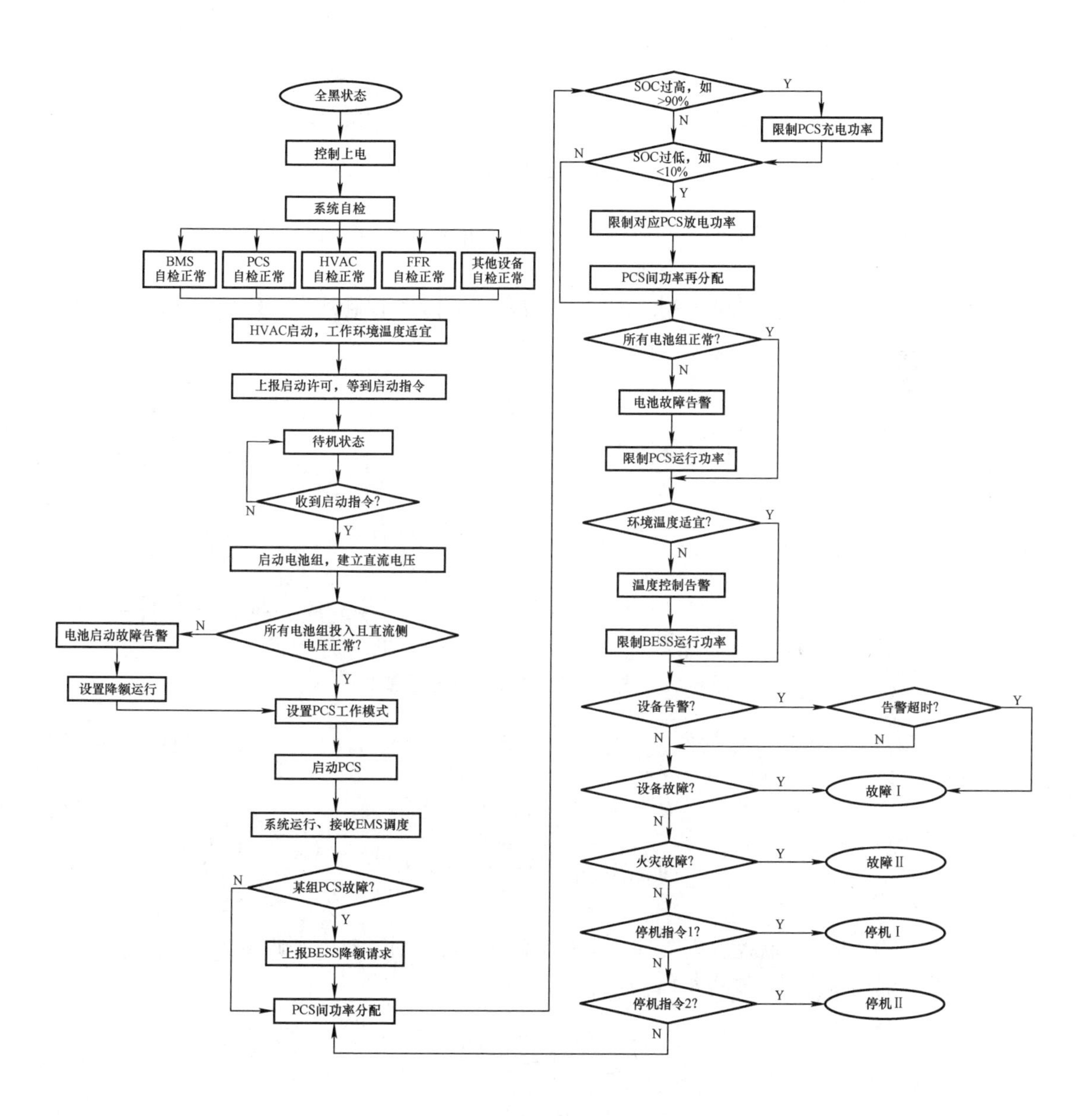

图6-11　BESS基本控制逻辑

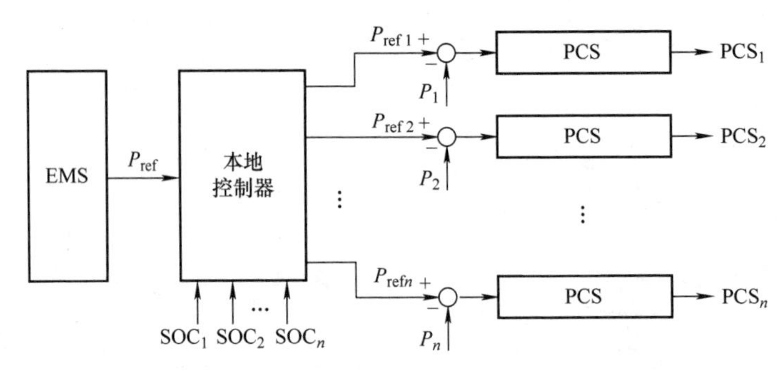

图 6-12　并网模式下功率分配算法

在离网运行情况下，本地控制器则需要依据 PCS 的控制模式来具体产生各 PCS 输出电流或有功功率的修正指令，如图 6-13 所示。

当 PCS 采用主从结构的 VF 控制时，仅一组 PCS 具有 VF 控制外环，并产生电流内环控制指令 I_{ref}，以通信方式如 CAN 总线分配至各从机 PCS。

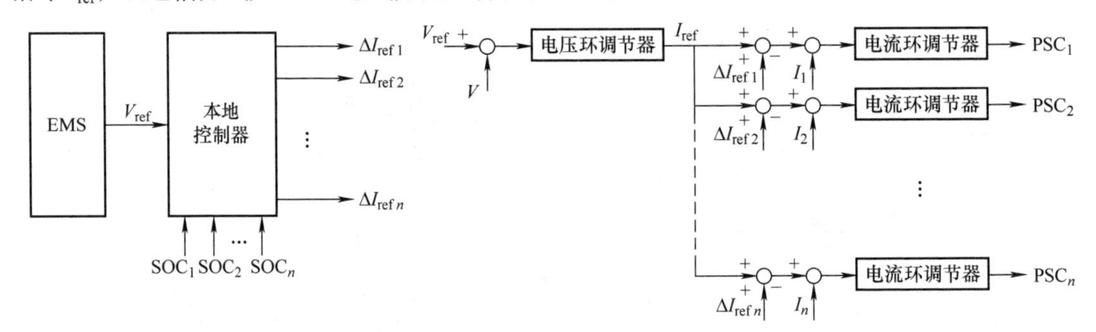

图 6-13　主从 VF 模式下功率分配算法

本地控制器并行计算，提供各 PCS 电流内环指令的修正值 ΔI_{refi}，以实现各电池子系统间均衡管理。

$$\Delta I_{refi} = k \times \left(\frac{\sum_{j=1}^{n} SOC_j}{n} - SOC_i \right) \tag{6-3}$$

当 PCS 采用 VSG 并联控制模式时，本地控制器则可以通过对二次调频量的修正，实现各电池子系统间的均衡管理，如图 6-14 所示。

$$P_{refi}^2 = \frac{P_{ref}^2}{n} + k \times \left(\frac{\sum_{j=1}^{n} SOC_j}{n} - SOC_i \right) \tag{6-4}$$

式中　P_{refi}^2——第 i 组储能子系统二次调频量指令，充电为正，放电为负；

P_{ref}^2——储能系统总二次调频量指令。

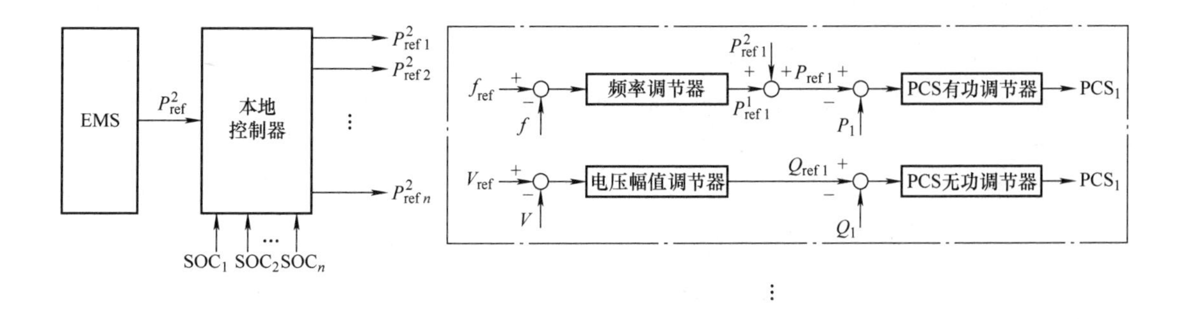

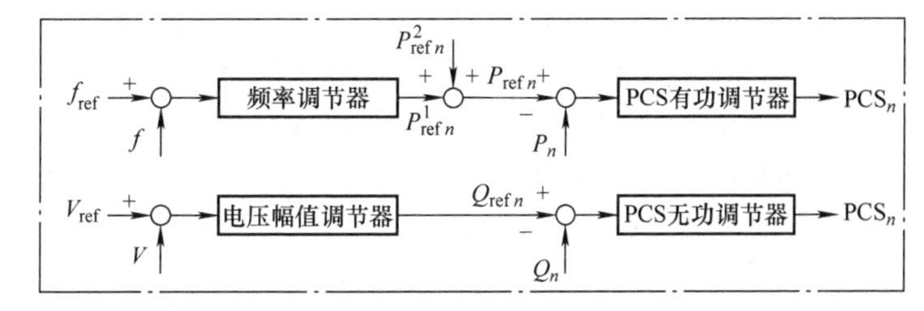

图 6-14　VSG 模式下功率分配算法

本地控制器的功能与控制过程，依据 BESS 的底层设备架构、应用场景而具体设计。如在有些 BESS 中，电池输出采用 DC/DC 方式，本地控制在维持直流母线电压稳定的同时则需要实现各电池组的均衡；如在有些大型储能电站中，则可能多个 BESS 通过本地控制器来构建一个更大的 BESS；如在有些 BESS 设计中，基于成本考虑，会将负荷开关柜与区域并网开关纳入本地控制器的管理范畴，此时本地控制器就不得不部分承担能量管理的功能；而在多模式切换的 BESS 中，本地控制器则需要协同 PCS 完成瞬时的模式切换与长周期的控制目标变更。在当前情况下，本地控制器的应用直接体现了储能系统集成商对客户需求的理解水平、对底层设备的掌握与应用熟练程度，也成为系统集成商基于现有底层设备及其功能，构建储能系统以满足客户需求的主要技术手段，具有很大的项目非标性。因此，本节中仅对本地控制器及其应用做简要说明，不再做详细展开。

基于本地控制器的 BESS 内部管理，在简化了 EMS 调度控制功能的同时，提高了储能系统的集成化水平，实现了储能系统实时的自我管理、自我保护与自我诊断，也为储能系统进一步的智能化发展提供了技术基础。特别随着储能应用场景与规模的不断扩展，以本地控制器为中心构建的通信控制架构，使得储能系统在应用层面能够快速、灵活地响应项目需求，而在设备与硬件层面，却进一步提高了底层设备的功能标准化与通信操作规范化，对整个产业链的发展都具有深远的意义与影响。

6.2 电池储能系统监控与能量管理

BESS 接入电站数据采集与监控（SCADA）系统或实现对外数据通信的基本方式主要有串口通信和以太网通信。串口通信主要以 RS485 接口标准为主，通信线路较少，特别适合计算机和计算机、计算机与外设之间的远距离通信，但速度慢，宜于构建规模不大、实时性要求不高的监控系统。而在大型的 BESS 电站或应用项目中，大多以以太网方式进行组网，各种分布式发电装备、保护装置、测控装置大量直接接入，具有速度快、扩展性好、可靠性高等优点，已经成为计算机监控系统网络结构发展的趋势。

6.2.1 电池储能系统通信设备配置

为保证 SCADA 系统获取每个 BESS 的运行状态和工作数据，一般需要在 BESS 内部配置信息采集设备。信息采集设备应根据场站级 SCADA 系统的需求，实时将 BESS 内信息，如 PCS、BMS、直流回路、配电设备及环境安全等数据上传。信息采集设备分为分立式配置和一体化配置两种，如图 6-15 所示。

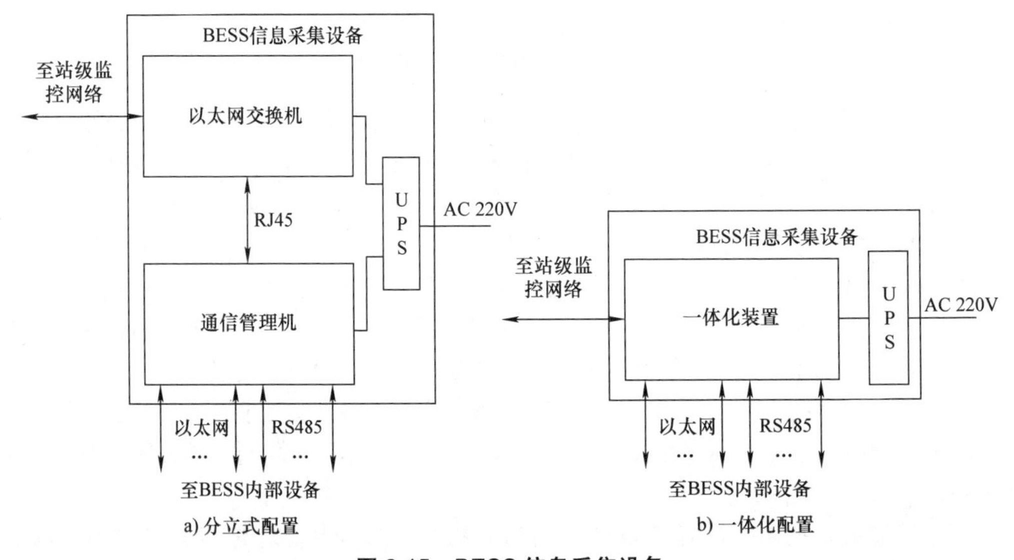

图 6-15 BESS 信息采集设备

分立式配置：包含实现规约转换的通信管理机一台、实现组网的光纤交换机一台以及光纤熔接盒、光电转换装置等附件；

一体化配置：是将通信管理、光纤组网以及变压器保护测控等功能集成于一台设备，并安装在箱式变压器中，使用方式更为简便。

信息采集设备，采用 UPS 供电方式，可独立配置或直接使用 BESS 内置 UPS。

6.2.2　电池储能系统站级 SCADA 系统

针对 BESS 电站的规模和形式，站级 SCADA 系统的以太网网络架构分为单层网络架构、双层网络架构以及环形网络架构。

1. 单层网络架构

单层网络，在 SCADA 系统中只使用一种以太网，将所有站控层、间隔层及设备层直接相连，实现数据交换，结构简洁、清晰。

设备层主要包括变电站或电力系统中的变压器、断路器等操作器件、电流 / 电压传感器等测量器件，以及包括 BESS、光伏电站、风电机组等在内的分布式发电或执行单元。

间隔层则包括测量、控制元件或继电保护元件，如总控制单元、低压保护测控装置、网口保护装置、第三方智能电子设备或保护装置、规约转换器等。一般按照断路器进行间隔划分，负责一个间隔内相关设备的测量、控制、继电保护和数据集中管理，并与站控层通信。

站控层则包括前置机、SCADA 服务主机、操作员站、五防工作站、远动通信装置、公用接口装置、网络设备、打印机等。前置机负责站控层与间隔层各设备间数据通信，并完成站控层内部设备间连接与通信；服务主机、工作站等实现对间隔层数据的存储、分析、处理和显示，提供人机交互接口；远动通信装置，通过调度数据网和数据传输通道负责与远方调度中心进行数据交互，上传全站运行信息，接收调度中心遥控、遥调指令向间隔层设备转发。此外，站控层还包括 GPS 和北斗卫星对时装置，确保站内时钟统一；网关防火墙设备，为接入公共网络和远程工作站提供接口。

为了提高信息传输的可靠性，可以采用双网或多网架构，提高网络的冗余度，如图 6-16 所示。

正常通信时，双网分别传输不同的数据内容，如控制网络传输信息量不大，但速率要求较高的控制信息，而检测网络则传输数据较大，但速率要求相对较低的测量信息，两者可按主备方式运行。主备方式运行时，若其中一条网络出现故障，另一条网络即可承担起传输全部数据的功能，从而提高了系统的实时性和可靠性，但同时增加了网络架构的复杂性与成本。

2. 双层网络架构

双层网络中，SCADA 系统分为上下两个网络层次，分别连通站控层与间隔层以及间隔层与设备层。这两个网络层次相互独立，可以均采用以太网或各自采用不同性质的通信网络，如上层为以太网，而下层为串口通信或现场总线；也可以遵循 IEC 61850 标准，站控层网络采用 MMS，而间隔层网络采用 GOOSE+SVM。

双层网络架构如图 6-17 所示。

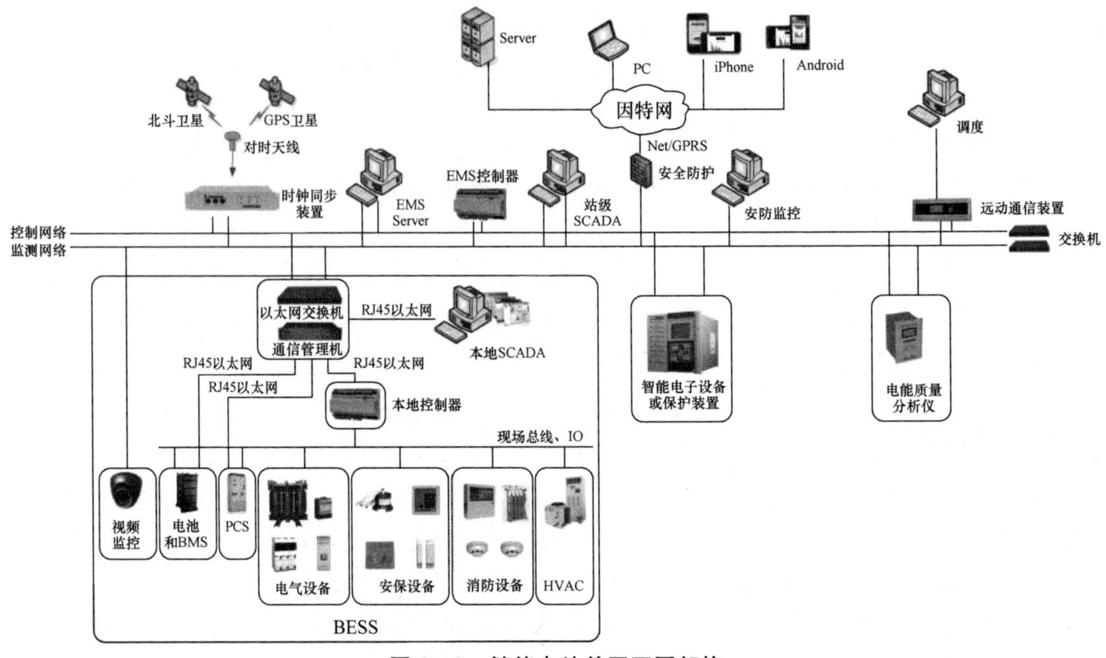

图 6-16　储能电站单层双网架构

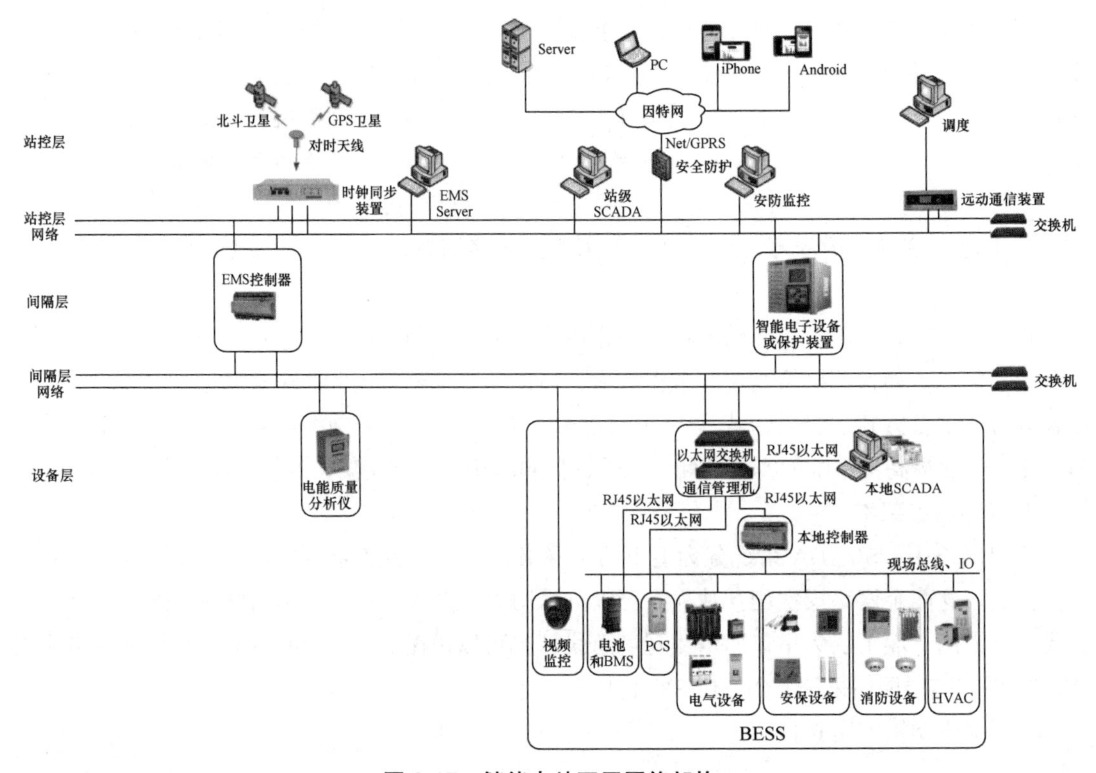

图 6-17　储能电站双层网络架构

3. 环形网络架构

环形网络中具有网络接口的设备，如交换机，通过手拉手方式头尾相连，最终接入站控交换机，实现数据互联通信。主要优点是光纤数量少，成本低；布置简单，维护工作量小，且在环网中出现一个断点的情况下，通信依然正常进行。在具体的 BESS 项目中，可由若干个 BESS 单元通过信息采集设备的交换机组成光纤环网，将信息上传至 SCADA 系统。

环形网络架构，如图 6-18 所示。

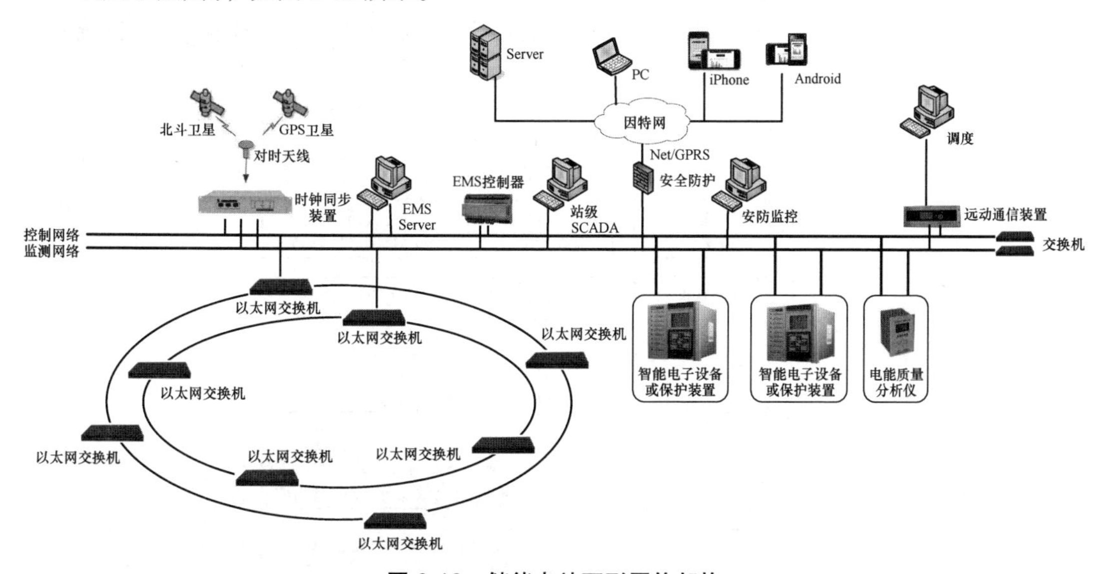

图 6-18　储能电站环形网络架构

6.2.3　能量管理系统

SCADA 系统将电力系统设备相关信息和数据实时采集、集中显示，使得调度人员或运维人员能够及时直观地掌握系统运行状况，并通过人机接口对运行过程发出人工干预指令、修正运行参数。而能量管理系统（EMS）正是基于 SCADA 系统所提供的数字化信息，进一步实现了自动发电控制、网络分析等功能，提高了电力系统的数字化、自动化水平，也为调度人员提供了基于大数据、高级算法的辅助决策工具，增强了他们对电力系统分析与判断的能力。

EMS 在狭义上是指以计算机为基础的现代电网综合自动化系统，主要实现发电控制、发电计划和输电管理；而随着新能源特别是分布式能源和储能技术的发展，EMS 也可以广义地延伸为对区域内电源、配电、负荷的综合管理与调度，实现内部的优化运行、对外部电力系统的友好接入并提供力所能及的支持服务。EMS 可向上接入更大规模、更高层级的 EMS，接受其工作指令和参数设置，而也可向下调度多个发电设备控制器（如 BESS 本地控制器）及负荷管理控制器等。

EMS 的总体架构由两大部分组成，分别是支撑平台与应用软件，如图 6-19 所示，而更完整的 EMS 还应包括调度员培训模拟系统（DTS）。

1. 支撑平台

主要包括量测终端、传输信道、计算机、数据库等。支撑平台是 EMS 的载体和软件功能实现的基础，如优化的计算机体系架构满足了 EMS 对高可靠性、高速度、大容量和可扩展性计算能力的要求；数据库则是将物理模型转化为数学模型，为 EMS 各种应用功能的实现提供所需的数据源；人机交互是调度员及其他各类管理人员与 EMS 进行信息交互的接口，便于实现对电力系统的状态监测、分析和控制，也可实现对运行计划、调度方式的编制、修正及 EMS 运维。

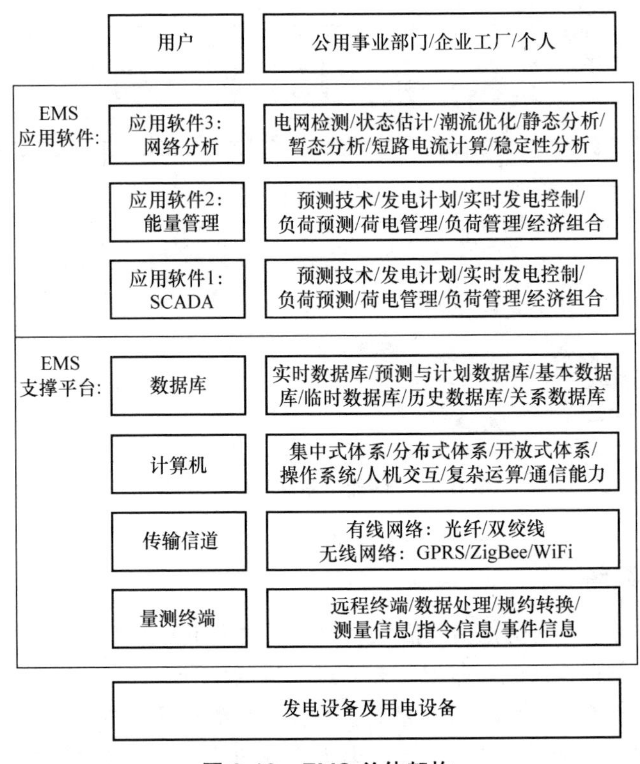

图 6-19　EMS 总体架构

2. 应用软件

对应 EMS 主要的三大功能，分别为数据采集与监控（SCADA）、能量管理和网络分析，如图 6-20 所示。

SCADA 的功能是实时采集电力系统的数据并监视其状态，是 EMS 与电力系统联系的接口，它向能量管理软件和网络分析软件提供实时数据，而能量管理软件通过它向电力系统发送控制指令，网络分析软件向它返回量测质量信息。能量管理软件利用电力系统的总体信息，包括来自 SCADA 的系统功率、频率以及来自网络分析软件的网损修正系数和安全限制值，形成发电计划与预测结果，进行调度决策，主要目标是提高系统运行质量和改善运行经济性。网络分析软件利用电力系统的全面信息，包括来自 SCADA 的实测量与开关状态以及来自能量管理软件的预测结果与发电计划，进行量测质量信息分析，形成网损修正系数和安全限制值，主要目标是提高系统运行的安全性，使得 EMS 的决策实现安全性与经济性的统一。因此，SCADA 是 EMS 的基本常规功能，而以 SCADA 为数据来源的能量管理功能和网络分析功能则集中了 EMS 的主要核心算法，是更高一层级的高级应用功能。这些高级应用功能的工作方式分为实时型和研究型（或计划型）两种。

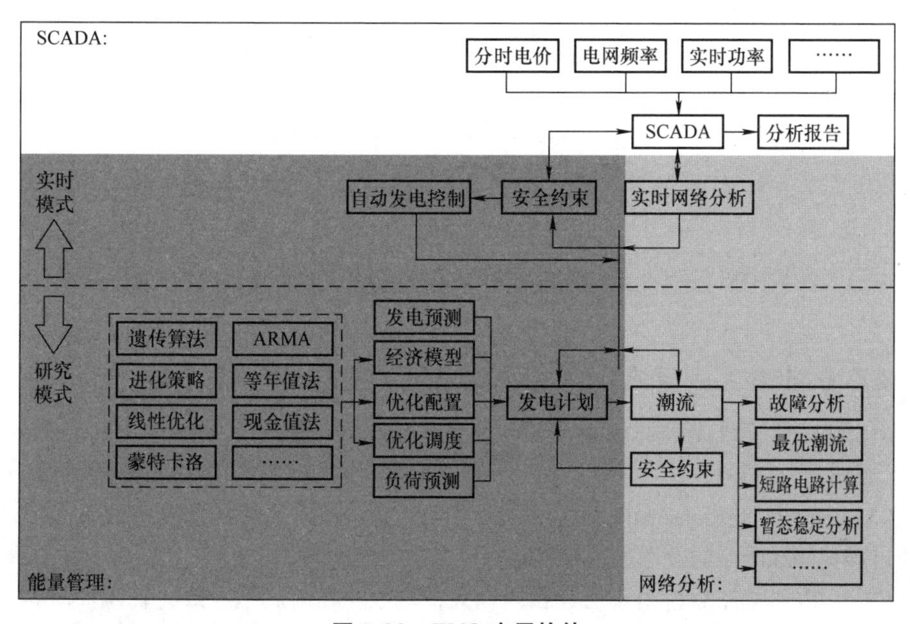

图 6-20　EMS 应用软件

以光储系统为例，除常规的 SCADA 以外，EMS 的高级应用功能可由 EMS 算法服务器和实时控制器两组硬件平台联合承担，如图 6-21 所示。其中，EMS 算法服务器，即 EMS 高级应用（1），主要完成能量管理软件研究模式算法及网络分析软件算法的运行；而实时控制器，即 EMS 高级应用（2），则主要完成能量管理软件实时模式算法的运行，综合 SCADA 提供的实时系统状态及安全约束条件，产生光伏和储能的最终控制指令。

随着电力系统发展的多样化，EMS 的体系架构也正发生着重大的变革，开放式、分布式的体系架构正逐渐取代封闭式、集中式的体系架构，这就对 EMS 自身及其管理和调度的电力系统设备，特别是大量分布式接入的新能源及 BESS 提出了可移植、可伸缩、功能模块化、操作规范化和接口标准化的技术要求。在这一大背景下，IEC 61850 标准在 BESS 中的应用正契合了这一发展趋势。

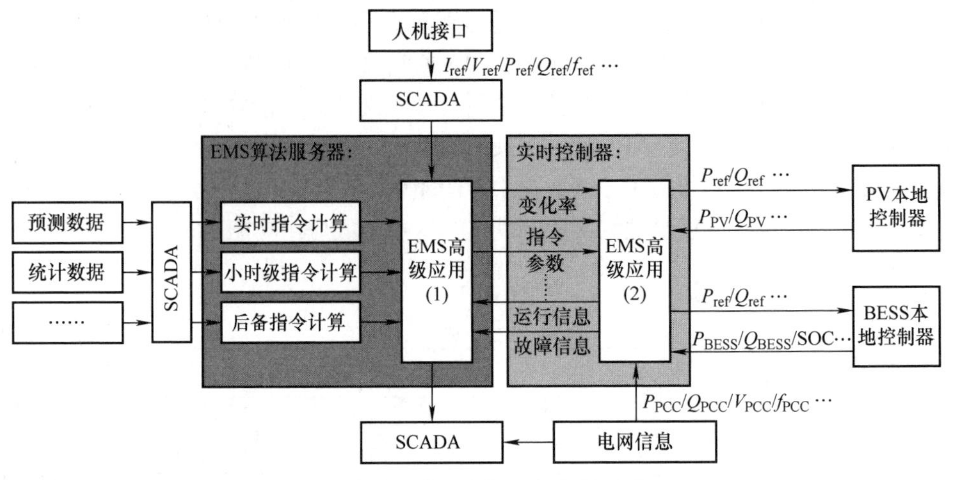

图 6-21　光储系统 EMS 硬件平台

6.3　IEC 61850 在电池储能系统中的应用

6.3.1　IEC 61850 系列标准

IEC 61850 ED1 标准是国际电工委员会（International Electro-technical Commission，IEC）第 57 技术委员会于 2004 年左右颁布的，全称“变电站通信网络和系统（Communication Networks and Systems in Substations）”，应用于变电站通信网络和系统的国际通信标准，也是目前电力系统自动化领域唯一的全球通用标准。

IEC 61850 ED1 发布后，由于内容相当庞大，其中存在前后不一致、表述含糊等问题，导致各厂家或设备使用者在细节的理解与具体操作方面出现了偏差，阻碍了标准的推广和应用。另外，IEC 61850 ED1 也没有给出有关变电站与变电站之间、变电站与控制中心之间通信模式的具体规范，这也制约了该标准在电力系统更大范围的应用和推广。

于是在 2010 年左右，IEC 第 57 技术委员颁布了 IEC 61850 ED2，其内容从变电站扩展至变电站以外电力系统，涉及水电站、分布式能源以及变电站之间、变电站与控制中心之间的通信，标准名称也相应更改为“公用电力事业自动化通信网络和系统（Communication Networks and Systems for Power Utility Automations）”。

IEC 61850 标准制定的主要目的在于为不同厂家的设备互联提供互操作性、功能自由配置性和长期稳定性。

互操作性，即不同制造厂家提供的智能电子设备（IED）可实现顺畅地无缝数据集成和信息共享，而不必再进行繁重的协议转换工作，这为 IED 的功能操作提供了更便捷的信息数据来源，也为更多 IED 在系统中的集成和应用提供了信息支撑。

功能自由配置性，是指为满足变电站自动化或电力系统自动化功能和性能的要求，灵活、自由实现设备功能的分配和通信网络的配置，支持用户集中式系统和分散式系统的各种应用场景。

长期稳定性，体现在系统应用与通信的分离，使得通信、计算机等新技术的发展能够不断应用并完善现有电力自动化系统。IEC 61850 基于网络通信平台，实现了电力系统从调度中心到变电站、变电站内自动化保护设备、分布式发电设备、计量和测量设备、监视控制设备等的规范化建模与标准化通信。这就使得传统电力系统或电力设备的通信调度在获得了良好扩展灵活性的基础上，可兼容主流通信技术、计算机软硬件技术的最新成果，为未来电力自动化通信系统的发展指引了主流的国际方向。

IEC 61850 一共分为 10 个主要的章节，其内容从基本定义，到基本通信架构、特殊通信服务，从系统和工程管理，再到一致性测试，内容全面、体系完整，而且随着应用范围的逐渐扩展，不断有新的内容加入，更为具体的工程实践提供了详实的应用导引。

以最初的 IEC 61850 ED1 系列标准为例，如图 6-22 所示，包含了变电站自动化系统从 IED、工程管理到数据建模和网络通信的一系列内容。

IEC 61850-1 基本原则，对该标准的情况进行了总体的介绍。

IEC 61850-2 术语，对该标准涉及的专业用语进行了阐述。

IEC 61850-3 一般要求，主要包括可靠性（故障弱化、元件冗余、故障安全设计、数据完整性）、可维护性、系统可用性及安全性等方面的质量要求，以及应用的环境条件、辅助条件和涉及的其他标准和规范。

IEC 61850-4 系统和项目管理，工程方面主要包括质量分类、工程文件、工具等；系统方面主要包括周期、产品版本、工程交接及后期服务；质量方面主要包括质量管理流程、责任、测试设备、测试内容（系统测试、型式试验、工厂验收及现场验收）等。

IEC 61850-5 功能通信要求和装置模型，主要包括一些概念和功能的定义，如逻辑节点（LN）、逻辑通信链路、通信信息片、变电站自动化系统功能等，以及它们之间的相互关系。

IEC 61850-6 系统结构描述语言，包括对装置、系统属性和配置的 SCL 语言描述。

IEC 61850-7 变电站和馈线设备的基本通信结构，其中 IEC 61850-7-1 主要包括理论知识以及运作模式，分别从应用、设备、通信的观点为对象建模，模型分别是逻辑节点及数据、逻辑设备及物理设备、客户及服务器等；IEC 61850-7-2 抽象通信服务接口（ACSI），包括对 ACSI 的描述、服务标准以及所采用的数据模型；IEC 61850-7-3 对公共数据类（CDC）及属性进行了描述和定义；IEC 61850-7-4 对兼容的逻辑节点类和数据类，包括逻辑节点（LN）的定义和数据类的定义。IEC 61850-7-2 ~ 4，详尽地描述了各种对象模型的数据类和服务，是后续 IEC 61850-8、IEC 61850-9 的前提和基础。

IEC 61850-8 特殊通信服务映射（SCSM），该标准将 ACSI 映射到 MMS。MMS 是在 ISO/TC184 开发和维护的网络环境下计算机或 IED 之间交换实时数据和监控信息的一套独立的国际标准报文规范，也是目前唯一可以很方便地支持 IEC 61850 标准的复杂命名和服务的协议。该协议适用于站控层设备与间隔层设备之间，或站控层和间隔层内部设备间的特殊通信方式。

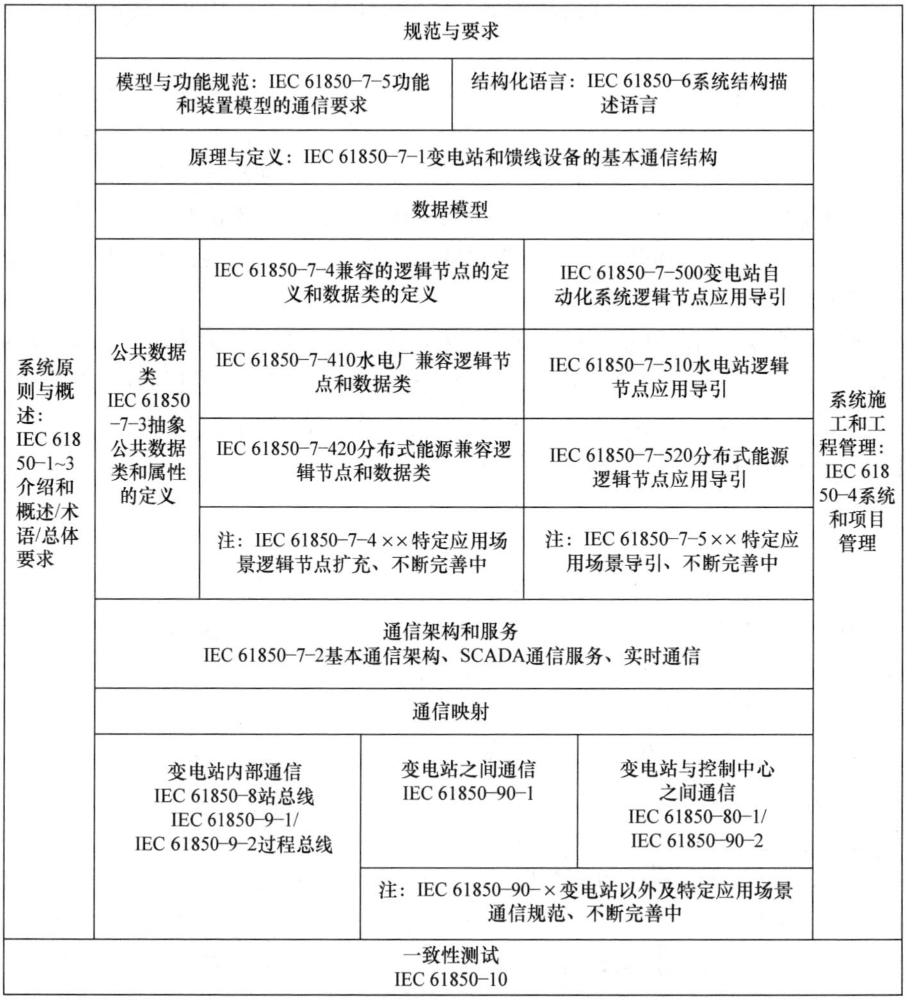

<table>
<tr><td rowspan="12">系统原则与概述：IEC 61850-1~3介绍和概述/术语/总体要求</td><td colspan="3">规范与要求</td><td rowspan="12">系统施工和工程管理：IEC 61850-4系统和项目管理</td></tr>
<tr><td colspan="2">模型与功能规范：IEC 61850-7-5功能和装置模型的通信要求</td><td>结构化语言：IEC 61850-6系统结构描述语言</td></tr>
<tr><td colspan="3">原理与定义：IEC 61850-7-1变电站和馈线设备的基本通信结构</td></tr>
<tr><td colspan="3">数据模型</td></tr>
<tr><td rowspan="4">公共数据类
IEC 61850-7-3抽象公共数据类和属性的定义</td><td>IEC 61850-7-4兼容的逻辑节点的定义和数据类的定义</td><td>IEC 61850-7-500变电站自动化系统逻辑节点应用导引</td></tr>
<tr><td>IEC 61850-7-410水电厂兼容逻辑节点和数据类</td><td>IEC 61850-7-510水电站逻辑节点应用导引</td></tr>
<tr><td>IEC 61850-7-420分布式能源兼容逻辑节点和数据类</td><td>IEC 61850-7-520分布式能源逻辑节点应用导引</td></tr>
<tr><td>注：IEC 61850-7-4××特定应用场景逻辑节点扩充、不断完善中</td><td>注：IEC 61850-7-5××特定应用场景导引、不断完善中</td></tr>
<tr><td colspan="3">通信架构和服务
IEC 61850-7-2基本通信架构、SCADA通信服务、实时通信</td></tr>
<tr><td colspan="3">通信映射</td></tr>
<tr><td rowspan="2">变电站内部通信
IEC 61850-8站总线
IEC 61850-9-1/
IEC 61850-9-2过程总线</td><td>变电站之间通信
IEC 61850-90-1</td><td>变电站与控制中心之间通信
IEC 61850-80-1/
IEC 61850-90-2</td></tr>
<tr><td colspan="2">注：IEC 61850-90-×变电站以外及特定应用场景通信规范、不断完善中</td></tr>
<tr><td colspan="5">一致性测试
IEC 61850-10</td></tr>
</table>

图 6-22　IEC 61850 ED1 系列标准

IEC 61850-9-1 SCSM，规定了串行单向多路点对点传输连接上的映射，规定了适用于间隔层和过程层内以及间隔层和过程层之间的特殊通信服务映射；IEC 61850-9-2 SCSM，规定了以太网传输连接上的映射，规定了适用于间隔层和过程层内以及间隔层和过程层之间的特殊通信服务映射。

IEC 61850-10 一致性测试。

2010 年左右颁布的 IEC 61850 ED2，则相继对 IEC 61850-1、IEC 61850-4、IEC 61850-5、IEC 61850-6、IEC 61850-7-2、IEC 61850-7-3、IEC 61850-7-4、IEC 61850-8-1、IEC 61850-9、IEC 61850-10 标准进行了修改，对基本模型、应用领域和工程配置进行了扩展，新增加了若干

相关的标准和技术规范，如：IEC 61850-7-410，水电站监视和控制通信；IEC 61850-7-420，分布式能源的通信系统；IEC 61850-7-5，变电站自动化系统中的信息模型应用；IEC 61850-7-500，变电站自动化系统逻辑节点应用导引；IEC 61850-7-510，水电站逻辑节点应用导引；IEC 61850-7-520，分布式能源逻辑节点应用导引；IEC 61850-80-1，适用于已经建成并符合 IEC 61850 标准的变电站自动化系统，其在和控制中心的数据交互中，由于受到控制中心接入能力和通道建设的限制，仍采用 IEC 61850-5-101/104 协议；IEC 61850-90-2，应用 IEC 61850 实现变电站和控制中心之间的通信；IEC 61850-90-1，应用 IEC 61850 实现变电站之间的通信；其他特定应用领域的通信规范，如高压电气设备、电力工业以太网、同步相量传输、配电自动化、光伏发电、电动汽车、BESS 等。

通过上述内容可以看出，IEC 61850 特别是 IEC 61850 ED2 在网络和系统方面，对变电站自动化系统，并正逐渐延伸对整个电力自动化系统进行了全面详细的定义和规范，涵盖电力生产的“发、输、变、配、用”各个环节，目前已经成为智能变电站乃至智能电网领域的核心标准之一。

6.3.2　IEC 61850 技术特点

IEC 61850 技术特点包括系统分层技术、使用抽象通信服务接口（ACSI）和特殊通信服务映射（SCSM）技术及面向对象的建模技术。

1. 系统分层技术

该技术将变电站自动化系统或电力自动化系统，从逻辑概念上和物理概念上分为三个层次，分别是站控层、间隔层和过程层 / 设备层，并定义了层与层之间的通信接口，如图 6-23 所示。

在基于 IEC 61850 构建的通信网络中，设备层与间隔层之间以及间隔层内部设备间，可采用 GOOSE、SMV 或 GOOSE+SMV 通信服务；而间隔层与站控层之间以及站控层内部设备间，可采用 MMS 通信服务。

GOOSE，即通用面向对象的变电站事件（Generic Object Oriented Substation Event），由于其模型报文传输映射在应用层专门定义了协议数据单元，经过表示层编码后，不经 TCP/IP 直接映射到数据链路层和物理层，避免了通信堆栈造成的传输延迟，保证了报文传输、处理的快速性和实时性。因此可用于传输控制信号、间隔闭锁信号和跳闸信号等对实时性要求较高的信息，根据 IEC 61850 的规定，GOOSE 信号的通信延迟应小于 4ms。

SMV，即采样测量值（Sampled Measured Value），是一种基于发布 / 订阅机制的、用于实时传输数字采样信息的通信服务。在发送侧，发布方将采样值写入缓冲区；在接收侧，订户从当地缓冲区读值，在值上加上时标，订户可以校验该值是否及时刷新，而通信服务则负责刷新订户的当地缓冲区。

MMS，即制造报文规范（Manufacturing Message Specification），是 IOS/IEC 9506 标准所定义的一套工业控制系统的通信协议，主要用于实现在异构网络环境下智能设备之间的实时数据交换与信息监控。由于其适用于多种智能设备和控制设备的服务，具有很强的通用性，已经被广泛应用于汽车制造、航空、化工、电力等诸多工业自动化领域，功能主要包括信号上送、测量上送、定值、控制和故障报告等。

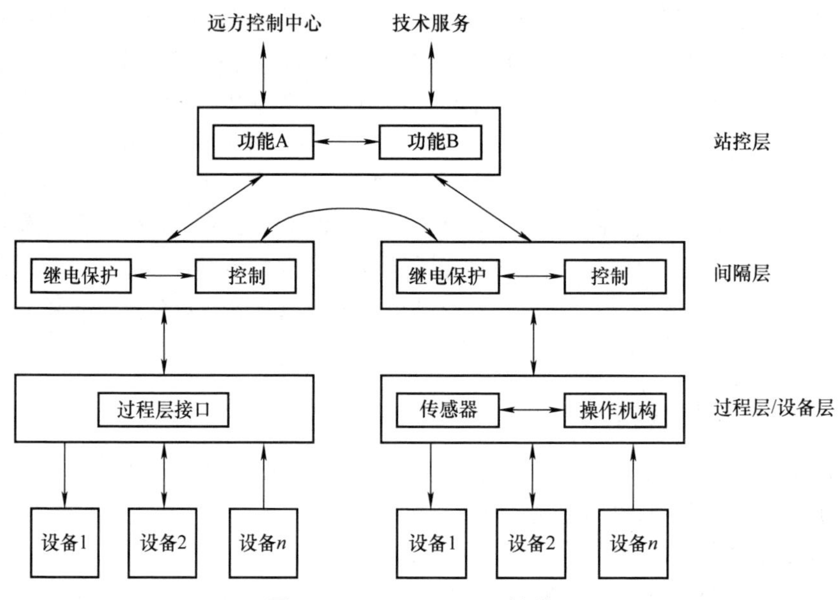

图 6-23 IEC 61850 系统分层

2. 使用 ACSI 和 SCSM 技术

IEC 61850 总结了电力生产、输配和使用环节的特点、要求以及信息传输所需的网络服务，设计出抽象通信服务接口 ACSI，内容包括服务器模型、逻辑设备模型、逻辑节点模型、数据模型和数据集模型，其独立于具体的网络应用层协议，并与采用的具体网络形式无关。客户通过 ACSI，由 SCSM 映射到所采用的具体的协议栈，这样当网络技术发展时只需要改动 SCSM，而不需要修改 ACSI，解决了标准稳定性与未来网络技术发展之间的矛盾。

3. 面向对象的建模技术

IEC 61850 采用统一建模语言（UML），实现对现实世界物体或问题的科学抽象和面向对象的简单准确描述。采用面向对象的建模技术后，可以适应电力系统中不断出现的新功能、新设备，并依据需要传输新的信息，而不必修改已经定义好的通信协议。这使得现场调试和验证工作大为简化。

6.3.3 IEC 61850 建模的基本概念

IEC 61850 关注的是可以在网络上交换传输的数据信息，而设备规范统一的信息模型是实现信息交换机制的基础。因此，设备的信息模型和建模方法是 IEC 61850 的核心。

IEC 61850 标准采用面向对象的分层数据结构模型，基于物理设备（Physical Device，PD）、逻辑设备（Logical Device，LD）、逻辑节点（Logical Node，LN）、数据对象（Data Object，DO）和数据属性（Data Attribute，DA）而构建，相互关系如图 6-24 所示。

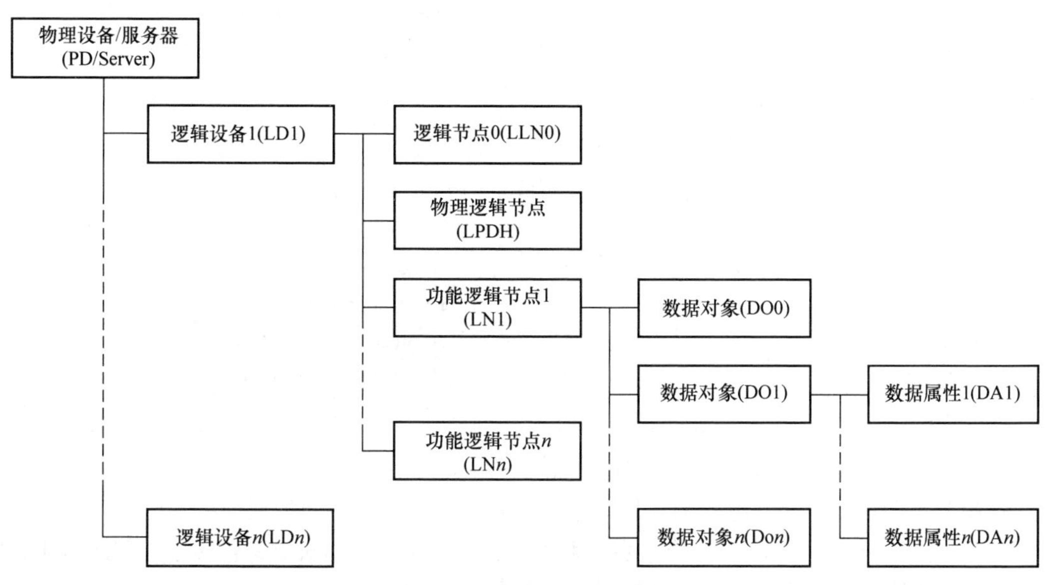

图 6-24　分层数据结构模型

物理设备，一般为智能电子设备（IED），硬件上由一个或多个处理器组成，可接收外部信息和向外发送数据 / 控制命令；其内部具有时钟，可提供时间标志，并能与外部进行时钟同步。物理设备由服务器（Server）和应用组成，而在通信网络中一个服务器就是一个功能节点，它能够通过抽象通信服务接口（ACSI）提供数据，或允许其他功能节点访问它的资源。一个物理设备可包含一个及以上的逻辑设备。

逻辑设备，是一种依据物理设备实际的应用功能而抽象形成的虚拟设备，为了通信目的而聚集了相关逻辑节点和数据。一个逻辑设备至少包含 3 个逻辑节点，分别为 LLN0（逻辑节点 0）、LPHD（物理逻辑节点）和 1 个以上的 LN（功能逻辑节点）。其中，LLN0 居所有逻辑节点之首，主要针对逻辑设备的工作模式、性能、健康状况和铭牌等信息进行描述；LPHD 用来代表物理逻辑节点，主要描述物理设备自身的状况、自检情况、设备的物理信息等。

逻辑节点，是用来交换数据的功能最小单元，一个逻辑节点表示一个物理设备内的某个功能，它执行一些特定的操作，逻辑节点之间进行逻辑连接交换数据信息。IEC 61850 最初规定了 90 多个兼容逻辑节点，直到目前还在不断扩充，扩充规则按照其英文命名首字母可分为节点信息、状态信息、定值、测量值和控制等类型，而后三个字母表示其功能，如表 6-4 所示。

表 6-4　逻辑节点

逻辑节点组	类型
LLN0、LPHD	系统逻辑节点（System logical nodes）
PXXX	继电保护功能（Protection functions）
RXXX	保护相关功能（Protection related functions）
CXXX	监视控制（Supervisory control）
GXXX	通用功能（Generic references）
IXXX	接口归档（Interfacing and archiving）
AXXX	自动控制（Automatic control）
PXXX	保护功能（Protection functions）
MXXX	计量和测量（Metering and measurement）
SXXX	传感器和监视（Sensors and monitoring）
XXXX	开关设备（Switchgear）
TXXX	仪用互感器（Instrument transformer）
YXXX	电力变压器和相关功能（Power transformer）
ZXXX	其他电力设备

如逻辑节点 XCBR，用于切断短路电流能力的开关建模，位于 X 组。

逻辑节点包含若干个数据对象，而一个数据对象就代表了不同类型的特定信息，如状态或者测量值等。逻辑节点一般有 20 个左右的数据对象，而每个数据对象又包含若干数据属性。数据属性，最终表征了具体的逻辑节点信息，如开关状态、参数等。

工程建模中，如果每个逻辑节点的每个数据都随意定义，且又必须对每个数据对象分别列出全部的数据属性，那么一方面互操作性无从谈起，另一方面也使得建模过程异常繁杂。因此，IEC 61850 模型中定义了大约 30 个公用数据类型（Common Data Class，CDC），几乎涵盖了电力系统能用到的所有属性。每个 CDC 分别详细定义了数据属性及其相关信息，那么在工程建模中，只需要在数据对象定义时直接引用 CDC 即可。

仍以 XCBR 为例，如表 6-5 所示。

表 6-5　逻辑节点 XCBR

XCBR			
数据对象名	公用数据类型（CDC）	说明	M/O/C
LNName		应从逻辑节点类继承	
数据对象			
公用逻辑节点信息			
Loc	SPS	本地控制（导线连接直接控制）	M
EEHealth	ENS	外部设备健康	O
EEName	DPL	外部设备铭牌	O
OpCnt	INS	操作计数	M

（续）

XCBR			
数据对象名	公用数据类型（CDC）	说明	M/O/C
控制			
Pos	DPC	开关位置	M
BlkOpn	SPC	跳闸闭锁	M
BlkCls	SPC	合闸闭锁	M
ChaMotEna	SPC	充电电机允许	O
计量值			
SumSwARs	BCR	开断电流之和，可复位	O
状态信息			
CBOpCap	INS	断路器操作能力	O
POWCap	INS	定相分合能力	O
MaxOpCap	INS	满负荷条件下，断路器操作能力	O

IEC 61850-7-4 中定义的 CDC 有：

公共逻辑节点信息，主要包括逻辑节点中和专用功能无关的信息，如模式、运行状况、铭牌等，其 CDC 主要为 DPL、LPL、CSD 等；

控制，主要包括逻辑节点功能实现所需的命令，如遥控、遥调等，其 CDC 主要为 SPC、DPC、INC 等；

计量值，主要包括逻辑点功能实现过程中的测量数据，如电压、电流、功率等，其 CDC 主要为 MV、WYE、SEQ 等；

状态信息，主要包括逻辑节点过程或状态位置信息，如遥信、保护动作、装置告警、通信状态等，其 CDC 主要为 SPS、INS、BCR 等；

定值和参数类，主要包括逻辑节点实现功能所需的参数信息和定值信息，如重合闸时间、模拟量定值等，其 CDC 主要为 SPG、ING、ASG、CURVE 等。

如断路器逻辑节点 XCBR 位置数据对象 Pos，引用控制类 CDC“可控双点 DPC”，相应地 Pos 也就继承了 DPC 的全部数据属性，如 ctlVal、origin、ctlNum 等。其中 DPC“控制与状态”部分如表 6-6 所示。

表 6-6　DPC“控制与状态”部分

属性名	属性类型	功能约束	值 / 值域	M/O/C
ctlVal	BOOLEAN	CO	off（FALSE）/on（TRUE）	AC_CO_M
operTim	Time Stamp	CO		AC_CO_O
origin	Originator	CO，ST		AC_CO_O
ctlNum	INT8U	CO，ST	0～255	AC_CO_O
stVal	CODED_NUM	ST	Inter mediate-state/off/on/bad-stae	M
q	Quality	ST		M
t	Time Stamp	ST		M
stSeld	BOOLEAN	ST		AC_CO_O

其中：

属性名：ctlVal 表示断路器状态是否可控，可设置为 off 或 on；operTim 表示操作时间，最近位置改变的时刻；origin 表示最近发出的控制命令源；ctlNum 表示控制次数、顺序号；stVal 表示断路器逻辑节点的最重要的位置信息，它可能有 4 种状态——“中间状态 / 开 / 合 / 坏”分别对应 Inter mediate-state/off/on/bad-stae，常用双字节“00/01/10/11”表示；品质属性 q，值的有效性；时间戳 t，最近控制命令时间；stseld，可控数据在“已选择”状态。

属性类型：BOOLEAN，布尔量，值为 FALSE/TURE；Time Stamp，时间戳；Originator，源发；INT8U，无符号 8 位整数；CODED_NUM，枚举。

功能约束：CO，控制信息，数据可操作；ST，状态信息，数据可读。

M/O/C：M，强制属性；O，任选属性；AC_CO_O，如果可控状态类支持控制，则该属性是强制的。

综上，逻辑节点 XCBR 结构如图 6-25 所示。

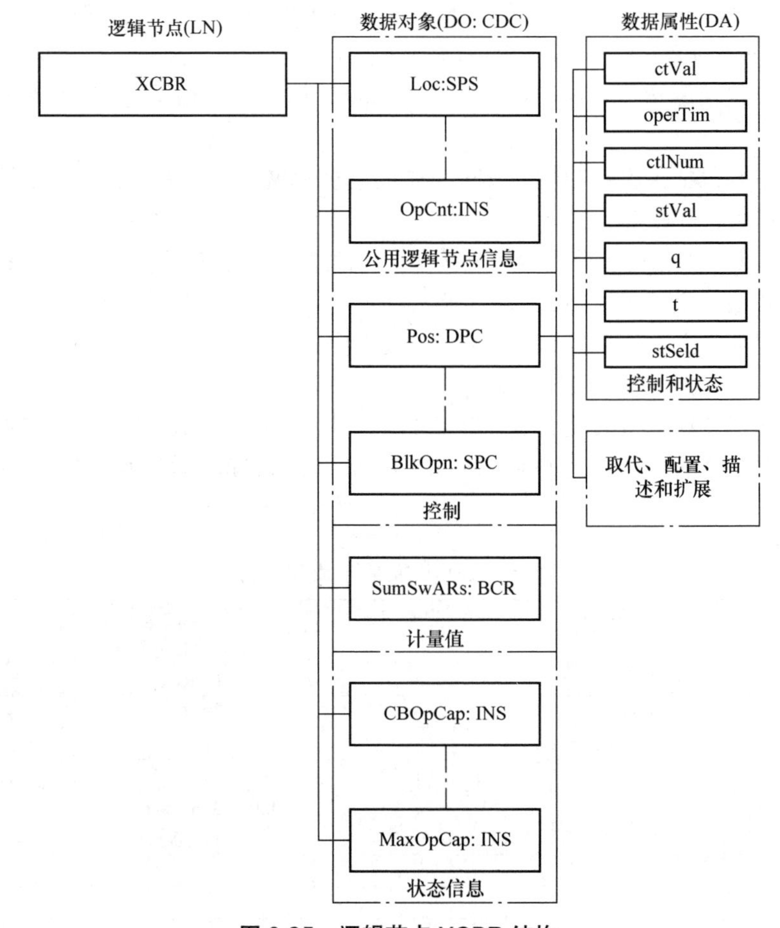

图 6-25 逻辑节点 XCBR 结构

而在有些逻辑节点的数据属性结构中，则需要在 DA 处再向下延伸一层。如 MMXU，数据对象 A 的属性类型是相关测量值 WYE，WYE 包含属性类型为 CMV 的 phsA、phsB、phsC；CMV 才最终确定包含的数据属性有测量值 cVal、品质属性 q 和时间戳 t。

6.3.4　电池储能系统的 IEC 61850 建模

BESS 的 IEC 61850 的建模依据 BESS 的控制模式、应用场景和对外通信需求，分为分解建模法和整体建模法。

6.3.4.1　分解建模法

分解建模法的基本思想是可将整个系统或 IED 按照功能划分成若干逻辑设备，再进一步对功能进行细化分解，直至最小单一功能；而后用 IEC 61850 标准中定义的逻辑节点或自行扩展逻辑节点，来对各单一功能进行描述。

建模基本原则为：

一个物理设备对应一个服务器，每个服务器至少对外有一个访问点，访问点描述了物理设备与实际网络的连接关系；

每个服务器，可以按照其内部设备功能进行划分，对应多个逻辑设备；

每个逻辑设备，至少包含三个逻辑节点，除必备的含有设备物理信息的 LLN0 和 LPHD 节点外，其余均为按照功能最小化划分的功能逻辑节点；

首选 IEC 61850 中定义的标准 LN 对功能进行建模，若不能满足要求，按照原有模型扩展原则进行扩展，如选用 GGIO（通用过程 I/O）或 GAPC（通用过程自动控制）。

分解建模法的建模过程如图 6-26 所示。

可以将 BESS 看成一个 IED 或物理设备，按照 IEC 61850-7-420《分布式能源的通信系统》中的规定，划分组成 BESS 的逻辑设备，并选择对应的逻辑节点。BESS 内部按照功能划分成不同的逻辑设备，分别是并网电气连接点（ECP）、并网测量模块、网侧断路器、并网电力变压器、低压侧断路器、储能变流器（PCS）、直流开关、电池组、BESS 本地控制器及环境管理设备等。完整的 BESS 模型如图 6-27 所示。

1）ECP，主要用来描述 BESS 的公共属性，包含的逻辑节点有：

DCRP，表示所有权、操作权、合同义务、并网许可等。

DOPR，表示并网点的运行特性，包括分布式能源设备种类、连接方式、操作模式、功率限值等。

DOPA，表示并网点开关操作权、启停控制权及模式转换等。

DPST，表示并网点实际状态，包括连接状态、报警等。

DCCT，表示系统经济调度参数。

DSCC，表示能量和辅助服务计划控制。

DSCH，表示能量和调度服务供给计划。

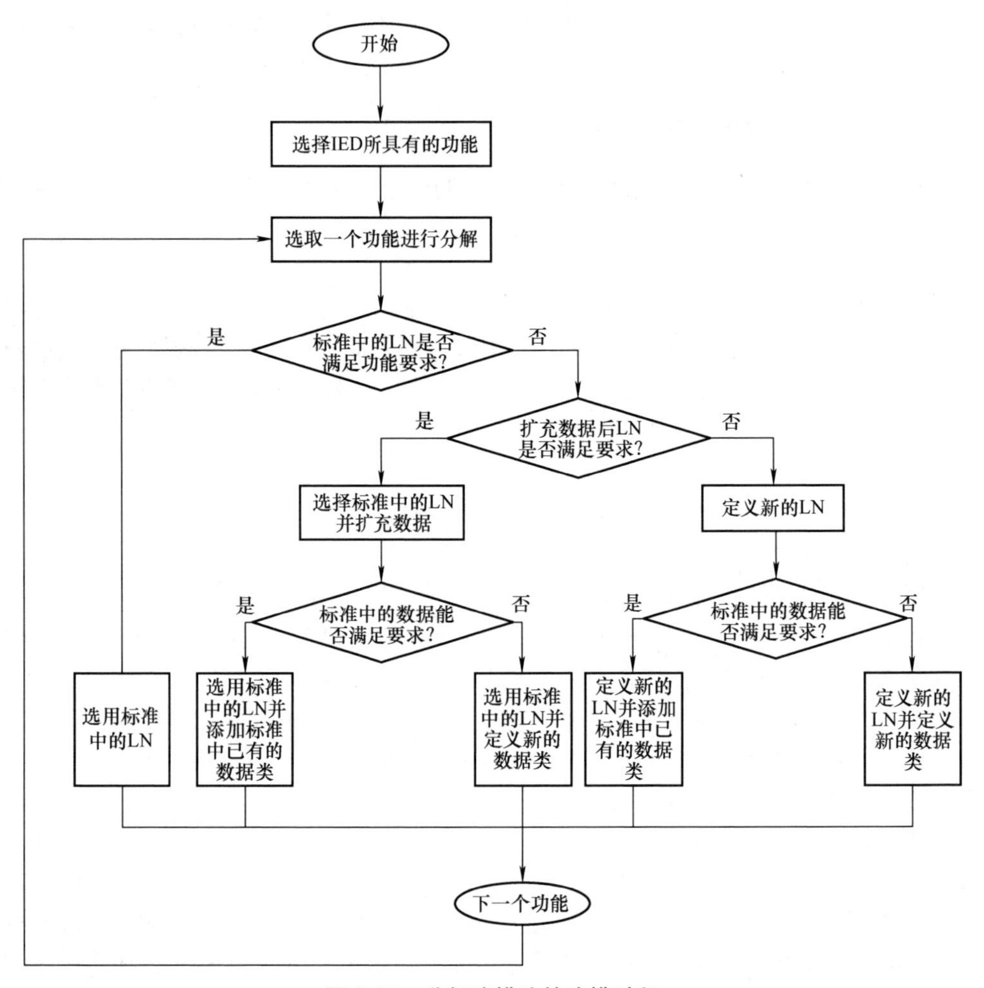

图 6-26　分解建模法的建模过程

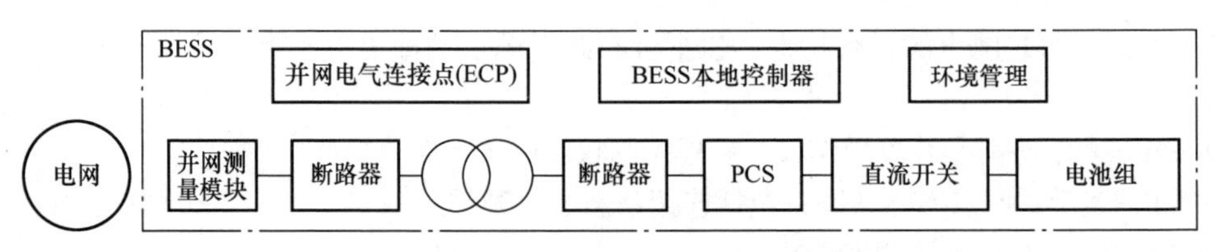

图 6-27　完整的 BESS 模型

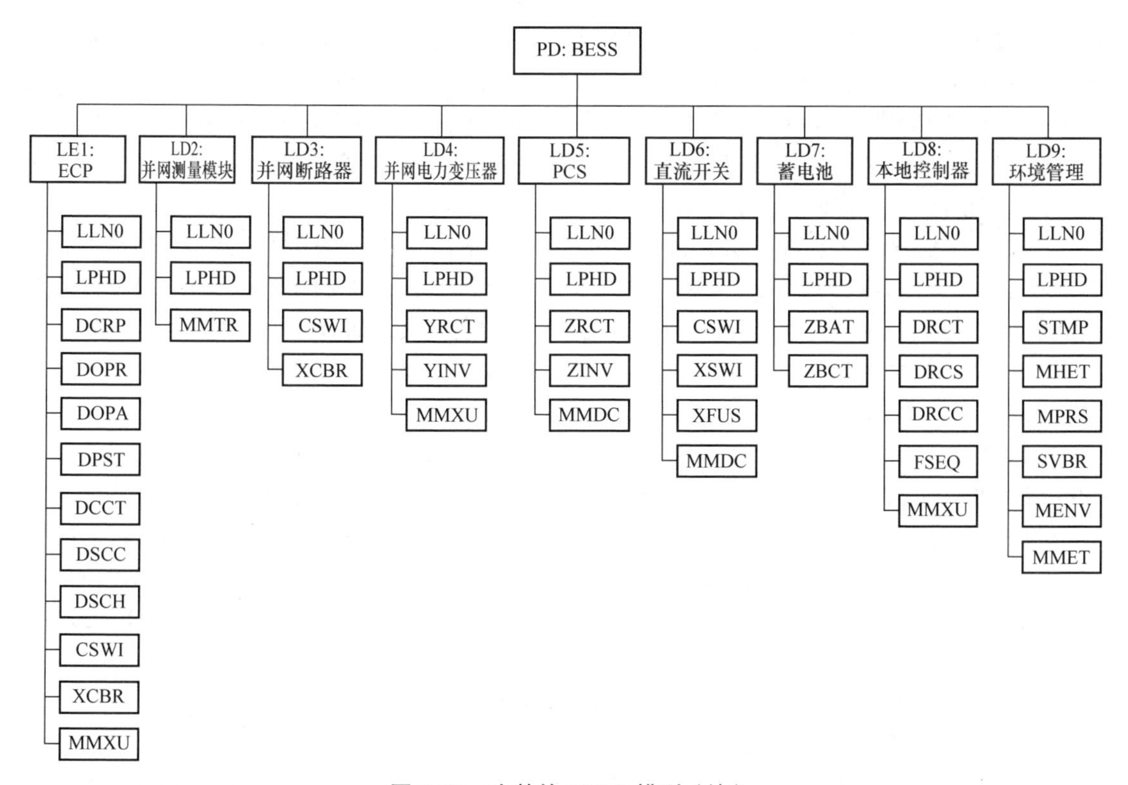

图 6-27 完整的 BESS 模型（续）

CSWI 和 XCBR，表示并网点开关或断路器。

MMXU，则表示并网点测量值，如有功功率、无功功率、频率、电压、电流、功率因数、总的及各相阻抗等。

2）PCS，逻辑节点主要包括：

ZRCT，表示整流特性，如 ZRCT.CmutTyp = 0，线换流，如晶闸管整流器；ZRCT.CmutTyp = 1，自换流，如 IGBT 整流器；ZRCT.IsoTyp = 1，工频变压器隔离；ZRCT.IsoTyp = 2，高频变压器隔离；ZRCT.IsoTyp = 3，非隔离，接地；ZRCT.IsoTyp = 4，非隔离，但是直流侧输出隔离；ZRCT.VRegTyp = 1，直流恒压输出；ZRCT.VRegTyp = 2，直流恒压可调；ZRCT.VRegTyp = 3，随负荷变化；ZRCT.ConvTyp = 1，AC/DC 变换器；ZRCT.ConvTyp = 2，AC/AC/DC 变换器；ZRCT.ConvTyp = 3，AC/DC/DC 变换器；ZRCT.CoolTyp = 1，自然风冷；ZRCT.CoolTyp = 2，强迫风冷；ZRCT.CoolTyp = 3，水冷；ZRCT.CoolTyp = 4，热管冷却；ZRCT.ACTyp = 1，单相整流器；ZRCT.ACTyp = 2，两相整流器；ZRCT.ACTyp = 3，三相整流器；ZRCT.OutFilTyp = 1，并网无滤波器；ZRCT.OutFilTyp = 2，L 型并网无滤波器；ZRCT.OutFilTyp = 3，LC 型并网无滤波器；ZRCT.OutFilTyp = 4，LCL 型并网无滤波器；ZRCT.OutWSet，输出功率设定等。

ZINV，表示逆变特性，如 ZINV.SwTyp=1，场效应晶体管；ZINV.SwTyp = 2，IGBT；

ZINV.SwTyp = 3，晶闸管；ZINV.SwTyp = 4，GTO 晶闸管；ZINV.GridMod = 1，电流源逆变器（CSI），CSI 中 IGBT 与二极管串联，且直流侧为蓄能电感；ZINV.GridMod = 2，电压控制型电压源逆变器（VC-VSI），如采用虚拟同步机并网技术的逆变器；ZINV.GridMod = 3，电流控制电压源逆变器型（CC-VSI），如采用常规交流并网电流内环控制的逆变器等。

3）本地控制器，逻辑节点主要包括：

DRCT，表示分布式能源（Distributed Energy Resource，DER）采用单个控制器情况下的控制特性和能力，如 DRCT.DERtyp = 3，DER 种类为燃料电池；DRCT.DERtyp = 4，DER 种类为光伏系统；DRCT.DERtyp = 99，DER 种类为其他，可自行定义，如 DRCT.DERtyp = 6，DER 为 BESS；此外，DRCT 还包含了系统的最大有功、无功容量，负荷变化率等。

DRCS，表示 DER 控制状态，如 DRCS.ECPConn = True，DER 实现电气并网点连接；DRCS.ECPConn = False，DER 未实现电气并网点连接；DRCS.AutoMan = True，DER 系统自动运行；DRCS.AutoMan = False，DER 系统手动运行等。

DRCC，表示 DER 监视控制，完成 DER 运行目标设定、控制模式切换、启停的控制操作，如 DRCC.OutWSet，有功功率目标设定值；DRCC.OutVarSet，无功功率目标设定值；DRCC.LocRemCtl=0，BESS 远程运行设定；DRCC.LocRemCtl=1，BESS 本地运行设定；DRCC.EmgStop，远程紧急停机等。

FSEQ，表示 DER 设备在启停过程中的动作顺序信息。

4）蓄电池，逻辑节点主要包括：

ZBAT，表示电池特性，如 ZBAT.BatTestRsl = 1 时，电池测试正常；ZBAT.BatTestRsl = 2 时，电池测试故障；ZBAT.BatBHi = True，电池过电压或过充；ZBAT.VLo = True，电池欠电压或过放；ZBAT.BatTyp = 1，铅酸电池；ZBAT.BatTyp = 2，镍氢电池；ZBAT.BatTyp = 4，锂离子电池；ZBAT.BatTyp = 10，液流电池；ZBAT.AhrRtg，安时容量；ZBAT.BatVNom，电池额定电压；ZBAT.SerCnt，电芯串联数量；ZBAT.ParCnt，电芯并联数量等。

ZBCT，表示充电器特性，如 ZBCT.BatChaSt=1，充电器关闭状态；ZBCT.BatChaSt = 2，充电器运行状态；ZBCT.BatChaSt = 3，充电器测试状态；ZBCT.BatChaSt = 99，充电器其他状态；ZBCT.BatChaTyp = 1，恒压充电模式；ZBCT.BatChaTyp = 2，恒流充电模式；ZBCT.ChaV，充电电压；ZBCT.ChaA，充电电流。

可以看出，分解建模法过程较为复杂，但物理概念清晰，能够全面反映 BESS 中各设备的工作状态和运行信息，为 EMS 实现精细化管理提供了数据基础。

6.3.4.2 整体建模法

整体建模法是将 BESS 看成一个整体，不再进行内部设备的逐一划分与逻辑节点匹配，而将所有测点包含在一个通用输入 / 输出（I/O）逻辑节点 GGIO 中。通用输入 / 输出逻辑节点 GGIO 如表 6-7 所示。

表 6-7　通用输入 / 输出逻辑节点 GGIO

GGIO			
数据对象名	公用数据类型（CDC）	说明	M/O/C
LNName		应从逻辑节点类继承	
数据对象			
公用逻辑节点信息			
EEHealth	ENS	外部设备健康	O
EEName	DPL	外部设备铭牌	O
LocKey	SPS	本地和远程密钥	O
LocSta	SPC	远程控制被阻止	O
Loc	SPS	本地控制（导线连接，直接控制）	O
OpCntRs	INC	操作计数	O
测量值			
AnIn	MV	模拟量输入	O
AnOut	APC	控制模拟量输出	O
控制			
SPCSO	SPC	单点控制状态输出	O
DPCSO	DPC	双点控制状态输出	O
ISCSO	INC	整数控制状态输出	O
计量信息			
CntRS	BCR	计数，可复位	O
状态信息			
IntIn	INS	整数状态输出	O
Alm	SPS	总报警	O
Wrn	SPS	总告警	O
Ind	SPS	总状态指示	O

GGIO 包含的数据对象与 BESS 测点的对应关系如表 6-8 所示。

表 6-8　GGIO 数据对象与 BESS 测点的对应关系

数据对象	BESS 测点
AnIn	遥测量：电压、电流、功率、温度、SOC 等
SPCSO	遥控量：断路器控制、模式设定、故障复位等
Ind	遥信量：系统模式、断路器状态、PCS 状态、电池状态等

整体法建模的优点在于过程简单且符合 IEC 61850 的规范，也不会产生新的逻辑节点定义；整个 BESS 只需要三个逻辑节点，即 LLN0、LPHD 及 GGIO，模型简单，易于集成使用。但物理概念并不清晰，也不能全面体现内部设备的所有状态和信息。

6.4　小结

本章详细讨论了 BESS 中本地控制器功能与硬件平台、内部网络架构、状态切换、控制逻辑及相关功率分配算法；并在此基础上，讨论了 BESS 对外通信设备配置及站级监控网络，对与 BESS 关系最为密切的 EMS 应用软件及硬件平台也进行了详细论述。

最后，针对电力系统标准化统一管理与调度的需求，讨论了两种基于 IEC 61850 的 BESS 建模方法，即分解建模法与整体建模法的过程与特点。

参考文献

[1] 曹宁，吴允祝．光伏系统的 IEC 61850 建模 [J]. 电子设计工程，2015，23（14）: 146-148，151.

[2] 邓卫，裴玮，沈子奇．基于 IEC 61850 的光伏电站 SCADA 系统 [J]. 太阳能学报，2016（3）: 772-779.

[3] USTUN T S，HUSSAIN S M S，KIKUSATO H. IEC 61850-Based communication modeling of EV charge-discharge management for maximum PV generation[J]. IEEE Access，2019，7 : 4219-4231.

[4] SHI W，XIE X，CHU C C，et al. Distributed optimal energy management in microgrids[J]. IEEE Transactions on Smart Grid，2017，6（3）: 1137-1146.

[5] 方陈，闫寒明，李景云，等．基于 IEC 61850 的储能监控信息模型研究 [J]. 华东电力，2014，42（4）: 665-669.

[6] 张铁峰，苗慧鹏，辛红汪，等．基于 IEC 61850 的光伏监控系统设计 [D]. 北京：华北电力大学，2015.

[7] USTUN T S，HUSSAIN S M S.Standardized Communication Model for Home Energy Management System[J]. IEEE Access，2020，8 : 180067-180075.

[8] 陈海刚，张晓娜，李练兵．基于 IEC 61850/61970 的光伏并网监控系统 [J]. 电源技术，2015，39（7）: 1428-1431.

[9] 杨睿．基于 IEC 61850 标准的分布式能源系统的模型研究 [D]. 重庆：重庆大学，2016.

[10] YANG YE，YE QING，TUNG L J，et al. Integrated size and energy management design of battery storage to enhance grid integration of large-scale PV power plants[J]. Industrial Electronics，IEEE Transactions on，2018，65（1）: 394-402

[11] 高翔，陈余寿，赵芙生，等，基于 IEC 61850 的光伏并网逆变器模型构建 [J]. 可再生能源，2016（8）: 1159-1165.

[12] 王君超．基于 IEC 61850 的微网监控系统信息建模及实现 [D]. 南京：东南大学，2012.

[13] 邓卫，裴玮，沈子奇．基于 IEC 61850 的蓄电池储能系统信息建模与运行 [J]. 电力自动化设备，2014，34（12）: 131-138.

[14] 齐崇勇，徐陈成．基于 IEC 61850 标准的风电场 SCADA 系统监控装置信息建模与实现 [J]. 电力系统装备，2017，11 : 119-122.

[15] MAHMUD K，MORSALIN S，KAFLE Y R，et al. Improved peak shaving in grid-connected domestic power systems combining photovoltaic generation，battery storage，and V2G-capable electric vehicle[C]. IEEE International Conference on Power System Technology. wollongong : IEEE，2016.

[16] 刘莉莉，段斌，李晶，等．基于 IEC 61850 的风电场 SCADA 系统安全访问控制模型设计 [J]. 电网技术，2008，32（1）: 76-81.

[17] 白申义，李超，朱小锴 . 基于储能站监控的 PCS 微电网规约转换器研制 [J]. 电器与能效管理技术，2015，14：28-32.
[18] RALLABANDI V，AKEYO O M，JEWELL N，et al. Incorporating battery energy storage systems into multi-MW grid connected PV systems[J]. Industry Applications，IEEE Transactions on，2019，55（1）：638-647.
[19] 唐涛，江平，柏嵩 . 监控技术在发电厂与变电站中的应用 [M]. 北京：中国电力出版社，2014.
[20] 纳普 . 工业网络安全：智能电网，SCADA 和其他工业控制系统等关键基础设施的网络安全 [M]. 周秦，郭冰逸，贺惠民，等译 . 北京：国防工业出版社，2014.
[21] 张培仁，杜洪亮 .CAN 现场总线监控系统原理和应用设计 [M]. 合肥：中国科学技术大学出版社，2011.
[22] 汤旻安，邱建东，汤自安，等 . 现场总线与工业控制网络 [M]. 北京：机械工业出版社，2018.
[23] ZHANG G，SHEN Z，WANG L. Online energy management for microgrids with CHP co-generation and energy storage[J]. IEEE Transactions on Control Systems Technology，2018（99）：1-9.
[24] 吴文传，张伯明，孙宏斌 . 电力系统调度自动化 [M]. 北京：清华大学出版社，2011.
[25] 龚静，彭红海，朱琛 . 配电网综合自动化技术 [M]. 北京：机械工业出版社，2008.
[26] SIDHU T S，YIN Y. Modelling and simulation for performance evaluation of IEC 61850-based substation communication systems[J]..IEEE Transactions on Power Delivery，2007，22（3）：1482-1489.
[27] ALVAREZ A R，SUBIRACHS A C，CUEVAS FIGUEROLA F A，et al. Operation of a utility connected microgrid using an IEC 61850-based multi-level management system[J]. IEEE Transactions on Smart Grid，2012，3（2）：858-865.
[28] 左亚芳 . 电网调度与监控 [M]. 北京：中国电力出版社，2013.
[29] 王志新 . 现代风力发电技术及工程应用 [M]. 北京：电子工业出版社，2010.
[30] 郭家宝，汪毅 . 光伏发电站设计关键技术 [M]. 北京：中国电力出版社，2014.
[31] CAI J，XU Q，YE J，et al. Optimal configuration of battery energy storage system considering comprehensive benefits in power systems[C]. Power Electronics & Motion Control Conference. Hefei：IEEE，2016.
[32] LI X，ZHANG J，HE Y，et al. Coordinated control strategy of wind/battery energy storage system hybrid power output based on adaptive dynamic programming[C]. Intelligent Control & Automation. Guilin：IEEE，2016.
[33] 祁太元 . 光伏电站自动化技术及其应用 [M]. 北京：中国电力出版社，2017.
[34] MAHNKE W，HELMUT LEITNER S，DAMM M. OPC 统一架构 [M]. 马国华，译 . 北京：机械工业出版社，2012.
[35] 王华忠 . 工业控制系统及应用 [M]. 北京：机械工业出版社，2016.
[36] 王华忠 . 监控与数据采集（SCADA）系统及其应用 [M]. 北京：电子工业出版社，2012.
[37] WANG N，LIANG W，CHENG Y，et al. Battery energy storage system information modeling based on IEC 61850[J]. Journal of Power & Energy Engineering，2016，2（4）：233-238.

第7章　电池储能系统设备集成安装与检验

电池储能系统（BESS）中箱体结构、控制器、电气设备、电池簇、空调及消防等主要部件由系统集成商按照项目需求自行研制、选用标准化产品或向设备商进行定制化采购。同时，系统集成商应完成储能集装箱或户外柜的结构设计、内部设备布局、电气系统设计、控制系统设计、集成安装工艺及调试方案等准备工作，待部件进厂后即可进行检验、安装、调试、出厂运输、现场安装、运行，并最终实现项目交付。

7.1　集装箱及户外柜检验

目前还没有专门的储能系统用安装集装箱或户外柜的通用检测标准和规范，在具体的集装箱或户外柜的厂内检验验收过程中，可借鉴的相关技术标准包括 GB/T 4208—2017《外壳防护等级（IP 代码）》、GB/T 9286—1998《色漆和清漆 漆膜的划格试验》、GB/T 34125—2017《电力系统继电保护及安全自动装置户外柜通用技术条件》、YD/T 1537—2015《通信系统用户外机柜》、YD/T 5186—2010《通信系统用室外机柜安装设计规定》及集成商设备采购技术协议等。主要入厂检验项目包括外观、尺寸公差、环境适应与防护等级、机械安全性等，也可要求集装箱制造厂商提供其他相关型式试验报告，如提吊、刚度、可燃性等。

外观：依据技术协议要求，以目测方式检验箱体或柜体的外观与表面质量，检验外部附件，如门、门限位的连接与紧固程度；检验内部附件，如线槽、安装基础型钢、接地端子等的完整性；柜体表面要求平整光滑、无损伤锈蚀，焊接牢固、无气孔及夹渣等；柜体内外固定结构件连接牢固，可拆卸结构件在拆卸后不应影响再装配的质量，可活动结构件应活动自如，不会发生与其他零件的碰撞或干涉等现象；柜体金属材质符合技术要求，如冷轧钢板、预镀钢板等，表面涂层附着力不低于 GB/T 9286—1998 表 1 中规定的 1 级要求；抗日晒和抗气候能力，应符合 IEC 61969-3-2011 中的抗化学活性物质实验要求。

尺寸公差：以卷尺或直尺检验户外柜外形尺寸及公差是否满足 GB 34125—2017 中表 2 的规定；而对于集装箱，应满足 GB/T 1413—2008《系列 1 集装箱 分类、尺寸和额定质量》中表 2 的规定；各结合处之间的缝隙应均匀，长度小于 1m 的同一缝隙的宽度之差不大于 1.0mm，长度大于 1m 的同一缝隙的宽度之差不大于 1.5mm。

环境适应与防护等级：对 BESS 箱体的大气环境要求，按照 IEC 61969-3-2011 中 5.2 规定的方法进行测试，并应符合该标准表 1 中规定的 1 级要求；箱体或外壳防护等级不应低于 IP54，如风雨密封性，应针对接缝和焊缝处进行喷水测试，喷水喷嘴内径 12.5mm，出口压力 100kPa，距离 1.5m，移动速度 100mm/s，箱体应无渗水现象。

锁具防护性：可依据 GB 21556—2008《锁具安全通用技术条件》中的规定，对 BESS 箱体或户外柜的锁具进行破坏性测试；要求锁具的防破坏能力不低于该标准表 18 中规定的 B 级要求，无人值守现场应符合 A 级要求；锁具开启灵活、闭锁自如，具有防尘、防锈蚀功能；在户外长期使用后钥匙依然能顺利插拔、开启。

机械安全性：以目测方法对 BESS 集装箱或户外柜进行机械安全性检验，要求箱体或柜体的机械部分无锐边或毛刺，以防止在作业过程中对人员造成危害；各旋转等运动部件应有限制或防护措施；整体结构具有足够的稳定性和牢固性，同时应考虑运输过程中的安全。

型式试验中，提吊和刚度、可燃性试验项目较为重要。

提吊和刚度：户外柜应符合 GB 18663.1—2008《电子设备机械结构 公制系列和英制系列的实验 第 1 部分：机柜、机架、插箱和机箱的气候、机械试验及安全要求》中 5.2 规定的 SL5 或 SL6 等级与试验要求；而对于集装箱，则可参考 GB/T 5338—2002《系列 1 集装箱　技术要求和试验方法　第 1 部分：通用集装箱》中附录 A 的实验方法和技术要求。

可燃性：BESS 集装箱或户外柜中的非金属材料可燃性检验可采取 GB 5169.1—2015《电工电子产品着火危险试验 第 1 部分：着火试验术语》和 GB 8332—2008《泡沫塑料燃烧性能试验方法　水平燃烧法》中的可燃性试验方法，并符合 GB 14598.27—2017《量度继电器和保护装置 第 27 部分：产品安全要求》中的规定。

7.2　电气设备安装与检验

BESS 电气集成安装主要是指高压开关柜、变压器、低压开关柜、PCS、直流汇流柜及电池等电气设备在集装箱或户外柜中的机械定位紧固、主电路连线、二次回路连线及检验等过程。主要遵循的标准和规范包括 GB 50147—2010《电气装置安装工程 高压电器施工及验收规范》、GB 26164—2010《电业安全工作规程》、DL 5009.3—2013《电力建设安全工作规程　第 3 部分：变电站》、GB 50150—2016《电气装置安装工程　电气设备交接试验标准》、GB 50171—2012《电气装置安装工程　盘、柜及二次回路接线施工及验收规范》、GB 50148—2010《电气装置安装工程 电力变压器、油浸电抗器、互感器施工及验收规范》及 GB 50169—2016《电气装置安装工程 接地装置施工及验收规范》等。

7.2.1　高压开关柜安装与检验

高压开关柜安装与检验流程如图 7-1 所示。

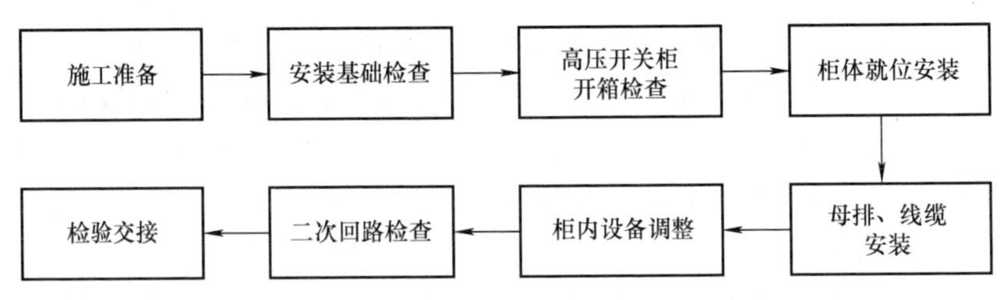

图 7-1　高压开关柜安装与检验流程

施工准备：主要内容包括人员准备、资料准备和工具准备。

人员准备，在 BESS 的集成系统安装过程中，应指定专门的项目负责人、技术负责人、安装负责人、安全质量负责人以及熟练的技术工人，并持证上岗。必要的时候，可以邀请高压开关柜生产厂家技术人员参与。

资料准备，应包括 BESS 集装箱体或户外柜安装工艺文件、高压开关柜安装说明书、母线及二次线路接线图等，并由专门的技术人员对施工人员进行技术交底，充分明确安装过程中可能存在的难点和风险点。在具体的 BESS 集装箱体或户外柜的设计中，应该关注高压开关柜的尺寸和进出路径设计、底部结构和承载能力、基础安装轨道尺寸、高压线缆的进出排列路线以及接地系统。

工具准备，依据高压开关柜的重量和尺寸，以及安装工艺指导文件准备所需工具，如液压叉车、交流焊机、冲击钻、移动式电源盘、各型扳手、各型螺钉旋具（俗称螺丝刀）、1 ~ 3mm 垫铁、撬棒、卷尺及水平尺、水准仪、绝缘电阻表（俗称兆欧表）、万用表、高压验电器、绝缘手套胶鞋、吸尘器及现场照明灯具等。

安装基础检查：开关柜在 BESS 集装箱中一般被安装固定在由槽钢或角钢制成的基础型钢底座上。型钢可根据开关柜的安装尺寸及钢材规格大小而定，一般型钢可选用 5 ~ 10 号槽钢或者 L50 × 5 角钢制作。制作型钢前，首先要检查型钢的直线度，并予以校正。再按图样要求和开关柜底脚固定孔的位置尺寸，在型钢的窄面上打好安装孔，在相对面打好预埋地脚螺栓固定孔。基础型钢与集装箱体可靠固定，通过地线扁钢与集装箱接地系统焊接相连，焊接面为扁钢宽度的 2 倍，最后做防锈处理。基础型钢顶部宜高出 BESS 集装箱地面 10mm，用水准仪或水平尺找平、找正。找平过程中，需要垫片的地方最多不能超过 3 片，且安装最大允许偏差见表 7-1。

表 7-1　基础型钢安装最大允许偏差

项目	允许偏差	
	mm/m	mm/ 全长
直线度	1	5
水平度	1	5
平行度	/	5

高压开关柜开箱检查：开箱检查前应确定柜体包装及密封良好；对照交货清单和装箱单，开箱检查清点型号、规格应符合设计要求，附件齐全，元器件无损坏；产品的技术文件齐全；按规范要求外观检查合格。

如果在安装前需要对开关柜进行短期存储，应尽可能在原有包装中存放，确保存放空间密闭，通风情况良好，尽可能防尘，干燥（相对湿度低于50%），防止凝露。

柜体就位安装：主要分为拆卸木制托盘、搬运就位和固定三个步骤。

拆卸木制托盘，开关柜通常通过运输角铁或者直接通过开关柜框架用螺钉固定在木制托板上，因此首先应拆开海运板条箱或木格板条箱，揭去聚乙烯保护膜，而后从运输角铁和托板上移去固定螺钉，将柜体与木制托板分离。

搬运就位，可采用吊车或铲车吊运开关设备至最终安装位置，如图7-2所示。具体吊运方式受BESS箱体内部安装结构尺寸限制。如果存在多组开关柜并列安装的情况，则第一个开关柜尽量精确地放在最终的安装位置上，而第二个开关柜则放在旁边，保持一段小的距离以便在用螺栓固定在一起之前仍然可以校准。

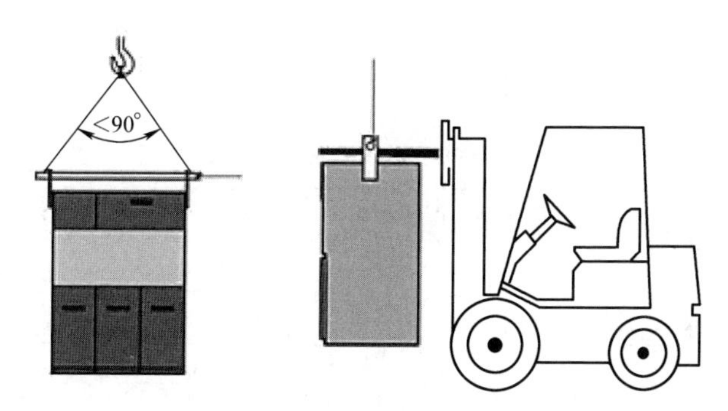

图7-2 开关柜的搬运

当所有的开关柜精确放置就位，所有由于运输导致的损坏已被修补且所有的附件都已经就位或准备好，则可以采用镀锌螺栓对开关柜与基础型钢进行紧固固定，紧固力矩如表7-2所示。

表7-2 柜体固定螺栓紧固力矩

螺栓	紧固力矩 /（N·m）	控制力矩 /（N·m）
M8	20	17
M12	70	60
M16	155	130

高压柜推荐采用M16的镀锌螺栓固定。

并列柜体安装最大允许偏差，如表7-3所示。

表 7-3 并列柜体安装最大允许偏差

项目		允许偏差 /mm
垂直度（每米）		< 1.5
水平偏差	相邻两柜顶部	< 2
	成列柜顶部	< 5
柜面偏差	相邻两柜面	< 1
	成列柜面	< 5
柜间接缝		< 2

除每台柜体通过固定螺栓与基础型钢连接外，也应在基础型钢侧面焊上螺钉，用 $6mm^2$ 铜线与柜体的接地端子牢固连接或者柜体的接地端子直接与 BESS 集装箱接地网相连。

母排、线缆安装：连接两台开关柜之间的母排用螺栓固定。为确保把提供的连接片装在连接铜排和母线之间，在开关柜拼装到一起前应从柜体的侧面安装母线，并适度固定，待开关柜拼装完毕后再进行最后的紧固。母排的接触面如有必要，可涂抹一层薄导电膏。紧固螺栓和螺母必须干燥，无润滑油。紧固螺栓时，应采用力矩扳手，且紧固后，弹簧片被压平，螺栓露出螺帽 3 ~ 4 丝扣为准，其紧固力矩符合表 7-4 的规定。

表 7-4 母排、线缆安装螺栓紧固力矩

螺栓规格	紧固力矩 /（N · m）	螺栓规格	紧固力矩 /（N · m）
M8	8.8 ~ 10.8	M16	78.5 ~ 98.1
M10	17.7 ~ 22.6	M18	98.0 ~ 127.4
M12	31.4 ~ 39.2	M20	156.9 ~ 196.2
M14	51.0 ~ 60.8	M24	274.6 ~ 343.2

母线对地及相与相之间最小电气间隙应符合 GB 50060—2008《3 ~ 110kV 高压配电装置设计规范》中的规定，如表 7-5 所示。

表 7-5 高压开关柜相导体最小电气间隙

额定电压 /kV	1 ~ 3	6	10	20	35
相间及相地间 /mm	75	100	125	180	290
相导体与无孔遮拦 /mm	105	130	155	210	320
相导体与网孔遮拦 /mm	175	200	225	280	390
相导体至栅栏 /mm	500	500	500	700	800

相序排列准确、整齐、平整、美观。相位涂料颜色，如表 7-6 所示。

表 7-6　相位涂料颜色

母线相位	涂色
A 相	黄
B 相	绿
C 相	红
中性线（不接地）	紫
中性线（接地）	紫色带黑色条纹

但是接线端、母线搭接处、夹板处、底线连接螺栓处等位置两侧 10 ~ 15mm 均不得涂刷涂料。

在进行高压线缆的连接时，需要刷净电缆的接触表面并涂抹导电膏。将电缆伸入电缆室并用螺栓固定到开关柜的连接板上。检查电缆是否已用抱箍夹紧，单芯电缆应用防磁抱箍。将电缆接地端用螺栓固定在接地母排上。按照电缆直径切割地板盖板并安装。

柜内设备调整：主要是指高压开关柜内的断路器、隔离开关、负荷开关及熔断器的调整与验收。

以真空断路器为例，主要包含机械安装与导电体检查两方面内容。

机械安装检查项目主要包括：安装应垂直、固定应牢靠、相间支持瓷件在同一水平面上；三相联动连杆的拐臂应在同一水平面上，拐臂角度一致；安装完毕后，应先进行手动缓慢分、合闸操作，无不良现象时才能进行电动分、合闸操作；真空断路器的行程及三相同期性应符合 DL/T 403—2017《高压交流真空断路器》中的要求。

导电体检查项目主要包括：导电部分的可挠铜片不应断裂、铜片间无锈蚀；固定螺栓应齐全紧固；导电杆表面应洁净，导电杆与导电夹应接触紧密；导电回路接触电阻应符合产品的技术要求；电气连接端子的螺栓搭接面及螺栓的紧固要求，应符合 GB 50149—2010《电气装置安装工程　母线装置施工及验收规范》。

二次回路检查：主要包括柜内元器件及端子回路标识完整、正确、美观；配线整齐、美观，绝缘电压不低于 500V，截面积不小于 2.5mm^2；弱电回路导电线路截面积不小于 0.5mm^2；导线绝缘良好，无破损；接线端子排每侧接线不宜超过 2 根，接线端子对地高度不低于 350mm；用 500V 绝缘电阻表在端子处测量绝缘电阻，二次回路的每一支路断路器及隔离开关操作机构的电源回路，其绝缘电阻都不应小于 1MΩ，在比较潮湿的地方，可不小于 0.5MΩ；当二次回路有集成电路、半导体器件时，不得使用绝缘电阻表测试，而应采用万用表检查连通情况；柜体内导体与裸露的不带电导体间电气间隙满足表 7-7 中的要求。

表 7-7　二次回路电气间隙与爬电距离

额定电压 /V	电气间隙 /mm		爬电距离 /mm	
	额定工作电流		额定工作电流	
	$< 63A$	$> 63A$	$< 63A$	$> 63A$
$< 60V$	3.0	5.0	3.0	5.0
$60 < U < 300$	5.0	6.0	6.0	8.0
$300 < U < 500$	8.0	10.0	10.0	12.0

检验交接：柜体接通临时控制电源和操作电源，按照图样和设计要求分别进行控制、连锁、操作、继电保护和信号动作等模拟测试，确保动作过程正确无误，灵敏可靠；恢复电源接线；绝缘部件、瓷件完整无损；柜体油漆完整，接地良好；资料齐全，试验记录、合格证件、安装图样、安装记录、备品备件清单等技术文件完整。

7.2.2 变压器安装与检验

变压器安装与检验流程如图 7-3 所示。

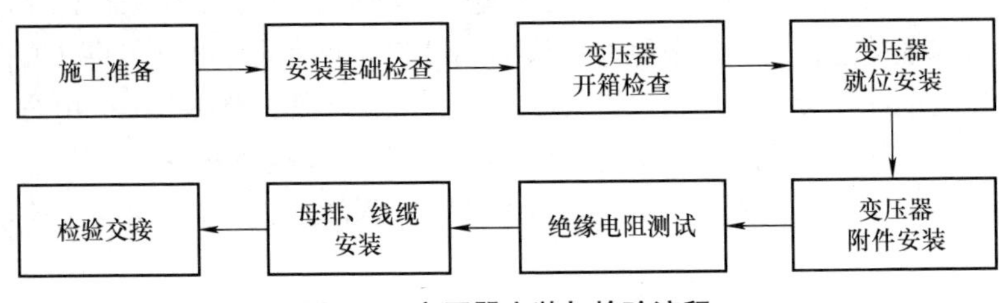

图 7-3 变压器安装与检验流程

施工准备：专业技术人员进行技术交底，熟悉技术资料，明确安装工作内容和工序，拟定安装方案；检查变压器规格、型号、容量等是否符合设计要求；准备相关辅助工具，如千斤顶、扳手、绝缘电阻表、撬棍、吊装起重设备及电焊机等。

安装基础检查：BESS 集装箱体验收完毕，不得渗漏；安装槽钢稳固、变压器导轨和变压器轨距误差不大于 5mm；保护性网门、栏杆、通风等设备完备；预留电缆进出线孔符合要求。

变压器开箱检查：集成方可邀请变压器供货单位一同进行变压器开箱检查，并做好记录；开箱后清点技术文件，应包括安装图样、使用说明书、产品出厂检验报告、合格证、箱内设备及附件清单等，技术参数及规格与变压器上铭牌相对应；对于干式变压器，则应确保外观、绕组、绝缘材料及附件无机械损伤、裂纹、变形等，油漆完好；对于油浸式变压器，则还应关注油位是否正常、油箱是否存在渗漏现象；有载调压开关的转动部分润滑良好、动作灵活、点动给定位置与开关实际位置一致、自动调节性能符合产品的技术文件要求。

变压器就位安装：采用吊车搬运时应同时使用器身上的四个吊环起吊，起吊钢丝绳之间夹角不得大于 60°，吊环应对准变压器中心；运输过程中变压器倾斜度不应大于 30°；变压器进入 BESS 集装箱或户外柜时，应注意高低压侧与系统高低压电气设备的方位保持协调，避免方向错位；变压器外壳接地良好，接地材料可选用铜绞线（$16mm^2$ 或 $25mm^2$）或镀锌扁钢（$40mm\times4mm$）；变压器应安装稳固，必要时可加装防震胶垫，以降低运行噪声。

变压器附件安装：变压器本体安装固定后进行附件安装，主要包括温控装置、加热装置、风机装置和相色标志。其中干式变压器温控装置，利用预埋在变压器三相绕组中的热电阻来测量及显示变压器绕组温度，并具有相应的报警和控制功能，以保证变压器运行在安全状态；而油浸式温控装置，则是通过测量变压器油温来实现温度控制。附件安装要求牢固、无损伤、风机转向正确、温控装置动作可靠准确、相色齐全正确。而对于油浸式变压器，则还需要安装套管及分接头开关盒散热器，然后安装油枕、安全气道及气体继电器。

绝缘电阻测试：安装完毕后再进行外观检查，并用绝缘电阻表测量各绕组间及绕组与外壳地间的绝缘电阻；测试前，对于不能承受绝缘电阻表电压等级的元器件，应予以拆除；变压器线圈电压在 1kV 以上的用 2500V 绝缘电阻表，线圈电压在 600 ~ 1000V 之间的用 1000V 绝缘电阻表，而线圈电压在 600V 以下的用 500V 绝缘电阻表。变压器绕组对地绝缘电阻应满足每千伏电压不低于 1MΩ（1kV 以下低压绕组，不低于 1MΩ）；吸收比 R60″/R15″ 不低于 1.3；变压器高低压绕组间绝缘不低于线圈对地绝缘。

母排、线缆安装：变压器进出线支架按照设计施工要求安装，牢固可靠，水平误差控制在 5mm 以内，并与地网可靠连接；电缆接线端与变压器接线端搭接面清洁、平整、无锈迹，必要时可涂抹导电膏；变压器与硬质母排间连接应采用软连接方式并留有一定活动裕度；变压器本体接地线截面积不小于 $70mm^2$；变压器接线采用镀锌螺栓紧固，紧固力矩参考表 7-4；变压器二次回路接线应正确，连接紧密，经试验操作动作良好。

检验交接：变压器安装完毕后，进行整体检查，包括接地良好、套管瓷件完整清洁、油位正常、外观油漆完整、套管及母排线缆相色漆正确、相序符合要求、内部及外壳上方不能有遗留物品或工具。

7.2.3 低压开关柜安装与检验

低压开关柜的安装与检验流程与高压配电柜的安装与检验流程基本相似，很多技术参数和要求也可直接借鉴，其检验流程如图 7-4 所示。

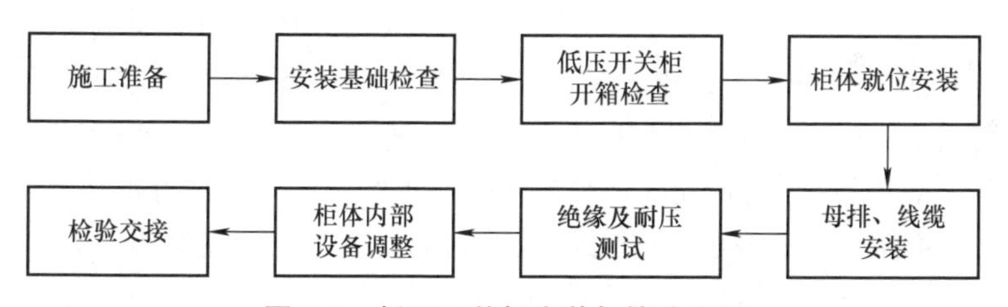

图 7-4 低压开关柜安装与检验流程

施工准备与安装基础检查：主要为工具的准备、安装资料的准备和技术交底、安装基础型钢平整度和接地可靠性的检验，如基础型钢宜超出 BESS 箱体地面 10mm；基础型钢通过接地线或扁钢与地线可靠连接，焊接面为扁钢宽度的 2 倍等，均可参考 7.2.1 节。

低压开关柜开箱检查：主要要求开箱前包装及密封良好、内部技术文件齐全、柜体规格型号符合设计要求；外观清洁无磨损、防护完善、门上的联锁装置可靠，手柄、表头、显示屏等无变形和损伤；内部低压电器垂直安装，倾斜度不超过 5° 并用螺栓固定；低压电器金属外壳可靠接地；电器的裸露部分应加防护罩；电器触点表面清洁光滑，接触良好，并有足够压力，各相动作一致等。内部绝缘间隙满足表 7-8。

表 7-8　低压开关柜相导体最小电气间隙

项目		距离 /mm
裸露相导体间及与地间距离	沿绝缘表面的距离	30
	空气中距离	15
裸露相导体至	栏杆或保护网	100
	可拆卸的遮蔽式围栅	50

柜体就位安装：柜体采用吊车或叉车，安装就位，吊起过程中应避免柜体变形或损坏；与基础型钢采用螺栓紧固，安装力矩如表 7-2 所示，推荐采用 M12 镀锌螺栓固定；单独或成列安装时，其垂直度、水平度及柜面偏差和接缝偏差允许最大值如表 7-3 所示；采用 $6mm^2$ 铜线将柜体与基础型钢上的接地点相连，接地电阻小于 4Ω。

母排、线缆安装：主电路配线应采用与设计要求相符合的截面积或电压等级；二次线缆选用截面积不小于 $1.5mm^2$ 的铜芯绝缘线或不小于 $2.5mm^2$ 的铝芯绝缘线，绝缘电压不低于 500V；接线电缆排布整齐、编号清晰、避免交叉，且固定可靠，不得使所连接端子排受到机械应力；每个接线端子的每侧接线不宜超过 2 根，对于插接式端子，不同截面积的两根导线不得连接在同一个端子上；对于螺栓连接端子，当接两根导线时，中间应加平垫片；铠装电缆进入柜体后，应将外层钢带切断，切断处的端部扎紧，并将钢带可靠接地；对于控制电缆，应采用屏蔽电缆，为避免形成感应电位差，一般在一端接地；强、弱电回路分别成束分开排列。

绝缘及耐压测试：在进行绝缘电阻的测量过程中，如主电路绝缘电阻测量时，辅助电路取样线及电容器应予以拆除，而测量辅助电路时，耐压等级不够的电子元器件和电容器应予以拆除；绝缘电阻表耐压测试实验 1min；绝缘电阻要求与电路对地标称电压有关，要求不小于 1kΩ/V，如二次回路标称电压 380V，绝缘电阻不应小于 0.5MΩ。绝缘电阻表的选用见表 7-9。

表 7-9　绝缘电阻表的选用

被测装置的额定绝缘电压 /V	60 ~ 600	600 ~ 1000
绝缘电阻表电压等级 /V	500	1000

当进行主电路耐压测试时，应将不与主电路连接的其他电路接地，并将与主电路相连的辅助电路予以拆除；当进行辅助电路耐压测试时，应将主电路接地，并把电路中耐压等级不够的电子元器件、电容器予以拆除；测试电压主要施加在电路与地之间、相互绝缘的主电路、辅助电路及其相互之间，测试电压等级如表 7-10 所示。

表 7-10　低压开关柜耐压测试电压等级

主电路耐压测试电压等级 /V		辅助回路耐压测试电压等级 /V	
额定绝缘电压	测试电压	额定绝缘电压	测试电压
$U \leqslant 60$	1000	$U \leqslant 12$	250
$60 < U \leqslant 300$	2000	$12 < U \leqslant 60$	500
$300 < U \leqslant 660$	2500	$60 < U$	$2U+1000$（最低 1500）

柜体内部设备调整：对低压开关柜内电器设备进行规格检查、保护参数调整；电器型号与规格是否符合图样或说明书的要求，电器安装是否牢固；接触器、隔离开关、断路器等是否操作顺畅、接触良好；电器的辅助触点通断是否准确、可靠；仪表与互感器的变比及接线极性是否正确；母线连接是否良好，其支持绝缘子、线夹等是否安装牢固、绝缘可靠；保护电器参数是否符合要求，熔断器的熔体规格是否正确；接地系统是否符合要求并有明显标记等。

检验交接：安装现场清理干净，柜内无遗留杂物或工具；柜体表面无污渍，应保持清洁、整齐；接入测试电源，电器开关动作准确灵敏；相关资料齐全，安装记录完整。

7.2.4　储能变流器安装与检验

PCS 安装工作相对前述开关柜与变压器安装工作而言，较为复杂，如图 7-5 所示。一方面是因为 PCS 具有较大的散热需求，在进行常规的柜体固定、线缆连接外，还应考虑散热风道的设计和安装；另一方面 PCS 的功能也较为复杂，在进入 BESS 集成环节前，建议系统集成商进行全面的厂内测试，特别是与 BMS、本地控制器的联合运行测试，以验证 PCS 是否满足通信控制要求、自身工作模式是否满足系统设计应用需求以及保护联锁等功能。此外，也要求 PCS 厂家参照相关技术标准，如 GB/T 36548—2018《电化学储能系统接入电网测试规范》，提供相应的测试报告与结果。而在类似光储柴微电网系统中，还应考虑 EMS 的统一调度和管理、系统工作模式的切换以及储能系统与柴油发电机组联合运行的带负荷稳定性。

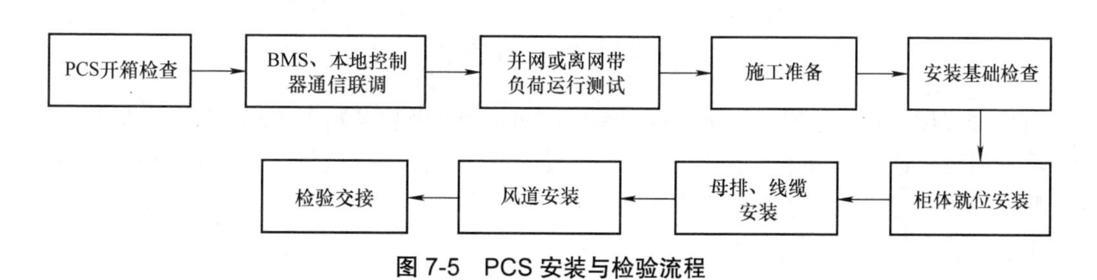

图 7-5　PCS 安装与检验流程

PCS 开箱检查：建议与设备厂家一起，并做好检查记录；按照设备清单清点技术资料、核对设备本体及附件的规格型号应符合设计要求；操作手册、安装手册、合格证齐全。

BMS、本地控制器通信联调：进行 PCS 与 BMS 及本地控制器的通信联调，主要验证双方通信协议的一致性、控制与启动逻辑、模式转换与功率调度、告警与降额运行、故障保护动作与信息传递、实时数据存储与历史数据查询等。通信联调，可以基本不涉及主电路供电，仅在PCS内部控制板、BMS与本地控制器之间进行，有时为了更加简化，也可通过计算机通信模拟的方式进行联调。在调试过程中，免不了会进行相关功能的屏蔽或状态的假定，甚至有时需要进行简单的调试软件开发，这就要求各设备厂商以及系统集成商要相互紧密配合。但是，这是一个非常有价值的过程，将进一步明晰并统一各方对BESS系统功能和运行模式的细节把握，极大地缩减了在现场的调试过程，为项目的投运打下良好基础。

并网或离网带负荷运行测试：较为理想的运行测试过程是将BMS与PCS在厂内进行连接并实现并网或带负荷运行，将PCS的基本功能，如并网、离网以及相对应的并联控制进行逐一的全面调试。但是，在考虑无缝切换、与柴油发电机组并列运行、虚拟同步发电机技术、阻抗匹配、负荷特性以及主电路变压器配置等情况下，PCS的上电调试和运行测试就变得较为复杂，对系统集成商的硬件环境或厂内配电往往提出了较高的要求。

施工准备、安装基础检查、柜体就位安装连接及母排、线缆安装等过程，与低压配电柜基本相似。

风道安装：PCS安装就位后进行排风管道的安装。具体的管道尺寸，应向PCS厂商咨询。排风管道按照材质，主要分为金属硬质排风管道和帆布柔性排风管道两种，如图7-6所示。

a) 金属硬质排风管道

b) 帆布柔性排风管道

图7-6　PCS排风管道

其中金属硬质排风管道，结构美观但是对结构件制造及安装精度要求较高，一般可考虑中间分段并用法兰连接。为保证法兰接口的严密性，法兰中间应有垫料，如选用石棉橡胶板。风道安装完毕后，应按风压等级进行严密性检验，漏风量应符合GB 50243—2016《通风与空调工程施工质量验收规范》中的要求。

检验交接：安装现场清理干净，柜内无遗留杂物或工具；柜体表面无污渍，应保持清洁、整齐；接入测试电源，电器开关动作准确灵敏；相关资料齐全，安装记录完整。

7.2.5　直流汇流柜及直流线缆安装与检验

直流系统的安装主要包括电池、直流线缆以及直流汇流柜等设备的结构紧固、电气连线与调试，且其中电池的运输方式在很大程度上决定了直流安装过程中的主要工作量和具体的调试检验过程。当前，BESS 中电池的运输方式会根据电池制造厂家的要求，或安装集成于系统中进行整体运输，或以电池组形式独立防护包装与系统分别运输，而后在现场进行电池组的开箱、搬运、安装、连线及调试。对于前者，系统集成商基本上就可以在厂内完成绝大部分的系统安装调试工作，但对电池组及其结构紧固方式、运输过程中的 SOC 以及正负极引线都应严格遵守相关要求和规定；而对于后者，系统集成商基于成本与安全方面的考虑，不会在厂内进行全电池组的安装、调试、再拆卸、重新包装与单独运输，而只能进行直流汇流柜、电池架及直流线缆的测绘、制作与汇流端并联等工作，并采取弱电模拟的方式完成系统联调。特别当集成系统容量较大，如一个 40ft 集装箱内部可能设计安装了 2MWh 以上的锂电池时，电池组的二次拆卸运输工作量显得太过巨大，况且目前单个电池组重量大，集成安装空间小，多数情况下又只能依靠人工作业。

下面以 BESS 电池整体运输为例，如图 7-7 所示，讨论直流汇流柜及直流线缆安装与检验流程。

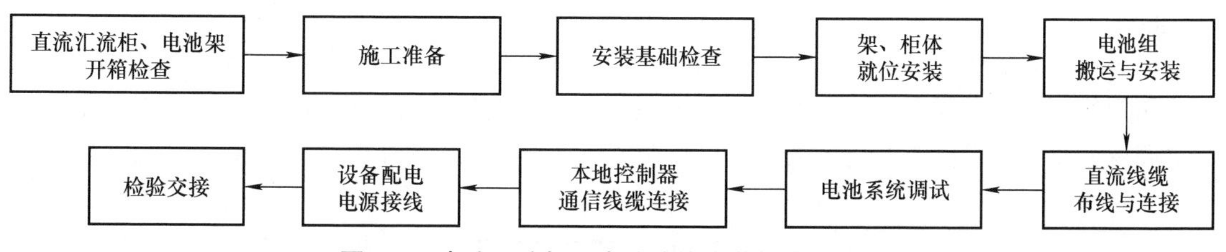

图 7-7　直流汇流柜及直流线缆安装与检验流程

开箱检查至就位安装环节，与前述配电柜基本相似，应注意技术资料齐全；柜体内外器件完整、清洁；核对电池组型号，检查外观无损伤；动作准确稳定、结构排布整齐美观、接地安全可靠，并做好人员培训与技术交底。

电池组搬运与安装：电池组重量与体积均较大，在搬运过程中应防止人员扭伤或砸伤手脚；在电池组提升过程中，防止发生碰撞或坠地跌落，否则其内部酸碱溶液会对人员及环境产生污染，外壳变形或受力，也可能导致电池内部隔膜刺穿，引发内部短路；安装人员应穿戴手套、安全鞋及安全帽等劳保用品，搬运过程轻拿轻放，两人协作；电池组与电池架采用扭矩扳手，固定连接；电池安装次序为自下而上、自里至外逐层逐列安装，注意电池组正负极排列次序与图样保持一致。

直流线缆布线与连接：电池簇内部直流线缆安装过程中，使用扳手或螺丝刀进行电池组间串联连接，工具把手需缠绕绝缘胶带并不得随意放在电池端子旁，已连接好的电池端子要及时安装绝缘套防护；电池簇引出线安装过程中，应首先紧固直流线缆汇流端，而后沿桥架布线至对应的电池簇，桥架中走线整齐，每隔 2m 固定一次；每路引出线做好明显标记，防止混接；检查线缆正负极之间绝缘以及正负极对地绝缘，如 110V 蓄电池母线对地绝缘不小于 0.1MΩ、220V 蓄电池组对地绝缘不小于 0.2MΩ，合格后连接至对应的电池簇输出开关盒端子上；接线连接时，确保螺钉或螺栓紧固，接触电阻小于 25mΩ，防止接线松动导致发热燃烧；配线应选用阻燃电缆，布线要求排列整齐、美观。

电池系统调试：采用外接控制电源方式，进行电池系统调试；借助上位机软件，完成电池系统内部三级 BMS 通信对接、电芯数据传输、电池组开关盒状态监测与动作操作、电池组故障模拟与再投入等调试过程。

本地控制器通信线缆连接及设备配电电源接线：由于直流汇流柜中除电池直流并联母排及检测保护器件外，还可能会集成本地控制器、控制系统配电设备、人机接口、UPS 等，因此在柜体安装于集装箱后也应进行通信线缆及控制电源连接，特别是本地控制器与 BMS、PCS、空调、消防及变压器测控装置等设备间的通信线缆连接，各设备电源线缆连接等。

检验交接：安装现场清理及检查，防止工具与杂物遗漏；电池组整齐码放，正负极连接正确；电池组与机柜的接线应牢固可靠；电池外壳无形变、破损或电解液泄漏现象。

7.3 温控系统安装与检验

BESS 内部温控系统主要分为风道或风墙、空调机组两个部分。其中，风道或风墙一般由集装箱制作厂家按照图样制作预装完成，随集装箱整体交付系统集成商，而后由系统集成商进行空调机组及其他附件的安装、调试。空调系统安装与检验流程如图 7-8 所示。

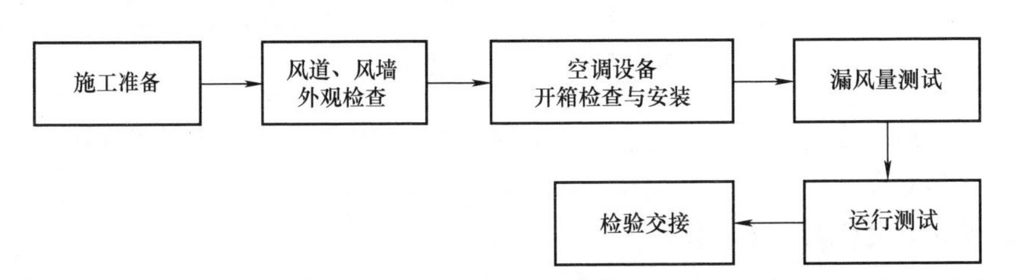

图 7-8 空调系统安装与检验流程

施工准备：技术交底、资料审查、人员组织以及安装调试工作准备等。

风道、风墙外观检查：针对风道或风墙，依据标准 GB 50243—2016《通风与空调工程施工质量验收规范》进行外观检查，风道外观应折角平直、圆弧均匀、两端平行、无翘角、无划痕、表面凹凸不大于 5mm；当矩形风道大边长在 630 ~ 800mm 时，每隔 1m 应采取加固措施，当矩形风道大边长大于 1m 时，每隔 800mm 应采取加固措施，确保牢固、整齐、均匀对称；当风道直角弯头或边长大于 500mm 时，应考虑在弯头处增加导流片，使气流顺利通过，降低风阻；按照设计要求进行结构定位与安装，水平安装最大允许偏差 3mm/m、最大允许总偏差 20mm，垂直安装最大允许偏差 2mm/m、最大允许总偏差 20mm；当采用焊接或咬接形式进行风道连接时，要求焊接表面无裂纹、气孔、夹渣、凹陷，咬口缝结合应紧密，不应有半咬口或张裂现象，咬口宽度均匀。密封要求如表 7-11 所示。

表 7-11　风道、风墙密封要求

类别	风道工作压力 P/Pa		密封要求
	管内正压	管内负压	
微压	$P \leqslant 125$	$-125 \leqslant P$	接缝处及接管连接处严密
低压	$125 < P \leqslant 500$	$-500 \leqslant P < -125$	接缝处及接管连接处严密，密封面宜设置在风道的正侧
中压	$500 < P \leqslant 1500$	$-1000 \leqslant P < -500$	接缝处及接管连接处应加设密封措施
高压	$1500 < P \leqslant 2500$	$-2000 \leqslant P < -1000$	所有的接缝处及接管连接处均应采取密封措施

当采用不锈钢制作风道时，板材厚度如表 7-12 所示。

表 7-12　风道板材厚度　　（单位：mm）

风道直径或长边尺寸 b	微压、低压、中压	高压
$b \leqslant 450$	0.5	0.75
$450 < b \leqslant 1120$	0.75	1.0
$1120 < b \leqslant 2000$	1.0	1.2
$2000 < b \leqslant 4000$	1.2	按设计要求

空调设备开箱检查与安装：BESS 大多选用整装一体式空调机组，在空调制造厂内即完成了整机装配和测试，压缩机、风扇电机、电器控制器盒、节流装置和热交换器等全部集成安装在一个机柜内，作为单台机组整体运输、交付至储能系统集成商处。因此，在 BESS 的集成过程中，系统集成商只需要进行结构安装、风道连接、通信控制线路连接及测试即可，不仅节约了成本，也大大提高了施工效率。

空调机组在安装前，也应进行开箱检查，验证设备的完好情况，并验收设备基础，应符合施工图样和规范要求，做好开箱检验会签记录。

机组与基础型钢底座间，用螺栓固定，水平放置，底座与机组间可放置 10mm 橡胶防震垫，降低设备运行时产生的震动和噪声；机组前方空闲区域不低于 900mm，以便进行日常维护；当采用壁挂式一体空调机组，则应做好机组与箱体间密封，防止漏风；机组与风道连接处应严密、牢固，做好外观保护。

漏风量测试：空调系统安装完毕后，可使用专业漏风量测试系统（PANDA 系统），如图 7-9 所示，进行漏风量测试，漏风率不得大于 3%。

漏风测试一般采用正压测试方式，可以整段或分段进行。测试过程中，被测系统的所有开口均应封闭，不得漏风；当漏风量超过标准时，应采用听、摸、看或烟的方式排查漏风部位，做好修补。

漏风量测试通常应为规定压力值下的实测数据，特殊条件下，不同工作压力下的漏风量可按下式换算：

$$Q = Q_0\left(\frac{P}{P_0}\right)^{0.65} \tag{7-1}$$

式中　Q——工作压力下的漏风量；

Q_0——规定试验压力下的漏风量；

P——系统工作压力（Pa）；

P_0——规定试验压力，如 500Pa。

图 7-9　漏风量测试系统

运行测试：漏风量测试完毕进行空调机组运转测试，检测其是否正常运行，分别对风量、转速、温度、振动、噪声、电流进行测试；额定电压情况下，稳定运转 5min，停止运行，重复三次无异常；总风量实测值不低于额定值 95%；单个机组额定风量 2000 ~ 5000m^3/h 时，机组噪声不超过 65dB，但在特殊应用场合，如用户侧 BESS，安装位置靠近民居或办公建筑物，则应采取降噪措施；机组振动，风机转速大于 800r/min 时，其振动速度不大于 4mm/s；各出风口，风量实测值与设计值允许误差绝对值小于 10%。

检验交接：清理施工现场；完善技术文件，如施工记录、系统调试报告等。

7.4　消防系统安装与检验

BESS 气体消防灭火系统主要部件包括灭火剂存储容器、单向阀、容器阀、阀驱动设备、管道和喷嘴等。这些系统组件应由厂家出具产品检验报告，并符合国家消防质量检测标准。其具体的的安装与验收，应遵循 GB 50263—2007《气体灭火系统施工及验收规范》、GB 50235—2010《工业金属管道工程施工规范》、GB 4717—2005《火灾报警控制器》中的有关规定，工作流程如图 7-10 所示。

图 7-10　消防系统安装与检验流程

施工准备：按照施工图样，进行安装人员技术交底，检查管道及气瓶等设备安装位置；准备施工材料及工具，如管材、连接件、胶带、螺栓、密封垫、扳手、测量尺、线坠等。

设备开箱检验内容主要包括设备材料规格应符合设计要求，存储容器、阀门、喷嘴等外观整洁，无缺损、变形及锈蚀；设备三证（合格证、生产许可证、产品检验报告）齐全；灭火剂装填量不得小于设计装填量，且不超过设计装填量的 1.5%。

管道及喷嘴安装：气体喷射管道一般选用冷轧无缝钢管并内外镀锌；管道安装前应进行调直并清理内部杂物，可采取吹扫方式，气体流速不低于 20m/s；由于一般 BESS 箱体容积有限，管道直径一般小于 80mm，当需要时可采用螺纹并在丝扣处填充聚乙烯四氟胶带进行密封连接；

按照管道直径，应每隔一段距离采取固定措施，如固定支架，最大间距如表 7-13 所示。

表 7-13　气体喷射管道固定支架最大间距

直径 /mm	15	20	25	32	40	50	65	80	100
最大间距 /mm	1.5	1.8	2.1	2.4	2.7	3.4	3.5	3.7	4.3

吊顶喷嘴安装前，应按照图样确定位置，且距离最近的固定支架不应大于 0.5m。

设备及配件安装：灭火剂存储容器，如钢瓶，在搬运过程中应采取保护措施，防止碰撞、擦伤；安装时压力表及产品铭牌朝外，便于观察；当钢瓶重量较重及高度较高时，应在集装箱内壁固定槽钢，而后用抱箍将钢瓶与槽钢进行固定，抱箍应在钢瓶高度的 2/3 处；当存储压力不大于 4.0MPa，管径不大于 80mm 时，喷射管道与钢瓶之间可采用螺纹并在丝扣处填充聚乙烯四氟胶带进行密封连接；消防控制器、火灾探测器等，采取壁挂或吊顶方式安装，应符合 GB 50303—2015《建筑电气装置工程施工质量验收规范》、GB 50116—2013《火灾自动报警系统设计规范》。

系统调试：BESS 气体消防系统调试主要包括监控报警功能调试、控制输出功能调试、故障报警调试、自检功能调试、电源功能含主备电源切换调试及氮气喷射测试等内容，以检验消防系统动作是否准确灵敏，控制阀门是否正常工作，声光报警信号是否正常，气体存储容器及管道、喷头无明显晃动或机械损坏等。针对点型感烟、感温火灾探测器，应采用专用的检测仪器或模拟火灾方法，逐个检查，每个火灾探测器均能够及时准确发出火灾报警信号，当有备品时，可抽样检查；火灾报警控制器的调试内容主要包括自检功能检查、火灾报警控制器与火灾探测器之间连线的断路和短路故障报警功能检查、消声及复位功能检查，火灾报警控制器与备用电源之间连线的断路和短路故障报警功能检查、屏蔽功能检查，主、备电源间自动切换功能检查以及火灾控制器其他特有功能检查等；气体灭火系统的调试应在系统安装完毕，相关的火灾报警系统、泄压装置及通风系统调试完毕后进行，在将气体阀门动作机构脱离的情况下，可采取手动模拟启动或自动模拟启动方式，观测相关动作信号及联动设备的动作是否正常、延迟时间与设定时间是否相符、声光报警信号是否正确、驱动动作是否可靠等；在随后进行的模拟喷气试验中，宜采用氮气或压缩空气进行，进一步观测控制阀门工作是否正常、灭火气体输送管道是否存在明显晃动或机械损坏、各种反馈信号指示灯是否准确动作、试验气体是否能够从喷嘴中喷出并浸没整个 BESS 箱体等。

检验交接：清理施工现场；完善技术文件，如施工记录、系统调试报告等。

7.5　电池储能系统出厂调试

BESS 内部各设备或子系统安装完毕后，进行系统整体调试，作业流程如图 7-11 所示。

调试准备：技术资料准备，主要包括系统接线图、系统技术协议、系统调试方案与流程、人员分工与操作管理、紧急情况处置预案等；人员准备，相关技术人员就位，主要设备厂商技术人员参与，牵涉到高压电网操作时，应获得当地供电所批准并由两名正式值班电工操作；所有人员进行技术交底，并穿戴合格防护用具；调试工具准备，包括上位机监控平台、绝缘耐压测试仪、接地电阻测试仪、万用表、示波器、功率计及模拟负荷等。

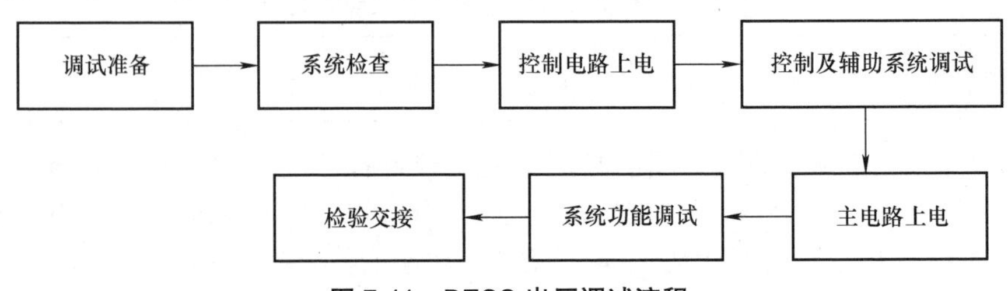

图 7-11　BESS 出厂调试流程

系统检查：在交流电网未接入、PCS 未工作及电池组未输出情况下，依据电气原理图及接线图，进行系统接线检查，包括主电路、控制电源电路、通信电路、辅助系统电源及通信电路、防雷及接地电路等是否准确连接，各端子是否连接紧固；绝缘检测，主要包括交流主电路相间及对地绝缘、直流侧对地绝缘、控制及辅助系统电源相间及对地绝缘等；接地电阻检测，主要包括各柜体、箱体、变压器、空调等设备及集装箱接地铜排的接地电阻，不大于 0.1Ω。

控制电路上电：可采用外接临时电源方式进行控制电路上电，用万用表检测各开关电源输入输出端电压是否正常，触摸屏是否正常工作，各设备指示灯是否点亮，集装箱内部照明是否正常。正常后，拆除外接临时电源，恢复接线。

控制及辅助系统调试：借助上位机进行 BESS 控制及辅助系统调试；核对本地控制器与各设备间通信，以验证通信协议是否匹配，启动、控制及保护逻辑等是否满足设计要求；电池组及 PCS 等设备信息是否能够准确及时传递；通过 BESS 内置触摸屏，启动温控系统，并进行温度设置，观测温度变化；通过模拟方式，触发消防系统，观测消防系统动作及状态信息传输、显示。

主电路上电：穿戴防护用品，关闭高压开关柜门，检查接地指示在断开状态，确认高压开关柜断路器、低压开关柜断路器、PCS 及控制配电断路器均处于分闸位置；供电所送高压，以高压试电器确认高压是否正常送达高压开关柜进线端，观测上柜门各仪表、信号指示是否正常，而后闭合断路器，送高压至变压器高压侧；如果出现断路器合闸后自动分闸，则需判断是何种故障并排除后，才可按上述程序重新送电；至少进行三次变压器空载投入冲击试验，以考核变压器绝缘和保护装置，每次受电时间不少于 10min，经检查无异常后，断开 5min 后再进行一次冲击试验，励磁涌流不应导致保护装置动作；在冲击试验中操作人员应观察冲击电流、空载电流、高低压侧电压是否正常并做好记录，且过程中无异响；闭合低压开关柜断路器，观测 PCS 交流电源灯是否点亮，PCS 柜门显示屏交流侧电网参数是否正常；闭合控制配电断路器，投入控制配电变压器，并逐级投入开关电源、各辅助设备，观测本地控制器、BMS、温控及消防控制器是否正常工作，触摸屏是否准确显示系统状态信息；操作 BMS，闭合各电池组输出开关盒及直流汇流柜中直流开关或断路器，直流电送达 PCS 直流侧；观测 PCS 状态，应处于交、直流均得电状态，等待启动指令。

系统功能调试：可通过上位机或本地控制器启动 PCS，完成并网功能调试；在并网状态下，PCS 可供设置交流侧 P/Q 模式、直流侧恒压限流等工作模式；以 P/Q 模式为例，参照 GB/T 36548—2018《电化学储能系统接入电网测试规范》7.2、7.3 中的规定进行有功调节、无功调节及过负荷能力等测试内容，如有功升功率测试，以额定功率 P_n 为基准，逐级调节有功功率设定值在 $-0.25P_n$、$0.25P_n$、$-0.5P_n$、$0.5P_n$、$-0.75P_n$、$0.75P_n$、$-P_n$、P_n，各功率点保持至少 30s，观测并记录并网点功率控制精度、响应时间、调节时间、并网谐波、系统效率及各电池簇电流、电压及温度等实测数据，观测各设备间通信是否正常，数据传输及显示是否及时准确；其他相关系统功能，如 BESS 离网运行、与柴油发电机组并联运行等，则需参照技术协议内容。

为了降低系统功能调试成本或对电网容量的需求，在 BESS 功率较大的情况下，可搭建“对拖”测试平台，如图 7-12 所示，在两台 BESS 间进行能量循环充放电；一次性完成了两组 BESS 的调试工作，也加快了项目进度。

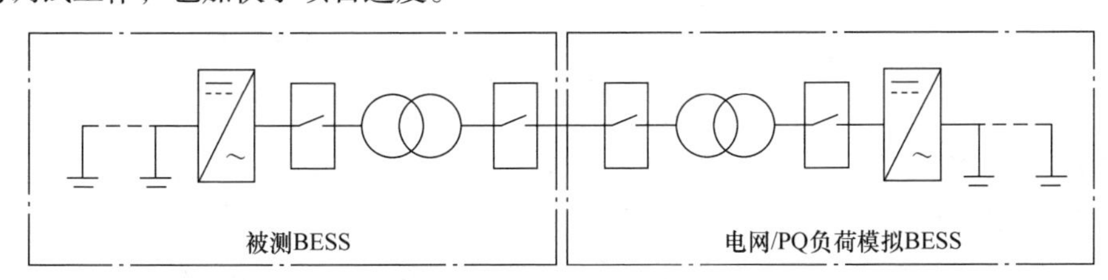

图 7-12 “对拖”测试平台

如被测 BESS 工作在并网 P/Q 模式，而由另一台 BESS 工作在离网 V/F 模式，模拟电网，建立稳定的电网电压与频率；或由被测 BESS 工作在离网 V/F 模式，而另一台 BESS 工作在并网 P/Q 模式，模拟负荷。

调试项目完成后，系统停机，随即可重复多次进行主电路上电、系统功能调试等过程，以验证系统工作是否正常，设计需求是否满足。

最终将电池组 SOC 维持在规定范围内，如不超过 25%，以确保运输过程中的安全。

检验交接：系统停机，供电所断高压，拆除相关测试设备与仪器，清理现场与设备，必要时可采用支架、绳索等对内部设备进行运输加固；完善技术文件，如施工记录、系统调试报告等，完成出厂检验。

7.6　电池储能系统起吊运输与现场安装

7.6.1　起吊运输

BESS 在进行了内部加固后，进行整体起吊运输至项目现场。在进行系统起吊与运输过程中，应遵守相关作业规定和安全操作流程，对操作人员也应进行相应的作业、安全培训。

起吊过程中，应选择天气晴好，避免在大风、强降雨、浓雾天气下作业，选择吨位适宜的起吊车辆，并确定安全作业半径，严禁人员进入吊臂和 BESS 下方；吊索的长度可根据箱体尺寸适当调整，确保起吊过程平稳，箱体不倾斜；以集装箱为例，起吊前集装箱房门闭锁，并使用集装箱四个顶角件进行起吊作业；采用吊钩或U形钩，并与箱体正确连接，如图7-13所示。

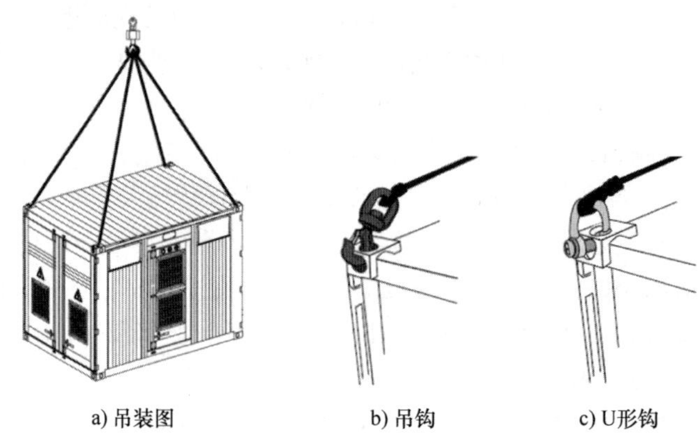

图7-13　吊装图及吊钩、U形钩

选用吊钩时，应由里向外挂钩，不允许由外向里挂钩；选用U形钩时，横向插销必须拧紧。采取垂直起吊方式，不得拖拽；起吊离地面300mm后应暂停作业并检查，确定连接紧固、箱体水平稳定后方可继续起吊；箱体到位后，平稳安放，并与底座固定。

场地适宜情况下，也可利用集装箱底部叉槽采取叉车运输方式，如图7-14所示，但应谨慎选择叉车载重能力与货叉长度。

图7-14　叉车运输

7.6.2　现场安装

BESS箱体较重，在建造安装地基前应夯实基坑底部，确保有足够的有效承重；为防止雨水侵蚀，地基应高出地面200～300mm，如果考虑当地可能会有较强降水或者积水的可能，台面还可继续加高。有时为了便于人员进出和操作，可在集装箱进出门处建造台阶或平台。关于地基，一种是高台式，一种是墩式，如图7-15所示。

地基横截面积应符合箱体尺寸安装要求，高度保持同一水平面，误差不超过5mm；根据集装箱进出线孔位置和大小，在建造地基时，预留线缆沟位置，预埋穿线管，如图7-16所示。

在地基的四角牢固预埋钢板，通过焊接方式与集装箱底座相连，实现集装箱体与地基间紧固。

地基底部应预留积水坑及排水管；在地基对角位置预埋不低于160mm^{2}的接地扁钢条，表面做好防腐处理；接地钢条一端与现场主地网可靠相连，另一端与集装箱体接地点相连，如图7-17所示。

在完成电气、通信线缆连线后，线缆进出口及缝隙处还需用防火泥封堵，防止异物、老鼠等小动物进入。

a) 高台式地基

b) 墩式地基

图 7-15 安装地基

图 7-16 穿线管

图 7-17 接地钢条

7.7 小结

本章详细讨论了 BESS 箱体、电气设备、空调、消防等设备的安装与检验流程，并给出了应遵循的技术规范；在厂内安装完毕后，应进行全面详尽的系统调试，其内容除功率带负荷外，还应包括各项模式转换、功能测试与通信测试，以减少现场工作量、缩短现场调试过程。

在 BESS 出厂与现场安装时，应选择适宜的起吊与运输方式，现场预先建设安装地基，并做好管线预埋、接地与异物防护。

参考文献

[1] 张存彪，黄建华 . 光伏电站建设与施工 [M]. 北京：化学工业出版社，2013.

[2] 麦克唐纳 . 电力变电站工程 [M]. 李宏仲，王华昕，译 . 北京：机械工业出版社，2017.

[3] 王芝茗 . 大规模风电场储能电站建设与运行 [M]. 北京：中国电力出版社，2017.

[4] 杨静东 . 风力发电工程施工与验收 .[M].2 版 . 北京：中国水利水电出版社，2013.

[5] 芮新花 . 智能变电站综合调试指导书 [M]. 北京：中国电力出版社，2019.

[6] 王厚余 . 低压电气装置的设计安装和检验 [M]. 北京：中国电力出版社，2007.

[7] 任清晨 . 电气控制柜设计制作，调试与维修篇 [M]. 北京：电子工业出版社，2014.

[8] 廖东进，黄建华 . 光伏发电系统集成与设计 [M]. 北京：化学工业出版社，2013.

[9] 秦鸣峰 . 蓄电池的使用与维护 [M]. 北京：化学工业出版社，2011.

[10] 公安部消防局 . 消防装备现场检查指导手册 [M]. 北京：中国质检出版社，2011.

[11] 朱成 .《建筑电气工程施工质量验收规范》应用图解 [M]. 北京：机械工业出版社，2009.

[12] 张中青 . 分布式光伏发电并网与运维管理 [M]. 北京：中国电力出版社，2014.

[13] 王学谦 . 建筑工程消防设计审核与验收 [M]. 北京：中国人民公安大学出版社，2013.

[14] 蔡芸 . 建设工程消防设计审核与验收实务 [M]. 北京：国防工业出版社，2012.

[15] 本书编委会 . 简明建筑电气工程施工验收技术手册 [M]. 北京：地震出版社，2005.

[16] 大连电力工业学校 . 电气设备检修工艺 [M]. 北京：中国电力出版社，2003.

[17] 付迎拴 . 电气设备修试质量控制与传动验收 [M]. 北京：中国电力出版社，2009.

[18] 安顺合 . 建筑电气工程施工与验收手册 [M]. 北京：中国建筑工业出版社，2005.

第 8 章 电池储能系统建模与仿真

本章针对电池储能系统（BESS）进行了理论分析和仿真研究。根据蓄电池的工作原理给出了一种改进的蓄电池动态模型，该模型充分考虑了蓄电池充放电的非线性特性，并将蓄电池电阻的变化转化为电压的变化，进而在 PSCAD 仿真平台搭建仿真模型进行验证。根据储能变流器（PCS）的数学模型，给出了 PCS 的矢量控制策略与虚拟同步机控制策略；并在虚拟同步机控制策略的基础上，分析了计及荷电状态（SOC）反馈的改进控制策略，该策略可以使储能系统在补偿功率波动的同时保证其 SOC 不超出既定的范围。最终在 PSCAD 仿真平台上建立储能系统仿真模型，从调频控制、调压控制、紧急功率支撑和调峰控制四个方面验证基于虚拟同步机控制策略的储能系统在多种工况下的运行性能。

8.1 储能电池建模

研究蓄电池等效电路模型对蓄电池建模仿真非常关键。等效电路模型的建立是以电池工作原理为基础，将电池的动态特性利用电阻、电容、电压源等电路元件组成电路网络进行模拟。下面对几种常见模型进行简单介绍。

8.1.1 常用电池模型

1. 简单电池模型

简单电池模型是最简单常用的电池模型，如图 8-1 所示。该模型由开路电压为 E_0 的理想电池和恒定的等效电阻串联组成，V_0 是蓄电池的端电压。该模型不考虑电池内阻随SOC和电解液浓度而变化的特性，一般应用于不限电量和不考虑 SOC 的电路仿真实验中。

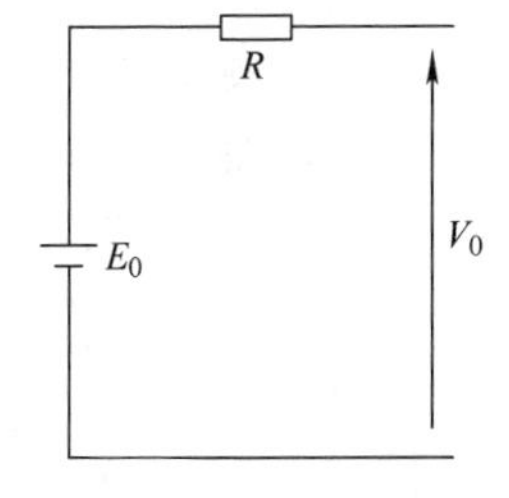

图 8-1 简单电池模型

2. Thevenin 电池模型

Thevenin 电池模型也是一种常用的模型，由电压 E_0、内阻 R_0、电容 C_p 和过电压电阻 R_p 组成，如图 8-2 所示。C_p 代表平行金属板间的电容，电阻 R_p 则代表非线性阻抗，即极化阻抗。Thevenin 电池模型的所有元件值都是电池在不同状态条件下的函数。

3. 三阶动态等效电路

三阶动态等效电路由 Massimo Ceraolo 提出，主要由主支路和寄生支路组成，如图 8-3 所示。主反应支路由电阻 R_1、R_2、电容 C 和电压源 E_m 构成，考虑了电池内部的电极反应、能量散发和欧姆效应。寄生电路由 R_p、E_p 和一个二极管组成，考虑了充电过程的析气效应等反应。

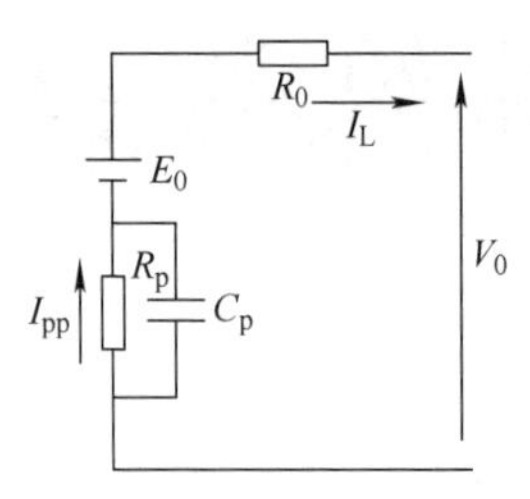

图 8-2　Thevenin 等效电路模型

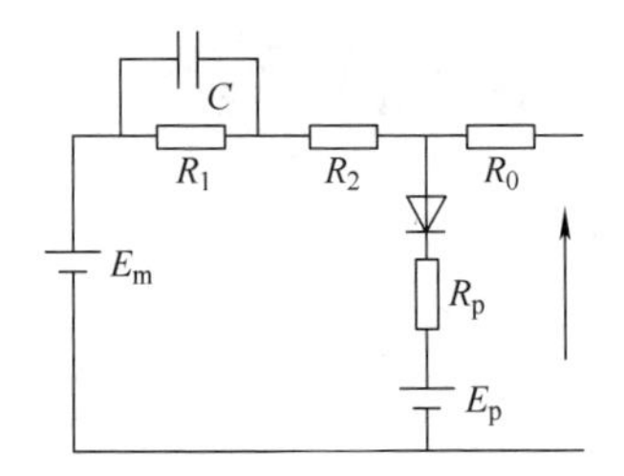

图 8-3　三阶动态等效电路

除上述几种等效电路外，还有许多等效电路模型，例如 RC 模型、PNGV 模型，如图 8-4 和图 8-5 所示。

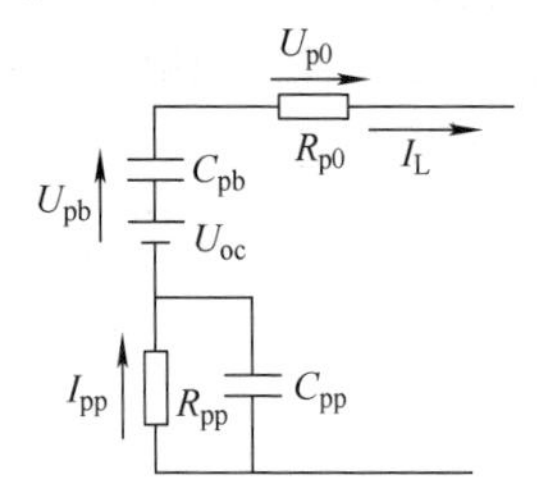

图 8-4　RC 等效电路模型

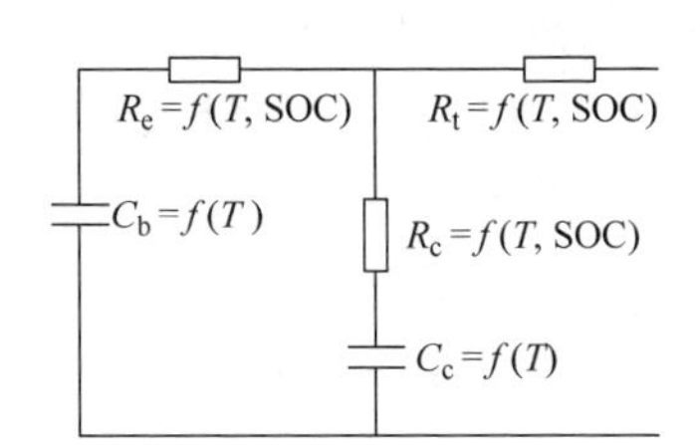

图 8-5　PNGV 等效电路模型

这些等效电路模型均以电池内部电阻、电容的变化为基础建立模型，从而模拟电池的充放电特性。这些模型的这一特点令仿真建模比较复杂，内部参数间的高耦合特性令仿真研究的实现比较困难。RC 模型的结构相对简单，但是精度很差。Thevenin 等效电路和 PNGV 模型具有很高的精度，但是其结构非常复杂，温度、电流和 SOC 之间的耦合度非常高。而且其内部参数计算也非常复杂，在仿真中一旦出现错误便很难排查。因此这些模型多用于精度要求很高的场合。

在并非针对蓄电池特性进行研究的仿真中，一般采用图 8-1 中简单等效电路。但由于其不能反映 SOC、电压和温度的变化情况，在某些并非针对电池特性进行研究的仿真中，这一电路仍不能满足需求。例如，在储能逆变器仿真研究中，需要通过监测电池电压的变化值来控制储能逆变器的运行状态，因此简单等效电路无法满足需求。其他一些等效电路，比如 Thevenin 模型和三阶动态等效电路模型，为了精确反应电池内部反应情况，具有非常高的耦合度和复杂的计算过程，因此这些模型虽能满足研究需求，但会占用研究者大量时间用于参数调整。

8.1.2　改进型电池模型

本节在诸多等效电路模型的基础上，采用了一种针对简单等效电路进行改进的等效电路模型。该模型由可控电压源和固定电阻串联组成，如图 8-6 所示。它将蓄电池内阻的变化转化为端电压的变化，从而简化内部化学变化。该模型能够模拟蓄电池的充放电特性，其开路电压通过基于蓄电池瞬时电池 SOC 建立的非线性方程计算获得。采用不

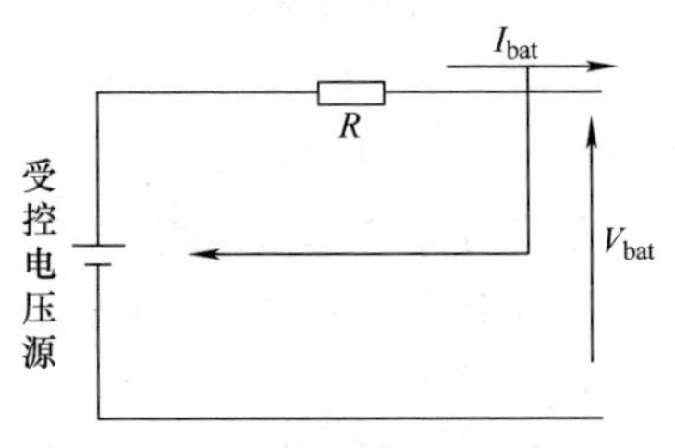

图 8-6　改进恒内阻模型等效电路

同受控源的电压方程分别模拟不同的充放电特性，在复杂度略有增加的基础上令模型精度大大增加，能够实现充放电模式的自动切换。可控电压源的开路电压可以用式（8-1）、式（8-2）表示。

充电电压

$$E = E_0 + K\frac{Q}{Q-i(t)}i^* + K\frac{Q}{Q-i(t)}i(t) - A\mathrm{e}^{-B*i(t)} \tag{8-1}$$

放电电压

$$E = E_0 - K\frac{Q}{Q-i(t)}i^* - K\frac{Q}{Q-i(t)}i(t) + A\mathrm{e}^{-B*i(t)} \tag{8-2}$$

式中 E_0——蓄电池起始电压（V）；
K——极化阻抗（Ω）；
Q——蓄电池容量（C）；
i^*——低频动态电流（A）；
$i(t)$——电池电流的积分，即蓄电池导出容量；
A——指数电压；
B——指数容量。

在仿真研究中，主要根据两个量进行控制，分别为电压和 SOC。因此，可以根据需要来建立能够准确模拟蓄电池电压和 SOC 变化的模型。输入量为电池电流，并分为两种：一是系统提供的充电电流；二是蓄电池自身的放电电流。再结合安时法，给定 SOC 的数学方程表达式

$$\mathrm{SOC} = \int i_{\mathrm{a}}\mathrm{d}t \tag{8-3}$$

式中 i_{a}——瞬时充放电电流（A）。

蓄电池的内阻是随着电池充放电过程逐渐变化的，所以电池厂家一般不会提供电池内阻的准确数字。而本节应用的等效模型是把蓄电池内阻当作恒定值，只对电压进行控制，因此需要估计一个内部阻抗值。方法是通过建立模型内阻与电池额定电压和额定容量之间的关系，再根据这三者之间的关系估算一个阻值。内阻影响蓄电池的输出电压，进而影响蓄电池的效率。效率与电池容量和电池电压的关系为

$$\eta = 1 - \frac{I_{\mathrm{nom}}RI_{\mathrm{nom}}}{V_{\mathrm{nom}}I_{\mathrm{nom}}} = 1 - \frac{I_{\mathrm{nom}}R}{V_{\mathrm{nom}}} \tag{8-4}$$

$$I_{\mathrm{nom}} = Q_{\mathrm{nom}}\frac{0.2}{1hr} \tag{8-5}$$

根据式（8-4）和式（8-5）求出模型的内阻

$$R = V_{\mathrm{nom}}\frac{1-\eta}{0.2Q_{\mathrm{nom}}} \tag{8-6}$$

根据蓄电池的典型放电曲线，参数 A 为指数区域的电压降，因此可以得出 A 的表达式

$$A = E_{\text{full}} - E_{\text{exp}} \tag{8-7}$$

参数 B 为指数区域末端的充电容量，有

$$B = \frac{3}{Q_{\text{exp}}} \tag{8-8}$$

K 为极化电压，有

$$K = \left(\frac{E_{\text{full}} - E_{\text{nom}} + A(\exp(-BQ_{\text{nom}}) - 1)}{Q_{\text{nom}}} \right)(Q - Q_{\text{nom}}) \tag{8-9}$$

固定电压为

$$E_0 = E_{\text{full}} - K + Ri - A \tag{8-10}$$

内阻消耗的热功率为

$$P_{\text{s}} = I^2 Ri \tag{8-11}$$

这些参数的计算方法也适用于其他电池类型。

8.2 锂离子电池仿真分析

仿真中单体电池的额定电压为 3.2V，电池组额定电压为 650V，根据蓄电池参数在 PSCAD/EMTDC 中建立仿真电路。根据参数计算公式可以得到各个参数值：A=0.0368，B=3.5294，K=0.00876，E_0=650V，Q=1Ah。

首先验证锂离子电池充电特性曲线。锂离子电池充电时采用恒流充电，给电路端口加直流电流源，给定恒定充电电流 I_a=180A，其恒流充电响应波形如图 8-7 所示。

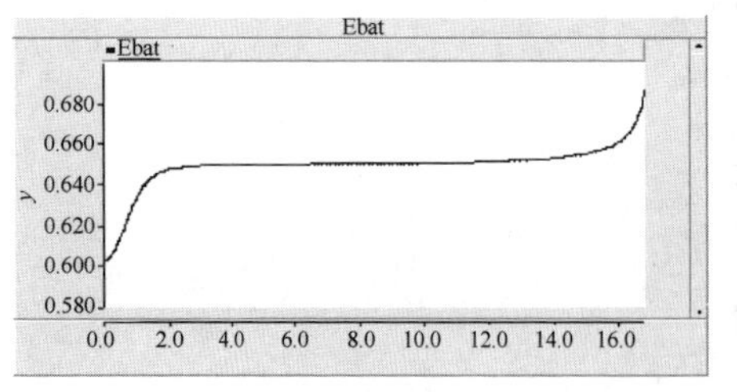

a) 电池电压响应

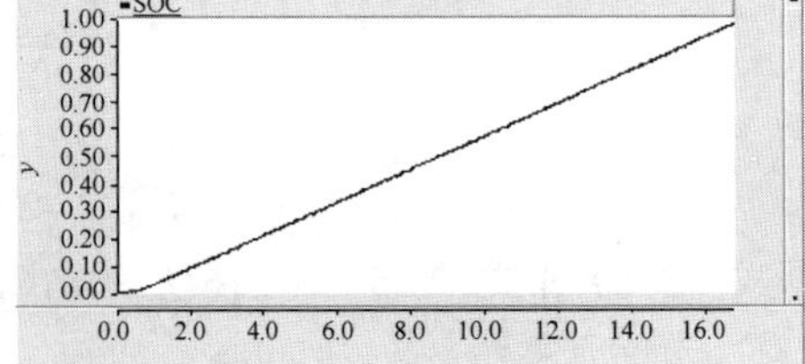

b) 电池SOC响应

图 8-7 锂离子电池恒流充电响应波形

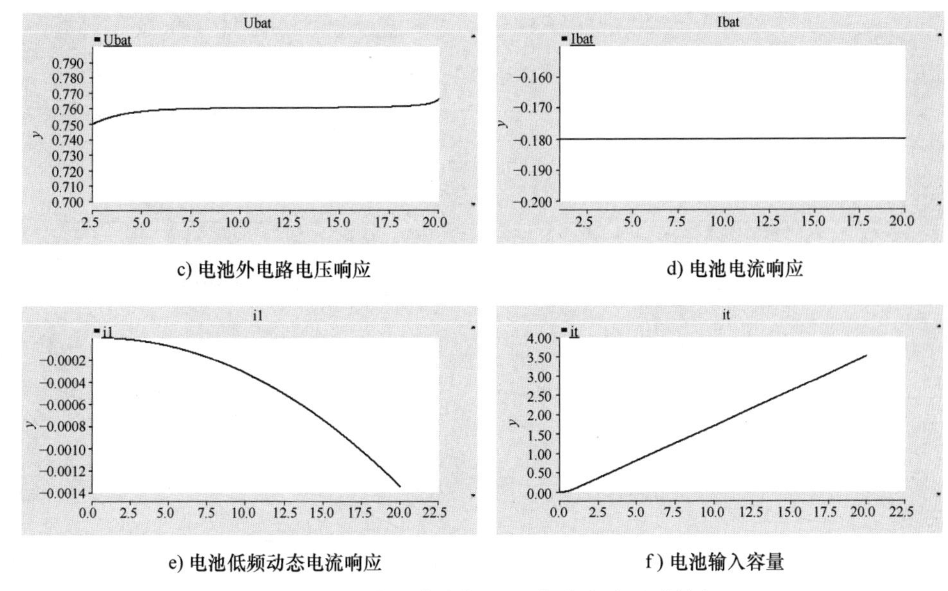

c) 电池外电路电压响应　　d) 电池电流响应

e) 电池低频动态电流响应　　f) 电池输入容量

图 8-7　锂离子电池恒流充电响应波形（续）

通过上述仿真结果可以看出，充电电流稳定在 180A，低频动态电流逐渐增大，锂离子电池输入容量逐渐达到 1Ah，即 3.6kAs。在充电过程中，起始阶段，电压值随着充电时间的延长迅速增长到固定值，然后电压保持缓慢增长，并且基本保持在固定电压，电池容量持续上升，SOC 逐渐增大；在充电末段，电压呈指数曲线上升，此时若不进行限制，锂离子电池将过充。

下面验证锂离子电池放电特性曲线。锂离子电池放电时采用恒电阻放电，令电路端口连接外电阻使锂离子电池放电电流约为 180A，其放电响应波形如图 8-8 所示。

通过上述仿真结果可以看出，锂离子电池放电电流约为 180A，低频动态电流逐渐增大，锂离子电池输出容量逐渐达到 1Ah，即 3.6kAs。由放电曲线可知，在放电起始阶段，电池电压由满电压迅速降低到固定电压，在放电中段，电池电压保持缓慢下降，并且基本稳定在固定电压，该阶段也为锂离子电池的工作阶段；在放电末段，电池电压随着放电时间的增长迅速减小，直到下降到电压下限。SOC 也随放电时间的增长而逐渐减小。

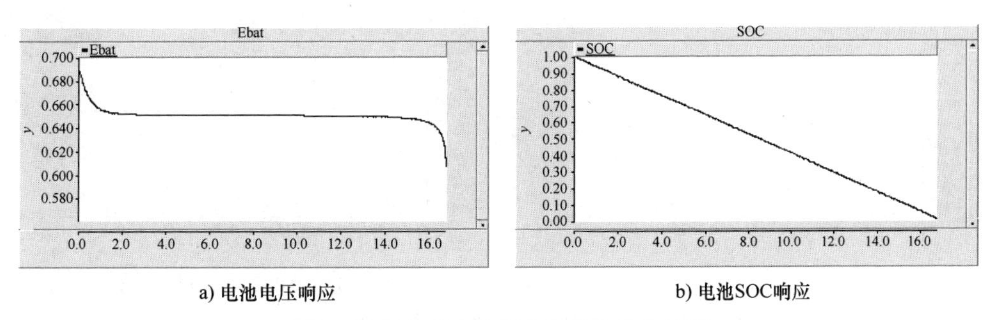

a) 电池电压响应　　b) 电池SOC响应

图 8-8　锂离子电池恒电阻放电响应波形

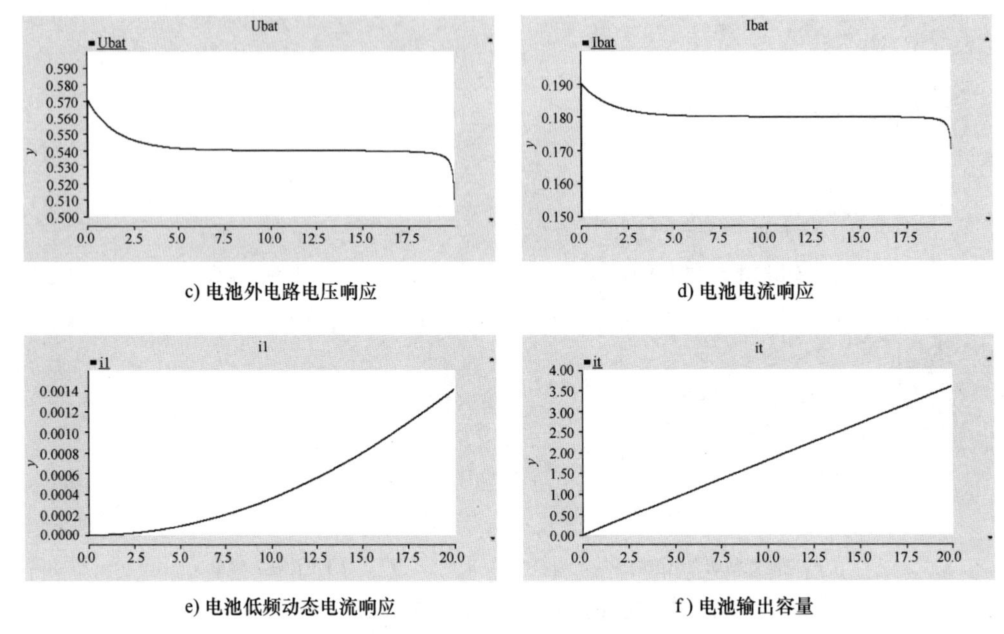

c) 电池外电路电压响应

d) 电池电流响应

e) 电池低频动态电流响应

f) 电池输出容量

图 8-8　锂离子电池恒电阻放电响应波形（续）

下面验证锂离子电池不同倍率放电特性曲线。锂离子电池放电时采用恒电阻放电，令电路端口连接外电阻使锂离子电池放电电流约为 98A，其放电响应波形如图 8-9 所示。

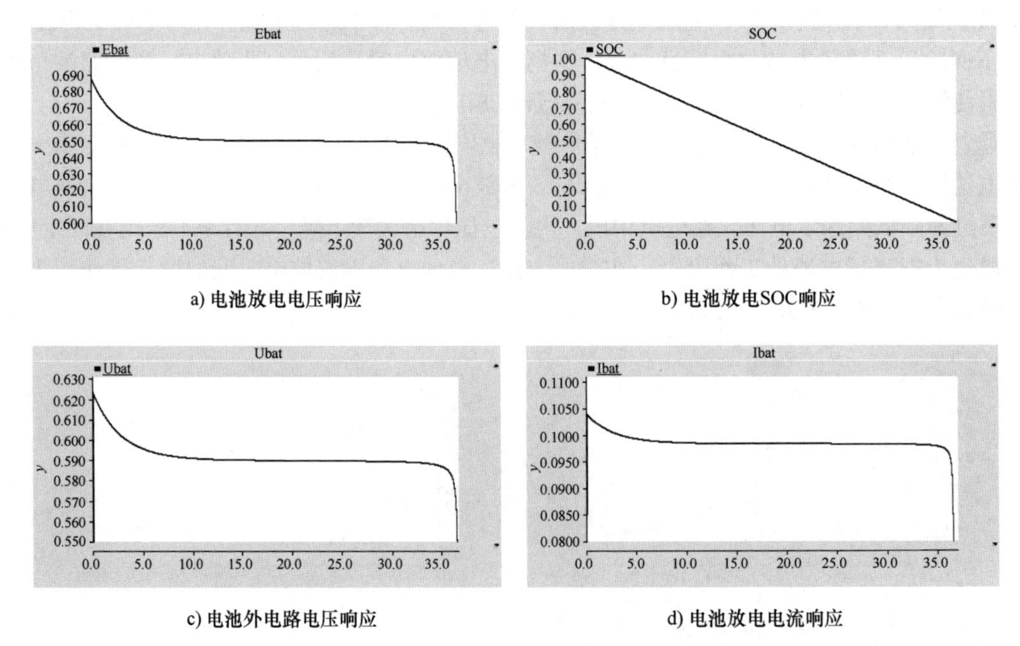

a) 电池放电电压响应

b) 电池放电SOC响应

c) 电池外电路电压响应

d) 电池放电电流响应

图 8-9　锂离子电池低倍率恒电阻放电响应波形

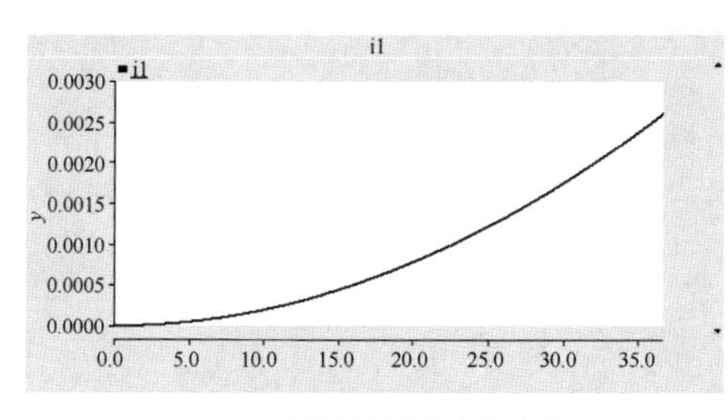

e) 电池低频动态电流响应

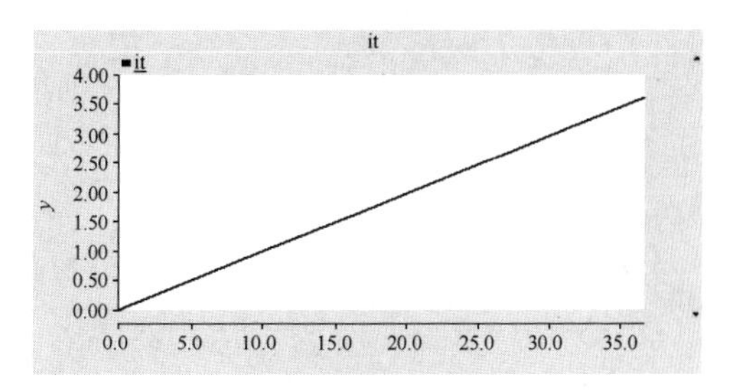

f) 电池输出容量

图 8-9 锂离子电池低倍率恒电阻放电响应波形（续）

通过上述仿真结果可以看出，锂离子电池放电电流约为 98A，低频动态电流逐渐增大，锂离子电池输出容量逐渐达到 1Ah，即 3.6kAs。由放电曲线可知，在放电起始阶段，电池电压由满电压迅速降低到固定电压，在放电中段，电池电压保持缓慢下降，并且基本稳定在固定电压，该阶段也为锂离子电池的工作阶段；在放电末段，电池电压随着放电时间的增长迅速减小，直到下降到电压下限。SOC 也随放电时间的增长而逐渐减小。锂离子电池不同倍率放电特性得到验证。

8.3 铅酸电池仿真分析

由于铅酸电池的充放电特性与锂离子电池十分相似，因此本节对铅酸电池采取与锂离子电池相同的等效模型进行分析，并根据铅酸电池参数在 PSCAD/EMTDC 中建立仿真电路。根据参数计算公式可以得到各个参数值：A=0.0479，B=4.3287，K=0.00796，E_0=500V，Q=1Ah。

首先验证铅酸电池充电特性曲线。铅酸电池充电时采用恒流充电，给电路端口加直流电流源，给定恒定充电电流 I_a=138A，其恒流充电响应波形如图 8-10 所示。

通过上述仿真结果可以看出，充电电流稳定在 138A，低频动态电流逐渐增大，铅酸电池输入容量逐渐达到 1Ah，即 3.6kAs。在充电过程中，起始阶段，电压值随着充电时间的延长迅速增长到固定值，然后电压保持缓慢增长，并且基本保持在固定电压，电池容量持续上升，SOC 逐渐增大；在充电末段，电压呈指数曲线上升，此时若不进行限制，铅酸电池将过充。

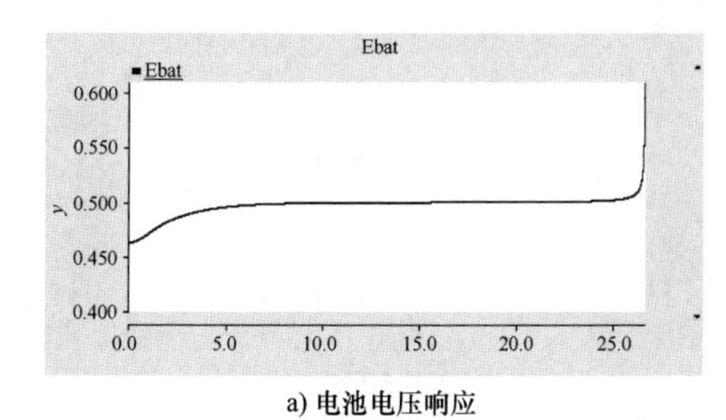

a) 电池电压响应

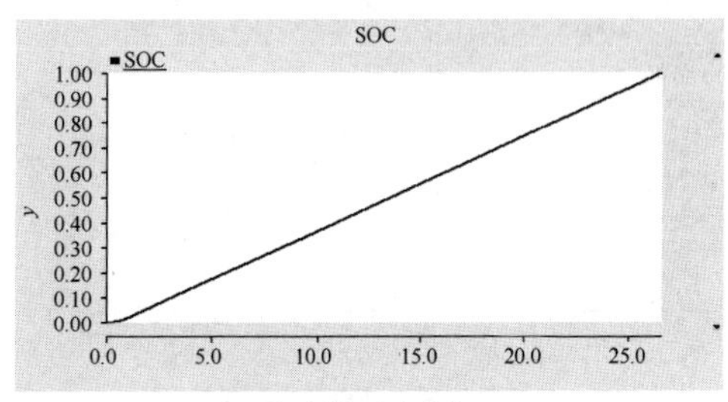

b) 电池SOC响应

图 8-10 铅酸电池恒流充电响应波形

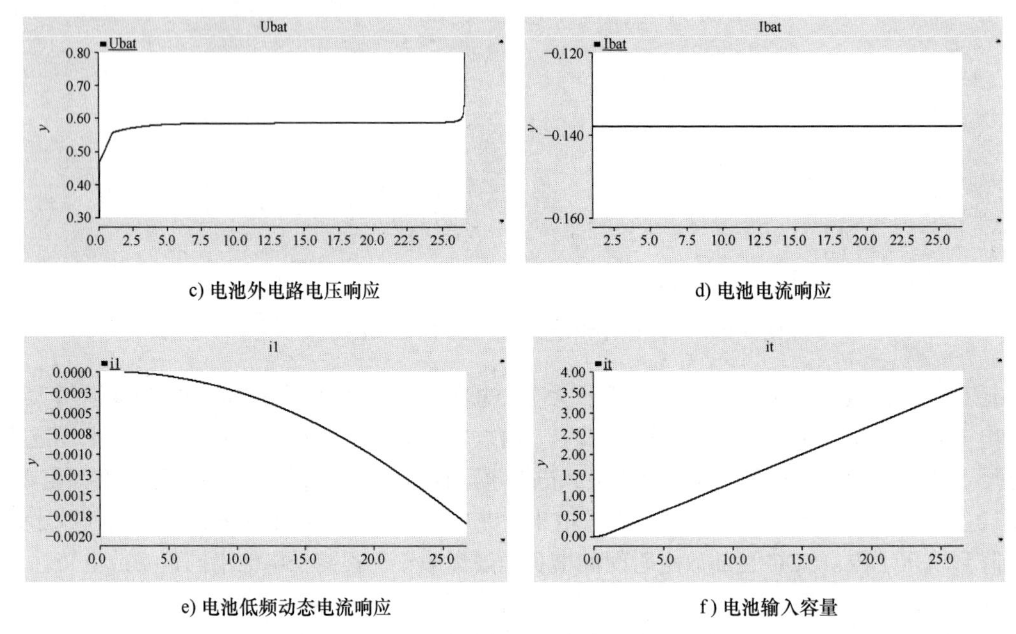

c) 电池外电路电压响应　　d) 电池电流响应

e) 电池低频动态电流响应　　f) 电池输入容量

图 8-10　铅酸电池恒流充电响应波形（续）

下面验证铅酸电池放电特性曲线。铅酸电池放电时采用恒电阻放电，令电路端口连接外电阻使铅酸电池放电电流约为 138A，其放电响应波形如图 8-11 所示。

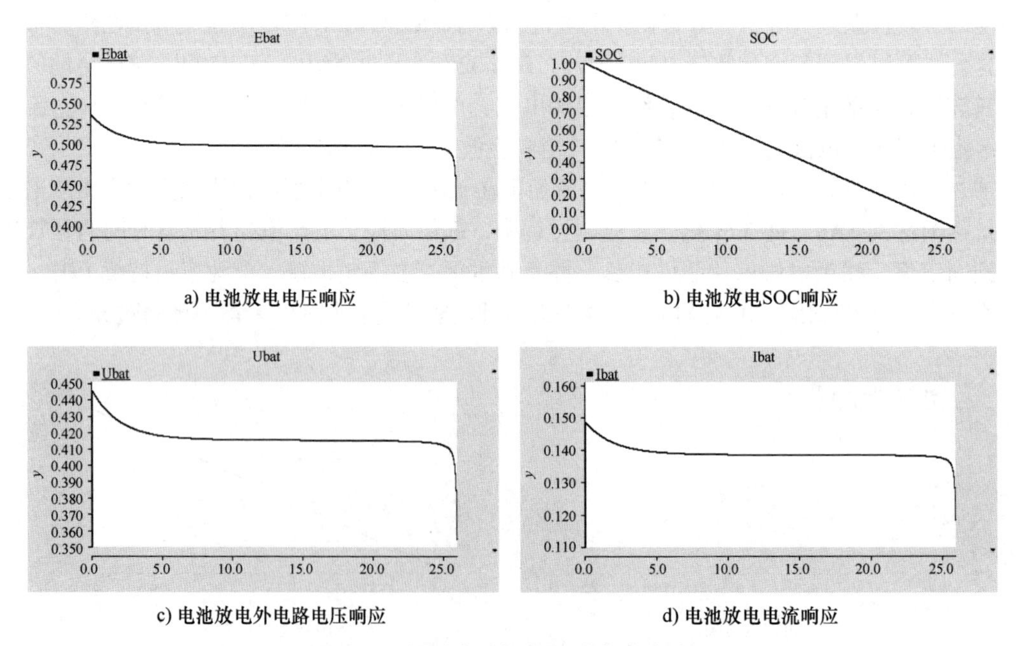

a) 电池放电电压响应　　b) 电池放电SOC响应

c) 电池放电外电路电压响应　　d) 电池放电电流响应

图 8-11　铅酸电池恒电阻放电响应波形

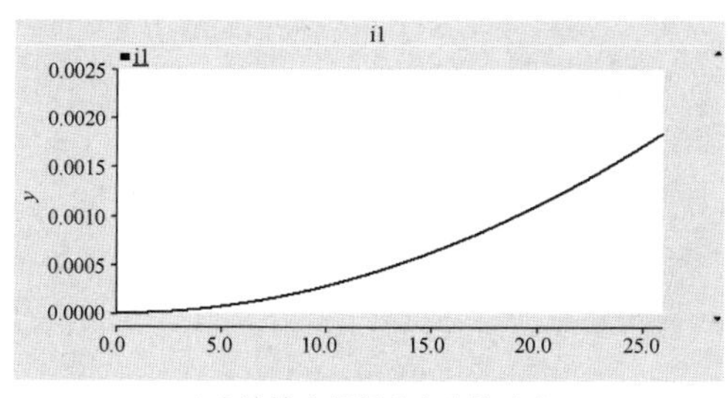

e) 电池放电低频动态电流响应

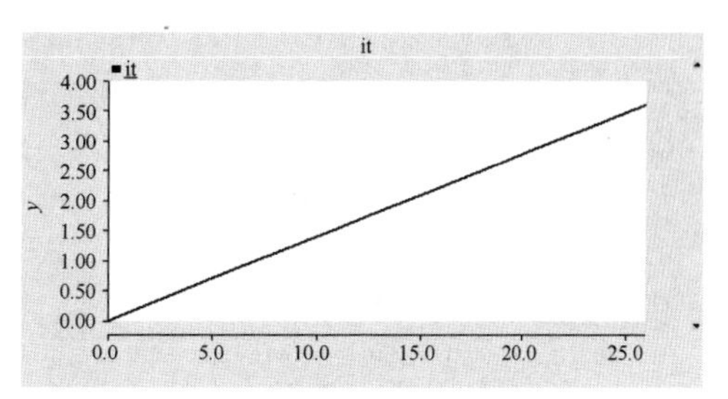

f) 电池放电时输出容量

图 8-11　铅酸电池恒电阻放电响应波形（续）

通过上述仿真结果可以看出，铅酸电池放电电流约为 138A，低频动态电流逐渐增大，铅酸电池输出容量逐渐达到 1Ah，即 3.6kAs。由放电曲线可知，在放电起始阶段，电池电压由满电压迅速降低到固定电压，在放电中段，电池电压保持缓慢下降，并且基本稳定在固定电压，该阶段也为铅酸电池的工作阶段；在放电末段，电池电压随着放电时间的增长迅速减小，直到下降到电压下限。SOC 也随放电时间的增长而逐渐减小。

下面验证铅酸电池不同倍率放电特性曲线。铅酸电池放电时采用恒电阻放电，令电路端口连接外电阻使铅酸电池放电电流约为 76A，其放电响应波形如图 8-12 所示。

通过上述仿真结果可以看出，铅酸电池放电电流约为 76A，低频动态电流逐渐增大，铅酸电池输出容量逐渐达到 1Ah，即 3.6kAs。由放电曲线可知，在放电起始阶段，电池电压由满电压迅速降低到固定电压，在放电中段，电池电压保持缓慢下降，并且基本稳定在固定电压，该阶段也为铅酸电池的工作阶段；在放电末段，电池电压随着放电时间的增长迅速减小，直到下降到电压下限。SOC 也随放电时间的增长而逐渐减小。铅酸电池不同倍率放电特性得到验证。

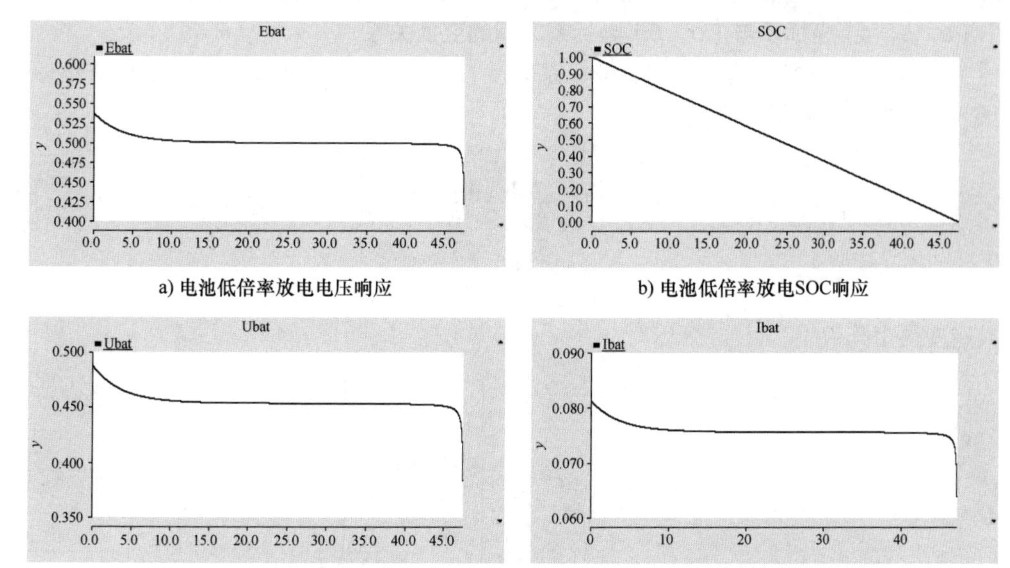

a) 电池低倍率放电电压响应

b) 电池低倍率放电SOC响应

c) 电池低倍率放电外电路电压响应

d) 电池低倍率放电电流响应

图 8-12　铅酸电池低倍率恒电阻放电响应波形

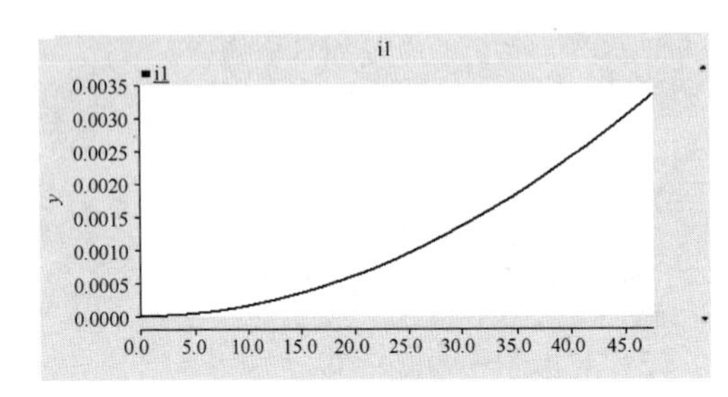

e) 电池低倍率放电低频动态电流响应

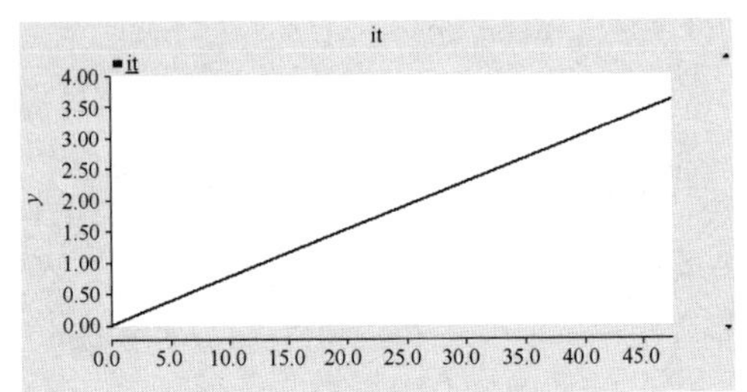

f) 电池低倍率放电时输出容量

图 8-12　铅酸电池低倍率恒电阻放电响应波形（续）

8.4　储能变流器建模与控制

8.4.1　储能变流器同步旋转坐标系建模

为了实现 PCS 建模和控制，可以通过坐标变换将三相静止对称（a，b，c）坐标系转换为与电网基波频率同步的两相旋转（d，q）坐标系。这样，经坐标旋转变换后，PCS 交流时变量就转化为直流量，简化了控制系统设计，也能够实现对交流量的无静差控制。

8.4.1.1　坐标变换

转换过程首先将从三相静止对称（a，b，c）坐标系转向两相静止（α，β）坐标系，再转向两相同步旋转（d，q）坐标系。转换过程中遵循幅值守恒原则，具体过程如下所述。

1.（a，b，c）坐标系与（α，β）坐标系之间的变换关系

由（a，b，c）坐标系到（α，β）坐标系的变换简称为 3s/2s 变换。采用幅值守恒原则的 3s/2s 变换可用如下变换矩阵来表示：

$$\boldsymbol{C}_{3s/2s}=\frac{2}{3}\begin{bmatrix}1 & -\frac{1}{2} & -\frac{1}{2}\\ 0 & \frac{\sqrt{3}}{2} & -\frac{\sqrt{3}}{2}\end{bmatrix} \tag{8-12}$$

其逆变换矩阵为

$$\boldsymbol{C}_{2s/3s}=\boldsymbol{C}_{3s/2s}^{-1}=\begin{bmatrix}1 & 0\\ -\frac{1}{2} & \frac{\sqrt{3}}{2}\\ -\frac{1}{2} & -\frac{\sqrt{3}}{2}\end{bmatrix} \tag{8-13}$$

2.（α，β）坐标系与（d，q）坐标系之间的变换关系

从（α，β）坐标系到（d，q）坐标系之间的变换简称为 2s/2r 变换，其变换矩阵为

$$\boldsymbol{C}_{2s/2r}=\begin{bmatrix}\cos\theta_1 & \sin\theta_1\\ -\sin\theta_1 & \cos\theta_1\end{bmatrix} \tag{8-14}$$

式中　θ_1——d 轴与 α 轴之间的夹角，$\theta_1=\omega_1 t+\theta_0$；

θ_0——t=0 时刻的初始相位角；

ω_1——同步电角速度。

其逆变换矩阵为

$$\boldsymbol{C}_{2r/2s}=\boldsymbol{C}_{2s/2r}^{-1}=\begin{bmatrix}\cos\theta_1 & -\sin\theta_1\\ \sin\theta_1 & \cos\theta_1\end{bmatrix} \tag{8-15}$$

3.（a，b，c）坐标系与（d，q）坐标系之间的变换关系

根据式（2-22）、式（2-24），可得由三相静止坐标系到两相同步速旋转 dq 坐标系之间的变换矩阵为

$$\boldsymbol{C}_{3s/2r}=\boldsymbol{C}_{2s/2r}\boldsymbol{C}_{3s/2s}=\frac{2}{3}\begin{bmatrix}\cos\theta_1 & \cos\left(\theta_1-120°\right) & \cos\left(\theta_1+120°\right)\\ -\sin\theta_1 & -\sin\left(\theta_1-120°\right) & -\sin\left(\theta_1+120°\right)\end{bmatrix} \tag{8-16}$$

其逆变换矩阵为

$$\boldsymbol{C}_{2r/3s}=\boldsymbol{C}_{2s/3s}\boldsymbol{C}_{2r/2s}=\begin{bmatrix}\cos\theta_1 & -\sin\theta_1\\ \cos(\theta_1-120°) & -\sin(\theta_1-120°)\\ \cos(\theta_1+120°) & -\sin(\theta_1+120°)\end{bmatrix} \tag{8-17}$$

根据以上分析，可推得三相静止（a，b，c）坐标系、两相静止（α，β）坐标系以及两相同步速 ω_1 旋转（d，q）坐标系中，空间矢量 $\boldsymbol{F}$（广义地代表电压、电流、磁链等）的空间位置关系，如图 8-13 所示。

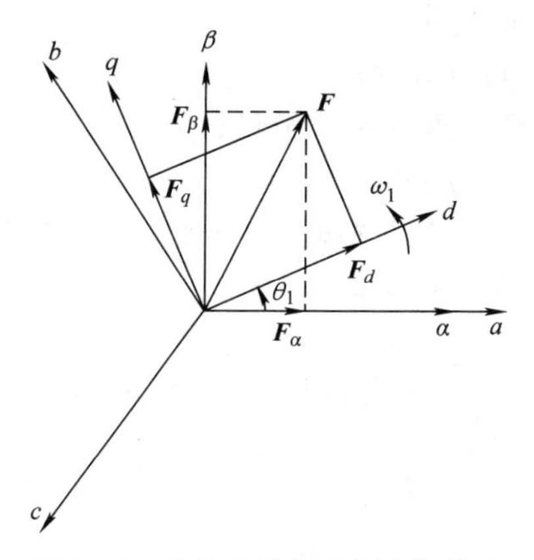

图 8-13　空间矢量的坐标变换关系

8.4.1.2 两相静止（α，β）坐标系中储能变流器的数学模型

若 PCS 三相进线电抗器的电感、电阻相等，即 $L_{ga}=L_{gb}=L_{gc}=L_g$，$R_{ga}=R_{gb}=R_{gc}=R_g$，可得如下式所示的两相静止 $\alpha\beta$ 坐标系中 PCS 的数学模型：

$$\begin{cases} u_{g\alpha} = R_g i_{g\alpha} + L_g \dfrac{\mathrm{d}i_{g\alpha}}{\mathrm{d}t} + v_{g\alpha} \\ u_{g\beta} = R_g i_{g\beta} + L_g \dfrac{\mathrm{d}i_{g\beta}}{\mathrm{d}t} + v_{g\beta} \\ C\dfrac{\mathrm{d}V_{\mathrm{dc}}}{\mathrm{d}t} = \dfrac{3}{2}(S_\alpha i_{g\alpha} + S_\beta i_{g\beta}) - i_{\mathrm{source}} \end{cases} \tag{8-18}$$

式中 $u_{g\alpha}$、$u_{g\beta}$——电网电压的 α、β 分量；

$i_{g\alpha}$、$i_{g\beta}$——变换器输入电流的 α、β 分量；

$v_{g\alpha}$、$v_{g\beta}$——变换器交流侧电压的 α、β 分量；

S_α、S_β——开关函数的 α、β 分量。

8.4.1.3 同步旋转（d，q）坐标系中储能变流器的数学模型

利用式（8-14）对式（8-18）进行变换，可得同步速 ω_1 旋转（d，q）坐标系中 PCS 的数学模型

$$\begin{cases} u_{gd} = R_g i_{gd} + L_g \dfrac{\mathrm{d}i_{gd}}{\mathrm{d}t} - \omega_1 L_g i_{gq} + v_{gd} \\ u_{gq} = R_g i_{gq} + L_g \dfrac{\mathrm{d}i_{gq}}{\mathrm{d}t} + \omega_1 L_g i_{gd} + v_{gq} \\ C\dfrac{\mathrm{d}V_{\mathrm{dc}}}{\mathrm{d}t} = \dfrac{3}{2}(S_d i_{gd} + S_q i_{gq}) - i_{\mathrm{source}} \end{cases} \tag{8-19}$$

式中 u_{gd}、u_{gq}——电网电压的 d、q 分量；

i_{gd}、i_{gq}——输入电流的 d、q 分量；

v_{gd}、v_{gq}——变换器交流侧电压的 d、q 分量；

S_d、S_q——开关函数的 d、q 分量。

令 $\boldsymbol{U}_g=u_{gd}+\mathrm{j}u_{gq}$ 为电网电压矢量。当坐标系的 d 轴定向于电网电压矢量时，有 $u_{gd}=|\boldsymbol{U}_g|=U_g$，$u_{gq}=0$，其中 U_g 为电网相电压幅值，式（8-19）变为

$$\begin{cases} U_g = R_g i_{gd} + L_g \dfrac{\mathrm{d}i_{gd}}{\mathrm{d}t} - \omega_1 L_g i_{gq} + v_{gd} \\ 0 = R_g i_{gq} + L_g \dfrac{\mathrm{d}i_{gq}}{\mathrm{d}t} + \omega_1 L_g i_{gd} + v_{gq} \\ C\dfrac{\mathrm{d}V_{\mathrm{dc}}}{\mathrm{d}t} = \dfrac{3}{2}(S_d i_{gd} + S_q i_{gq}) - i_{\mathrm{source}} \end{cases} \tag{8-20}$$

8.4.2 储能变流器矢量控制

矢量控制是常见的变流器控制策略之一。PCS 的矢量控制系统可分为功率外环控制和电流内环控制，控制系统框图如图 8-14 所示。

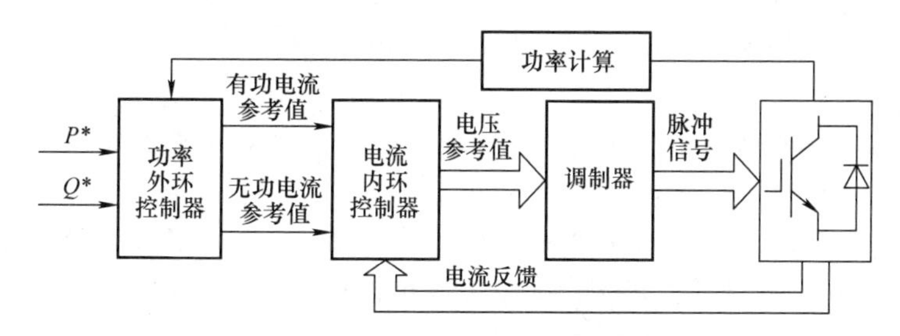

图 8-14 PCS 矢量控制系统框图

根据式（8-20），可以导出基于 d 轴电网电压定向、dq 分量形式的 PCS 交流侧电压表达

$$\begin{cases} v_{gd} = -L_g \dfrac{\mathrm{d}i_{gd}}{\mathrm{d}t} - R_g i_{gd} + \omega_1 L_g i_{gq} + u_{gd} \\ v_{gq} = -L_g \dfrac{\mathrm{d}i_{gq}}{\mathrm{d}t} - R_g i_{gq} - \omega_1 L_g i_{gd} \end{cases} \tag{8-21}$$

可以看出，PCS 的 d、q 轴电流除受 v_{gd}、v_{gq} 的控制外，还受电流交叉耦合项 $\omega_1 L_g i_{gq}$、$\omega_1 L_g i_{gd}$，电阻电压降 $R_g i_{gd}$、$R_g i_{gq}$ 以及电网电压 u_{gd} 的影响。因此欲实现对 d、q 轴电流的有效控制，必须寻找一种能解除 d、q 轴电流间耦合和消除电网电压扰动的控制方法。

令

$$\begin{cases} v'_{gd} = L_g \dfrac{\mathrm{d}i_{gd}}{\mathrm{d}t} \\ v'_{gq} = L_g \dfrac{\mathrm{d}i_{gq}}{\mathrm{d}t} \end{cases} \tag{8-22}$$

为了消除控制静差，引入积分环节，根据式（8-22）可设计出如下电流控制器：

$$\begin{cases} v'_{gd} = L_g \dfrac{\mathrm{d}i_{gd}}{\mathrm{d}t} = L_g \dfrac{\mathrm{d}i^*_{gd}}{\mathrm{d}t} + k_{igp}\left(i^*_{gd} - i_{gd}\right) + k_{igi}\int\left(i^*_{gd} - i_{gd}\right)\mathrm{d}t \\ v'_{gq} = L_g \dfrac{\mathrm{d}i_{gq}}{\mathrm{d}t} = L_g \dfrac{\mathrm{d}i^*_{gq}}{\mathrm{d}t} + k_{igp}\left(i^*_{gq} - i_{gq}\right) + k_{igi}\int\left(i^*_{gq} - i_{gq}\right)\mathrm{d}t \end{cases} \tag{8-23}$$

式中 i^*_{gd}、i^*_{gq}——d、q 轴电流参考值；

k_{igp}、k_{igi}——电流控制器的比例、积分系数。

式（8-23）给出了电流控制器的输出电压，代入式（8-22）可得 PCS 交流侧电压参考值

$$\begin{cases} v_{gd}^* = -v_{gd}' - R_g i_{gd} + \omega_1 L_g i_{gq} + u_{gd} \\ v_{gq}^* = -v_{gq}' - R_g i_{gq} - \omega_1 L_g i_{gd} \end{cases} \tag{8-24}$$

式（8-24）表明，由于引入了电流状态反馈量 $\omega_1 L_g i_{gq}$、$\omega_1 L_g i_{gd}$ 来实现解耦，同时又引入电网扰动电压项和电阻电压降项 $R_g i_{gd}$、$R_g i_{gq}$ 进行前馈补偿，从而实现了 d、q 轴电流的解耦控制，有效提高了系统的动态控制性能。

功率外环控制器采取经典的 PI 控制器，将瞬时功率与给定功率比较后送入 PI 控制器，进而得到有功电流与无功电流的数值。

根据式（8-24）等，可给出 PCS 功率、电流双闭环控制框图，如图 8-15 所示。图中，通过电流状态反馈来实现两轴电流间的解耦控制，功率前馈来实现对电网功率扰动的补偿。

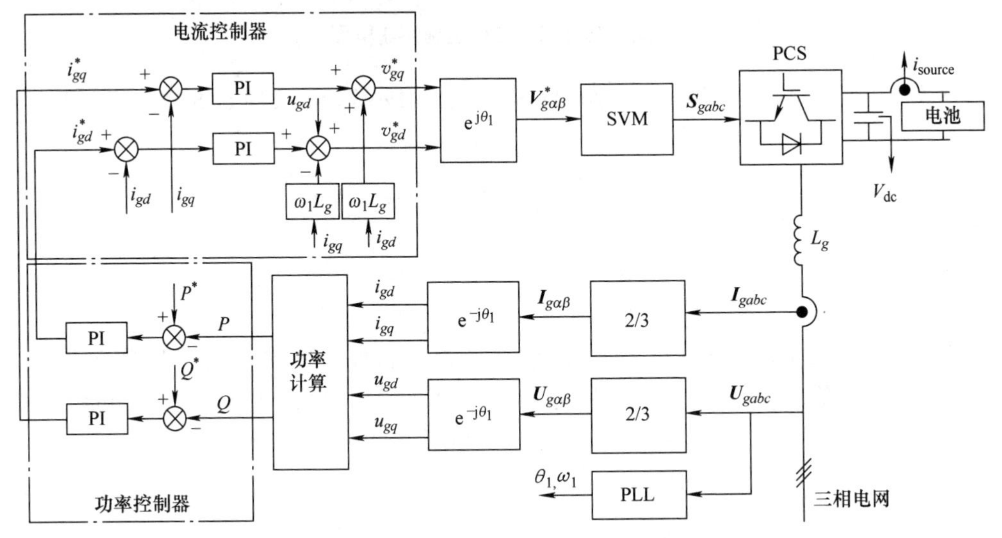

图 8-15　基于 d 轴电网电压定向的功率、电流双闭环控制框图

从矢量控制的原理可知，传统矢量控制以输出功率为控制目标，且动态响应速度快，因此基于矢量控制的 PCS 可具有调峰控制和紧急功率控制能力。此外，通过在矢量控制的基础上添加电压下垂控制环节和频率下垂控制环节，也可使 PCS 具有调压控制和调频控制能力。不足的是，矢量控制依赖锁相环，电网电压频率扰动会影响其动态响应，进而影响矢量控制性能。

8.4.3　储能变流器虚拟同步机控制

基于传统矢量控制的 PCS，几乎没有转动惯量，无法为电网提供稳定的电压和频率支撑，也无法提供必要的惯性和阻尼。如果以传统矢量控制策略进行控制的 PCS 作为并网接口大量接入电网，将会导致电网运行稳定性受到严重影响。此外，传统控制策略大多需要锁相环来提供电网电压的幅值和相位基准，无法实现自同步并网。因此，为了使 PCS 具有类似于常规同步发电机的运行特性，从而实现储能系统的电压 / 频率支撑及自同步并网功能，对虚拟同步机（Virtual Synchronous Generator，VSG）控制策略的研究和应用具有重要的理论意义及工程实践意义。

虚拟同步机的本质是通过控制逆变器模拟同步发电机的运行原理，从而获得类似同步发电机一样的运行特性。虚拟同步机基本拓扑结构如图 8-16 所示。图中，V_{dc} 为直流母线电压；v_{ga}、v_{gb}、v_{gc} 分别为逆变器交流侧输出的三相电压；L_1、R_1、R_2、C 为 LC 滤波器参数；i_{ga}、i_{gb}、i_{gc} 分别为电网三相电流；u_{ga}、u_{gb}、u_{gc} 分别为电网三相电压。

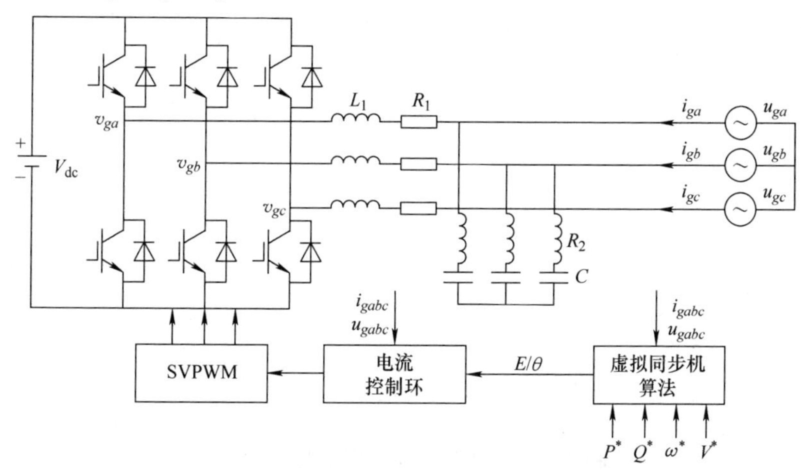

图 8-16　虚拟同步机基本拓扑结构

虚拟同步机控制策略的有功控制环和无功控制环实际上分别模拟了同步发电机的调速器和励磁调节功能。虚拟同步机的有功环和无功环的数学模型为

$$P^* - P + D_p(\omega^* - \omega) = J\omega^* \frac{\mathrm{d}\omega}{\mathrm{d}t} \tag{8-25}$$

$$Q^* - Q + D_q(U_g^* - U_g) = K\frac{\mathrm{d}E}{\mathrm{d}t} \tag{8-26}$$

$$\theta = \int \omega \mathrm{d}t \tag{8-27}$$

式中　P^* 和 Q^*——虚拟同步机输出有功和无功功率的参考值；

P 和 Q——虚拟同步机输出有功和无功功率的反馈值；

D_p——阻尼系数；

D_q——无功 - 电压下垂系数；

ω^* 和 ω——电网电角速度的额定值和实际值；

J——虚拟转动惯量；

K——模拟励磁调节的惯性系数；

U_g^* 和 U_g——电网电压幅值的额定值和反馈值；

E 和 θ——虚拟同步机输出电动势的幅值和相位。

虚拟同步机算法基本控制框图如图 8-17 所示。由于虚拟转动惯量 J 的存在，使虚拟同步机控制策略在功率和频率动态过程中具有惯性；而阻尼系数 D_p 则使得虚拟同步机控制策略具备阻尼功率振荡和响应电网频率变化的能力。因此，通过有功 - 频率和无功 - 电压的控制作用，虚拟同步机控制策略可以获得与传统同步发电机相似的运行特性，从而为电网提供惯性和阻尼支持。基于虚拟同步机控制方式的 PCS 可以实现一次调频和一次调压的功能。虚拟同步机控制产生的反电动势经过电流环，产生的调制波经由 SVPWM 模块驱动 PCS，即可使 PCS 等效为同步发电机。

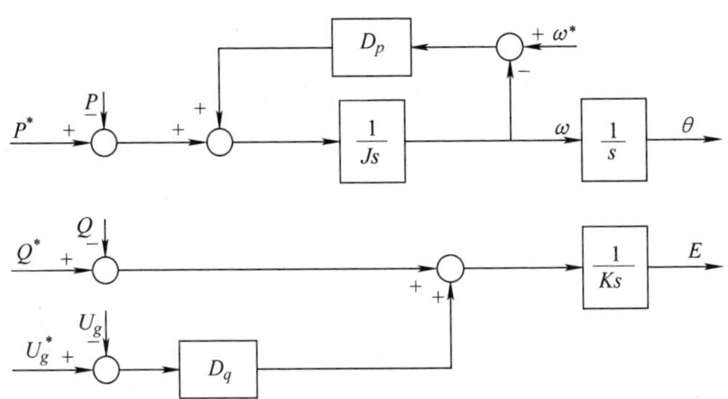

图 8-17　虚拟同步机算法基本控制框图

为了提高虚拟同步机控制策略的稳定性和电流控制能力，通常需要在虚拟同步机控制策略中引入电流控制环。电流控制环控制框图如图 8-18 所示。采用 dq 旋转坐标系下的电流环，并选择新的定向方式，将 VSG 输出电动势的角度 θ 设为 d 轴方向。图中，$\boldsymbol{E}$ 为虚拟同步机输出的电动势矢量，因为 $\boldsymbol{E}$ 与 d 轴同方向，所以 $\boldsymbol{E}=E$；$\boldsymbol{U}_g$ 为电网电压矢量，且 $\boldsymbol{U}_g = u_{gd} + \mathrm{j}u_{gq}$；$u_{gd}$ 和 u_{gq} 分别为电网电压矢量的 d、q 轴分量；i_{gd} 和 i_{gq} 分别为电网电流的 d、q 轴分量；i_{gd}^* 和 i_{gq}^* 分别为电网电流的 d、q 轴分量的参考值；PI 为比例 - 积分控制器。

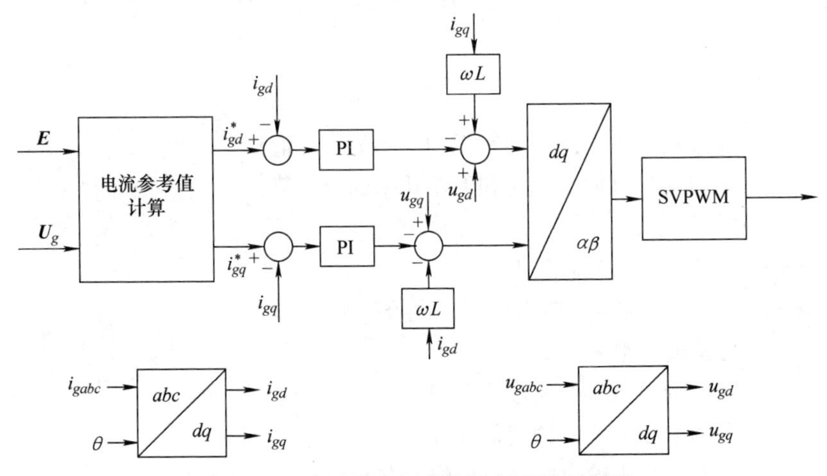

图 8-18　虚拟同步机电流控制环控制框图

虚拟同步机控制的有功 - 频率控制环节可以响应电网频率的变化，并为电网提供频率和惯量支撑，因此可以实现 PCS 一次调频的功能；无功 - 电压控制环节中的电压下垂控制可以实现 PCS 的一次调压功能。且控制无需锁相环定向，避免了电网扰动对锁相环的动态性能的影响。

综上所述，虚拟同步机控制作为一种惯性控制策略，可以有效为电网提供惯性支撑，相比传统矢量控制，更适合作为 PCS 的控制方法。因此，下节的仿真部分将针对基于虚拟同步机控制的储能系统进行仿真研究。

8.5　系统仿真

PCS 选择虚拟同步机控制策略，在 PSCAD 仿真平台上建立储能系统仿真模型。所仿真的储能系统容量为 2MW，由 1 台升压变压器、4 台 500kW PCS、8MWh 铅酸储能电池组成。4 台 PCS 交流侧汇流后接入 2500kVA 升压变压器，变压器为双圈变压器，高压侧 10kV，低压侧 360V。

本节将从调频控制、调压控制、紧急功率支撑和调峰控制四个方面来探究基于虚拟同步机控制策略的储能系统在多种工况下的运行性能。

8.5.1　调频控制

分别对多种工况下储能系统调频控制策略进行仿真分析，包括频率的上升和跌落程度、有功功率和无功功率的初始状态、电池组 SOC 的初始状态、储能系统的充放电工作状态、系统的短路比等多个维度，从而对所建模的储能系统控制策略的调频功能进行了全面的验证。

1. 对不同频率跌落和上升程度下储能系统的调频功能进行验证

系统的初始状态为有功功率 P=1.5MW，无功功率 Q=0var，电网频率 50Hz，当系统运行至 2s 时，电网频率突然出现波动，面对不同程度的频率上升和下降，在控制策略的作用下储能系统均将迅速调整有功功率的出力，降低电网频率波动的程度。

系统在 2s 处发生的电网频率波动分别为频率跌落至 49.8Hz、跌落至 49.7Hz、上升至 50.2Hz，仿真得到的有功和无功功率的响应曲线如图 8-19 所示。

如图 8-19a 所示，当频率突然跌落 0.2Hz 时，有功功率从 1.5MW 增加至 1.9MW，向电网提供有功功率支撑，且在 0.2s 内即可完成有功功率的调整。无功功率在频率跌落时会发生扰动，有微小的增加，但在可接受范围内。

如图 8-19b 所示，当频率突然跌落 0.3Hz 时，有功功率从 1.5MW 增加至 2.1MW，向电网提供有功功率支撑，且在 0.25s 内即可完成有功功率的调整。无功功率在频率跌落时会发生微小的扰动，但很快回到 0var 附近。

如图 8-19c 所示，当频率突然上升 0.2Hz 时，有功功率从 1.5MW 减小至 1.1MW，储能系统减少向电网的有功出力，且可在 0.25s 内迅速完成有功功率的调整。无功功率维持在 0var 附近不变。

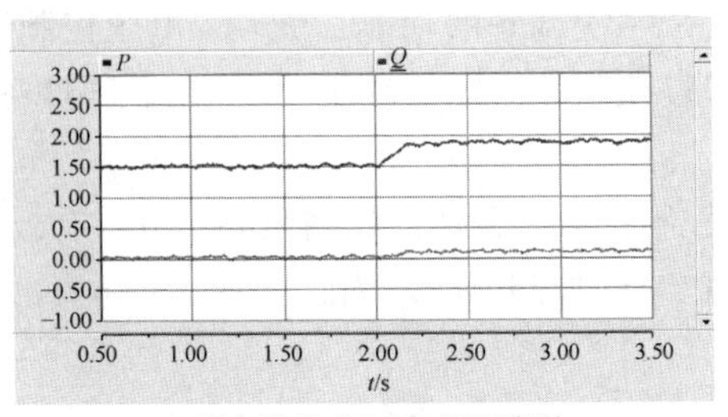

a) 频率跌落至49.8Hz调频控制

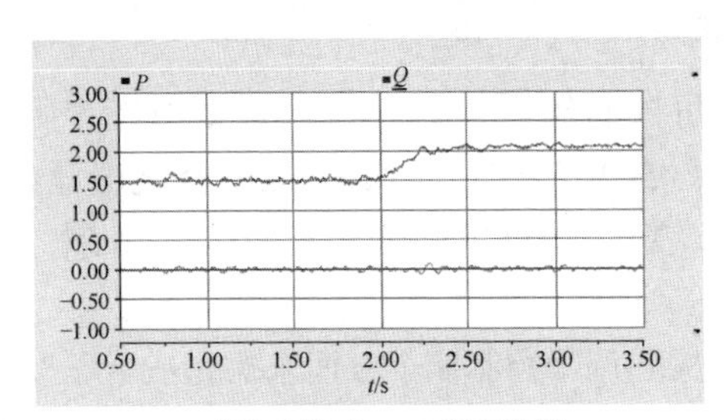

b) 频率跌落至49.7Hz调频控制

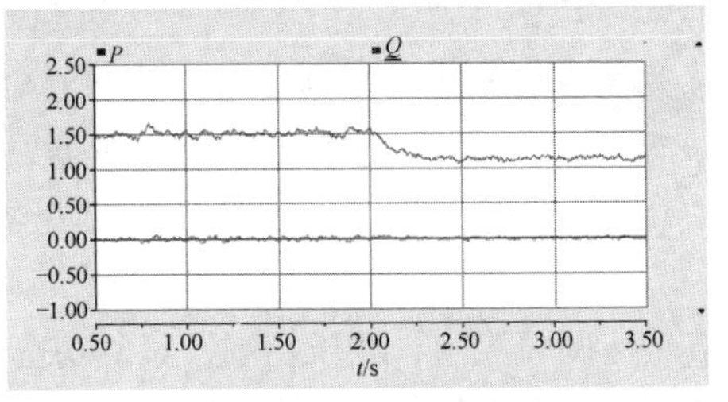

c) 频率上升至50.2Hz调频控制

图 8-19 调频控制 1

由上述可得，不同程度的频率突增和突减下储能系统均能迅速调整有功功率，从而实现调频功能。

2. 对不同有功功率和无功功率的初始状态下储能系统的调频功能进行验证

系统电网频率 50Hz，初始状态的有功和无功功率状态不同，当系统运行至 2s 时，电网频率突然跌落至 49.8Hz，在控制策略的作用下储能系统均将迅速调整有功功率的出力，降低电网频率波动的程度。

系统初始的有功和无功功率分别为 P=1.5MW、Q=0var，P=1.5MW、Q=0.2Mvar，P=1MW、Q=0.2Mvar，仿真得到的有功和无功功率的响应曲线如图 8-20 所示。

如图 8-20a 所示，当频率突然跌落 0.2Hz 时，有功功率从 1.5MW 增加至 1.9MW，向电网提供有功功率支撑，且在 0.2s 内即可完成有功功率的调整。无功功率在频率跌落时会发生扰动，有微小的增加，但是在可接受范围内。

如图 8-20b 所示，当频率突然跌落 0.2Hz 时，有功功率从 1.5MW 增加至 1.9MW，向电网提供有功功率支撑，且在 0.25s 内即可完成有功功率的调整。无功功率维持在 0.2Mvar 附近不变。

如图 8-20c 所示，当频率突然跌落 0.2Hz 时，有功功率从 1MW 增加至 1.4MW，向电网提供有功功率支撑，且在 0.15s 内即可完成有功功率的调整。无功功率维持在 0.2Mvar 附近不变。

由上述可得，出现频率突然跌落时，在不同的有功和无功功率初始条件下储能系统均能迅速调整有功功率出力，迅速为电网提供有功功率支撑，均能实现调频功能。

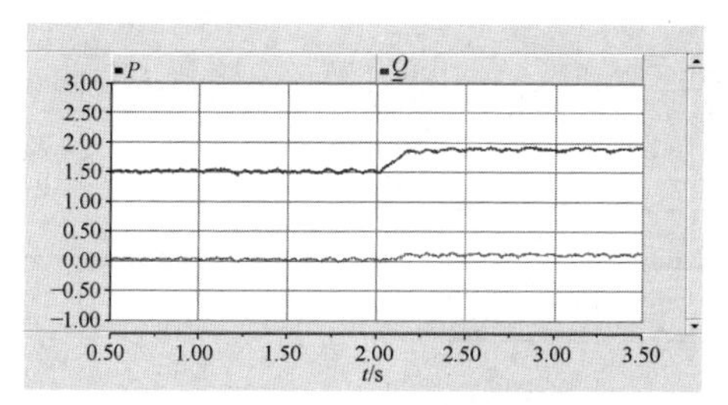

a) P=1.5MW、Q=0var调频控制

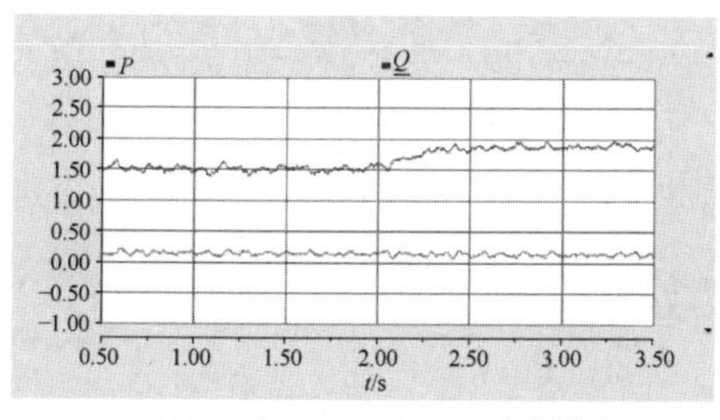

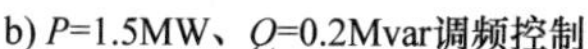
b) P=1.5MW、Q=0.2Mvar调频控制

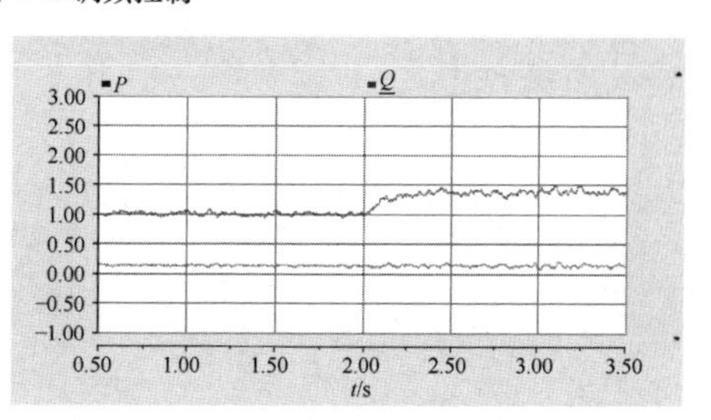

c) P=1MW、Q=0.2Mvar调频控制

图 8-20 调频控制 2

3. 对充电、放电工作状态下储能系统的调频功能进行验证

系统充放电工作状态不同，初始有功功率大小为 1.5MW，无功功率为 0var，电网频率为 50Hz，当系统运行至 2s 时，电网频率突然波动（上升 / 跌落）0.2Hz，在控制策略的作用下储能系统均将迅速调整有功功率的出力，降低电网频率波动的程度。

仿真得到的有功和无功功率的响应曲线如图 8-21 所示。其中图 8-21a、b 的储能系统处于放电状态，即初始 P=1.5MW；图 8-21c、d 的储能系统处于充电状态，即初始 P=−1.5MW。其中图 8-21a、c 的系统在 2s 处发生的频率波动为频率跌落 0.2Hz；图 8-21b、d 的系统在 2s 处发生的频率波动为频率上升 0.2Hz。

如图 8-21a 所示，当频率突然跌落 0.2Hz 时，储能系统维持在放电工作状态，有功功率从 1.5MW 增加至 1.9MW，向电网提供有功功率支撑，且在 0.2s 内即可完成有功功率的调整。无功功率在频率跌落时会发生扰动，有微小的增加，但是在可接受范围内。

如图 8-21b 所示，当频率突然上升 0.2Hz 时，储能系统维持在放电工作状态，有功功率从 1.5 MW 减小至 1.1MW，且在 0.25s 内即可完成有功功率的调整。无功功率维持在 0var 附近不变。

如图 8-21c 所示，当频率突然跌落 0.2Hz 时，储能系统维持在充电工作状态，有功功率从 −1.5 MW 减小至 −1.1MW，减小从电网吸收的有功功率，且在 0.25s 内即可完成有功功率的调整。无功功率维持在 0var 附近不变。

如图 8-21d 所示，当频率突然上升 0.2Hz 时，储能系统维持在充电工作状态，有功功率从 −1.5MW 增加至 −1.9MW，增加对电网有功功率的吸收，且在 0.25s 内即可完成有功功率的调整。无功功率在频率上升时会发生扰动，有微小的增加，但是在可接受范围内。

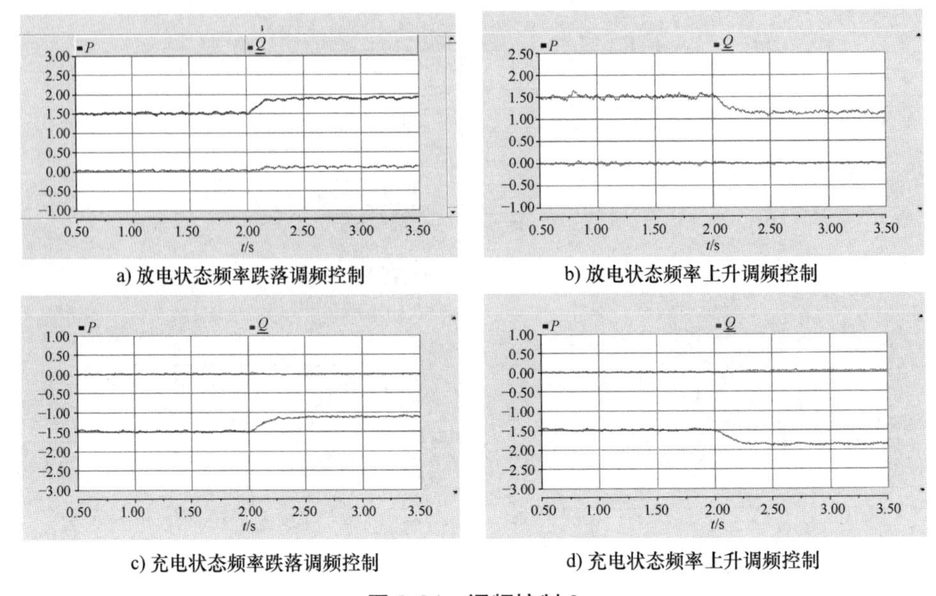

a) 放电状态频率跌落调频控制

b) 放电状态频率上升调频控制

c) 充电状态频率跌落调频控制

d) 充电状态频率上升调频控制

图 8-21　调频控制 3

由上述可得，出现频率突然波动时，在充电和放电工作状态下的储能系统均能迅速调整有功功率出力，从而实现调频功能。

4. 对不同短路比（SCR）下储能系统的调频功能进行验证

系统的 SCR 不同，初始状态 P=1.5MW、Q=0var，电网频率 50Hz，当系统运行至 2s 时，电网频率突然跌落至 49.8Hz，在控制策略的作用下储能系统均将迅速调整有功功率的出力，降低电网频率波动的程度。

系统的 SCR 分别为 8 和 3，仿真得到的有功和无功功率的响应曲线如图 8-22 所示。

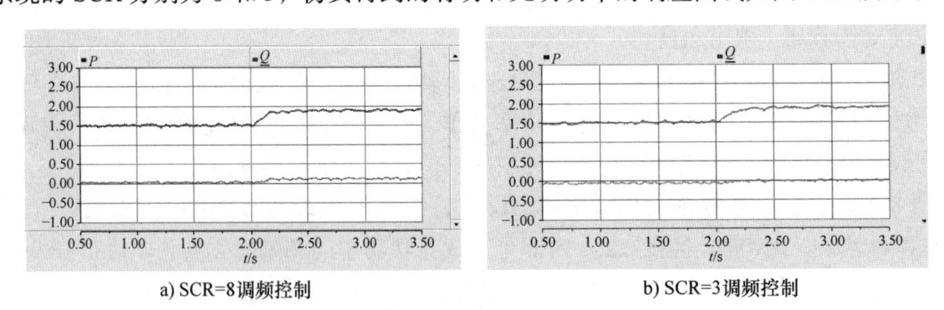

a) SCR=8调频控制

b) SCR=3调频控制

图 8-22　调频控制 4

如图 8-22a、b 所示，当频率突然跌落 0.2Hz 时，有功功率均从 1.5MW 增加至 1.9MW，向电网提供有功功率支撑，且在 0.25s 内可完成此过程。当系统的 SCR 较大，SCR=8 时功率响应较快，但无功功率在频率跌落时会发生扰动，在可接受范围内有微小的增加；当系统的 SCR 较小，SCR=3 时功率响应较慢些，但也能在 0.25s 内完成响应，无功功率在频率跌落时基本维持在 0var 不变。

由上述可得，不同 SCR 的系统突然出现频率波动时，储能系统均能迅速调整有功功率出力，尽管功率响应的速度和波动情况随着 SCR 的变化有较小的差异，但是均能较好地实现调频功能，达到预期控制目标。

5. 对储能电池不同 SOC 初始状态下储能系统的调频功能进行验证

储能电池 SOC 初始状态不同，系统初始 P=1.5MW、Q=0var，电网频率 50Hz，当系统运行至 2s 时，电网频率突然跌落至 49.8Hz，在控制策略的作用下储能系统均将迅速提供有功功率支撑，降低电网频率跌落的程度。

储能电池 SOC 初始状态分别为 0.3 和 0.8，仿真得到的有功和无功功率响应及 SOC 曲线如图 8-23 所示。

如图 8-23 所示，当频率突然跌落 0.2Hz 时，有功功率均从 1.5MW 增加至 1.9MW，向电网提供有功功率支撑，且均在 0.25s 内可完成此过程。无功功率在频率跌落时均基本维持在 0var 不变。

由于储能电池 SOC 初始状态为 0.3 和 0.8 时均未处于满充和满放状态，均存在放电余量，因此在这种情况下 SOC 的大小对储能系统调频功能的实现基本不存在影响，储能系统面对系统频率的突然跌落均能迅速调整有功功率出力，能较好地实现调频功能，达到预期控制目标。

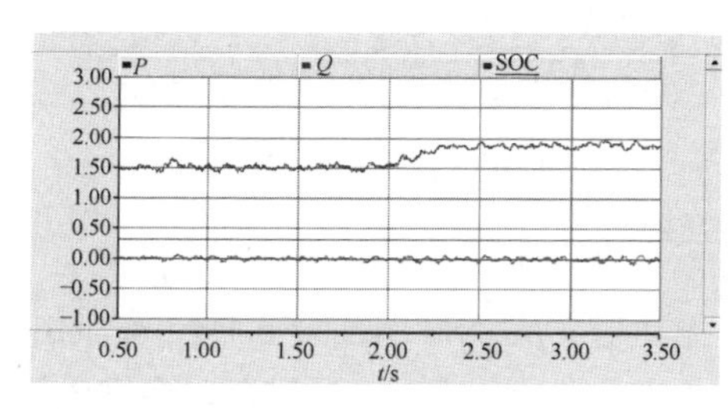

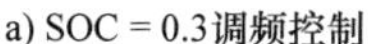
a) SOC = 0.3调频控制

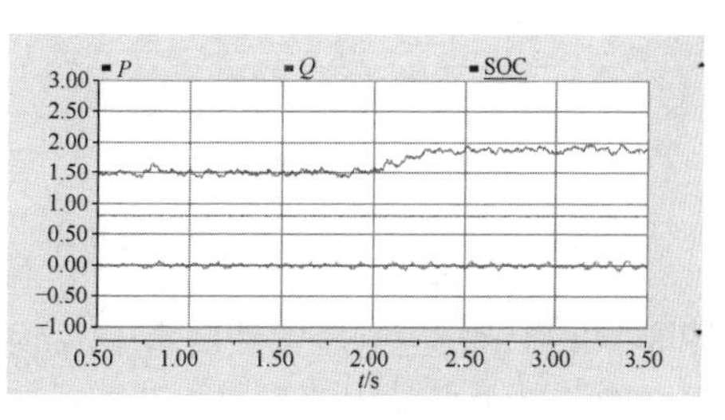

b) SOC = 0.8调频控制

图 8-23 调频控制 5

8.5.2 调压控制

对多种工况下储能系统虚拟同步机控制策略的调压能力进行仿真分析，包括电压的上升和跌落程度、有功功率和无功功率的初始状态、电池组 SOC 的初始状态、储能系统的充放电工作状态、系统的 SCR 等多个维度，从而对所建模的储能系统虚拟同步机控制策略的调压功能进行全面验证。

1. 对不同电压跌落和上升程度下储能系统的调压功能进行验证

系统的初始状态为 U=10kV、P=−2MW、Q=0var，当系统运行至 2s 时，电网电压突然出现波动，面对不同程度的电压上升和下降，在控制策略的作用下储能系统均将迅速调整无功功率的出力，降低电网电压波动的程度。

系统在 2s 处发生的电网电压波动分别为电压跌落 10%、跌落 15%、上升 10%，仿真得到的有功和无功功率的响应曲线如图 8-24 所示。

如图 8-24a 所示，当电压突然跌落 10% 时，无功功率从 0var 增加至 0.3Mvar，向电网提供无功功率支撑，且在 0.1s 内即可完成无功功率的调整。有功功率在电压跌落时会发生较小的扰动，但迅速恢复原值 −2MW 附近。

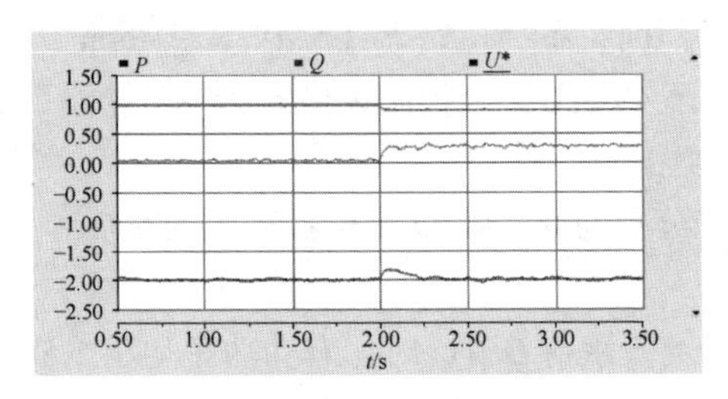

a) 电压跌落10%调压控制

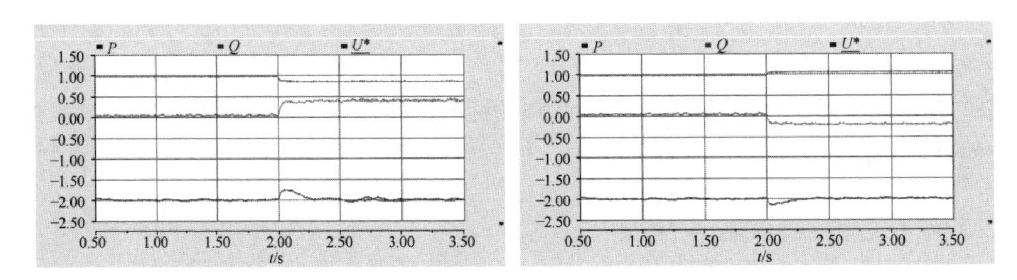

b) 电压跌落15%调压控制

c) 电压上升10%调压控制

图 8-24　调压控制 1

如图 8-24b 所示，当电压突然跌落 15% 时，无功功率从 0var 增加至 0.4Mvar，向电网提供无功功率支撑，且在 0.1s 内即可完成无功功率的调整。有功功率在电压跌落时会发生较小的扰动，但迅速恢复原值 −2MW 附近。

如图 8-24c 所示，当电压突然上升 10% 时，无功功率从 0var 增加至 −0.2Mvar，从电网吸收无功功率，且在 0.1s 内即可完成无功功率的调整。有功功率在电压上升时会发生较小的扰动，但迅速恢复原值 −2MW 附近。

由上述可得，不同程度的电压突增和突减下储能系统均能迅速调整无功功率，从而实现调压功能。

2. 对不同有功功率和无功功率的初始状态下储能系统的调压功能进行验证

系统初始状态 U=10kV，有功和无功功率不同，当系统运行至 2s 时，电网电压突然跌落 10%，在控制策略的作用下储能系统均将迅速调整无功功率的出力，降低电网电压波动的程度。

系统初始的有功和无功功率分别为 P=−2MW、Q=0var，P=−1.5MW、Q=0var，初始 P=−1.5MW、Q=−0.2Mvar，仿真得到的有功和无功功率的响应曲线如图 8-25 所示。

如图 8-25a、b 所示，当电压突然跌落 10% 时，无功功率均从 0var 增加至 0.3Mvar，向电网提供无功功率支撑，且在 0.1s 内均可完成无功功率的调整。有功功率在电压上升时会发生较小的扰动，但迅速恢复原值（−2MW 和 −1.5MW）附近。

如图 8-25c 所示，当电压突然跌落 10% 时，无功功率从 −0.2Mvar 增加至 0.1Mvar，向电网提供无功功率支撑，且在 0.1s 内即可完成无功功率的调整。有功功率在电压上升时会发生较小的扰动，但迅速恢复原值 −1.5MW 附近。

由上述可得，出现电压突然跌落时，在不同的有功和无功功率初始条件下储能系统均能迅速为电网提供无功功功率支撑，能实现调压功能。

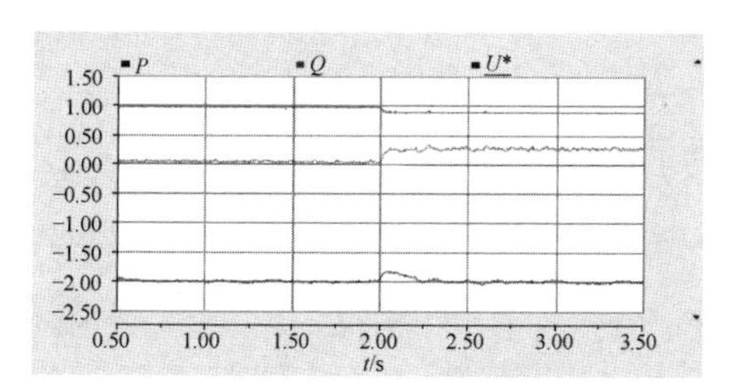

a) $P=-2\text{MW}$、$Q=0\text{var}$ 调压控制

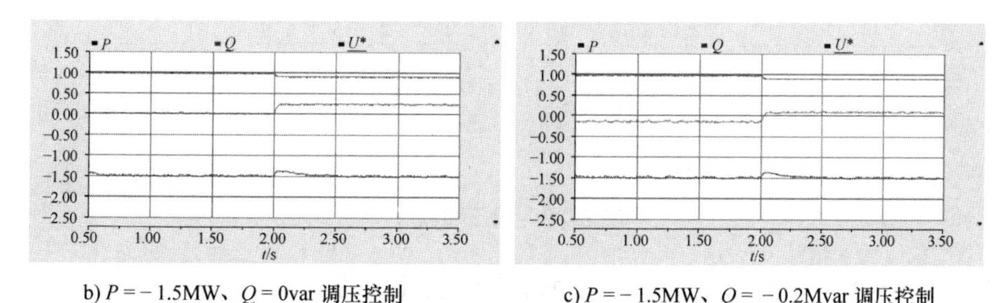

b) $P=-1.5\text{MW}$、$Q=0\text{var}$ 调压控制　　c) $P=-1.5\text{MW}$、$Q=-0.2\text{Mvar}$ 调压控制

图 8-25　调压控制 2

3. 对充电、放电工作状态下储能系统的调压功能进行验证

系统充放电工作状态不同，初始有功功率大小为 2MW，无功功率为 0var，电网电压为 10kV，当系统运行至 2s 时，电网电压突然波动（上升 / 跌落）10%，在控制策略的作用下储能系统均将迅速调整无功出力，降低电网电压波动的程度。

仿真得到的有功和无功功率的响应曲线如图 8-26 所示。其中图 8-28a、b 的储能系统处于充电状态，即初始 P=2MW；图 8-26c、d 的储能系统处于充电状态，即初始 P=−2MW。其中图 8-26a、c 的系统在 2s 处发生的电压波动为电压跌落 10%；图 8-26b、d 的系统在 2s 处发生的电压波动为上升 10%。

如图 8-26a、c 所示，当电压突然跌落 10% 时，无功功率均从 0var 增加至 0.3Mvar，向电网提供无功功率支撑，且在 0.1s 内均可完成无功功率的调整。有功功率在电压跌落时会发生较小的扰动，但迅速恢复原值，分别为 2MW 和 −2MW，维持原充放电状态不变。

如图 8-26b、d 所示，当电压突然上升 10% 时，无功功率均从 0var 增大至 −0.2Mvar，从电网吸收无功功率，且在 0.1s 内均可完成无功功率的调整。有功功率在电压上升时会发生较小的扰动，但迅速恢复原值，分别为 2MW 和 −2MW，维持原充放电状态不变。

由上述可得，出现电压突然波动时，在充电和放电工作状态下的储能系统均能迅速调整无功功率出力，从而实现调压功能。

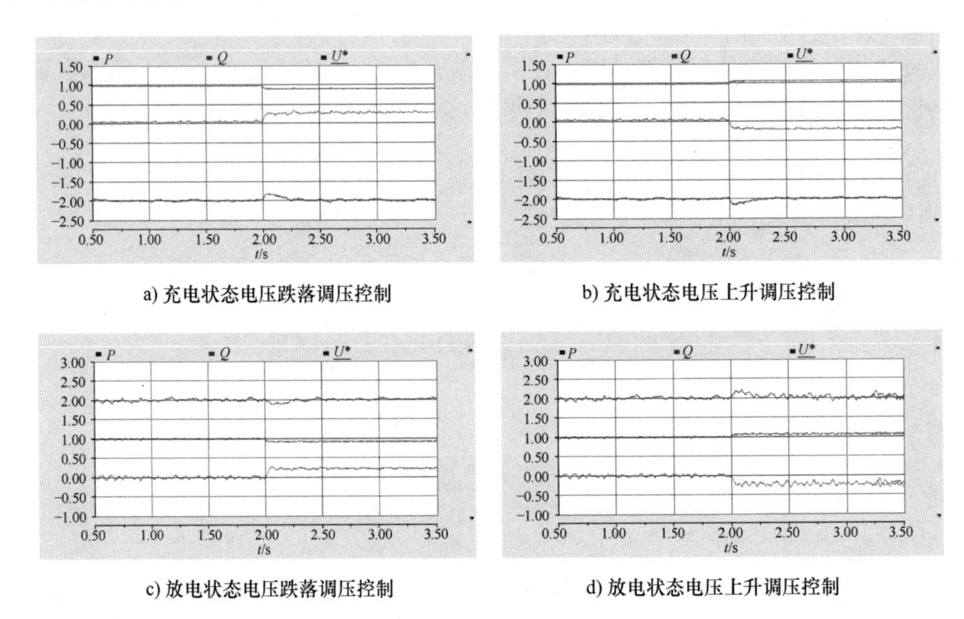

a) 充电状态电压跌落调压控制　　b) 充电状态电压上升调压控制

c) 放电状态电压跌落调压控制　　d) 放电状态电压上升调压控制

图 8-26　调压控制 3

4. 对不同短路比（SCR）下储能系统的调压功能进行验证

系统的 SCR 不同，初始状态 P=2MW、Q=0var、U=10kV，当系统运行至 2s 时，电网电压突然跌落 10%，在控制策略的作用下储能系统均将迅速调整无功功率的出力，降低电网电压波动的程度。

系统的 SCR 分别为 8 和 3，仿真得到的有功和无功功率的响应曲线如图 8-27 所示。

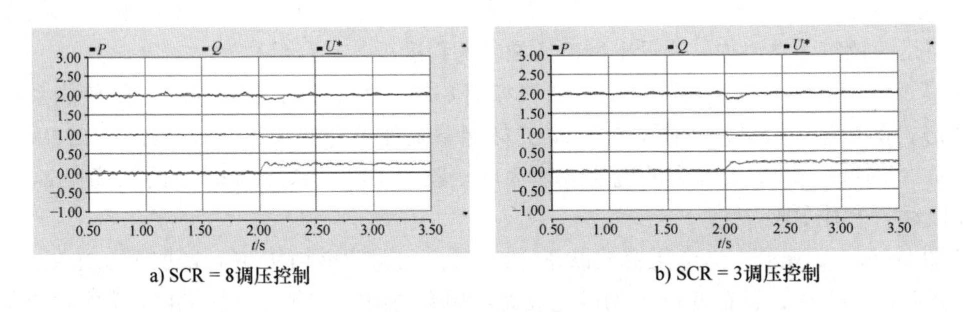

a) SCR = 8调压控制　　b) SCR = 3调压控制

图 8-27　调压控制 4

如图 8-27 所示，当电压突然跌落 10% 时，无功功率均从 0var 增加至 0.3Mvar，向电网提供无功功率支撑，且在 0.2s 内均可完成此过程。当系统的 SCR 较大，SCR=8 时功率响应较快，在 0.1s 内完成响应，但纹波较大；当系统的 SCR 较小，SCR=3 时功率响应较慢些，但也能在 0.2s 内完成响应，纹波较小。有功功率在电压跌落时会发生较小的扰动，但迅速恢复原值不变。

由上述可得，不同 SCR 的系统突然出现电压波动时，储能系统均能迅速调整无功功率出力，尽管功率响应的速度和纹波情况随着 SCR 的变化有较小的差异，但是均能较好地实现调压功能，达到预期控制目标。

5. 对储能电池不同 SOC 初始状态下储能系统的调压功能进行验证

储能电池 SOC 初始状态不同，系统初始 P=−2MW、Q=0var、U=10kV，当系统运行至 2s 时，电网电压突然跌落 10%，在控制策略的作用下储能系统均将迅速提供无功功率支撑，降低电网电压跌落的程度。

储能电池 SOC 初始状态分别为 0.8 和 0.3，仿真得到的有功和无功功率响应及 SOC 曲线如图 8-28 所示。

如图 8-28 所示，当电压突然跌落 10% 时，无功功率均从 0var 增加至 0.3Mvar，向电网提供无功功率支撑，且在 0.1s 内均可完成此过程。有功功率在电压跌落时受到较小的干扰并迅速恢复原值。

由于储能电池 SOC 初始状态为 0.8 和 0.3 时均未处于满充和满放状态，均存在放电余量，SOC 的大小对储能系统调压功能的实现基本不存在影响，储能系统面对电网电压的突然跌落均能迅速调整无功功率出力，能较好地实现调压功能。

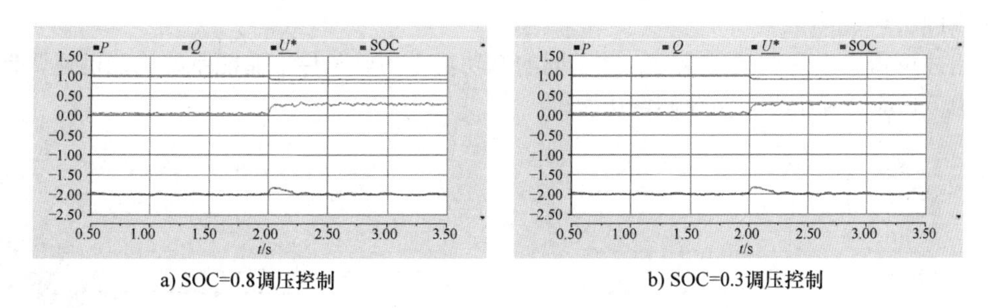

a) SOC=0.8调压控制　　b) SOC=0.3调压控制

图 8-28　调压控制 5

8.5.3　紧急功率支撑

根据 GB/T 36547—2018《电化学储能系统接入电网技术规定》，要求储能系统具备紧急功率支撑功能，能够快速响应功率支撑指令。

在 2s 处突加功率阶跃指令，要求储能系统由初始满充状态，即储能系统 P=−2MW，转变为满放状态 P=2MW。仿真结果如图 8-29 所示，储能系统能够快速完成充放电转换，实现紧急功率支撑的控制目标。

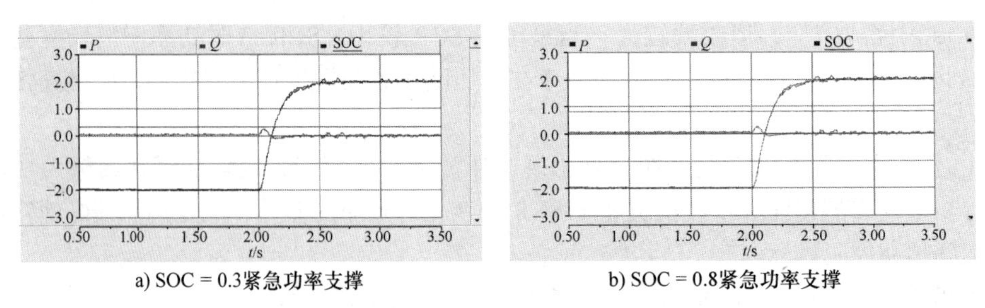

a) SOC = 0.3紧急功率支撑　　b) SOC = 0.8紧急功率支撑

图 8-29　紧急功率支撑

8.5.4　调峰控制

对多种工况下储能系统虚拟同步机控制策略的调峰控制能力进行仿真分析，包括有功功率的初始状态、电池组 SOC 的初始状态、储能系统的充放电工作状态、系统的 SCR 等多个维度，从而对所建模的储能系统控制策略的调峰功能进行了全面的验证。

1. 对不同有功功率初始状态下储能系统的调峰功能进行验证

系统初始状态的有功功率不同，无功功率为 0var，当系统运行至 2s 时，接收调峰指令 P=2MW，在控制策略的作用下储能系统均将迅速调整有功输出指令值，响应调峰指令。

系统初始的有功功率分别为 1MW 和 0.5MW，仿真得到的有功和无功功率的响应曲线如图 8-30 所示。当突然接收调峰指令时，有功功率均能快速增加至给定的 2MW 并稳定在该值。无功功率维持在 0var 附近。

由上述可得，出现调峰指令时，在不同的有功功率初始条件下储能系统均能迅速调整有功功率出力，响应调峰指令，实现调峰功能。

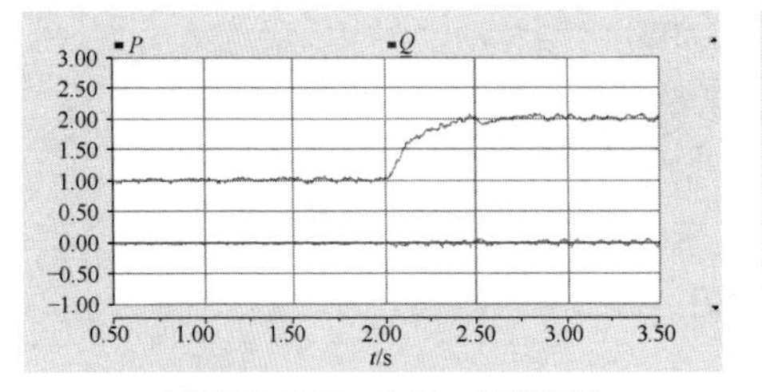

a) 初始P=1MV、Q=0var 调峰控制

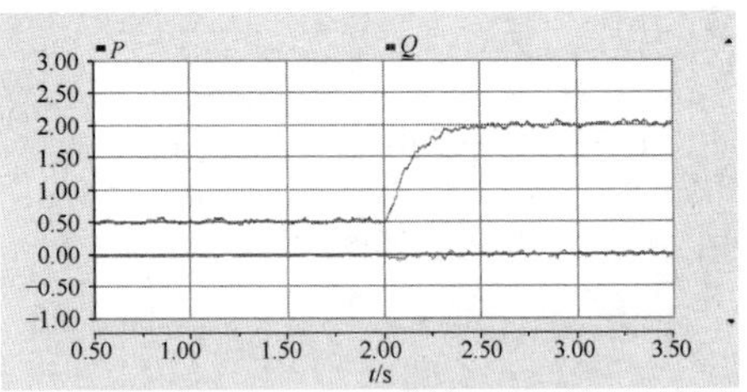

b) 初始P=0.5MV、Q=0var 调峰控制

图 8-30　调峰控制 1

2. 对充电、放电工作状态下储能系统的调峰功能进行验证

系统充放电工作状态不同，初始状态 Q=0var，电网频率 50Hz，当系统运行至 2s 时，接收调峰指令，在控制策略的作用下储能系统均将迅速调整有功功率的出力，响应调峰指令。

仿真得到的有功和无功功率的响应曲线如图 8-31 所示。其中图 8-31a 的储能系统处于放电状态，初始 P=1MW，2s 处收到 P=2MW 的调峰指令；图 8-31b 的储能系统处于充电状态，初始 P=−1MW，2s 处收到 P=−2MW 的调峰指令。如图 8-31 所示，当突然接收调峰指令时，有功功率均能快速增加至给定的 2MW/−2MW 并稳定在该值。无功功率维持在 0var 附近。

由上述可得，出现调峰指令时，在充电和放电工作状态下储能系统均能迅速调整有功功率，响应调峰指令，实现调峰功能。

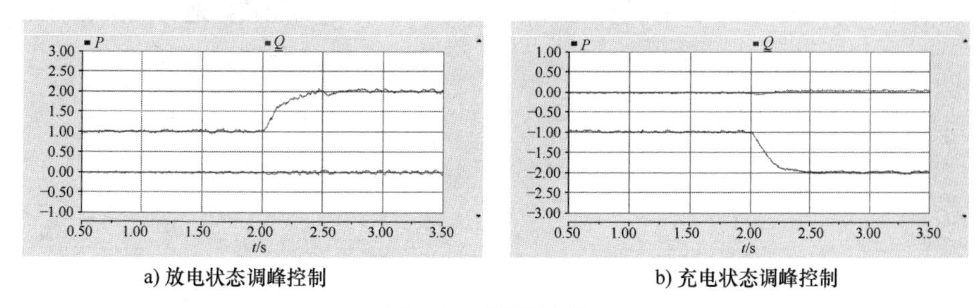

a) 放电状态调峰控制　　b) 充电状态调峰控制

图 8-31　调峰控制 2

3. 对储能电池不同 SOC 初始状态下储能系统的调峰功能进行验证

储能电池 SOC 初始状态不同，系统初始 P=1MW、Q=0var，当系统运行至 2s 时，接收调峰指令 P=2MW，在控制策略的作用下储能系统均将迅速调整有功功率，响应调峰指令。

储能电池 SOC 初始状态分别为 0.8 和 0.3，仿真得到的有功和无功功率响应及 SOC 曲线如图 8-32 所示。

如图 8-32a、b 所示，当收到调峰指令时，有功功率迅速增加至指定的 2MW。无功功率均基本维持在 0var 附近不变。

由于储能电池 SOC 初始状态为 0.3 和 0.8 时均未处于满充和满放状态，均存在放电余量，因此在这种情况下 SOC 的大小对储能系统调峰功能的实现基本不存在影响，储能系统收到调峰指令后均能迅速调整有功功率，达到预期调峰控制目标。

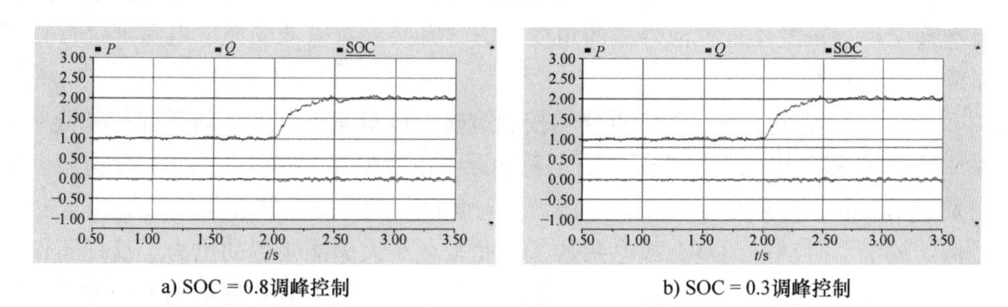

a) SOC = 0.8调峰控制　　b) SOC = 0.3调峰控制

图 8-32　调峰控制 3

4. 对不同短路比（SCR）下储能系统的调压功能进行验证

系统的 SCR 不同，初始状态 P=1MW、Q=0var，当系统运行至 2s 时，接收调峰指令 P=2MW，在控制策略的作用下储能系统均将迅速调整有功功率，响应调峰指令。

系统的 SCR 分别为 8 和 3，仿真得到的有功和无功功率的响应曲线如图 8-33 所示。如图 8-33 所示，收到调峰指令时时，有功功率迅速增加至指定的 2MW。当系统的 SCR 较大，

SCR=8 时功率响应较快，但纹波较大；当系统的 SCR 较小，SCR=3 时功率响应较慢些，纹波较小。无功功率保持在 0var 附近。

由上述可得，不同 SCR 的系统接收调峰指令时，储能系统均能迅速调整有功功率，尽管功率响应的速度和纹波情况随着 SCR 的变化有较小的差异，但是均能较好地实现调峰功能。

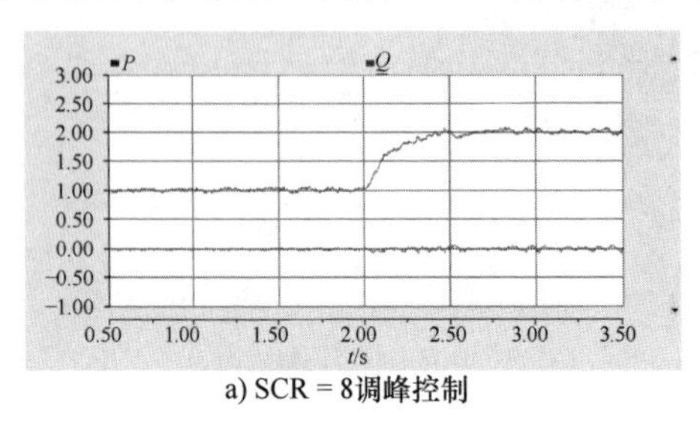

a) SCR = 8调峰控制

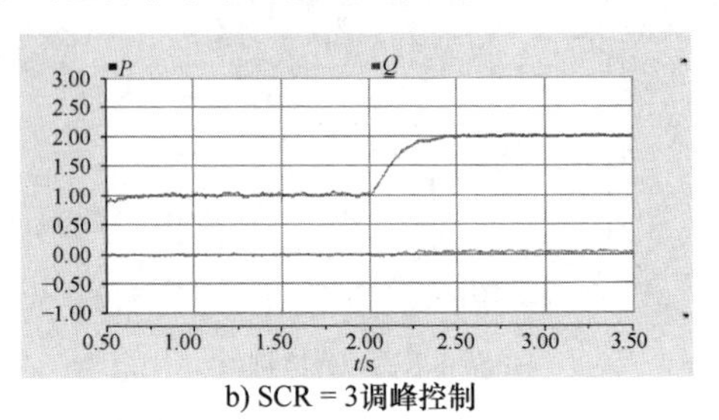

b) SCR = 3调峰控制

图 8-33　调峰控制 4

本节针对储能系统虚拟同步机控制策略的频率调节、电压调节、紧急功率支撑和调峰控制功能进行了仿真分析验证，并考虑了有功功率、无功功率、SOC 等参数初始状态、系统侧 SCR 大小、频率 / 电压跌落程度等不同工况，从仿真结果可以看出，基于 PSCAD 的储能系统虚拟同步机控制策略仿真模型可以实现调频、调压、调峰和紧急功率支撑等功能，有效快速支撑电网。

8.5.5　计及 SOC 变化的电池储能系统控制

电池的 SOC 即为电池的可利用容量与额定容量的百分比。为了使储能系统连续运行，电池的 SOC 需要控制在合适的范围内，这样可以防止储能系统因过度充 / 放电而被迫自动退出运行。电池在容量衰减至某一规定值之前经历的总充放电次数称为循环寿命。电池的循环寿命与运行环境和充放电深度有关，随着电池充 / 放电深度增大，其循环寿命次数会受到影响。因此，无论是从电网安全运行角度还是电池寿命的角度考虑，有必要对电池的充放电深度进行控制，使其始终保持在合适的范围内。

SOC 反馈是一种基本的并且非常重要的控制策略，该策略可以使储能系统在补偿功率波动的同时保证其 SOC 不超出既定的范围。由于新能源电站所配置的储能系统的容量有限，若一直采用最大系数充放电，则储能的 SOC 易越限。为避免此问题，本节将在储能系统 SOC 过高（充电）或过低（放电）时动态调整充放电系数，以此来减小该储能装置的出力。这样不仅可以有效避免储能装置的过充放问题，提高使用寿命，而且还可以减少 SOC 越限时对电网系统所造成的不利影响。

本节将储能系统 SOC 划分为 5 个区间，如图 8-34 所示，D_m 为储能系统的充放电系数，设定最小值（Q_{SOC_min}）为 0.1、较低值（Q_{SOC_low}）为 0.2、较高值（Q_{SOC_high}）为 0.8 和最大值（Q_{SOC_max}）为 0.9。值得注意的是，以上取值并不是唯一的，取决于不同储能系统的自身 SOC 特性。故为防止 SOC 越限所带来的问题，采用式（8-28）、式（8-29）所示线性分段函数来设置充放电曲线，既可以实现平滑出力，还能避免复杂函数所带来的控制难题，更利于工程的实际应用。

$$D_{c}=\begin{cases} D_{m} & Q_{SOC}\in[0,0.8] \\ \dfrac{0.9-Q_{SOC}}{0.1}D_{m} & Q_{SOC}\in[0.8,0.9] \\ 0 & Q_{SOC}\in[0.9,1] \end{cases} \tag{8-28}$$

$$D_{d}=\begin{cases} 0 & Q_{SOC}\in[0,0.1] \\ \dfrac{Q_{SOC}-0.1}{0.1}D_{m} & Q_{SOC}\in[0.1,0.2] \\ D_{m} & Q_{SOC}\in[0.2,1] \end{cases} \tag{8-29}$$

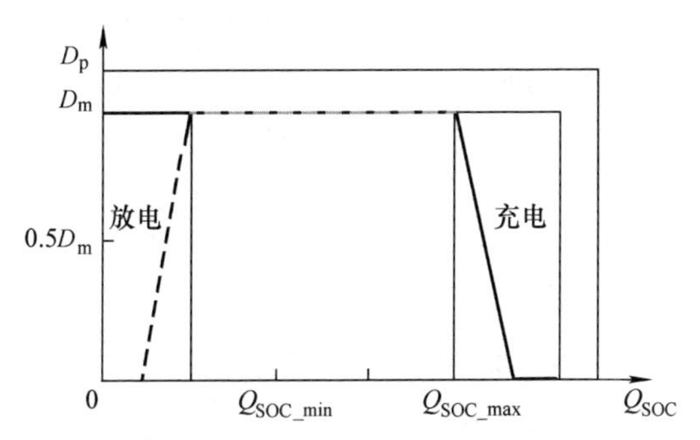

图 8-34　储能系统单位调节功率与 SOC 的关系

计及 SOC 变化的储能系统控制框图如图 8-35 所示。

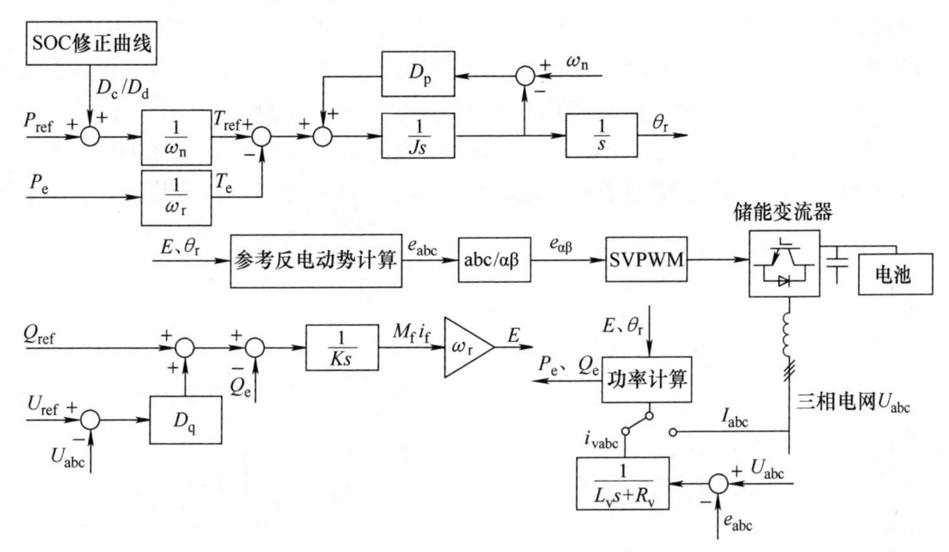

图 8-35　计及 SOC 变化的储能系统控制框图

下面利用仿真研究验证所提的计及 SOC 变化的储能系统控制策略。为方便分析，持续放电工况下储能系统初始 SOC 设置为 20%，由图 8-36 可知，不考虑 SOC 变化的主动支撑控制在时间 t 为 60s 时，储能系统 SOC 达到下限值 10%。而采用本节所提方法的储能系统 SOC 的维持效果较佳，相比提高 3.2%。图 8-37 为采用计及 SOC 变化的主动支撑策略与不计及 SOC 变化的主动支撑策略所对应的频率偏差曲线。当储能系统能量一旦完全释放，采用不考虑 SOC 变化的主动支撑策略系统频率会再次跌落 0.015Hz；而采用考虑 SOC 变化的主动支撑策略在减小频率最大偏差量的基础上，系统频率整体相对稳定，不会有频率突变的现象发生。

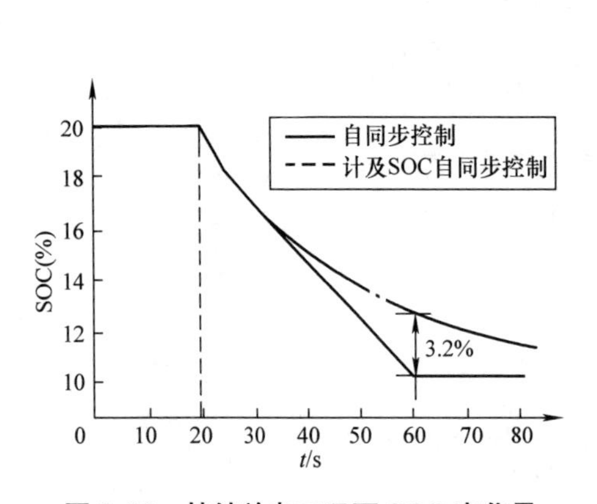

图 8-36　持续放电工况下 SOC 变化量

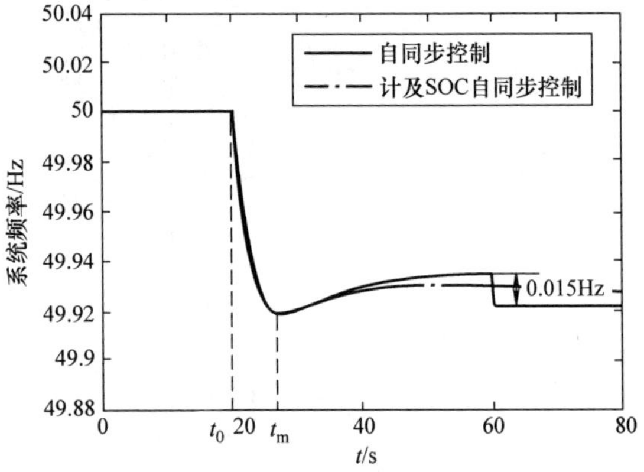

图 8-37　持续放电工况下系统频率偏差曲线

由图 8-38 可知，在持续充电工况下储能系统初始 SOC 设置为 80%，不考虑 SOC 变化的主动支撑策略在时间 t 为 55s 时，储能系统 SOC 达到上限值 90%。而采用考虑 SOC 变化的主动支撑策略的储能系统 SOC 的维持效果较佳，相比上述控制 SOC 可降低 3.1%，可具备更多的容量参与系统一次调频。图 8-39 为采用考虑 SOC 变化的主动支撑策略与不考虑 SOC 变化的主动支撑策略所对应的频率偏差曲线。当储能系统不断吸收能量，其 SOC 达到极限值，系统频率会再次抬高 0.025Hz；而考虑 SOC 变化的主动支撑策略在减小频率最大偏差量的基础上，维持了整个系统频率的相对稳定。

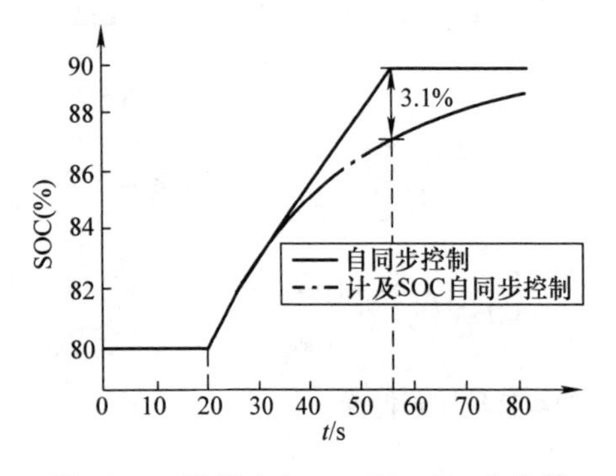

图 8-38　持续充电工况下 SOC 变化量

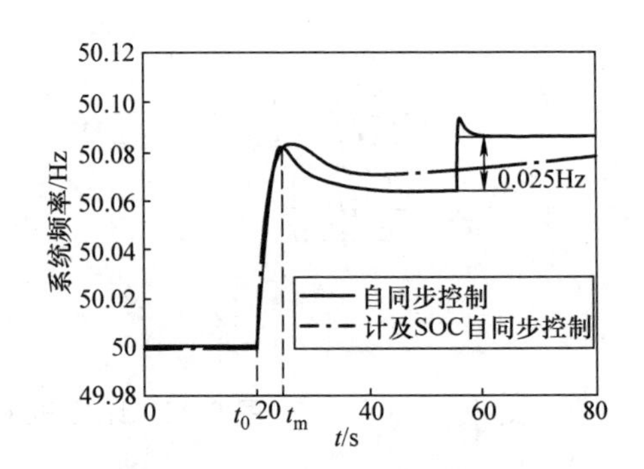

图 8-39　持续充电工况下系统频率偏差曲线

8.6　小结

本章首先研究了蓄电池的主要参数与充放电特性，分析了多种蓄电池的仿真模型，比较其优缺点，采用了一种新型的改进模型，并对其参数进行推导。在 PSCAD 仿真软件上对所建蓄电池模型进行了仿真分析，分析了充放电过程中各参数的变化情况，验证了电池的输入输出特性，为 PCS 的研究提供了理论基础。

进而建立了单 PCS 的电磁暂态数学模型，介绍了矢量控制和虚拟同步机控制的基本原理，并分析比较了这两种控制方法的优缺点，建立了两种控制策略的仿真模型。根据上述分析，得出带频率和电压下垂环节的矢量控制和虚拟同步机控制均可实现调峰、调压、调频和紧急功率支撑控制功能的结论。

基于前述对储能电池单元和 PCS 的建模分析以及对矢量控制和虚拟同步机控制策略的研究，在 PSCAD/MATLAB 仿真软件上对所建储能电站控制模型进行了仿真分析。针对储能电站的调频、调压、调峰和紧急功率支撑控制策略进行了仿真分析验证，并考虑了有功、无功、SOC 等参数初始状态、系统侧 SCR 大小、频率 / 电压跌落程度、电池 SOC 过低 / 过高等不同工况，从仿真结果可以看出，所建立的基于 PSCAD/MATLAB 仿真软件的储能电站仿真模型均可以实现多工况下的调频、调压、调峰和紧急功率支撑等功能。

参考文献

[1]　桂长青 . 实用蓄电池手册 [M]. 北京：机械工业出版社，2010.

[2]　黄可龙，王兆翔，刘素琴 . 锂离子电池原理与关键技术 [M]. 北京：化学工业出版社，2008.

[3]　刘吉良 . 电动汽车用磷酸铁锂电池建模及剩余电量估计 [D]. 秦皇岛：燕山大学，2012.

[4]　侯幽明，陈其工，江明 . 磷酸铁锂电池模型参数辨识与 SOC 估算 [J]. 安徽工程大学学报，2011，26（2）：55-58.

[5]　陈勇军 . 磷酸铁锂电池建模及 SOC 算法研究 [D]. 哈尔滨：哈尔滨工业大学，2011.

[6]　童浩 . 混合动力重型商用车驱动系统设计及控制策略研究 [D]. 武汉：武汉理工大学，2011.

[7]　张宾，郭连兑，李宏义，等 . 电动汽车用磷酸铁锂离子电池的 PNGV 模型分析 [J]. 电源技术，2009，33（5）：417-421.

[8]　赵兴福，王仲范，邓亚东，等 . 电动汽车蓄电池建模仿真 [J]. 武汉理工大学学报（信息与管理工程版），2004（1）：151-154.

[9]　王治国，高玉峰，杨万利 . 铅酸蓄电池等效电路模型研究 [J]. 装甲兵工程学院学报，2003（1）：81-84.

[10]　胡家兵 . 双馈异步风力发电机系统电网故障穿越（不间断）运行研究 [D]. 杭州：浙江大学，2009.

[11]　赵仁德 . 变速恒频双馈风力发电机交流励磁电源研究 [D]. 杭州：浙江大学，2005.

[12]　郑天文，陈来军，陈天一，等 . 虚拟同步发电机技术及展望 [J]. 电力系统自动化，2015，39（21）：165-175.

[13] 吕志鹏，盛万兴，刘海涛，等 . 虚拟同步机技术在电力系统中的应用与挑战 [J]. 中国电机工程学报，2017，37（2）：349-360.

[14] 王克 . 基于虚拟同步发电机的风力发电系统接口特性的研究 [D]. 北京：华北电力大学，2015.

[15] 孟建辉 . 分布式电源的虚拟同步发电机控制技术研究 [D]. 北京：华北电力大学，2015.

[16] 杨向真 . 微网逆变器及其协调控制策略研究 [D]. 合肥：合肥工业大学，2011.

[17] 郑晓明 . 微网逆变器虚拟同步发电机控制策略的分析与验证 [D]. 秦皇岛：燕山大学，2013.

[18] BECK H P，HESSE R. Virtual synchronous machine [C]. The 9th International Conference on Electrical Power Quality and Utilisation. Barcelona:IEEE，2007：1-6.

[19] 钟庆昌 . 虚拟同步机与自主电力系统 [J]. 中国电机工程学报，2017，37（2）：336-349.

[20] 丁明，杨向真，苏建徽 . 基于虚拟同步发电机思想的微电网逆变电源控制策略 [J]. 电力系统自动化，2009，33（8）：89-93.

[21] ZHONG Q C，WEISS G. Synchronverters：inverters that mimic synchronous generator [J]. IEEE Transactions on Industrial Electronics，2011，58（4）：1259-1267.

第 9 章　先进技术在电池储能系统中的应用展望

作为解决新能源发电系统波动性、间歇性以及不可预测性等问题的有效手段，电池储能系统（BESS）逐渐呈现出大规模集成与分布式应用并存、多目标协同优化的趋势。传统的控制技术与算法在面对模型高度非线性、参数时变的 BESS 时，效果不太理想。而物联网、神经网络及区块链等现代先进技术，则可为此类问题的有效解决提供新的方向与手段，也进一步提升了 BESS 的性能，扩展了新的应用领域。

9.1　电池储能系统与物联网

9.1.1　物联网概述

物联网（Internet of Things，IOT）是信息技术发展到一定阶段后出现的一种聚合性应用与技术提升，实现人与物的对话，创造智慧的世界，被称为信息科技产业的第三次革命。

物联网作为一个新概念，最早是由物联网之父 Kevin Ashton 于 1998 年提出。1999 年，Kevin Ashton 与美国麻省理工学院共同创立了一个射频识别（Radio Frequency Identification，RFID）研究机构——自动识别中心（Auto-ID Center），该实验室提出网络无线 RFID 系统。Kevin Ashton 对物联网的定义为：通过各种信息传感设备把物品与互联网连接起来，使物品参与到日常的信息交流与通信，从而实现对物品的智能化识别和管理。美国麻省理工学院自动识别中心提出，要在计算机互联网的基础上，利用 RFID、无线传感器网络、数据通信等技术，构造一个覆盖世界上万事万物的物联网。在这个网络中，物品能够彼此进行交流，而无需人的干预。

物联网的概念是以物流系统为背景提出的，RFID 技术作为条码识别的替代品，实现对物流系统的智能化管理。Kevin Ashton 对物联网的定义更强调感知，也就是通过信息传感设备把物品与互联网连接起来，实现对物品的智能化识别和管理。然而随着技术和应用的发展，物联网的内涵已发生了很大的变化。

2005 年国际电信联盟（International Telecommunication Union，ITU）在突尼斯举行的信息社会世界峰会上正式确定了物联网的概念，并随后发布了《ITU Internet reports 2005——the Internet of things》，该报告介绍了物联网的特点、关键技术、面临的挑战以及未来的市场发展方向。ITU 在报告中指出，我们正站在一个新的通信时代的边缘，信息与通信技术的目标已经从满足人与人之间的沟通，发展到人与物、物与物之间的连接，无所不在的物联网通信时代即将来临。物联网使我们在信息与通信技术的世界里获得一个新的沟通维度，将任何时间、任何地点连接任何人，扩展到连接任何物品，万物的连接就形成了物联网。

物联网在实现上有三个层次，从下至上依次是感知层、传送层以及应用层。对于物联网目前比较权威的定义是，物联网是按照规定的通信协议，把现实世界中的物品通过信息传感设备接入互联网，实现人与物、物与物之间的通信与交互，实现对物品的智能化定位、跟踪、识别、监控和管理。狭义的物联网是指人与物、物与物之间连接的网络，通过网络互连使物品参与到信息的交互中；广义的物联网模型如图 9-1 所示，是指通过人与物、物与物之间的通信实现现实世界物品的网络化，将信息世界与物理世界融合到一起，使得各种信息技术融入社会行为，改变人类社会各领域的通信与交流方式，使得信息化技术在人类社会发展中的应用达到一个新的高度。概括来讲，物联网对物实行三种处理方式，即检测、监管以及监控。

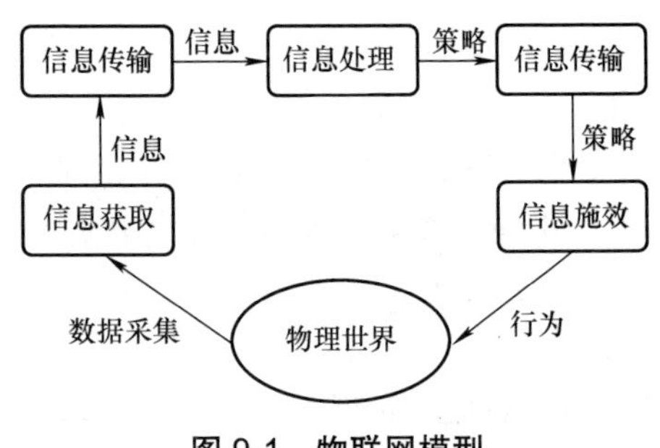

图 9-1　物联网模型

目前，物联网在智能电网、智能交通、智能物流、智能家居、环境与安全检测、工业与自动化控制、医疗健康、精细农牧业、金融与服务业、国防军事等十大领域均得到了广泛应用，有效地推动了这些方面的智能化发展，提高了行业效率与效益。

9.1.2　物联网技术在电池储能系统中的应用

BESS 具有技术相对成熟、容量大、安全可靠、噪声低、环境适应性强、便于安装等优点，因此得到了广泛的应用。例如，仅在 2012 年中国就启动了多个电网储能项目，其中就包括了大亚湾的高容量电池储能项目以及新疆风电储能项目等。未来随着分布式新能源系统的不断建设，BESS 的装机容量势必会进一步增加。

目前的 BESS 主要由储能单元以及监控与调度管理单元组成：储能单元包含储能电池组、电池管理系统、储能变流器（PCS）等；监控与调度管理单元包括中央控制系统、能量管理系统等。在新能源系统中同时存在多个储能单元时，不同储能单元之间存在难以协调的问题，且数量庞大的储能系统增加了系统出现故障的概率。

物联网作为获取数据的入口，可以利用云计算、边缘计算以及人工智能等技术分析手段，对储能系统进行管理，以克服大规模 BESS 中存在的问题。基于物联网技术的 BESS 管理结构如图 9-2 所示，可以看出，利用电压、电流以及温度等传感器来采集电池储能单元的运行数据；通过无线局域网、工控总线、GPRS（General Packet Radio Service，通用分组无线服务）、互联网实现实时数据的现场收集与传输；建立 BESS 相关信息数据存储中心与综合控制系统，构建基于 BESS 工作状态数据的趋势预示模型以及基于故障率的可靠性模型，通过这些模型对 BESS 的状态进行实时监测，为 BESS 的运营管理提供科学的依据。

可以预见，借助物联网的“检测、监管以及监控”技术，可从以下几个方面进一步提高 BESS 的综合性能。

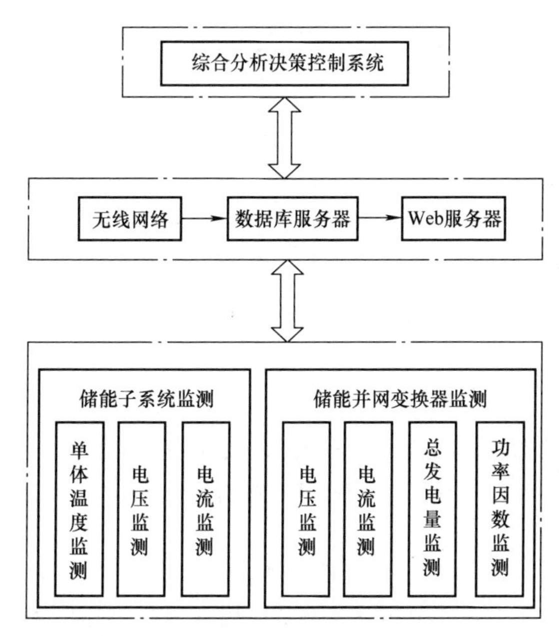

图 9-2 基于物联网技术的 BESS 管理结构

9.1.2.1 云储能系统

云储能利用其所控制的储能资源为用户提供分布式储能服务，是“共享经济”在用户侧储能领域中的体现。云储能提供商投资大规模的储能设备可以充分利用规模效应，而使用分布式储能资源可以提高现有的闲置储能的利用率。使用云储能的用户可以根据实际需求向云储能提供商购买一定期限的虚拟储能使用权。云储能用户使用云端的虚拟储能如同使用实体储能，通过物联网数据链，用户可以控制其云端虚拟电池充电和放电，但与使用实体储能不同的是，云储能用户免去了用户安装和维护储能设备所要付出的额外成本。而云储能提供商把原本分散在各个用户处的储能装置集中起来，通过统一建设、统一调度、统一维护，以更低的成本为用户提供更好的储能服务。这种方式可以很好地解决间歇性可再生能源的高速增长所带来的问题，符合未来新能源分布式与集中式相结合的容量增长趋势，因而受到了广泛的关注与研究。图 9-3 给出了云储能系统结构。

BESS 具有可靠性高和扩展灵活的特点，因而在集中式储能和分布式储能中都具有广泛的应用前景，是云储能设施的最佳选择之一。

在云储能系统中，储能设备数量多、分布广，如何充分利用数量众多的储能设备，提高容量利用率、创造利润空间，是云储能系统推广的一个关键问题。利用物联网的数据信息传输，可以因地制宜、综合互补地充分利用储能系统，实现储能单元容量间的配合，提高储能利用率，推动基于 BESS 为主体的云储能系统的推广与应用。

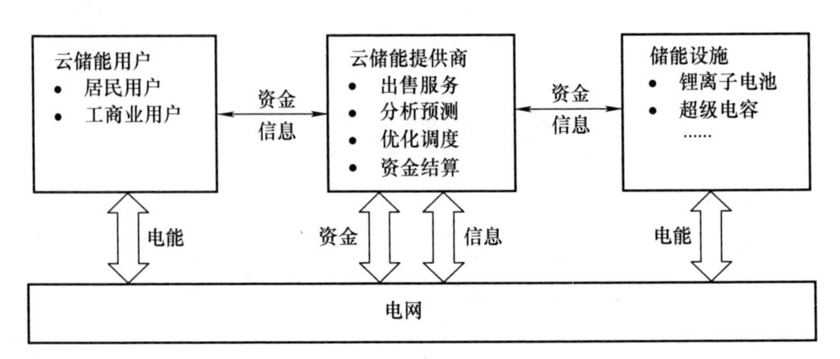

图 9-3 云储能系统结构

9.1.2.2 分布式能源系统管理

在分布式能源系统（Distributed Energy Resource System，DER）中，除了 BESS 外，往往还存在着风能与光能等形式的能源，因此在 DER 中迫切要求有效实现各种能源的优化配置，提高设备与电网的系统效率。

利用物联网技术，通过对 DER 的各单元可视化集中监控，掌握电能流动情况，应用大数据分析技术和模型自适应控制方法，分析与预测负荷用电需求，实现设备实时控制或执行预置策略，综合优化各单元的调动，实现如图 9-4 所示的“多类型能源 - 多元负荷”的互联互动能源管理，提升系统的灵活性与可控性。

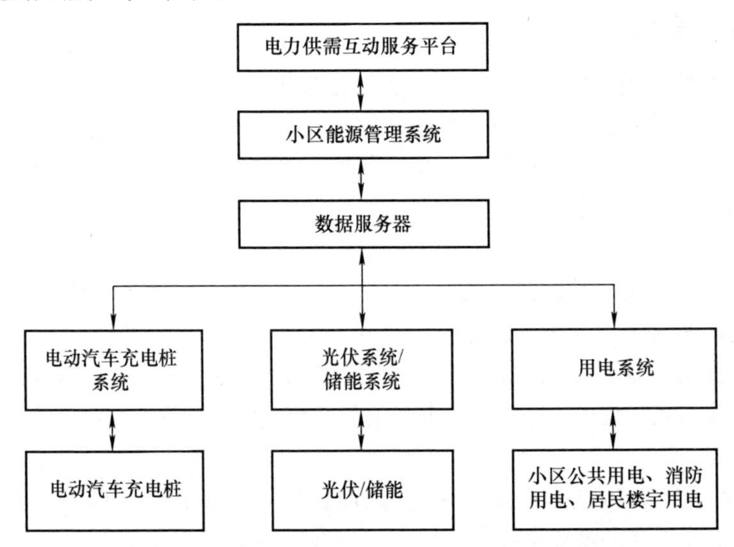

图 9-4 基于物联网技术的分布式能源系统管理结构

该基于物联网技术的管理结构，可实现如下功能：

1. DER 的能效优化管理

结合光伏、储能系统以及用电单元的实时数据与历史数据，对系统整体能效进行诊断，生成以综合能耗最低为目标的能源管理策略。

2. 各发电单元与用电单元的能量可视化

利用物联网的数据互联特性，将各发电单元与用电单元的电能数据进行可视化展示。由此可以看出，基于物联网的能量管理系统具有如下优势：完善能源信息的采集、存储、管理和能源的有效利用；实现对各种能源系统的分散控制和集中管理；优化管理流程，建立客观的能源评价体系；优化能源调度和指挥系统。

9.1.3　物联网对电池储能系统的要求

物联网构架的 BESS 由三层结构组成：

1）感知层：基于各类传感器的数据采集子系统；

2）传输层：数据传输系统；

3）应用层：检测调度控制系统。

对 BESS 的要求，也是围绕着这三个层面展开。BESS 根据应用场合，一般建设在空旷的场地或者用电负荷端等，设备集中分布与离散分布并存，同时 BESS 还需要配备检测及控制设备等，因此大量的数据需要采集和传送，包括设备运行状态数据、各执行机构的控制数据等。为保证储能系统安全可靠地运行，必须安装储能装置检测系统，及时发现储能设备存在的故障，及时解决。在物联网时代，可以将各种传感器通过互联网连接，构建储能系统远程监控系统；定期或实时地采集储能系统的各种数据，通过数据融合、分析与评价，为储能系统的安全运营、日常养护管理提供科学的决策依据。

9.2　神经网络技术在电池储能系统中的应用

随着储能技术的发展，储能电池在促进新能源消纳、参与电网调度与功率分配、提升电力电子传动效率等方面得到了广泛的应用，其中 BESS 的能量管理、储能系统故障状态识别与保护均是当前技术研究核心点之一。

BESS 的能量管理主要基于电池 SOC 进行电池状态评估，通过电池状态及新能源运行状态的评估和调度，从而解决新能源电站出力不稳定等特性导致的电网的调峰、调频难度增大，电网的安全稳定运行性能下降等问题，同时对微电网储能装置的容量实时识别，对于提升微电网运行效率，优化系统调度运行有着实际的意义。而由于储能电池的 SOC 与诸多因素有关，其中涉及的物理、化学机理较为复杂，导致无法形成直观、线性的数学模型，进一步使得储能电池 SOC 估计成为实际应用中的难点。

区别于传统的电气 / 能源系统故障识别，现阶段储能系统的故障状态已从硬故障识别过渡到软故障的识别。其中硬故障指的是对影响储能电池的有效运行的故障进行识别，此类故障通常为储能电池出现无法继续参与系统运行或导致系统失稳等严重问题的故障，可通过对系统电压、电流等特征信息进行监测以达到快速、准确识别。软故障则指的是，储能电池仍能继续参与工作，同时不会导致系统出现明显的运行故障，但电池本身由于老化、内部故障等因素导致性能下降、内部参数异常、外特性异常等情况，具体可能表现为电池容量下降、内阻异常变大/变小、自放电严重等现象。相较于硬故障，软故障状态识别可对电池早期运行状态进行检测，给用户提供更早期的电池信息，从而进一步为电池故障的早期检测提供更准确、先进的信息。此外，软故障状态识别还给电池智能化评估与控制提供了理论可能，对于储能电池的运行维护和寿命延长有着显著的意义。

9.2.1 基于神经网络的电池储能系统实时容量识别

影响储能电池实时容量的相关因素较多，导致储能电池的实时容量这一参数无法形成直观、线性的数学模型。缺乏线性化的数学模型及各物理量之间的影响规律，导致储能电池实时容量识别不准这一问题成为电网储能系统的一个普遍问题。

SOC 的预测方法主要有电流积分法（安时法）、开路电压法、电化学阻抗谱法、卡尔曼（Kalman）滤波法等。其中电流积分法对电池 SOC 初值的确定具有较高要求，常用于实验室条件下，无法用于工况复杂状况，容易产生累积误差；开路电压法在电池充放电流程开始与结束时效果较好，由于其需要电池长时间静置，以克服自恢复效应，因此不适用于 SOC 的在线估计；电化学阻抗谱法的阻抗谱测取较难，且相对于实际生产更侧重应用于实验；卡尔曼滤波法对误差有良好的修正效果，但对电池模型的准确度有着较高要求。由于卡尔曼滤波法仅仅精确到 Taylor 公式的一阶或二阶，对于强非线性系统可能会发生滤波发散现象，还需要已知电池的各种老化信息，并且受等效电路模型精度影响较大。而目前对卡尔曼滤波法的改进方法——无迹卡尔曼（Unscented Kalman）滤波法将系统电路等效为二阶 *RC* 模型，一方面模型参数不易获得，另一方面预测精度也未能得到广泛认可。总而言之，已有的这些方法大多是通过检测电池的电压、电流、充放电倍率等参数来推断。而作为典型的非线性系统，对电池进行数学建模较为困难，由于这些电池参数与 SOC 之间关系复杂而又非线性，因此基于传统数学理论建立模型进行预测，存在模型较为复杂且结果可信度低的问题。

人工神经网络又称为 BP（Back Propagation，反向传播）神经网络，具有较好的实时预报性和持久性，具有逼近多输入输出参数函数、高度的非线性、容错性和鲁棒性等特点，对于外部激励能够给出相应的输出，非常适用于电池 SOC 预测。神经网络法通过数据训练的方法建立网络，所以选取合适的参数作为神经网络的输入对于提高网络预测精度有重要意义。对于储能电池而言，容量识别属于模式识别问题，三层网络结构就可以解决，如图 9-5 所示。通常电压、电流、环境温度、充放电倍率等物理量均会作为神经网络输入；而部分改进算法则会对采样量进行处理进一步作为输入，如将电压按时间的导数、时间段内平均电压等作为神经网络输入，从而提升神经网络训练和学习性能。

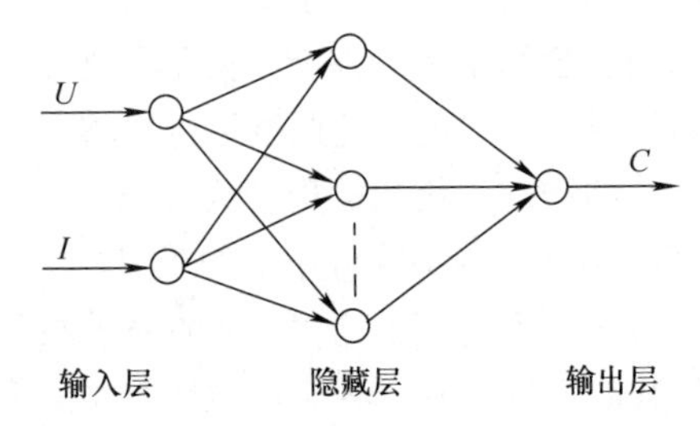

图 9-5 BP 神经网络基本拓扑结构

但实际上，容量识别结果的影响因素很多，BP 神经网络的网络节点数可以根据实验结果来进行调整，增加输入层节点数，即考虑较多的因素，并不能提高神经网络的识别精度，反而增加了学习时间。因此，对于传统的BP神经网络结构，其识别结果的准确性在一定程度上受到了初始权值的限制，同时训练速度和学习精度之间存在一定的矛盾。此外直接将人工神经网络用于BESS进行SOC状态预测，未能充分利用我们目前所掌握的储能电池的运行特征，神经网络的训练速度、初始权值、训练精度等指标都有一定程度的优化空间。

在人工神经网络基础上进行的储能电池SOC状态估计优化算法是现阶段的研究重点及未来一段时间的发展趋势，其中较为典型的方法为粒子群优化-反向传播（PSO-BP）算法、小波-反向传播算法、思维进化-反向传播（Mind Evolutionary Algorithm，MEA-BP）算法、熵权（Entropy Weight Method，EWM）-思维进化-反向传播（EWM-MEA-BP）算法等。这些方法在预测精度、训练速度方面针对传统的BP算法进行了改进。

基于PSO-BP算法的储能电池SOC估计主要思路为，通过PSO算法对BP神经网络的权重和阈值进行在线优化，从而实现人工神经网络的参数在线优化。其具体的算法流程可描述为：

1）首先将BP神经网络正向学习后得到的容量输出与期望容量输出的误差通过PSO算法进行初始化以找到个体极值和群体极值，即在BP神经网络中寻找权重和阈值；

2）然后更新速度和位置，并在计算适应度后更新原始的个体极值和群体极值；

3）最后将获得的最优神经网络权重和阈值送入BP神经网络中验证。

基于PSO的BP神经网络在一定程度上增加了神经网络的非线性程度，从而进行非线性拟合容量值，该方法相较于传统的BP神经网络算法，进行了权重和阈值的优化更新，由于未改变网络结构，因此算法的收敛性与传统BP一致。其通过对参数的优化调整，实现人工神经网络的自适应优化。

基于MEA-BP的神经网络算法是另一种权重、阈值在线优化的神经网络算法。其中MEA所实现的功能与PSO算法是一致的，流程如图9-6所示。

由于基于MEA的BP神经网络无论是结构还是实现方法都与PSO-BP算法类似，因此这里不多赘述。同样地，此方法未改变网络结构，算法的收敛性与传统BP一致，也是通过对参数的优化调整，实现人工神经网络的自适应优化，从而体现出更快的收敛速度和预测精度。

基于EWM-MEA的BP神经网络模型则进一步对MEA-BP神经网络进行了优化。通过对系统变量指标引入熵权，优化神经网络的内部结构。其中EWM是一种分析信息熵的数据处理方法。由于数据中的每一维因变量对结果的作用与影响力均不相同，故其信息熵值也不同。目前确定指标权重的方式有主观赋值法和客观赋值法。主观赋值法是指计算权重的原始数据主要由经验主观得到，该方法客观性差，但解释性强；客观赋值法根据原始数据之间的关系由一定的方法来确定权重，具有通用性差、计算繁琐和不能体现实际应用中对不同指标重视程度的缺点，但其结果有数学理论作为支持。基于EWM-MEA的BP神经网络模型即将熵权应用于储能电池SOC状态估计的输入指标权重分配，从而优化各指标对SOC估计的影响程度，起到优化网络结构的作用。

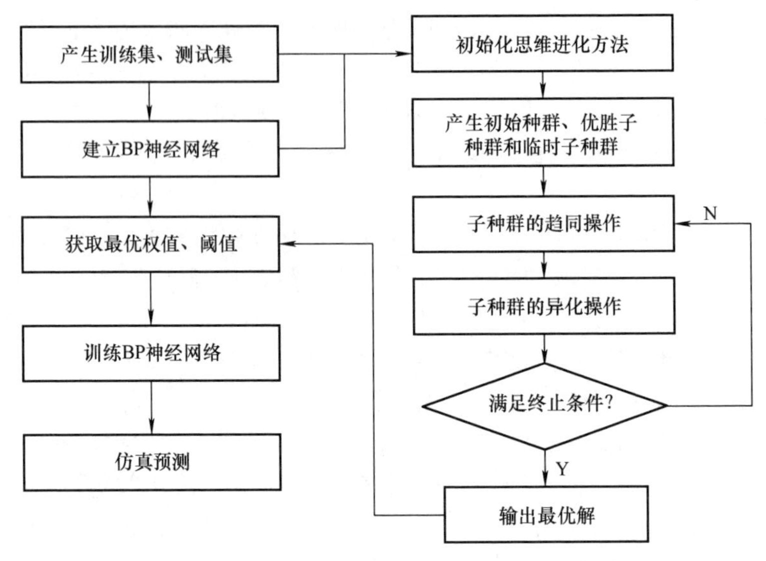

图 9-6　MEA 优化 BP 神经网络流程图

具体的流程可以描述为：

1）数据归一化。将电池运行数据中各个不同量纲指标的数据同量纲化，即为归一化处理。

2）求各指标的信息熵。根据相关公式求解各指标的信息熵。

3）确定各指标权重。根据信息熵，计算各个指标的信息熵权重。

将权重分配结果应用于 MEA-BP 神经网络，因此其一般流程如图 9-7 所示。

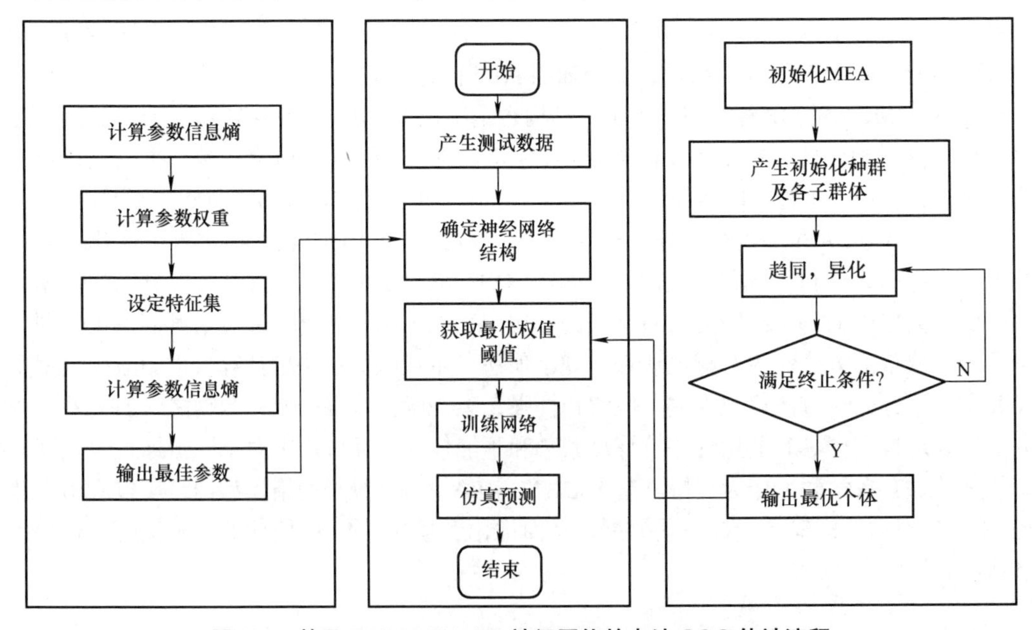

图 9-7　基于 EWM-MEA-BP 神经网络的电池 SOC 估计流程

相较于传统的 BP 神经网络，小波神经网络模型无须考虑对象的物理模型，具有更强的普适性，因此基于小波神经网络的储能电池 SOC 估计方法也是当前所研究的优化算法之一。小波神经网络即小波包与神经网络的结合。其结合方式主要包括两类：一种为松散型，小波分析仅用来对神经网络输入信号做预处理，即小波分析与神经网络相互独立，如图 9-8 所示。

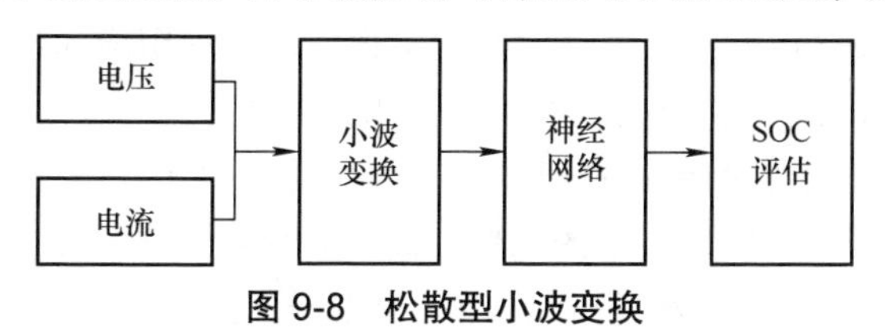

图 9-8　松散型小波变换

另一种为紧致型，即小波分析与神经网络充分融合，将神经网络隐藏层中神经元的传递激发函数用小波函数来代替，如图 9-9 所示。其既具有良好的小波时频局部化性质，又结合了神经网络的自学习功能。相较于前者，后者在模式识别、故障诊断、功率预测等领域具有更强的性能和适应性。

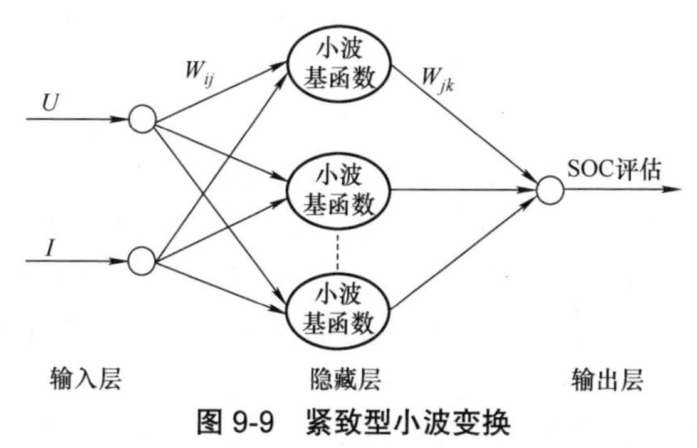

图 9-9　紧致型小波变换

图 9-10 给出了一种基于紧致型小波变换的储能电池 SOC 估计算法案例。

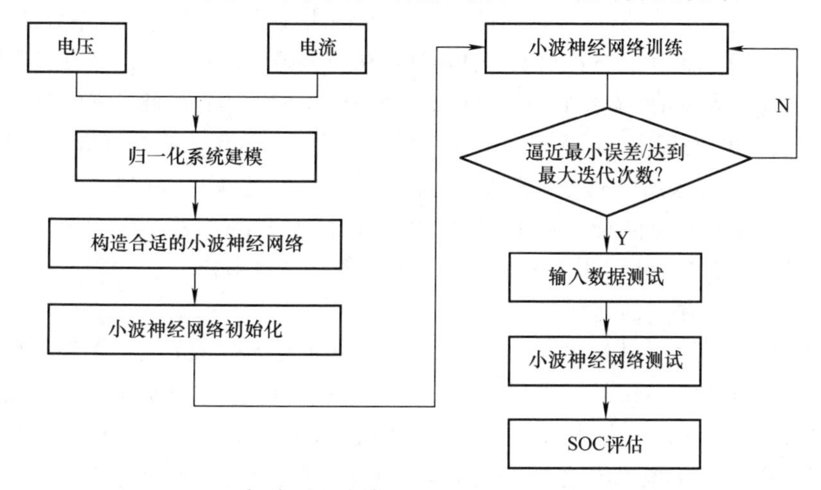

图 9-10　紧致型小波神经网络 SOC 状态评估流程图

可以看到相较于上述 PSO-BP 或者 EMA-BP 神经网络，小波 -BP 神经网络对网络的变换层进行了优化调整，加入了小波函数以提升对非线性的适应能力。因此其实际训练流程与传统 BP 算法是类似的，这就导致如果小波神经网络的预测误差达到设定值或者达到最大迭代次数，小波神经网络训练将结束，开始进行小波神经网络测试。但这种权值和参数修正方法缺乏自适应性，极易陷入局部最优，存在进一步改进的空间。通常可以采用增加动量项的方法来提高小波神经网络的学习效率，从而避免陷入局部最优，这里不再赘述。

总的来说，神经网络模型所具有的非线性特征能够应对传统方法所无法应对的储能电池 SOC 估计中所面临的非线性、模型复杂的问题。而针对神经网络的结构优化、数值优化、变换优化等优化思路，则进一步提升了神经网络应用于储能电池 SOC 估计中的性能。可以看出，在当前及下一阶段，基于人工神经网络的电池容量状态估计研究是实用且重要的。

9.2.2 基于神经网络的电池储能系统软故障状态识别与保护

传统意义上的电池故障检测更多地被认为是储能电池硬故障检测，指的是某一些特征明显且较为直观的故障诊断，比如过电压、过充、SOC 异常等故障，这些故障可以通过传感器直接测量。对于一些不明显的“故障”，比如电池容量变小、电池内阻大等，无法通过实时采集的电池数据进行诊断，而是需要对电池充放电历史数据进行分析诊断，这种影响储能电池健康度的性能下降现象被称为软故障。储能电池软故障是储能电池健康度的直观体现，其对于电力系统安全稳定运行、高效经济调度、电池寿命延长等有着潜在的重要意义，因此对软故障的诊断和排查是非常必要的。而电池软故障的产生受多方面因素的影响，电池所表现出来的故障症状与故障原因之间具有非常多的不确定性和模糊性，很难确定故障产生的具体原因，这导致对电池软故障的诊断具有一定难度。

由于储能电池软故障诊断的难点主要在于故障症状和故障原因之间存在一定的不确定性和模糊性，基于模糊算法的检测方法是此前在该领域中的常用方法，将模糊现象与因素之间的关系用数学式进行描述，找出故障原因，但是电池外部特性数据变化程度相对系数缺乏实际意义，难以确定。基于两级状态机的方法对动力锂电池组进行故障诊断，可以高效准确判断故障类型及故障级别，实现在线的故障诊断，但存在与上述方法类似的问题。此外还有基于近似熵的电池辅助诊断方法，也仅适用于电池内部短路、断路，或者电池正负极接反等较为明显的故障。此外，当前研究提出可采用神经网络算法进行软故障诊断，已解决模糊算法存在的问题，但是基于 BP 神经网络进行故障诊断存在收敛速度慢且容易陷入局部极小值等问题，因此有相关研究提出在神经网络算法的基础上应用模糊算法、遗传算法及概率算法进行神经网络模型的改进，以实现收敛速度和训练精度的提升。

事实上无论采用哪种算法，电池的故障特征、故障原因及两者的对应关系都是故障分析的理论基础。首先对电池组故障特征进行选取，其中特征现象包括电池放电电压过低、放电电压下降快、充电电压高、充电电压上升快、充电电压低、电压远低于平均电压、充电电压上升慢、静置时电压下降快、充放电时电池温度过高等，而对应的故障原因包括电池容量变小、电池内阻过大、电池充电不充分、电池自放电过大、电池有损伤、锂电池连接线连接异常等。其中的对应关系则可描述为：若电池的容量变小，则在对电池进行充电时，电池的电压会迅速上升，而在电池对外供电时，会出现放电电压太低、电压下降速度过快等特征；电池内阻如果过大，在电池进行充电操作时，电池的充电电压会明显变高。相反，在进行放电时，电池放电电压会显著降低；电池充电不充分，在对设备进行供电时，放电电压会过低且会快速下降；当电池有损伤时，电池的放电电压会远远低于电池组的平均电压；电池自放电过大，会导致充电时电压上升过慢，显著增加充电时长，静置或放电时，电压下降速度会过快，降低供电功能；如果电池的连接线连接情况出现异常，会导致电池在充放电时温度快速升高，严重时甚至会导致电池组崩溃。

基于模糊神经网络的软故障检测方法，就是将上述的故障特征及故障原因和对应关系进行模糊化处理，采用合理的模糊化规则对输入进行模糊化处理，规范化输入数据格式作为神经网络的输入，从而达到提高训练样本的精确度的目的，如图 9-11 所示。其中模糊化处理的过程通常采用专家经验分析和实验测试结果，主要由于确定这些故障症状的描述都是模糊的，应该运用合理的隶属函数，通过计算隶属度来对这些症状的倾向度进行表示。通常情况下，专家经验越准确、实验测试结果越多，对后续的神经网络训练性能提升越大。

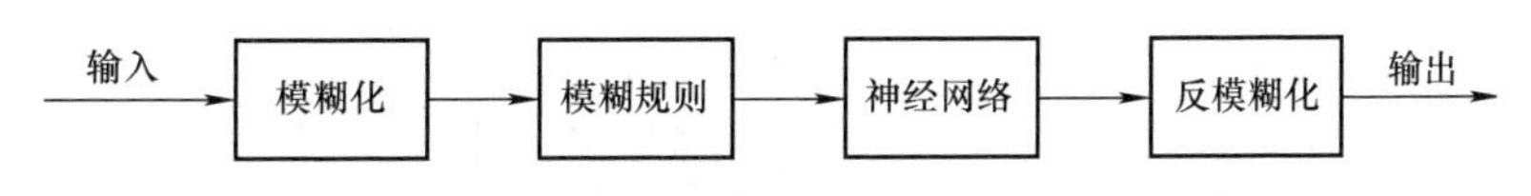

图 9-11　模糊神经网络软故障诊断

基于遗传 - 神经网络软故障算法的思想可以描述为：遗传算法善于全局搜索。因此将遗传算法和 BP 神经网络结合，通过遗传算法对神经网络的初始权值进行优化，可避免搜索陷入局部最优，具体过程如图 9-12 所示。

遗传算法的主要功能用于对神经网络的阈值进行优化寻值，合理的遗传优化可以有效地提升神经网络的训练能力。但遗传算法的编程实现比较复杂，首先需要对问题进行编码，找到最优解之后还需要对问题进行解码；其次优化计算性能受交叉率和变异率的影响严重，并且这些参数的选择严重影响解的品质；最后遗传算法没有能够及时利用网络的反馈信息，故算法的搜索速度比较慢，得到较精确的解需要较多的训练。遗传算法的引入尽管提升了神经网络的训练能力，但同时也将遗传算法的缺点引入系统，降低了算法的可靠性。需要说明的是，遗传 - 神经网络是将模糊遗传算法作为基础的改进方法，此方法仍然需要进行模糊化处理和隶属度选取等工作。

除了模糊神经网络和遗传 - 神经网络之外，概率神经网络也是当前软故障检测的高性能算法之一。概率神经网络算法具有时间短、扩充性能好、收敛速度快、分类能力强、不存在陷入局部极小值问题，能用线性学习算法实现非线性学习算法的功能。概率神经网络是由 Specht 提出的，其主要思想是用贝叶斯决策规则，即若错误分类的期望风险最小，则在多维输入空间内分离决策空间，基本结构如图 9-13 所示。

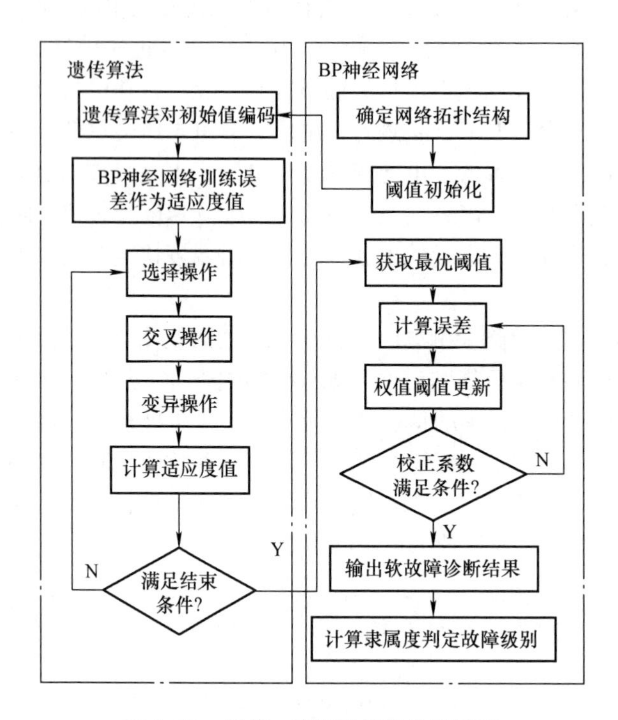

图 9-12　遗传 - 神经网络软故障诊断

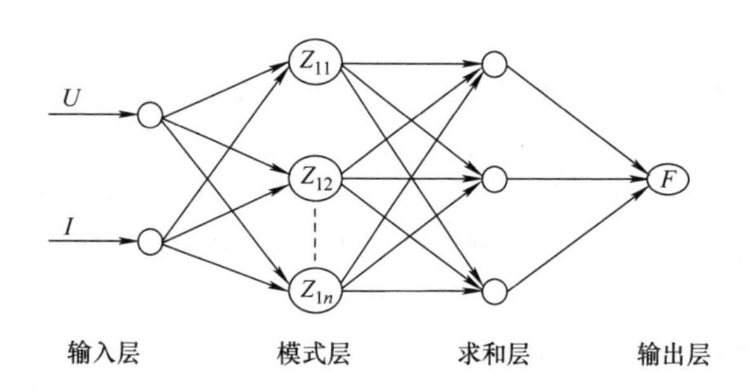

图 9-13　概率神经网络故障检测

概率神经网络运行流程如图 9-14 所示。

概率神经网络对神经网络的结构进行了修正，结构类似于前馈神经网络结构。其由输入层、模式层、求和层和输出层 4 个部分组成，每一层又由若干单元构成，被广泛应用于模式识别、故障诊断、功率预测等领域。其中模式层采用 S 型函数进行非线性模拟，从而获得用于求和的各神经元出现的概率。该方法充分利用概率神经网络非线性分类能力强、训练速度快、不存在陷入局部极小值等特点，实现了软故障的优化检测和评估。

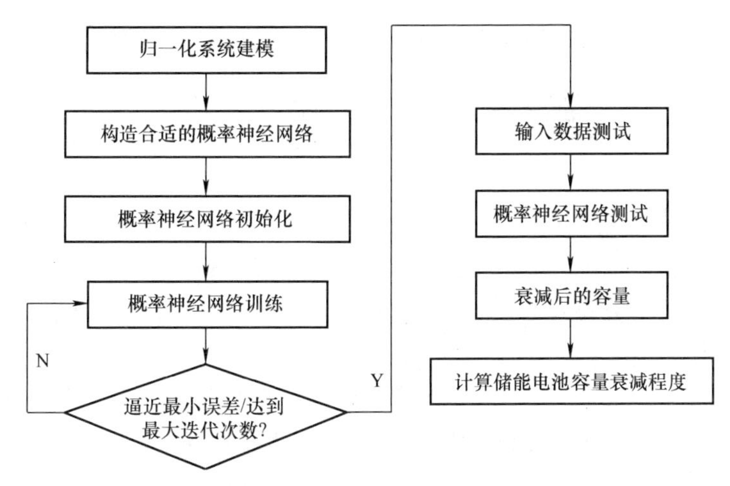

图 9-14　概率神经网络运行流程

9.2.3　神经网络技术在电池储能系统中的应用展望

现阶段神经网络技术用于储能中，主要用于解决电池 SOC 估计和电池软故障评估（健康度评估）问题，而这两者实际上有更长远的目标和需求响应。

电池 SOC 估计的未来目标是用于储能电池与上层系统的能量调度、高效运行。因此基于电池 SOC 估计的电池能量管理系统，是神经网络技术应进一步着眼的研究点之一。将基于神经网络算法的 SOC 估计与电力系统调度、储能电池高性能控制算法相结合，可以形成考虑电池 SOC 的上层调度、下层控制的电池多层级运行策略，进一步结合多电池组的集中控制、分区自制算法，形成整套的高效、灵活的电池能量管理方案。

电池软故障评估本质上是电池健康度的评估，可以实现电池早期的状态评估和预警，而针对电池健康度评估的目标是最终实现电池寿命的预测与延长。基于神经网络算法的电池软故障评估可以通过电池历史数据，基于大数据技术，依次实现用户习惯模拟、电池寿命估计、用户行为建议、电池寿命延长智能模式等功能，最终给储能电池提供电池评估、用户建议、寿命延长等系列服务。

尽管当前神经网络技术的应用为 BESS 的高级功能开发提供了理论可能和未来展望，但同时神经网络算法也对 BESS 的数据测量、数据存储、数据处理、运行控制等提出了更高的要求。从数据测量方面，更全面、更准确的数据测量是保证神经网络算法的高性能的基础；同时电池能量管理和电池寿命预测等功能也要求 BESS 需要对历史数据进行保存，因此对数据的快速存储技术也提出了一定的要求。部分高性能的神经网络算法需要实现在线的自适应参数调整以提升性能，这就对系统的数据处理能力和处理速度提出了一定的要求，尽管可以通过对神经网络算法进行优化以提升训练速度，但从系统硬件上提升输出处理能力则直接提升了神经网络技术的性能上限；而在运行控制方面，储能电池的控制将朝着多层级、灵活预测等方向发展，这就对储能电池变流器的控制提出了新的功能需求，传统控制技术的优化或新型控制技术的开发都是储能电池适应神经网络算法所需要进行的技术开发与研究。

9.3 电池储能系统与区块链技术

9.3.1 区块链技术概述

区块链（Blockchain）是指通过去中心化和去信任方式集体维护一个可靠数据库的技术方案。该技术方案让参与系统的任意多个节点，把一段时间系统内全部事务通过密码学算法计算并记录到一个数据块（Block），生成该数据块的哈希（Hash）用于链接下个数据块，系统所有参与节点来共同检验记录是否为真，并且每个区块的内容都由后续子链上的区块来保证其内容不可被篡改。各个参与节点可以在新区块确认及奖励分配上达成共识，从而逐渐形成一个庞大、去中心化的公开账本。

从数据的角度来看，区块链是一种几乎不可能被更改的分布式数据库。这里的“分布式”不仅体现为数据的分布式存储，也体现为数据的分布式记录。从技术的角度来看：区块链并不是一种单一的技术，而是多种技术（数据读取、数据存储、数据加密和数据挖掘等技术）整合的结果。这些技术以新的结构组合在一起，形成了一种新的数据记录、存储和表达的方式。

9.3.1.1 区块链的基本特点

1）开放、共识：任何人都可以参与到区块链网络，每一台设备都能作为一个节点，每个节点都允许获得一份完整的数据库备份。节点间基于一套共识机制，通过竞争计算共同维护整个区块链，任一节点失效，其余节点仍能正常工作。

2）去中心、去信任：区块链由众多节点共同组成一个端到端的网络，不存在中心化的设备和管理机构，节点之间数据交换通过数字签名技术进行验证，无需互相信任，只要按照系统既定的规则进行，节点之间不能也无法互相欺骗。

3）交易透明、双方匿名：区块链的运行规则是公开透明的，所有的数据信息也是公开的，因此每一笔交易都对所有节点可见。由于节点与节点之间是去信任的，因此节点之间无需公开身份，每个参与的节点都是匿名的。

4）不可篡改、可追溯：单个甚至多个节点对数据库的修改无法影响其他节点的数据库，除非能保证整个网络中超过 51% 的节点同时修改，但这几乎不可能发生。区块链中的每一笔交易都通过密码学方法与相邻两个区块串联，因此可以追溯到任何一笔交易的前世今生。

9.3.1.2 区块链的主要分类

1）公有区块链：世界上任何个体或者团体都可以发送交易，且交易能够获得该区块链的有效确认，任何人都可以参与其共识过程。公有区块链是最早的区块链，也是目前应用最广泛的区块链，各大比特币系列的虚拟数字货币均基于公有区块链，世界上有且仅有一条该币种对应的区块链。

2）联盟区块链：由某个群体内部指定多个预选的节点为记账人，每个块的生成由所有的预选节点共同决定（预选节点参与共识过程），其他接入节点可以参与交易，但不过问记账过程（本质上还是托管记账，只是变成分布式记账，预选节点的多少，如何决定每个块的记账人成为该区块链的主要风险点），其他任何人均可以通过该区块链开放的 API 进行限定查询。

3）私有区块链：仅仅使用区块链的总账技术进行记账，可以是一个公司，也可以是个人，独享该区块链的写入权限，权利完全控制在一个系统中，私有区块链与其他分布式存储方案没有太大区别。

9.3.1.3　区块链的技术架构

区块链的技术架构如图 9-15 所示。技术架构各个层的功能分析如下：应用层主要由客户端完成转账、记账功能；激励层提出发行机制和分配机制；共识层用于共识机制的达成；网络层典型的为 P2P 网络，完成共识算法、加密签名、数据存储等工作；数据层以区块链的形式存储全部的交易数据和信息记录。

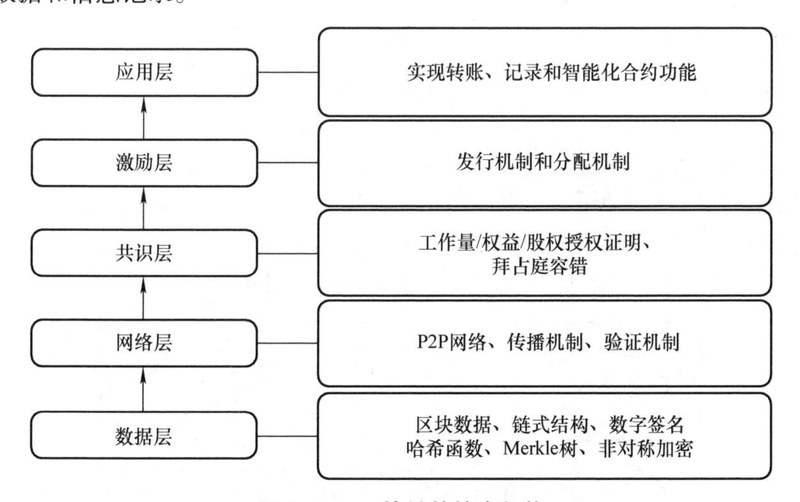

图 9-15　区块链的技术架构

9.3.1.4　区块链在能源领域的应用

区块链作为能源互联网背景下的一种新型数据库技术，因其去中心化、数据可追溯、交易透明等特点受到广泛关注。国内外企业、学者已尝试将区块链技术拓展到能源相关的领域，并开展了工程实践。西班牙 Acciona Energia 公司是能源领域第一家应用区块链技术的公司，该公司在西班牙纳瓦雷的两个储能设施中，将 100% 的可再生能源输入电网。在 Acciona 区块链技术的帮助下，该公司成功地将 Tudela 的太阳能发电厂和 Barasoain 的风电场结合在了一起。由于这项技术，该公司的客户和其他利益相关者可以保证，电池存储设施提供的能源完全来自不排放温室气体的可再生能源。美国能源公司 LO3 Energy 与比特币开发公司 Consensus Systems 合作，在纽约布鲁克林部分街区为少数住户建立了一个基于区块链系统的能源交易平台 Trans-

Active Grid，用于进行不依赖第三方的绿色能源直接交易；欧盟 Scanergy 项目依托区块链系统实现小规模用户的绿色能源直接交易，在交易系统中每 15min 检测一次网络的生产与消费状态，并向能源的供应者提供一种类似于比特币的 NRG 币作为能源生产的奖励。随着能源互联网的发展，区块链技术在能量市场交易、组织协同、计量认证等方面的重要价值不断突显。

我国一直十分重视区块链技术的研究和应用。自 2016 年 5 月，成立全世界第一家能源区块链实验室以来，国内的专家学者对区块链技术在我国能源领域的应用分析已经取得了较为丰硕的研究成果。特别是 2019 年，中共中央政治局就区块链技术发展现状和趋势进行了集体学习，将区块链技术上升为国家战略技术。目前，区块链技术在能源领域的应用已经从理论和实践两个层面开展了多项研究与探索：

1）在对区块链和能源互联网典型特征进行匹配分析的基础上，对区块链技术在能源互联网领域的应用模式进行了初探，提出了区块链在需求侧管理、电能的计量和市场交易、电力市场辅助服务等领域的应用场景。

2）部分企业和科研院所已经建立了针对区块链在能源领域应用分析的实验室，例如北京能链众合科技有限责任公司建立的能源区块链实验室、大同市政府投资建立的北京大同区块链技术研究院、浙江省电力公司电力科学研究院创立的能源区块链研究团队等。

目前，区块链在我国能源互联网建设的核心宗旨是在泛能源的物理网络和泛能源信息应用网络之间架构起的一个透明、广泛参与和全面信任的金融交易体系，通过这样的交易体系为绿色补贴、绿色运营和绿色金融做一个系统级的解决方案，让产业和金融之间实现无缝的数据纽带，实现能源的物理模型、互联网的信息模型和区块链的金融体系之间的立体化融合。目前国内专家学者提出的基于区块链能源互联网的简要示意图如图 9-16 所示。

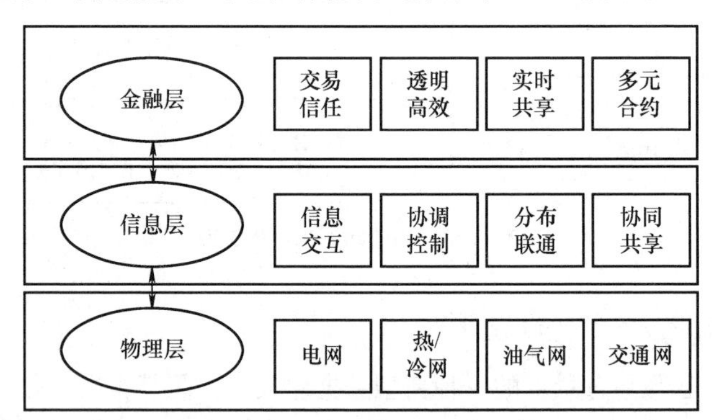

图 9-16　基于区块链能源互联网的简要示意图

9.3.2　共享储能技术

储能在解决大规模可再生能源并网消纳问题的同时，还可在电力系统调峰调频、备用容量无功支持、缓解线路阻塞和延缓输配电扩容升级、微电网优化运行等方面发挥重要作用，正成为能源行业特别是电力系统转型的重要支撑。中国化学与物理电源行业协会储能应用分会发布的《2019储能产业应用研究报告》指出：截至2018年年底，全球累计投运电化学储能装机规模达到4868.3MW，其中中国电化学储能累积装机功率1033.7MW；2019年、2021年、2023年将是中国电化学储能产业发展较为重要的时间拐点。预计到2025年，中国电化学储能市场功率规模约28.6GW，以储能工程项目作为计量，市场份额将达到1287亿元，整个产业链市场规模具备万亿级市场潜力。

尽管近年来储能技术发展突飞猛进，行业应用和装机规模呈现出几何级数的增长，但我国储能产业领域依然存在着政策标准缺失、储能利用率偏低、盈利模式不明确、缺乏可复制的商业模式等一系列问题。除可再生能源配套储能电站外，当前已落地的储能项目主要靠峰谷价差获利，收益来源单一，收益率不高；考虑到储能项目开发时的投入，即使是峰谷价差较高的区域，投资回报周期也普遍在7年以上，除少数有高电价差或多重收益场景的项目外，普遍缺乏投资吸引力。另一方面，政府补贴周期较长及未来峰谷电价政策的不确定性等问题也严重阻碍了储能产业的健康发展。在此背景下，亟需摸索合理的储能商业模式、打造高效的储能商业服务交易平台来推动储能产业的可持续发展。

将储能与共享经济理念结合是其商业模式的一个发展趋势，共享储能可以看作是在能源互联网背景下产生的新一代储能理念，具有分布广泛、应用灵活的优点，可以有效提升高渗透率下电网的稳定特性和对新能源的消纳能力，已成为能源互联网框架中储能应用的重要研究方向之一。2017年10月，国家发展改革委、财政部等联合发布《关于促进储能技术与产业发展的指导意见》，指出要构建储能共建共享的新业态，支撑能源互联网的发展。

常规的配套储能项目往往仅服务于单一的可再生能源电站，各个电站的储能装置彼此没有直接的联系，商业模式简单，并不足以实现储能的经济运营。共享储能可将电网侧、电源侧、用户侧的所有储能装置视为一个整体，通过不同层级的电力装置相互联系、协调控制、整体管控，共同为某一区域范围内的新能源电站和电网提供电力辅助服务。在共享储能交易期间，参与交易的新能源电站可在出力受限时，由调度机构将原有弃风、弃光电量存储在共享储能系统中，在用电高峰或新能源出力低谷时释放电能。交易电量可根据储能电站释放电量核算，按照新能源和储能电站双方分摊交易电量收益的方式，实现新能源发电企业和储能电站的共赢。通过储能共享，可大大降低储能的投入成本，提高现有储能设备的利用率，实现储能装置的经济效益最大化，促进大规模可再生能源的并网消纳，为区域电网提供坚强支撑。

9.3.3　基于区块链技术的共享储能交易体系

随着电力市场化改革与泛在电力物联网建设的不断深入，共享储能交易的覆盖范围将进一步扩大，源-网-荷侧的储能电站/分布式储能设备与新能源电站、电网企业以及终端用户间将存在大量复杂、紧密的多边交易联系。相比之下，现有的储能交易方式存在信息不透明、盈利模式单一、清结算规则复杂等问题，难以满足未来共享储能的多主体交易需求。

9.3.3.1　基于区块链的共享储能交易关键技术

现有的共享储能交易模式中的储能充/放电操作均由运营商统一管理，无法保证个体隐私，用户使用储能缺乏灵活性且参与度低。在分析区块链去中心化、去信任等特性后，考虑引入区块链作为底层技术实现去中心化的储能共享模式的构想成为解决现阶段共享储能多主体交易需求的一种新的方式。

1. 共享储能交易与区块链技术的兼容性

共享储能交易本质上可以归属为分布式交易范畴。鉴于区块链技术与分布式交易从公开、对等、互联共享等方面存在契合性，两者结合具有以下几点优势：

1）交易成本降低：区块链去中心化的特征使得各用户节点无需相互信任即可完成交易。Merkle 树等加密算法进一步保障双方在无第三方监管的情况下参与交易的安全可靠性，降低了信用成本和管理成本。

2）交易形式多样：区块链为交易提供了一个可信的广播及存储平台，参与到该平台的用户可以进行点对点的直接交易，增强了能源供应商与需求侧用户之间的互动，改变了用户参与交易的形式。

3）能源选择多类型：区块链中的数据具有可追溯性，消费者可知道其购买的电力来自共享储能联盟链中的哪家储能供应商，从而拥有更多的能源选择余地。同时，区块链的工作量证明机制、互联共识记账、智能合约、密码学等技术，为其应用到分布式交易提供了保障。典型的区块链平台，如以太坊等，为不同的去中心化应用提供服务，也为实现分布式交易提供了良好的技术支撑。以以太坊为例，其中内置了一套图灵完备的程序语言，给智能合约的创建提供了一个编程环境，使得各交易主体可以在没有中央监督的分布式系统中建立可信的合作关系。

2. 共享储能交易过程及关键技术

如图 9-17 所示，采用分布式交易模式的共享储能交易过程主要可以分为信息发布、撮合、结算、存储等阶段。P2P 与集中出清两种交易方式下，区块链等技术在各阶段实现的功能有所差异。

（1）P2P 交易

信息发布及撮合阶段：具有交易资格的电力用户与分布式能源发电商通过网站或者应用程序注册并提出购售电请求，用户在应用层达成交易意向，即在该阶段已经完成了买卖双方的匹配，无须在区块链中进行撮合。

传递信息至区块链阶段：通过基于应用框架及区块链标准开发的区块链客户端（如 mist 浏览器、metamask 钱包等）向区块链写入上一阶段得到的数据信息，包括报价等初始信息和撮合匹配的信息。同时该阶段链上代码和链下处理的组合可以实现对区块链的监管，保护相关者的权益。

结算阶段：区块链接收到买卖双方的匹配信息后，对交易进行结算，实现资金由买方向卖方的自动转移。在此过程中需要有密码学、智能合约、共识机制等技术的支撑。

存储交易信息阶段：记录交易内容，为下一轮的交易提供参考。在存储交易信息时，既要保证信息真实可查，也要保证这些信息不会被篡改，这对信息存储技术、安全保密技术提出了较高的要求。

(2) 集中出清

基于区块链的共享储能交易框架，如图 9-17 所示。

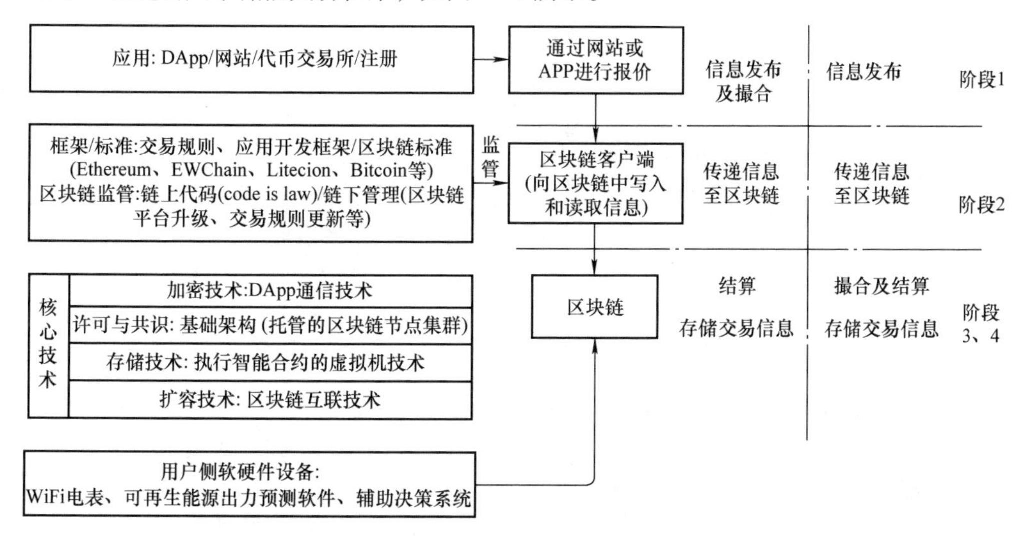

图 9-17 基于区块链的共享储能交易框架

信息发布阶段：发用电用户通过网站或者应用程序注册并提出购售电请求。集中出清模式下，该阶段无须对交易进行撮合，而是将报价等信息传递至区块链后再进行撮合。

传递信息至区块链阶段：该阶段与 P2P 交易一致。但传递的信息仅为发用电用户的报价等初始信息。

撮合及结算阶段：区块链接收到用户提交的报价后，结合用户侧软硬件设备传输的数据，对购售电双方进行撮合、结算等。此过程中同样需要密码学、智能合约、共识机制等技术的支撑。

存储交易信息阶段：该阶段与 P2P 交易一致。

9.3.3.2 区块链技术在储能交易模式中的探索研究

1. 基于智能合约的分布式储能点对点共享双层交易模式

为了解决现有分布式储能资源闲置的问题，上海交通大学刘宗林等人提出了一种基于以太坊智能合约的分布式储能共享双层交易模式，实现了储能的去中心化点对点共享，如图 9-18 所示。

在该交易模式的实现过程中，首先分析了以太坊与智能合约的特性，提出将储能与合约对应的方式，结合储能充放电特性构建分布式储能合约模型，编写了储能合约。然后，采取如图 9-18 所示的分布式储能点对点共享双层交易模式，在智能合约的支持下，在控制权交易层完成储能控制权的转移，承租方能够在充 / 放电操作指令层对储能进行远程操作。最后，将上述合约部署到以太网中，并通过一个共享案例模拟了分布式储能点对点共享流程。

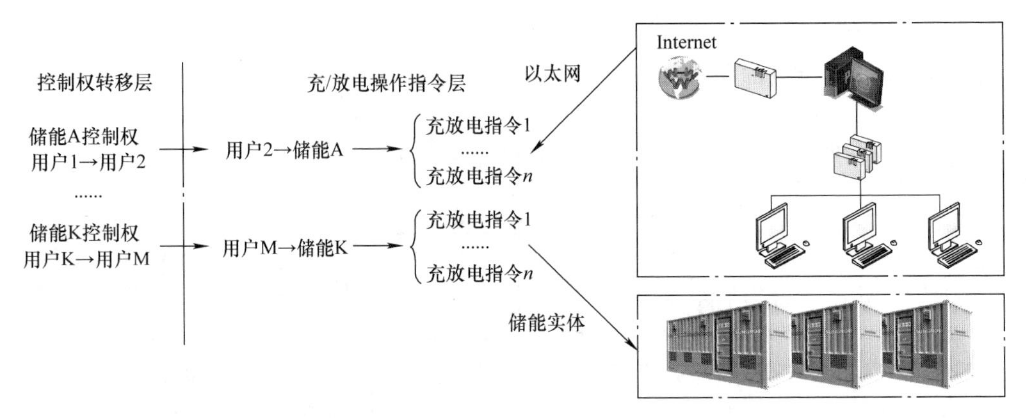

图 9-18 分布式储能点对点共享双层交易模式

2. 基于区块链技术的共享储能市场竞争博弈模型

现阶段，国内外针对多微电网系统的博弈竞争问题已经开展了较多研究，但是这些研究仅局限于发电侧或需求侧之间的博弈竞争，尚未涉及对多微电网系统中多元主体之间博弈竞争的研究。特别是共享储能系统接入后，规模庞大、结构复杂以及高度实时性的多能源系统数据将会不断涌现，市场主体对市场行为的把握不再靠直觉判断，而基于大规模数据分析的快速分析决策将会成为市场主体参与博弈竞争的主要发展方向。区块链技术作为一种分布式记账系统，所具备的数据透明性和可靠性使其能够很好地适用于分散化系统结构的数据分析和决策，基于区块链技术的市场经济生态环境，可极大地减少不同市场主体间重塑或信任维护的成本，可有效地防止市场中的寻租行为。因此，将区块链技术应用于分散化的多微电网系统电力市场建设中，可实现物理信息流的高度融合和快速运转，有助于市场主体从海量数据中进行快速分析决策，帮助提高局域电力市场的运行效率，并保证市场能够健康有序发展。

基于该理念，国家电网四川省电力公司经济技术研究院马天男等人对区块链技术与多微电网市场竞争博弈之间的契合度进行了分析，然后从局域多微电网市场结构出发，建立了如图 9-19 所示的基于微电网运营商主体、大用户主体以及分布式聚合商主体等多方非合作博弈模型，并根据蚁群算法与区块链技术共同存在的去中心化特征，采用改进蚁群优化算法（Improved Ant Colony Optimization Algorithm，IACO）对上述多主体博弈模型进行了求解。该方法从竞争博弈模型建立和求解两个方面给出了解决办法。该模型中储能主体的信息无须反馈给控制中心，而是直接与其他主体进行点对点的信息交互和资产转移，在保障主体信息安全的同时提高了流通速度，对于实现共享储能具有很好的辅助推进作用。

3. 基于区块链技术的能源局域网储能系统自动需求响应

共享储能理念下，传统储能电池和电动汽车均是储能系统中的核心组成单元。因此，开展以电动汽车集群和储能蓄电池为控制对象的电力需求响应，是更好地匹配新能源出力及提高系统经济性的重要手段，而自动化系统与人工设定相结合的自动需求响应则是能量管控技术发展的高级阶段，能够简化复杂的需求响应业务过程，是实现共享储能交易的关键环节。

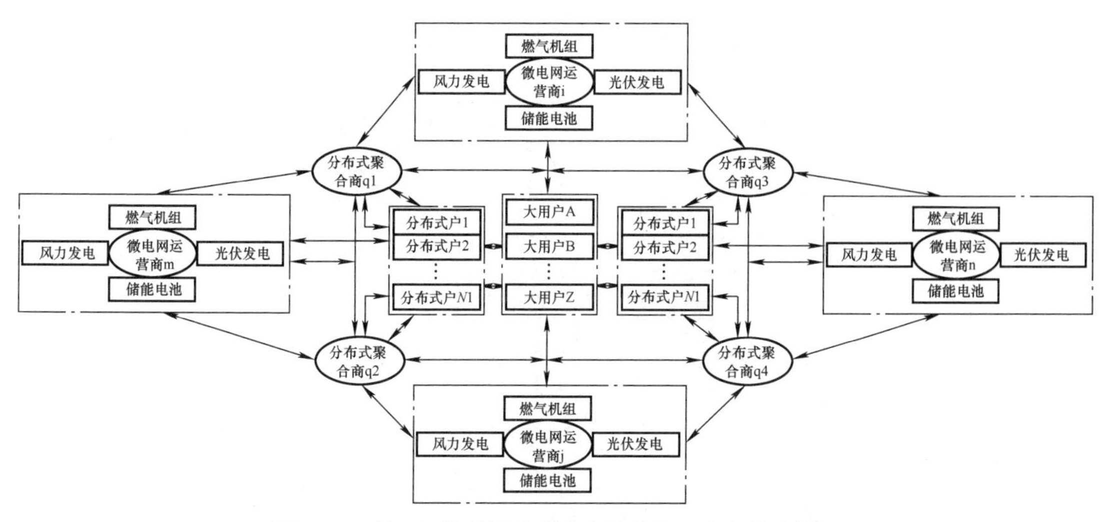

图 9-19 基于区块链技术的共享储能市场竞争博弈模型

针对该问题，浙江工业大学杨晓东等人基于区块链技术提出了一种如图 9-20 所示的去中心化的储能系统自动需求响应节点模型，探索了区块链技术在储能系统自动需求响应技术中的应用优势。

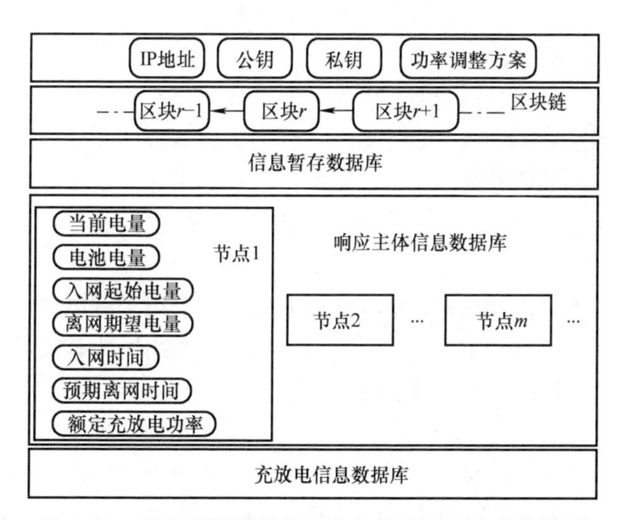

图 9-20 能源局域网储能系统自动需求响应节点模型

图 9-21 中的基于区块链的共享储能系统自动需求响应区块模型能够在满足用能需求满意度的同时，协调系统内的可用储能资源，使负荷水平曲线最大程度跟踪新能源出力，改善系统供需平衡度，适用于大规模分散的共享储能系统。同时，该方法能够有效提高供需两侧的经济性，降低双边成本。

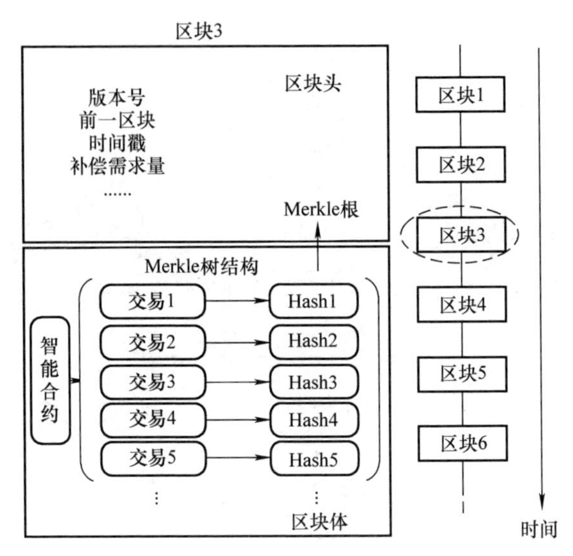

图 9-21　能源局域网储能系统自动需求响应区块模型

9.3.4　基于区块链技术的共享储能商业运营思考

储能电站的商业化运营，离不开立项论证、研制生产、交付服役到退役报废，需要对全寿命周期内包括设计方案、试验结果、技术状态等大量数据资料进行记录备案。尤其是电站设计指标、厂家承诺、数据溯源等诸多方面，在传统记录方式下存在安全难以保障、转移交接困难、缺乏有效监管等缺陷。在储能电站管理中引入区块链技术，让业主单位、管理部门、运维部门以及一线设备供应商都参与到储能电站的运行、维护、设备管理的诸多环节中，形成一个分布的、受监督的储能电站数据登记网络。电池储能可以在电网产生过量能量期间吸收电力，并在需求超过供应时再将电量返回电网，由此被认为是帮助维持电网稳定性和定价灵活性的关键组成部分。

与此同时，区块链技术在降低交易成本的同时，又协助记录用电侧和配电网运营商在所有能源交易过程中的分布式能源交易单一分类账目，因此，利用区块链技术，储能电站的每节电池的健康状态、电量贡献度可以追踪到原点，这也有助于解决储能电站的各类采购合同的争议，因为块中的任何内容都不能被操纵或删除。

基于区块链技术的多系统信息交换平台，构建一种不可被破解的完整监控、管理和控制系统，形成储能电站相关信息的共享功能，可以进一步提高储能电站的安全性、便利性和可信度，通过“区块链 + 共享储能”实现供需关联互动和“发 - 储 - 配 - 用”精准调配、安全校核和自主交易，推动储能资源在全国范围内优化配置。

由于区块链的分散性和操作特性，它不仅起到了“虚拟公证”的作用，证明所产生的能源是可再生能源；也以一种透明的方式实时运行。使用清洁能源的可再生能源企业客户和机构认为这些特性是非常重要的，它们需要证明来源，以实现其可持续性目标。

区块链的开放性、独立性、安全性、去中心化在某种意义上弥补了储能的多元应用、投资主体不明、商业模式不清晰的弊端。搭建基于区块链的技术，利用区块链技术可追踪的特性，融通电力调度控制系统的新型平台，必将加速储能共享时代的到来，这无疑将颠覆当前电力市场的中心化商业模式。

而利用区块链分布式存储、加密技术、共识算法，并通过智能合约实现多主体间交易的快速撮合、智能研判，形成交易全过程的大账本，实现数据的精准追溯、不可篡改，最终可满足电力交易公平、公正、公开的要求。未来随着区块链和共享储能的进一步融合，将为新能源电站平价上网，虚拟电厂广泛、高效运行提供支持。

目前，已有学者提出了基于“互联网 +”的 P2P 共享模式等共享储能商业运营模式，这类商业模式多采用“弱中心化”思想，储能资源交易双方通过共享平台寻找选择交易对象和储能资源并且按照定价支付，共享模式的运营方案包括了新型运营共享模式下的参与主体、权责划分、服务流程和计费结算机制等。P2P 等共享模式消费者对储能设备的控制更加简单直接，适用于分散的储能系统、容易满足的分布式储能场景。

此外，以 RNEC（可再生能源链）为代表等基于区块链技术的储能运营平台也正在实践落地，RNEC 是一个由未来众多分布式储能设备为全节点的联盟链，基于 RNEC 来构建 RNEC 能源联盟链，能更好地保证整个储能系统等生态的安全稳定、去中心化运行，并且拥有极高的性能来处理能源信息流与价值流间的沟通。

其他有关储能商业运营模式进行的经济效益案例分析，也证明了基于区块链等共享模式下，储能资源提供者、消费者和运营商均能提高获利，能替用户节省用电费用、降低运营商运营成本等，具有良好的发展前景。

9.4　小结

BESS 具有扩展性强的特点，结构较为灵活，内部信息传递量大。在 BESS 中引入物联网管理控制技术，通过其感知层、传输层以及应用层的三层拓扑结构，实现 BESS 的全面感知、信息可靠传递以及智能决策处理，提高 BESS 管理，助力能源互联网发展。

BESS 组成复杂，难以准确获取其 SOC。基于此，在 BESS 中引入神经网络，通过建立神经网络训练模型以解决模型的高度非线性和不确定性，实现 BESS SOC 观测，并更进一步发展 BESS 的故障诊断技术。

共享储能作为新型储能应用理念，是信息物理融合、多元市场融合的“互联网 +”智慧能源产物。在能源互联网背景下，在 BESS 中引入区块链技术，实现共享储能系统高效交易为目标，积极探寻区块链技术和共享储能运营交易的契合点，建立合理的共享电池储能商业运营模式，有利于电池储能行业推广与发展。

参考文献

[1] 孙其博，刘杰，黎羴，等.物联网：概念、架构与关键技术研究综述[J].北京邮电大学学报，2010，33（3）：1-9.

[2] 王保云.物联网技术研究综述[J].电子测量与仪器学报，2009，23（12）：1-7.

[3] 曹煦.迎接“万物互联”时代——当5G遇上智能终端、物联网[J].中国经济周刊，2016（27）：68-70.

[4] 孙喜龙，马彦辉，董奕平.万物互联——物联网的发展与应用[J].中国管理信息化，2017，20（17）：171-172.

[5] 张亚健，杨挺，孟广雨.泛在电力物联网在智能配电系统应用综述及展望[J].电力建设,2019,40（6）：1-12.

[6] 高连周.大数据时代基于物联网和云计算的智能物流发展模式研究[J].物流技术，2014，33（11）：350-352.

[7] 刘文懋.物联网感知环境安全机制的关键技术研究[D].哈尔滨：哈尔滨工业大学，2013.

[8] 孟群，尹新，梁宸.中国互联网医疗的发展现状与思考[J].中国卫生信息管理杂志，2016，13（4）：356-363.

[9] 丁明，陈忠，苏建徽，等.可再生能源发电中的BESS综述[J].电力系统自动化，2013，37（1）：19-25，102.

[10] 田晓彬.BESS的管理控制策略研究[D].天津：河北工业大学，2014.

[11] 康重庆，刘静琨，张宁.未来电力系统储能的新形态：云储能[J].电力系统自动化，2017，41（21）:2-8，16.

[12] 彭思敏.BESS及其在风-储孤网中的运行与控制[D].上海：上海交通大学，2013.

[13] 崔琼，黄磊，舒杰，等.多能互补分布式能源系统容量配置和优化运行研究现状[J].新能源进展，2019，7（3）：263-270.

[14] 颜宁，厉伟，邢作霞，等.复合储能在主动配电网中的容量配置[J].电工技术学报，2017，32（19）：180-186.

[15] 马速良，马会萌，蒋小平，等.基于Bloch球面的量子遗传算法的混合储能系统容量配置[J].中国电机工程学报，2015，35（3）：592-599.

[16] 赵兴勇，杨涛，王灵梅.基于复合储能的微电网运行方式切换控制策略[J].高电压技术，2015，40（7）：2142-2147.

[17] 李春华，朱新坚.基于混合储能的光伏微网动态建模与仿真[J].电网技术，2013，37（1）：39-46.

[18] 彭思敏，窦真兰，沈翠凤，等.基于无迹卡尔曼滤波的并联型电池系统SOC估计研究[J].中国农机化学报，2015，36（6）：291-295.

[19] 周美兰，王吉昌，李艳萍.优化的BP神经网络在预测电动汽车SOC上的应用[J].黑龙江大学自然科学学报，2015，32（1）：129-134.

[20] LIU F，LIU T，FU Y. An improved SoC estimation algorithm based on artificial neural network[C]. International Symposium on Computational Intelligence and Design.Hangzhou：IEEE，2015：152-155.
[21] SUN B，WANG L. The SOC estimation of NIMH battery pack for HEV based on BP neural network [C]. International Workshop on Intelligent Systems and Applications. Wuhan：IEEE，2009：1-4.
[22] 吕磊，王红蕾 . 基于 PSO-BP 神经网络的储能装置实时容量识别与实现 [J]. 现代电子技术，2020，43（12）：69-73.
[23] 赵泽昆，黄宇丹，张真，等 . 基于小波神经网络的光伏电站储能电池 SOC 状态评估 [J]. 电器与能效管理技术，2018（1）：55-59.
[24] 孙威，修晓青，肖海伟，等 . 基于 MEA-BP 神经网络的 BESS SOC 状态评估 [J]. 电器与能效管理技术，2018（1）：51-54，83.
[25] 李德鑫，吕项羽，王佳蕊，等 . 基于熵权法和 Elman 神经网络相结合的储能系统 SOC 估计 [J]. 电子设计工程，2020，28（1）：70-74，83.
[26] 刘文杰 . 基于模糊理论的电池故障诊断专家系统 [J]. 吉林大学学报，2005，23（6）：104-108.
[27] 付腾，姚志成，彭建军 . 基于模糊数学的锂电池组故障诊断 [J]. 电子设计工程，2012，20（20）：119-121.
[28] 许爽，孙冬，杨胜 . 一种新型动力锂电池故障诊断系统 [J]. 制造业自动化，2014，36（2）：20-23.
[29] SUN Y H，JOU H L，WU J C，et al. Auxiliary health diagnosis method for lead-acid batter [J]. Applied Energy，2010（87）：3691-3698.
[30] 古昂，张向文 . 基于 RBF 神经网络的动力电池故障诊断系统研究 [J]. 电源技术，2016（10）：1943-1945.
[31] 王一卉，姜长泓 . 模糊神经网络专家系统在动力锂电池组故障诊断中的应用 [J]. 电测与仪表，2015，52（14）：118-123.
[32] 付腾，姚志成，彭建军 . 基于模糊数学的锂电池组故障诊断 [J]. 电子设计工程，2012，20（20）：119-121.
[33] 赵泽昆，韩晓娟，马会萌 . 基于 BP 神经网络的储能电池衰减容量预测 [J]. 电器与能效管理技术，2016（19）：68-72.
[34] 徐寿臣，王春玲，赵泽昆，等 . 基于 GA-BP 神经网络的 BESS 软故障模糊综合评价 [J]. 电器与能效管理技术，2017（13）：74-81.
[35] 王瑶，赵泽昆 . 基于概率神经网络的 UPS 储能电池软故障诊断 [J]. 电器与能效管理技术，2019（6）：64-69.
[36] 杨德昌，赵宵余，徐梓潇，等 . 区块链在能源互联网中应用现状分析和前景展望 [J]. 中国电机工程学报，2017，37（13）：3664-3671.
[37] 杨晓东，张有兵，卢俊杰，等 . 基于区块链技术的能源局域网储能系统自动需求响应 [J]. 中国电机工程学报，2017，37（13）：3703-3716.
[38] 刘宗林，张昕，王鑫，等 . 基于智能合约的分布式储能点对点共享双层交易模式 [J]. 电气自动化，

2019，41（6）：78-82.

[39] 马天男，彭丽霖，杜英，等．区块链技术下局域多微电网市场竞争博弈模型及求解算法 [J]. 电力自动化设备，2018，38（5）：191-203.

[40] 王蓓蓓，李雅超，赵盛楠，等．基于区块链的分布式能源交易关键技术 [J]. 电力系统自动化，2019，43（14）：53-64.

[41] 董凌，年珩，范越，等．能源互联网背景下共享储能的商业模式探索与实践 [J]. 电力建设，2020，4：38-44.

[42] 李建林，杜笑天．区块链 + 共享储能 = ？ [J]. 能源，2019，12：74-75.

[43] 刘娟，邹丹平，陈毓春，等．"互联网 +" 的客户侧分布式储能 P2P 共享模式运营机制及效益探讨 [J]. 电网与清洁能源，2020，36（4）：97-104.

第10章 储能集成技术典型应用案例与系统

本章节将对典型的储能集成技术应用案例做较为详细的阐述与分析，也将介绍几种具有代表性的储能集成系统和相关设备。

10.1 典型应用案例

10.1.1 双湖微电网

双湖可再生能源微电网项目位于西藏那曲地区西北羌塘高原腹地双湖县城，全县面积接近12万km^2，其中2/3位于可可西里无人区，平均海拔5000m，地广人稀，环境恶劣。由于地理因素、环境因素的限制，长期无法接入西藏电网，当地供电主要依靠220kW柴油发电机组来维持政府、医院和学校等公共机构的正常运转，普通家庭每天只能在晚8～12点维持4h照明用电。

双湖微电网项目结合当地自然资源，采用“光伏+储能+柴发”方案解决当地供电问题。本项目主体工程包括13MW光伏电站、7MW储能PCS、23.52MWh锂离子电池、2台1000kW柴油发电机及双湖县城配电网。系统最高电压等级为10kV，且目前未能和大电网连接，是独立的可再生能源局域网系统。

主要设备清单如表10-1所示。

表10-1 主要设备清单

名称		型号	数量
光伏系统	光伏板组件	多晶硅电池组件	13MW
	箱式光伏逆变器	2×630kW	12台
	10kV箱式升压变	1000-10/0.315/0.315kV	12台
储能系统	储能电池集装箱	1.6MWh	14台
	箱式PCS	2×500kW	7台
	10kV箱式升压变	3150-10/0.4kV	2台
柴油发电机		1000-10kV	2台
厂用变		500-10/0.4kV	1台

本项目为10MW级局域微电网，并采取相应的运行控制策略，主要运行功能包括：

1）系统黑启动：在系统失电、全黑情况下，通过场站 UPS 或柴油发电机组，为储能系统提供控制电源；储能系统启动，实现电池直流侧电力输出，多台 PCS 间快速同步，同时进入独立逆变运行状态，并在百毫秒内完成软启动，恢复场站供电或局部供电。

2）储能系统 VF 运行：储能系统输出采用两段母线，当一段母线下多组储能系统运行于并联 VF 模式时，另一段母线运行于 PQ 模式；光伏系统并网运行，提供新能源电力；通过场站开闭所人工操作，实现供电区域负荷管理。

3）柴 - 储联合运行：在极端天气情况下，光伏电力不足，柴油发电机组并入，为系统负荷提供后备电力支撑；光伏电力充足情况下，柴油发电机组退出。

运行状态转换如图 10-1 所示。

PCS 集装箱，内置两台 500kW PCS、变压器及本地控制器，如图 10-2 所示。

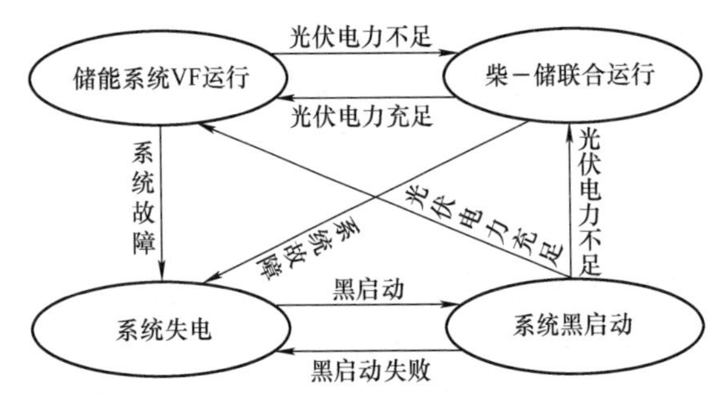

图 10-1　双湖微电网运行状态转换示意图

图 10-2　PCS 集装箱

1—PCS　2—变压器　3—控制柜（内置本地控制器）

PCS 作为微电网主电源，为系统提供稳定的交流电压和频率，支持能量的双向流动；当太阳能充足时，能量从 AC 侧流入给储能电池充电；太阳能不足或夜晚时，将存储在电池的能量逆变到电网，给负荷供电。

PCS 基本功能包括：支持多台 PCS 并联，可搭建更大规模基础电网；采用无主从控制，任何一台 PCS 故障不会影响其他 PCS 工作，满足系统冗余和扩容的要求；在 VF 并机模式下，任意一台 PCS 支持 VF 模式和 PQ 模式在线无缝切换；支持交流电网软启动，避免升压变启动时大的冲击电流；不平衡负荷带载能力，单相可带满负荷；配置 Black-start 单元，可以从直流侧实现系统黑启动；完善的电池管理，具备储能电池三段式充电功能；满功率有功调节，满功率无功补偿；冗余的 RS485 通信功能，BMS 通信接口；PCS 具有恒功率源功能，功率大小可以由用户上位机设置或者内部控制器设置。当电池容量可以满足系统需求时，PCS 工作在恒功率状态；电池充满时，PCS 自动退出恒功率模式，转入浮充模式。

锂电池集装箱采用 40ft[㊀] 标准集装箱设计，电池容量约 2MWh，与 PCS 集装箱构成储能系统。40ft 锂电池集装箱系统由集装箱外箱、锂电池（含电池架）、BCP、空调设备、自动消防设备、储热设备等组成，如图 10-3 所示。

㊀ 1ft=0.3048m。

图 10-3 锂电池集装箱

1—消防设备 2—BCP 3—空调设备 4—锂电池 5—储热设备

由于双湖地区自然条件较为恶劣，锂电池对其所处的环境温度要求又极高，合适的环境温度对提高其循环效率和寿命至关重要，因此必须采取可靠的环境控制系统。该储能系统的环境控制系统包括空调系统、储热系统、风道及集装箱的整体保温系统。

其中空调系统采用两台机柜一体式工业空调，斜对角放置，顶部排风方式。利用空调系统将锂电池充放电时产生的热量转移至集装箱外，使锂电池运行所处的环境温度为（23 ± 5）℃，电池在 0.5C 情况下最高限制温度是 35℃，同时温度均匀性控制在 3℃以内。

由于当地夜间气温较低，锂电池在夜间处于休眠状态时，可利用储热设备使集装箱内环境温度保持在 15℃左右。该设备可以节省夜间的系统自耗电，同时保持锂电池所处的环境温度，并在系统启动时缩短预热时间。

集装箱所有壁面均设有夹层，内含保温材料，保温材料为岩棉，同时岩棉为阻燃材料。利用该保温层可有效确保集装箱内环境的独立性，将锂电池运行所受的环境影响降到最低。

根据热负荷计算值和集装箱内的设备布置，利用仿真软件对锂电池运行时集装箱内的温度进行模拟，并根据仿真结果对结构设计进行优化。仿真结果如图 10-4 所示。

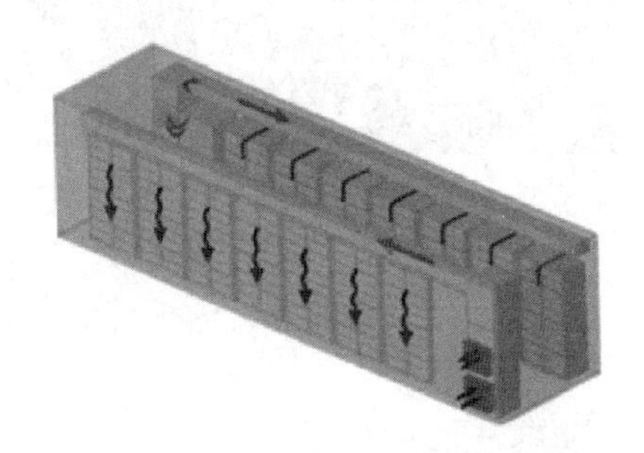
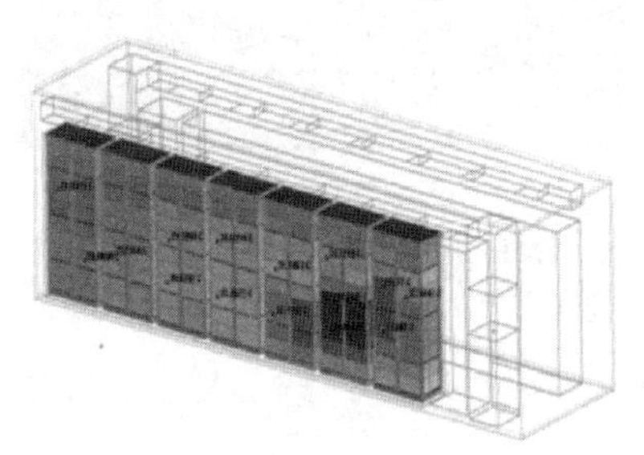

图 10-4 电池集装箱内部风道及温度场仿真结果

微电网能量管理系统（EMS），是整个区域系统控制及保护的核心，保障着微电网高效、稳定、安全、可靠运行和新能源的优化利用。其主要功能包括：数据及状态监控、设备管理与系统故障保护、信息存储与记录、配网自动化、智能计量、智能用电、视频及环境监控、综合能量管理等。总体架构如图 10-5 所示。

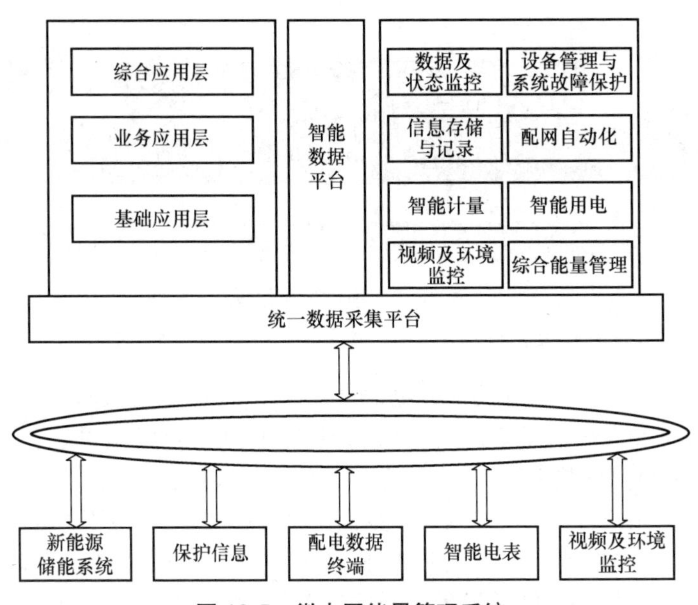

图 10-5 微电网能量管理系统

储能系统运输、安装与调试过程如图 10-6 所示。

a) 运输

b) 安装

图 10-6 储能系统运输、安装及调试过程

c) 调试

图 10-6 储能系统运输、安装及调试过程（续）

10.1.2 兆光火储联合调频系统

山西兆光发电有限责任公司位于山西省霍州市，地处电力网架枢纽及负荷中心，是格盟国际能源有限公司所属的现代化大型环保发电企业。兆光电厂在2017年度参与华北电网双细则补偿考核中，由于对AGC指令跟踪性能不佳，导致补偿较少，而AGC补偿分摊较多。

综合考虑兆光电厂机组性能、6kV高厂变接入容量，拟在2×300MW机组配置一套储能系统。本期为一期工程，先在2×300MW机组侧建设9MW/4.5MWh储能系统。为保证最大限度发挥储能系统快速调频的优势和提高储能系统运行利用时间，将加入双机切换功能实现储能系统在#1与#2机组间切换运行，参与华北电网AGC运行。储能系统投运后，兆光电厂#1/#2机组在保持目前调节速率情况下，火电储能联合系统AGC调节能力将显著增高，将成为华北电网最优质的AGC调频电源之一。

设计原则：

1）储能运行应以保证机组运行可靠性为第一要素，储能系统运行及投切不影响机组本身正常运行；

2）在保证项目整体可靠性的基础上，充分优化储能系统响应AGC调频的效果；

3）储能系统应选用世界先进锂电池制造商的成熟产品，以保证系统整体可靠性及使用寿命，最小化储能技术本身的风险；

4）储能系统可用率应达到97%以上，整体能量转换效率高于90%；

5）严格控制储能系统安全性，做好防火、防爆等安全措施；

6）项目的工程设计尽可能按电厂现有状况进行布置，力求实施布局合理，对原机组设施的影响最小；

7）项目建设要充分考虑电厂内现有机组状况，在不影响机组正常运行的基础上，合理安排建设流程。

储能系统联合火电机组AGC调频应用中，储能电池及双向功率变换设备为项目的核心，对储能系统在可靠性、循环寿命、能量效率、充放电时间比，以及外形尺寸方面提出了全面的要求，主要包括：储能系统需要具备高可靠性、高安全性；火电厂机端应用对储能系统可靠性和安全性提出严格的要求，包括在电网及机组正常或各种故障下的可靠运行；储能系统应具备完善的故障管理功能，储能系统故障不应当影响机组的正常运行；储能系统应具备完善的防爆、防火、抗震等保护，满足运行安全要求；储能系统充放电时间比应接近 1∶1，即储能系统在可利用运行区间内充电功率与放电功率应保持一致，同时具有较高的能量效率，这一方面可以降低储能系统运行的用电损耗，另一方面可以提高储能系统的可利用率；储能系统循环寿命应满足 AGC 调频应用中频繁往复充放电要求，满足经济性寿命周期；储能系统应具有高度集成化设计，尺寸不宜过大，以满足机端安装场地相对狭小和施工限制；储能系统应具备快速的充放电响应速度，满足 AGC 调频应用的需求。系统配置与控制方案如图 10-7 所示。

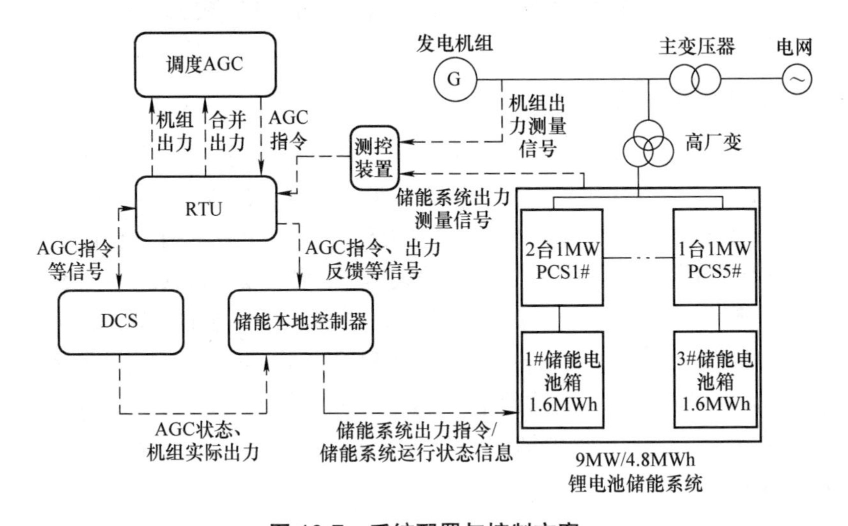

图 10-7　系统配置与控制方案

火储联合调频系统中，储能系统大多由 PCS+ 升压变集装箱、电池集装箱、高压接入及本地监控集装箱组成。其中，PCS+ 升压变集装箱内置环网柜、升压变及 PCS，在直流侧与电池集装箱相连，而在交流侧与相邻储能系统并联后再经中置柜接入厂用变。储能系统设备示意如图 10-8 所示。

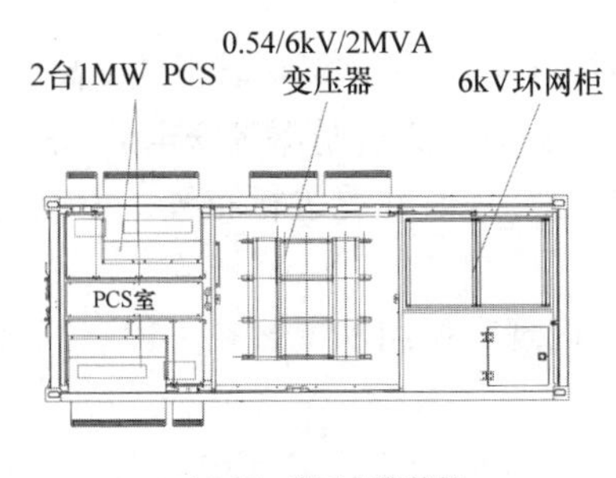

a) PCS+升压变集装箱

图 10-8　储能系统与接入方案

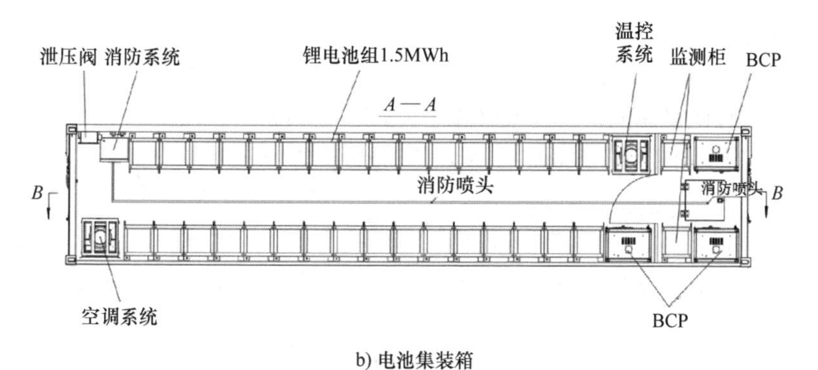

b) 电池集装箱

图 10-8 储能系统与接入方案（续）

运行过程中曲线如图 10-9 所示。

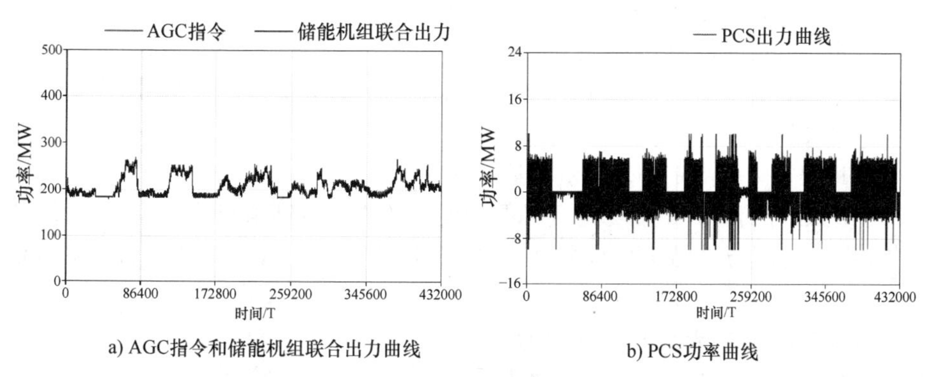

a) AGC指令和储能机组联合出力曲线

b) PCS功率曲线

图 10-9 系统运行曲线

项目安装现场如图 10-10 所示。

图 10-10 项目安装现场

项目实施过程，一般分为审批、设计、准备、实施、调试、验收与运维等阶段，各阶段系统集成商需要和电厂紧密协作，合理分工。

系统集成商主要工作包括：

审批：电网相关协调工作以及 AGC 调度策略的优化。

设计：委托设计院对储能系统接入的电气和土建进行设计。

准备：完成包括储能系统、电缆、PT、CT 等的设备采购工作；RTU、DCS 等通信及控制技术对接、模拟测试。

实施：机组运行期间，完成场地地基施工、电缆沟施工、电缆预敷设、设备进场、储能设备单元内部调试等工作；机组检修期间，电气一次、二次的接入，RTU 及 DCS 改造和通信连接等工作。

调试：机组运行期间，完成火储联合系统并网运行调试。

验收：电网公司进行 AGC 运行性能测试，满足 AGC 调频运行要求后，即可正式并网运行。

运维：储能系统的常规维护、控制系统优化等。

电厂提供的协助和支持包括：

审批：向电网提交项目相关信息。

设计：协助配合提资，提供包括机组电气图样、土建图样、地下管路图样等，协助设计院方面完成详细电气和土建设计。

准备：协助提资并确认 RTU、DCS 改造方案。

实施：机组运行期间，提供场地等必要的便利条件，协助项目施工单位进行前期施工；机组检修期间，协助系统集成商完成电气一次、二次的接入，RTU 及 DCS 改造和通信连接等工作。

调试：保障储能系统调试用电，并协助调试。

验收：协助申请电网 AGC 调频入网验收。

运维：提供必要协助，提出优化改进建议。

10.1.3　日本直流光储项目

日本某滑雪场直流光储电站项目，该电站采用 7 倍容配比设计，通过直流侧加装储能系统，实现光储电站 24h 发电，彻底解决了弃光限发、输出功率波动等问题。

系统主电路如图 10-11 所示，主要设备清单如表 10-2 所示。

该光储电站，主要设备除光伏板、光伏汇流箱外，采用 All-in-one 方式集成于 40ft 集装箱内，并在出厂前完成电气与控制联调，简化了现场调试过程。设备外观与内部安装示意如图 10-12 所示。

该光储电站，通过储能系统实现对多余光伏发电量的存储和释放，有效提高光伏利用率和整体经济效益。储能系统配置能量管理柜，内部集成本地控制器，兼具 EMS 功能。本地控制器，可与 DC/DC 变换器、光伏逆变器及电池管理系统（BMS）进行数据通信，实现对整个光储电站的能量管理。主要功能包括：

1）电池充电：当光伏输出电力大于并网逆变器功率时，多余电量通过 DC/DC 变换器对电池组进行充电；当电池充满后，对光伏进行限发控制。

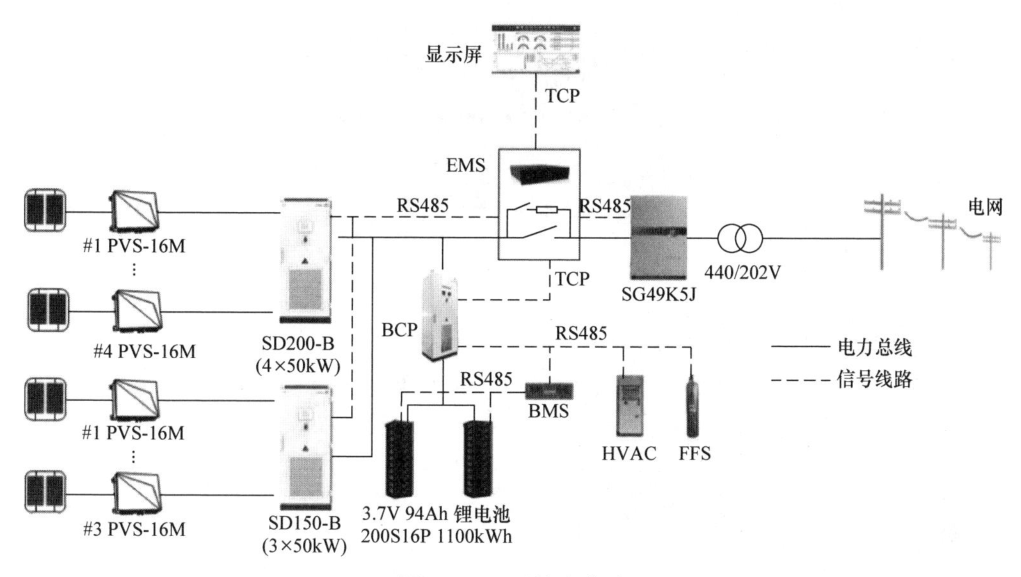

图 10-11 系统主电路

表 10-2 主要设备清单

名称		型号	数量
光伏系统	光伏板组件	多晶硅电池组件	350kW
	光伏逆变器	49.5kW	1台
	光伏汇流箱	50kW	7台
	并网变压器	440/202V	1台
储能系统	DC/DC 变换器	50kW	7台
	锂电池组	1100kWh	1组
	本地控制器（兼 EMS）	—	1台
温控系统（HVAC）		—	1台
消防系统（FFS）		—	1台

a) 系统外观

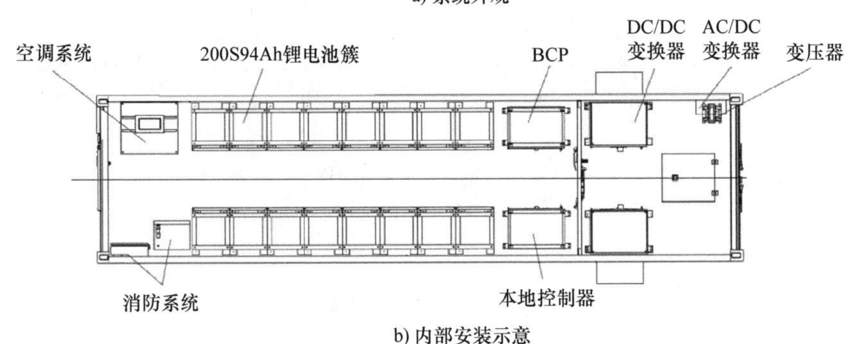

b) 内部安装示意

图 10-12　设备外观及内部安装示意图

2）电池放电：当光伏输出电力小于并网逆变器功率时，不足电力由电池放电进行补偿；当电池 SoC 达到允许下限时，限制并网逆变器输出功率，电池停止放电。

系统功率曲线，如图 10-13 所示。

其中 DC/DC 变换器，如图 10-14 所示，主要是将光伏直流电力转换为可供电池充电并满足并网逆变器输入电压等级要求的直流电源，具有最大功率点跟踪（MPPT）控制、恒流充放电、浮充等多种工作模式。DC/DC 变换器采用模块化设计，能够灵活匹配不同功率等级的光伏系统，方便设备维护与升级，是直流微电网、光伏限发系统、直流母线平滑系统中的关键设备之一。项目现场安装与运行，如图 10-15 所示。

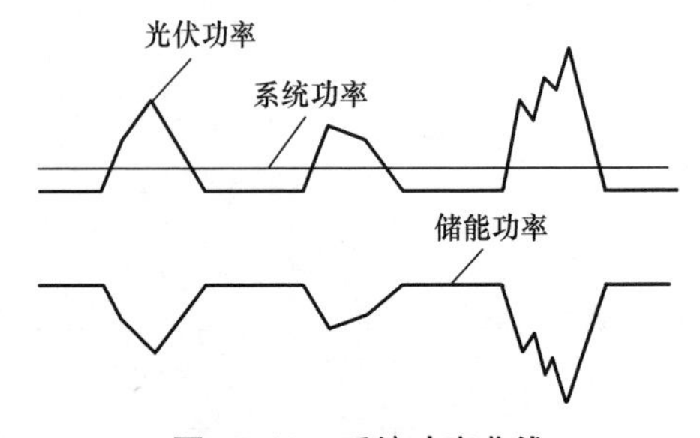

图 10-13　系统功率曲线

图 10-14　DC/DC 变换器

图 10-15 项目现场安装与运行

10.1.4 夏威夷风储项目

该项目安装于2012年，位于美国夏威夷Maui岛的Wailea，11MW/4.4MWh，主要用于风电场的并网有功功率平滑、电压调节及无功支持。储能系统在有效地控制了风电场的有功功率变化率及并网点功率输出的同时，也提高了当地电网系统的备用容量，或与当地其他发电设备一道接受电网管理和调度。

图 10-16 NEC公司储能系统

该项目选用NEC公司储能系统，如图10-16所示；项目现场如图10-17所示。

图 10-17 夏威夷风储项目

风电场并网有功功率平滑效果如图 10-18 所示。

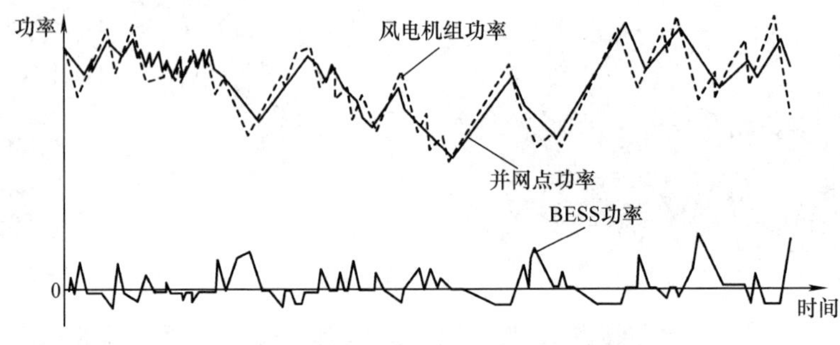

图 10-18　风电场并网有功功率平滑效果

10.2　典型电池储能系统

10.2.1　Younicos 电池储能系统

Younicos 是一家全球领先的基于电池技术的智慧储能和电网解决方案提供商，其核心竞争力是能够通过高度智能软件系统整合各种电池、电力电子技术和电网中的各个元素，以实现对电网和微电网能效需求管理的自动化响应。自 2013 年以来，先后主导建设了欧洲第一家商业储能项目和德国第一个用于调频的电池储能项目。

为了适应当下储能市场的需求，Younicos 推出的 BESS 主要分为用于中小容量系统的 Y.Cube 和大容量系统的 Y.Station，如图 10-19 所示。

a) Y.Cube　　b) Y.Station

图 10-19　Younicos 储能系统

除上述硬件系统外，Younicos 也提供了智能化的软件平台 Y.Q，如图 10-20 所示。

Y.Q 通过先进控制算法，最大化发挥储能系统价值与效能，安全高效地实现有功、无功电力输出；对上层通信，Y.Q 可以兼容各种 SCADA 系统，而底层调度，Y.Q 也可以扩展其他不同设备，并按照客户需求灵活设置储能系统运行方式。

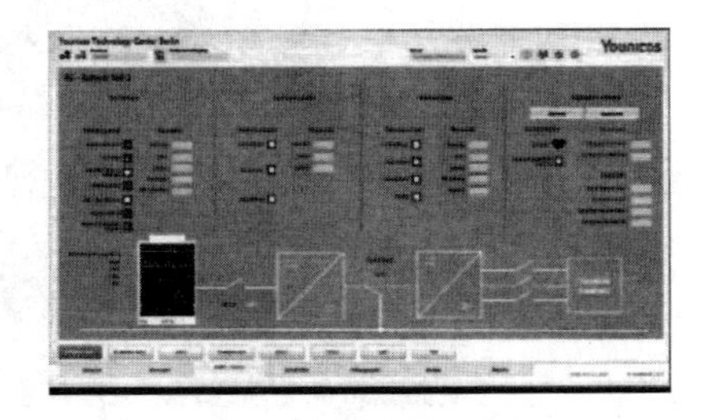

图 10-20　智能化监控管理软件平台 Y.Q

Younicos 项目案例如图 10-21 所示。

a) 德国Schwerin商业电池储能电站

b) 美国得克萨斯州San Antonio光储系统

c) 美国科罗拉多州Denver光储系统

d) 英国Gateshead储能系统

图 10-21 Younicos 项目案例

案例包括欧洲第一个商业电池储能电站，即德国 Schwerin，15MW/15MWh，主要功能为电网频率响应与黑启动；美国得克萨斯州 San Antonio 光储系统，1MW/0.25MWh，主要功能为电网频率响应与光伏电力平滑；美国科罗拉多州 Denver 光储系统，1MW/2MWh，主要功能为电网频率响应、削峰填谷、平滑、后备电源及电价套利等；英国 Gateshead 储能系统，3MW/3MWh，主要功能为电网频率响应、削峰填谷等。

10.2.2 CellCube 电池储能系统

总部位于加拿大的 CellCube 储能系统公司，致力于以钒氧化还原液流技术为基础开发、制造和销售储能系统，拥有 130 多个项目安装和 10 年的运营记录。其高度集成的储能系统 CellCube 基本特点包括：几乎无限次的充放电循环，在 11000 次循环后 SOH 仍可达 99%；充放电深度（DOD）可达 100%；高环境安全性，无燃烧或爆炸风险，清洁无排放；模块化设计，容量可扩充至 MW/MWh 级别；智能化 BMS 及温度管理；效率最高可达 80%。

CellCube 系列产品，采用模块化设计，基本构建模块有 FB10-100 10kW/10h L/W/ H：4500mm/2200mm/2403mm、FB200-400 200kW/2h L/W/H：6000mm/2438mm/5792mm、FB250-1000 250kW/4h L/W/H：6000mm/4876mm/5792mm，并可依据项目需求进行功率与容量的灵活

扩展，如 FB400-1600，产品如图 10-22 所示。

a) FB400−1600

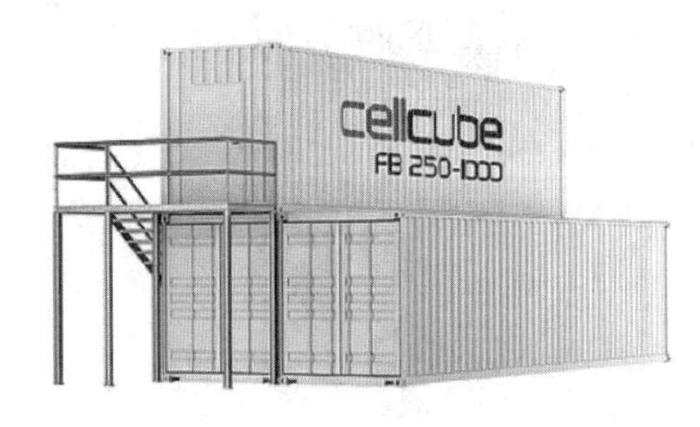

b) FB250−1000

图 10-22　CellCube 系列钒液流电池储能系统

当 CellCube 系列产品应用于并网系统时，能够实现新能源发电的能量搬移，以匹配负荷用电需求，如图 10-23 所示；也可应用于离网系统，如在风光柴储离网系统中，可以通过对 CellCube 的间歇性充放电控制，一方面实现柴油发电机组计划性发电或空转，以节约燃油，另一方面在柴油发电机组空转情况下，填补新能源发电出力与负荷用电间功率差值，以维持离网系统动态功率平衡与电压稳定，如图 10-24 所示。

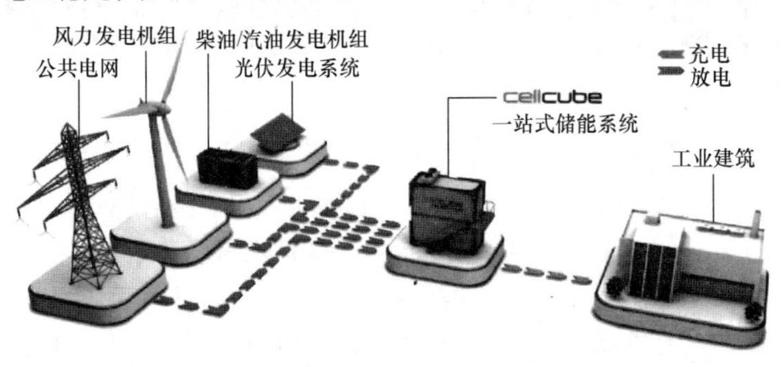

图 10-23　CellCube 并网应用系统

图 10-24　CellCube 离网应用系统

10.2.3 Ingeteam 电池储能系统

Ingeteam 是一家专注于电气设备、电机、发电设备、功率变换及自动化控制的专业化技术公司，拥有超过 60 年的从业经验。其功率变换产品系列涵盖风机变流器、光伏逆变器、机车牵引变流器、工业驱动变频器及储能 PCS；而自动化控制系列产品则包括先进自动控制系统、人机交互系统、分布式控制系统、变电站自动化系统、EMS 及调度系统等。正是基于上述两个主要技术基础，Ingeteam 在储能系统与应用领域拥有完整的系统产品与大量的工程业绩。

Ingeteam 储能集成系统如图 10-25 所示。

图 10-25　Ingeteam 储能集成系统

Ingeteam 储能系统控制方案如图 10-26 所示。

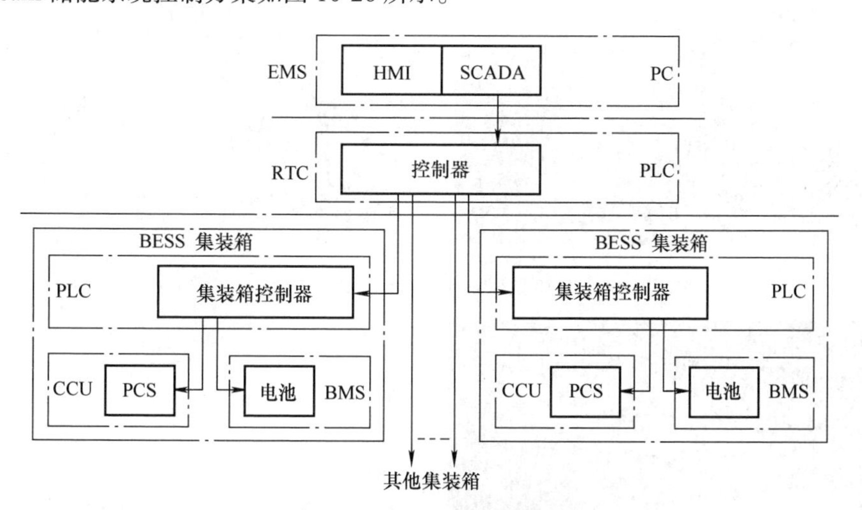

图 10-26　Ingeteam 储能系统控制方案

Ingeteam 储能系统控制方案由能量管理系统（EMS）及实时控制器（Real-Time Controller，RTC）两部分组成，其中 EMS 硬件平台选用工业控制计算机，主要用于项目整体运行目标达成、储能系统安全运行边界计算、经济运行决策与分析等长周期控制过程，并对外接入 SCADA 系统，实现人机交互；而 RTC 以先进自动控制器（Advanced Automation Controller，AAC）为硬件平台，主要用于保障储能系统高效运行、提高储能系统可利用率及现场辅助服务等实时控制过程。其中 AAC，具有较强的电磁环境与温度适应性、丰富灵活的通信接口与协议兼容性，并提供基于 Web 的本地化监控与调试软件，易于现场维护与远程操作。

主要项目业绩包括大西洋 Gran Canary 群岛锂电池储能系统，1.5MW/3MWh，主要功能为削峰填谷（Peak Shaving）；印度洋 Reunion Island 光储系统，4MW/9MWh，主要功能为光伏电力平滑；印度洋 Reunion Island 储能系统，5MW/2MWh，主要功能为电网频率调节，如图 10-27 所示。

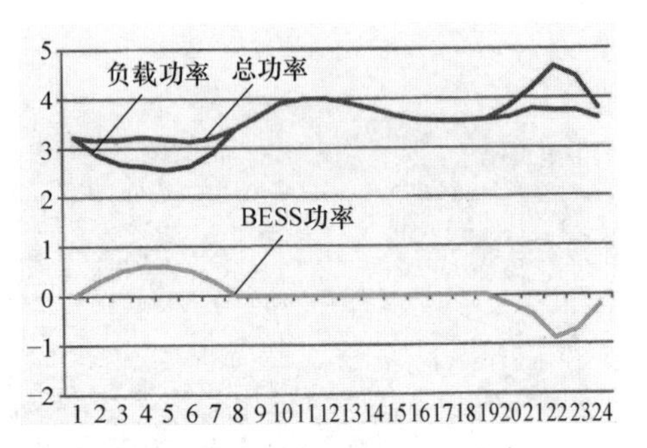

a) 大西洋Gran Canary群岛锂电池储能系统

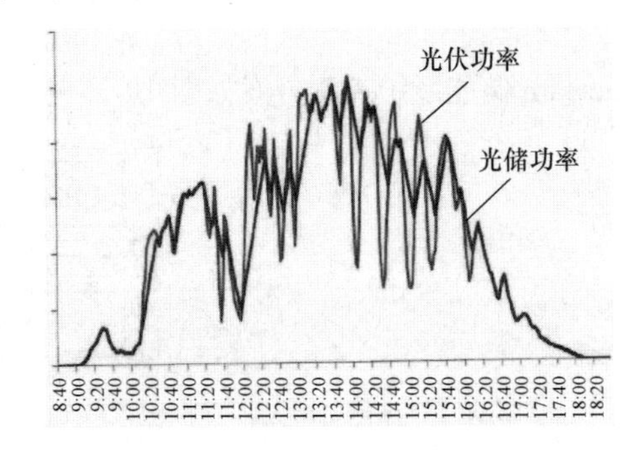

b) 印度洋Reunion Island光储系统

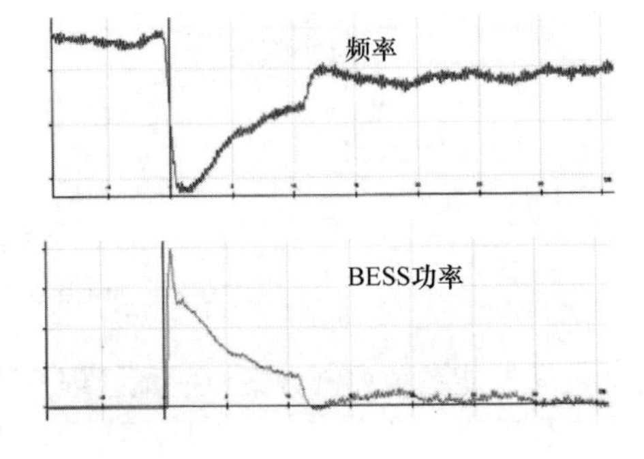

c) 印度洋Reunion Island储能系统

图 10-27　Ingeteam 项目案例

10.2.4　Power Electronics 电池储能系统

Power Electronics（PE）是一家以电力电子技术为基础并进入储能领域的专业化电气公司，其在向客户提供 PCS 的同时，也提供如电池组、功率控制器、储能集成系统等各种储能相关设备及并网光储系统、离网系统等应用解决方案，如图 10-28 所示。

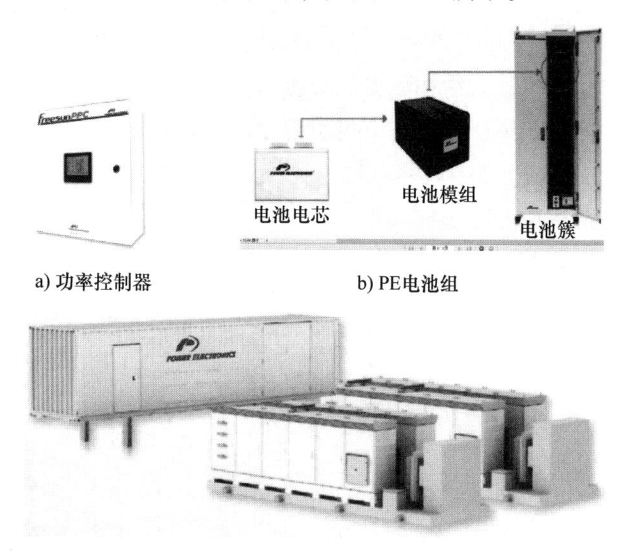

a) 功率控制器　　b) PE电池组

c) 储能集成系统

图 10-28　PE 储能相关产品与系统

基于上述储能相关设备与系统，PE 将能够为项目提供完整的解决方案，以光储系统为例，如图 10-29 所示。

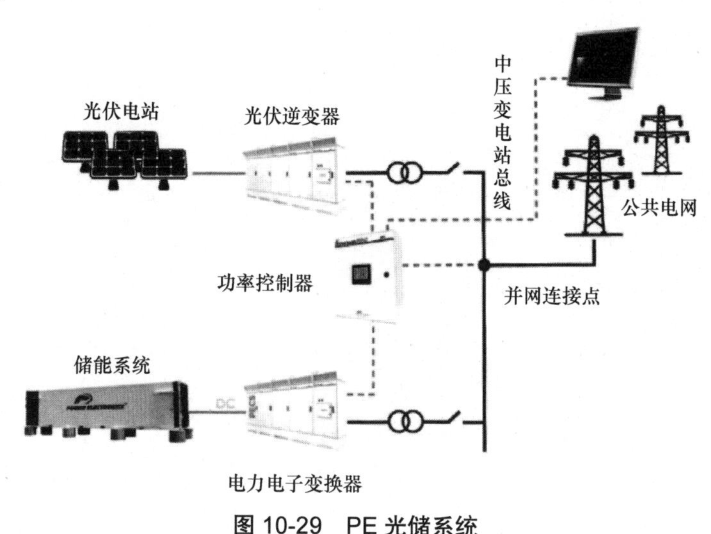

图 10-29　PE 光储系统

该光储系统，以功率控制器为核心，通过运行目标设定与并网点功率监测，实时控制储能系统与光伏系统出力，最终实现多样化的系统运行功能，如削峰填谷、新能源并网功率变化率控制、负荷转移、频率及电压调节等。

10.3 小结

通过对若干储能系统集成技术应用案例与典型系统的介绍可以看出，在项目应用中，要求储能系统能够很好地与光伏系统、常规火电机组等发电设备紧密衔接，共同实现整体目标；而各储能系统集成厂家也都是基于自身技术基础，提供了多样化的储能集成系统和相关设备。

大量的项目案例与系统产品，为储能系统集成技术的进一步发展积累了丰富的理论与实践经验，也推动着储能系统集成技术在电力生产、传输与消费领域的全面应用。